Faszination Orchideen

Innerhalb der Blütenpflanzen nimmt die Familie der Orchidaceae eine Sonderstellung ein, da sie zahlreiche Superlative verkörpert. Durch ihre auffallend schönen Blüten und ihre fast weltweite Verbreitung mit der höchsten bekannten Artenzahl (ca. 20000–35000) genießen die Orchideen einen hohen Bekanntheitsgrad. Durch ihre potenzielle Seltenheit und die leichte Bildung von Gattungs- und Arthybriden wird ihre Attraktivität noch gesteigert.

Ihre höchste Diversität entfalten die Orchideen in den Tropen und Subtropen der Alten und Neuen Welt, wo sie wegen ihrer Lichtansprüche überwiegend als Epiphyten im Kronenbereich der Urwaldbäume gedeihen. Nicht zuletzt wurde ihre Beliebtheit in den letzten zwei Jahrzehnten durch die Vermarktung tropischer Hybridpflanzen gesteigert. Auch die wildwachsenden europäisch-mediterranen Orchideen gelten als besonders kostbar und selten. Bei ihnen handelt es sich um terrestrische Arten, die gerne auf kalkreichen Böden gedeihen und durch ihre mehrjährige Lebensweise mit Hilfe von Knollen oder Wurzelstöcken bestens an das periodische Klima angepasst sind.

Die hodenförmige Gestalt von Mutter- und Tochterknolle vieler Arten gilt seit der Antike bis in die heutige Zeit (Türkei, Voderasien) als potenzsteigerndes, jedoch unwirksames Mittel (Signaturenlehre). Trotz ihrer Kleinblütigkeit weisen die Orchideen in der Form der Blüte eine überwältigende Mannigfaltigkeit und Farbenpracht auf. Oft ist diese als eine Anpassung an die meist spezifischen Bestäuber zu verstehen. Bei vielen Arten werden den bestäubenden Insekten die Pollenpakete durch Klebdrüsen angeheftet.

Im Gegensatz zu den tropischen handelt es sich bei den europäischen Arten um Kulturfolger, die gerne auf ungedüngten Böden oder in extensiv bewirtschafteten Macchien, Magerrasen oder Wäldern vorkommen. Durch verstärkte Eingriffe des Menschen in die Landschaft seit dem Neolithikum, vor allem durch Waldrodung mit nachfolgender Landwirtschaft und Beweidung, entstanden für die Orchideen neue Ausbreitungsmöglichkeiten, die das heutige Inventar widerspiegelt. Zuvor getrennte Areale können sich infolge dieser Eingriffe überlappen.

Die Erforschung der europäischen Orchideen hat in den letzten 20 Jahren zu einer weiteren Erhöhung der Taxa geführt. Während wir bereits in den Jahren zwischen 1982 und 1988, den Erscheinungsdaten unserer beiden früheren Orchideenführer, eine Zunahme von ca. 200 auf 300 zu verzeichnen hatten, verdoppelte sich diese Zahl in der Zwischenzeit bei einigen Autoren auf ca. 600. Das komplette Inventar beträgt nach unserem neuen, hier dargelegten Konzept 219 Arten, 233 Unterarten sowie weitere Varietäten. Aus Platzgründen stehen die Autorennamen nur im Register.

Es ist zu hoffen, dass durch diesen Naturführer neues Interesse an dieser faszinierenden Pflanzenfamilie geweckt wird. Ein erweiterter Kreis könnte die Achtung vor diesen lebenden Wesen verstärken. Da sich eine ganze Reihe der europäisch-mediterranen Orchideen als besondere Zugpferde und Sympathieträger für den Naturschutz eignen, kommt ihnen eine besondere Bedeutung zu, die es publikumswirksam herauszuarbeiten und zu präsentieren gilt. Prädestiniert hierzu sind die zahlreichen, oft kleinräumig verbreiteten Endemiten mediterraner Inseln, die eine auffällige Häufung in küstennahen Zonen zeigen. Sie sind damit ganz besonders durch touristische Anlagen, intensive landwirtschaftliche Nutzung oder Zersiedelung gefährdet und stehen in vielen Fällen schon jetzt kurz vor dem Aussterben und damit vor dem völligen Verschwinden von unserer Erde. Trotz vieler wohlgemeinter Ansätze ist es in den letzten Jahren nicht gelungen, diesen unheilvollen Trend zu stoppen, der häufig genug nur den Interessen Einzelner dient. Hier ist es dringend notwendig, verstärkten Druck auf die jeweiligen Regierungen auszuüben.

Im Frühjahr 2006 Die Verfasser

Schlüssel zu den Gattungen

1 Pflanze ohne grüne Blätter . . . 2
– Pflanze mit grünen Blättern . . . 5
2 Blüten mit Sporn . . . 3
– Blüten ohne Sporn . . . 4
3 Sporn und Lippe aufwärts gerichtet; Stängel blassgelb: **Widerbart**, ***Epipogium*** . . . S. 100
– Sporn (auch rudimentär) abwärts gerichtet; Stängel violett: **Dingel**, ***Limodorum*** . . . S. 119
4 Stängel und Blüten gelblich braun: **Nestwurz**, ***Neottia*** . . . S. 128
– Stängel gelbgrün, Blüten gelblich: **Korallenwurz**, ***Corallorhiza*** . . . S. 24
5 Blüten ohne Sporn . . . 6
– Blüten mit Sporn . . . 20
6 Lippe über 2 cm groß, schuhförmig ausgehöhlt . . . 7
– Lippe nicht schuhförmig . . . 8
7 Stängel kahl mit 1 Blüte (mit spornartiger Ausbuchtung) und 1 grundständigen Blatt: **Calypso**, ***Calypso*** . . . S. 12
– Stängel grün, oberwärts behaart mit 2–4 Blättern: **Frauenschuh**, ***Cypripedium*** . . . S. 25
8 Lippe samtartig behaart mit auffälliger Malzeichnung: **Ragwurz**, ***Ophrys*** . . . S. 139
– Lippe nicht samtartig und ohne Malzeichnung . . . 9
9 Lippe aufwärts gerichtet . . . 10
– Lippe vorwärts oder abwärts gerichtet . . . 12
10 Lippe und Petalen sehr klein, etwa halb so lang wie die Sepalen; Laubblätter bis 3 cm lang: **Weichorchis**, ***Hammarbya*** . . . S. 108
– Lippe etwa so lang wie die Sepalen, Laubblätter über 3 cm lang . . . 11
11 Lippe rinnig, sichelförmig gebogen; 2 grundständige, fettglänzende Laubblätter: **Glanzkraut**, ***Liparis*** . . . S. 122
– Lippe eiförmig; Blütenstand vielblütig; 1 grundständiges Laubblatt: **Weichwurz**, ***Malaxis*** . . . S. 126
12 Lippe in Hinterteil (Hypochil) und flaches Vorderteil (Epichil) geteilt . . . 13
– Lippe nicht 2-teilig . . . 15
13 Hypochil mit aufgerichteten Seitenlappen, zum größten Teil in dem geschlossenen Perigonhelm; Epichil zungenförmig, herabhängend; Tragblätter gefärbt, geädert: **Zungenstendel**, ***Serapias*** . . . S. 265
– Hypochil ohne aufgerichteten Seitenlappen . . . 14
14 Blüten aufgerichtet, zumeist geschlossen, weiß bis rosa: **Waldvögelein**, ***Cephalanthera*** . . . S. 13
– Blüten abstehend bis hängend, glockenförmig geöffnet, Hypochil schüsselförmig, innen dunkler: **Stendelwurz**, ***Epipactis*** . . . S. 72
15 Blüten spiralig angeordnet, weiß bis gelblich, röhrenformig bis glockig . . . 16
– Blüten nicht spiralig . . . 17
16 Laubblätter netzartig genervt; Perigon blätter außen drüsig behaart, glockig: **Netzblatt**, ***Goodyera*** . . . S. 102
– Laubblätter mit parallelen Nerven; Blüten bilden eine waagrechte, geschlossene Röhre: **Drehwurz**, ***Spiranthes*** . . . S. 299
17 Pflanzen mit grasartigen, grundständigen Laubblättern; Stängel blattlos; Blüten klein, gelbgrün: **Zwergorchis**, ***Chamorchis*** . . . S. 21
– Blütenstängel beblättert . . . 18
18 Laubblätter zahlreich; Perigon helmförmig; Lippe herabhängend, 4-zipfelig, am Grund mit 2 Schwielen: **Ohnsporn**, ***Aceras*** . . . S. 7
– Blütenstängel mit 2 Blättern . . . 19
19 Pflanze gegen den Grund mit 2 gegenständigen eiförmigen Blättern; Fruchtknoten rund, aufgeblasen; Perigon weit offen; Lippe zungenförmig, 2-teilig: **Zweiblatt**, ***Listera*** . . . S. 123
– Blätter eiförmig-lanzettlich; Blüten nickend, glockenförmig, an den Spitzen auswärts gebogen; Lippe mit spitzem ungeteiltem Mittellappen: **Einknolle**, ***Herminium*** . . . S. 109
20 Blüten mit Sporn . . . 21
21 Blüten aufgerichtet, zumeist geschlossen, weiß bis rosa: **Waldvögelein**, ***Cephalanthera*** . . . S. 13
– Blüten nicht aufgerichtet . . . 22

22 Lippe schuhförmig ausgehöhlt, Stängel mit 1 Blüte und 1 grundständigen Blatt: **Calypso**, ***Calypso*** S. 12
– Lippe nicht schuhförmig 23
23 Pflanze vielblütig 24
24 Lippe nach oben gerichtet 25
– Lippe vorwärts oder abwärts gerichtet 26
25 Stängel blattlos, blassgelb: **Widerbart**, ***Epipogium*** . . . . S. 100
– Pflanze mit grünen Laubblättern; Blütenstand kurz, gedrungen; Lippe ungeteilt: **Kohlröschen**, ***Nigritella*** . . . . S. 130
26 Stängel violett, ohne grüne Blätter: **Dingel**, ***Limodorum*** . . . . S. 119
– Stängel nicht violett 27
27 Lippe mit mindestens 15 mm langen Zipfeln 28
– Lippe ohne auffällige Zipfel 29
28 Lippe 3-teilig; Mittellappen lang ausgezogen und meist spiralig gedreht: **Riemenzunge**, ***Himantoglossum*** . . . . S. 110
– Lippe in 4 fadenförmige, bis zu 10 cm lange Zipfel ausgezogen: **Bartorchis**, ***Comperia*** . . . . S. 23
29 Perigonblätter mit verlängerten Zipfeln, die keulenförmig verdickt sind; Blätter am Stängel verteilt; Blütenstand kugelig: **Traunsteinera**, ***Traunsteinera*** . . . . S. 303
– Perigon ohne keulige Zipfel 30
30 Lippe am Grunde mit 2 senkrechten Längsleisten; Blütenstand anfangs pyramidenförmig: **Pyramiden-Hundswurz**, ***Anacamptis*** . . . . S. 9
– Lippe am Grunde ohne Längsleisten 31
31 Blüten einseitswendig 32
– Blüten allseitswendig 33
32 Pflanzen mit 2 gegenständigen Grundblättern; Perigon helmförmig; Blüten rosa: **Kapuzenorchis**, ***Neottianthe*** . . . . S. 129
– Pflanze mit 2 großen entfernt stehenden Laubblättern; Perigon glockig; Blüten gelblich grün: **Grünstendel**, ***Gennaria*** . . . . S. 101
33 Lippe zungenförmig, ungeteilt 34
– Lippe deutlich geteilt 35
34 Pflanze mit 1 grundständigen Laubblatt; wenig (2–9)-blütig: **Wenigblütige Waldhyazinthe**, ***Lysiella*** . S. 125
– Pflanze mit 2 bis mehreren Laubblättern; Blütenstand reichblütig: **Waldhyazinthe**, ***Platanthera*** . . S. 257
35 Lippe bis zum Grunde gespalten; Pflanze am Grunde mit 2 glänzenden Laubblättern; Blütenstängel ohne Blätter; Sporn so lang wie der Fruchtknoten: **Kanarenstendel**, ***Habenaria*** . . . . S. 107
– Lippe vorne 3-zipfelig 36
36 Laubblätter oft gefleckt, am Grunde mit 2–3 Rosettenblättern; Blüten sehr klein, weiß bis rosa; Perigon keulenförmig: **Keuschorchis**, ***Neotinea*** . . . . S. 127
– Laubblätter am Stängel verteilt; Blüten klein, glockig; Sporn sehr kurz: **Höswurz**, ***Pseudorchis*** . . . S. 264
37 Pflanze am Grunde mit 1 meist rotbraunen Laubblatt; Perigon helmförmig; Sporn vorne 2-geteilt: **Kappenwurz**, ***Steveniella*** . . . . S. 302
– Pflanze mit grünen Laubblättern 38
38 Pflanze am Grunde mit 1 grünen Laubblatt; Lippe weiß, purpurn punktiert: **Rundblättriges Knabenkraut**, ***Amerorchis*** . . . . S. 8
– Pflanze mit mehreren grünen Laubblättern, Lippe vorne 2-zipfelig 39
39 Laubblätter am Stängel verteilt; Lippe herabhängend; Sporneingang durch Leisten und Lamellen fast verschlossen: **Coeloglossum** . . . . S. 22
– Lippe groß, vorne 2-lappig 40
40 Pflanze mast; mit zahlreichen breiten Laubblättern; Perigon helmförmig, innen rötlich punktiert; Lippe bis 2 cm lang: **Mastorchis**, ***Barlia*** . . . . S. 10
– Lippe kleiner, vorne 3-lappig bis ungeteilt 41
41 Blütenähre dicht und kleinblütig; seitliche Sepalen waagrecht abstehend: **Händelwurz**, ***Gymnadenia*** . . . . S. 104
– Seitliche Sepalen anders gerichtet 42
42 Wurzeln 2 runde Knollen; Blüten bis zum Aufblühen scheidig eingehüllt; Stängel mit mehreren Blättern, am Grunde meist rosettig gehäuft: **Knabenkraut**, ***Orchis*** . . . . S. 206
– Wurzeln fingerförmig gespalten; Blütentriebe vom Austrieb an offen; Stängel gleichmäßig beblättert; Tragblätter krautig, meist violett überlaufen: **Fingerwurz**, ***Dactylorhiza*** . . . . S. 27

Orchideen von A bis Z

Aceras anthropophorum
Ohnsporn

S *Ophrys anthropophora.*

M Geophyt mit 2 runden, ungeteilten Knollen von 10–40 cm Höhe. Stängel mit 4–8 Blättern, 2–5 am Grunde rosettig gehäuft. Rosettenblätter im Herbst erscheinend, eiförmig lanzettlich (6–9 × 1,7–2,5 cm), ungefleckt, bläulich grün. Stängelblätter stark scheidenförmig, das oberste den Blütenstand nicht erreichend. Blütenstand schmal, 5–20 cm lang, wenig ausladend, reichblütig (10–100). Tragblätter häutig (5–7 × 1,2–2,3 mm), etwas kürzer als der Fruchtknoten und diesem anliegend. Sepalen (7–11 × 3–4 mm) und Petalen (5–8 × 1–1,7 mm) bilden einen halbkugeligen, gelbgrünen Helm, der entlang der Nerven und an den Rändern oft rotbraun gezeichnet ist. Lippe (10–16 × 2,5–4 mm) hängend, stark 3-geteilt, am Grunde mit 2 glänzenden Wülsten, mit Nektar, spornlos, gelbgrün bis braunrot, mit langem geteiltem Mittellappen und kürzeren lanzettlichen Seitenlappen. Pollinarien langgestielt, mit gemeinsamem Beutelchen, einzeln oder zusammen entnehmbar, Pollinien hellgelb. Kapseln (8–13 × 3–5 mm) sitzend.

B Blütezeit März (Süden)–Juni. Allogame Art (Käferblütigkeit) mit unterdurchschnittlichem Fruchtansatz. Gattungshybriden mit *Orchis italica*, *O. militaris*, *O. simia* und *O. purpurea*, die an der ± intermediären Blütengröße, vor allem an der Spornlänge zu erkennen sind. 2n=42.

U Unverwechselbare Art mit ungespornten, mittelgroßen, gelbgrünen Blüten.

W Im Mittelmeergebiet in halbschattigen Busch (Phrygana)- oder Waldformationen, in Mitteleuropa Bestandteil der Kalkmagerwiesen wärmebegünstigter Lagen. 0–1600 m.

A Mediterranes Kerngebiet von Marokko bis zur SW-Türkei, nach Norden über Deutschland bis S-England.

G Im gesamten Areal durch Beweidung, Nutzungsänderungen und Freizeitanlagen.

H Fra., Asnières, 25.5.90, HB; Deu., Pforzheim, 24.5.95, HB.

Amerorchis rotundifolia
Rundblättriges Knabenkraut

S *Orchis rotundifolia.*

M Niedriger Rhizomgeophyt von 5–15 (35) cm Höhe. Stängel kahl, am Grunde mit einem dunkelgrünen, scheidenförmigen Laubblatt (4–10 × 6–7 cm) von eiförmiger Gestalt. Blütenstand kurz, ± einseitswendig, mit 2–7 (14) locker angeordneten und relativ großen Blüten, die geruch- und nektarlos sind. Tragblätter (8–10 × 2–3 mm) lanzettlich, dunkelgrün bis rotbraun überlaufen, so lang wie der rotbraune Fruchtknoten. Seitliche Sepalen (6–9 × 3–4 mm) länglich eiförmig, ausgebreitet. Mittleres Sepal und Petalen (5–6 × 2–3 mm) bilden einen Helm, der die Säule bedeckt. Perigonblätter weißlich bis rosa, Innenseite heller. Lippe (6–10 × 4–8 mm), 3-lappig mit größerem zungenförmigen Mittellappen (6–10 × 3–5 mm) und kleineren Seitenlappen (4–5 × 1–2 mm), hellrosa mit violettroten und unregelmäßig verteilten Saftmalen, um den Sporneingang grüngelb. Sporn (5 × 1 mm) zylindrisch, stumpf, abwärts gebogen, halb so lang wie der Fruchtknoten. Pollinarien mit gemeinsamem Beutelchen und paarweiser Entnahme, die beiden Narbenlappen stehen seitlich nach außen.

B Juni–August, in N-Amerika ab März. Nektartäuschblume, Bestäuber unbekannt. Vegetative Vermehrung durch Klonbildung führt zu Herdenbildung.

U Die Art ist unverwechselbar.

W Auf Grönland in Zwergstrauchheiden mit Silberwurzspalieren, in sumpfigen, moosreichen Senken mit Weiden oder Zwergbirken. In N-Amerika in feuchten Nadelwäldern, oft auf Kalk, auf sauren, baumbestandenen Sphagnum-Mooren, Tundren. Auf Grönland 0–100 m, N-Amerika 1200 m.

A Arktisch, boreal. S-Grönland, Alaska, Kanada, N-Amerika.

G Nur wenige Wuchsorte auf Grönland.

H Grö., Narsarsuaq, 15.7.95, RH; Grö., Narsarsuaq, 18.7.95, RH.

Anacamptis pyramidalis
Pyramiden-Hundswurz

S *A. urvilleana.*

M Geophyt mit 2 runden, ungeteilten Knollen von 10–65 cm Höhe. Stängel mit 7–12 Blättern, 2–4 am Grunde rosettig. Rosettenblätter im Herbst erscheinend, eiförmig lanzettlich (8–17 × 0,8–2,1 cm), ungefleckt. Stängelblätter scheidenförmig. Blütenstand am Grunde breit ausladend, kegel- bis eiförmig, 2–9 cm lang, reichblütig (10–80). Tragblätter häutig (9–15 × 1,7–4,5 mm), fast so lang wie der Fruchtknoten. Seitliche Sepalen (5–8,5 × 2–3 mm) eiförmig lanzettlich, waagrecht. Mittleres Sepal und Petalen (4,5–6,5 × 2–3,2 mm) bilden Helm, der wie die Lippe von weiß über rosa, rot bis karminrot variiert. Lippe (6–10 × 8–14 mm) extrem gespornt, 3-lappig, an der Basis mit 2 aufrechten Längsleisten. Mittellappen oft kleiner als die halbkreisförmigen Seitenlappen. Sporn (8–19 × 0,5–0,9 mm) stecknadelförmig. Pollinarien mit gemeinsamer, sattelförmiger Klebscheibe. Pollinien grauviolett.

V Var. *tanayensis*: kleinblütig, dunkelrot, kurzspornig (Schweiz); var. *urvilleana* (2n=36): zierlich, hellblütig, frühblühend. (s-mediterran: Kykladen, Malta, FFH Anhang II).

B März–Juli (Gebirge). Allogame Nektartäuschblume mit gutem Fruchtansatz (langrüsselige Tagfalter, *Zygaenidae*, tagaktive Nachtfalter). Gattungshybriden (± intermediär) mit *Orchis coriophora*, *O. laxiflora*, *O. morio*, *O. palustris*, *O. sancta*. 2n=36, 54, 63, 72.

U *G. conopsea*: keine Lippenlängsleisten.

W Größte Bestandsdichte der licht- und kalkliebenden Art auf flachgründigen Böden der Phrygana, in Hartlaubgebüschen, lichten Wäldern. In Mitteleuropa auf trockenen bis wechselfrischen Magerrasen. Auch auf Dünenwiesen (Äußere Hebriden). 0–2400 m.

A Mediterranes Kerngebiet strahlt in submediterrane Unterregion aus. Im Norden bis Äußere Hebriden und Inseln des Rigaer Meerbusens.

G Arealränder: Zersiedelung, Landwirtschaft.

H Irl., Burren, 1.7.94, HB; Aserb., Schemacha, 31.5.97, HB.

Barlia metlesicsiana
Metlesics Mastorchis

S *Himantoglossum metlesicsianum.*

M Geophyt mit 2 runden, ungeteilten Knollen von robustem Wuchs und 35–70 (100) cm Höhe. Laubblätter 6–11, 3–4 am Grunde rosettig gehäuft. Rosettenblätter (13–20 × 3–5,5 cm) eiförmig lanzettlich, spitz. Stängelblätter 3–8, ± gleichmäßig am Stängel verteilt, nach oben an Größe abnehmend, leicht gekielt und flächig ausgebildet, die oberen 2–3 tragblattähnlich. Blütenstand (8–17 cm lang), allseitswendig, breit ausladend, locker mit 15–55 großen Blüten besetzt. Untere Tragblätter (25–30 × 3–4 mm) häutig, doppelt so lang wie der Fruchtknoten. Perigonblätter helmförmig, auf der Außenseite rotbraun bis rotviolett, auf der Innenseite grob rot punktiert. Sepalen (9–13 × 5–7 mm) eiförmig, Petalen (8–9 × 3–4 mm) schmal eiförmig. Lippe (13–22 × 13–19 mm) fast so lang wie breit, 3-lappig, leicht konvex, im Zentrum hellrot mit dunkleren Saftmalen, an den Rändern rotviolett, am Sporneingang mit 2 aufrechten Leisten. Mittellappen vorgezogen, 2-geteilt, am Rande rundlich. Seitenlappen 3-eckig bis rhombisch, an den Rändern wenig gewellt. Sporn (5–7 × 2–3 mm) konisch, abwärts gerichtet, am Ende mit einem Höcker, dessen Funktion unbekannt ist. Narbe 3-eckig, Thekenfächer gespreizt, Pollinarien gestielt, mit gemeinsamer, von einem Beutelchen umschlossenen Klebscheibe. Pollinien braunrot.

B (November) Dezember–Februar. Allogame Nektartäuschblume mit gutem Fruchtansatz durch Königinnen der endemischen *Bombus canariensis.*

U *B. robertiana*: Grundblätter rosettig, Stängelblätter scheidig, nicht ausgebreitet.

W Junge Lavaböden in der Kiefernwaldstufe. Meist in Sekundärbiotopen wie aufgelassenen Terrassen oder Feigenkulturen. 400–1380 m.

A Teneriffa-Endemit, kleines Areal im Westen der Insel.

G Tourismus und Landwirtschaft.

H Ten., Chio, 13.1.03, RL; Ten., Chio, 13.1.03, RL.

Barlia robertiana
Roberts Mastorchis

S *B. longibracteata*, *Himantoglossum longebracteatum*, *Orchis robertiana*.

M Geophyt mit 2 runden, ungeteilten Knollen von robustem Wuchs und 20–80 (100) cm Höhe. Stängel dick mit 5–10 Blättern, 2–5 am Grunde rosettig gehäuft. Grundblätter (8–30 × 4–11 cm) länglich eiförmig, glänzend. Stängelblätter 3–4, scheidig. Blütenstand (8–25 cm), zylindrisch, allseitswendig, dicht- und reichblütig (25–60). Tragblätter krautig, violett, die unteren länger als der Fruchtknoten. Alle Perigonblätter helmförmig, auf der Außenseite olivgrün bis braunrot überlaufen, auf der Innenseite heller und rötlich punktiert. Seitliche Sepalen (10–15 × 5–9 mm) und Petalen (7–11 × 1,5–3 mm) schief eiförmig. Lippe (13–25 × 13–25 mm) 3-lappig, im Zentrum hell, mit roten Saftmalen, an den Rändern olivgrün bis rotviolett, mit 2 am Sporneingang liegenden Längsleisten. Mittellappen vorgezogen, kurz 2-teilig, wie die sichelförmigen Seitenlappen am Rande gewellt. Sporn (4–6 × 1,5–3 mm) konisch, nach unten gebogen, am Ende mit einem Höcker, dessen Funktion unklar ist. Narbe 3-eckig, Thekenfächer gespreizt, Pollinarien gestielt, mit gemeinsamer, von einem Beutelchen umschlossenen Klebscheibe. Pollinien braunviolett, Stielchen gelb.

B Januar–Mai. Allogame Nektartäuschblume (Bienenblütigkeit) mit hohem Fruchtansatz. 2n=36.

U Frühe Blütezeit, kurz gespaltener Lippenmittellappen und Mangel an Hybriden spricht gegen eine Vereinigung mit *Himantoglossum*.

W Vollsonnig bis halbschattig, auf kalkreichen Böden. Küstenphrygana, Macchien, Buschwerk, lichte Wälder. 0–1700 m.

A Mediterranes Kerngebiet, reicht von Marokko im Westen bis in die SW-Türkei und Zypern im Osten.

G Wuchsorte in Küstennähe durch Tourismus.

H Siz., Niscemi, 30.1.99, RL; Liby., Al Mari, 28.3.00, HB.

Calypso bulbosa
Knollige Calypso

S *C. borealis*, *C. americana*, *Cypripedium bulbosum.*

M Knollengeophyt mit verlängerter Wurzel, an der Basis mit 2–3 bräunlichen Blattscheiden. Stängel niedrig, 8–20 cm, am Grunde mit einem langgestielten, eiförmigen Laubblatt (2–7 × 3–5 cm), oberseits dunkelgrün, unterseits purpurn gefärbt, am Rand gewellt. Es entwickelt sich Ende Juli und überwintert. An der Spitze des Stängels eine große Blüte von rosa bis violetter Färbung, nach Vanille duftend. Das zugehörige lanzettliche Tragblatt (10–12 × 2–3 mm) ist gleich gefärbt, aufwärts gerichtet, so lang oder länger als der nicht gedrehte Fruchtknoten. Perigonblätter ± helmförmig bis ausgebreitet. Sepalen und Petalen kaum differenziert, eiförmig lanzettlich, 12–22 mm lang und 2,5–4 mm breit. Lippe (15–23 × 10–15 mm), 2-teilig. Vorderlippe zungenförmig, ± flach bis leicht zurückgeschlagen, weißlich bis rosa, am Grunde mit gelben Streifen und Haarbüscheln. Hinterlippe napfförmig, rotbraun gestreift, auf der Rückseite zu einem kurzen sackförmigen Sporn verlängert, der gelb und zweigeteilt ist. Säule gebogen mit vier ungestielten Pollinarien. Pollinien gelb, jeweils paarweise verbunden, Entnahme der Paare mit gemeinsamer Klebdrüse. Kapseln (17 × 5 mm) breit, zylindrisch, am Ende mit Blütenresten, Stiellänge 2–7 mm.

B Mai–Juni, unmittelbar nach der Schneeschmelze. Allogame Kesselfallenblume, Bestäubung durch Hummelweibchen. 2n=28.

U Die frühe Art ist unverwechselbar.

W Schattenliebende Art in subarktischen, feuchten Nadelwäldern und auf Mooren. 0–800 m (2900 m N-Amerika, 3200 m China).

A Zirkumboreale Art mit europäischen Vorkommen in Skandinavien (Schweden, Finnland) und Russland. Das Areal erstreckt sich über N-Asien bis N-Amerika (var. *americana*, var. *occidentalis*).

G Abholzen der Nadelwälder. FFH Anhang II.

H Schwed., Jäm., Brynje, 6.6.90, RH; Schwed., Vilmyar, 8.6.83, WS.

Cephalanthera caucasica
Kaukasisches Waldvögelein

S *C. damasonium* subsp. *caucasica.*
M Rhizomgeophyt mit kriechendem Wurzelstock. Stängel 20–60 cm hoch, mit 7–9 großen, grünen, kräftig geäderten Blättern. Untere bis mittlere Blätter (9–16 × 4–7 cm) eiförmig elliptisch, ± waagrecht bis überhängend. Die oberen 2–3 Stängelblätter schmaler (länglich lanzettlich) und am Ende tragblattartig. Blütenstand 5–20 cm lang, breit ausladend (bis 7 cm) und ± locker mit 5–25 großen, weißen, weit geöffneten Blüten besetzt. Untere Tragblätter (30–100 × 5–10 mm) laubblattähnlich, nach oben rasch kleiner werdend, die obersten nur noch 25 mm lang. Seitliche Sepalen (18–25 × 6–9 mm) elliptisch lanzettlich. Mittleres Sepal und die elliptischen Petalen (14–20 × 7–10 mm) helmförmig. Sie bilden mit der ± waagrechten Lippe für die Bestäuber einen röhrenförmigen Eingang. Lippe (10–12 × 12–15 mm) breiter als lang, zweigliedrig, ungespornt, ohne Nektar. Hinterlippe (5–7 × 12–15 mm) konkav, 3-lappig mit schief 3-eckigen Seitenlappen, weiß, am Grunde orangegelb. Vorderlippe (5–6 × 8–10 mm) verkehrt eiförmig, am Rande gekräuselt, mit gelborangen, dicht behaarten Längsleisten (Pseudopollen). Säule ± waagrecht, Pollinien körnig, mittels Klebstoff am Rücken der Bestäuber haftend.
B Ende April–Anfang Juni. Allogame Nektartäuschblume (solitäre Bienen).
U *C. longifolia*: kleinere Blätter und Blüten. Bei gemeinsamem Vorkommen ± intermediäre Hybriden. *C. kotschyana*: schmalere Blätter.
W Luftfeuchte Buchen- und Buchenmischwälder. 100–1900 m.
A Aserbaidschan (SO-Kaukasus, Talysch), N-Iran (Mazandaran, Gorgan, Khorasan).
G Die oft in Kleinpopulationen vorkommende Art ist durch forstwirtschaftliche Maßnahmen gefährdet.
H Aserb., Schemacha, 1.6.97, HB. Aserb., Schemacha, 1.6.97, HB.

Cephalanthera cucullata
Kretisches Waldvögelein

S *Epipactis cucullata.*

M Rhizomgeophyt mit kriechendem Wurzelstock. Stängel 5–30 cm hoch, hin- und hergebogen, mit 2–4 dunkelgrünen Laubblättern. Stängelblätter (2,5–6 × 1,5–2,5 cm) eiförmig elliptisch, tütenförmig eingerollt, ohne Unterbrechung in die Tragblätter übergehend. Blütenstand 4–15 cm lang, ausladend, 1/2 bis 2/3 der Gesamthöhe, ± locker mit 4–35 großen, cremefarbig weißen bis zartrosa, schwach bis weit geöffneten Blüten besetzt. Untere Tragblätter laubblattähnlich, breit lanzettlich, länger als die Blüten, nach oben kleiner werdend, die obersten nur so lang wie der Fruchtknoten. Seitliche Sepalen (15–25 × 5–8 mm) breit lanzettlich. Das mittlere Sepal und die etwas kürzeren, eiförmigen Petalen (12–16 × 6–7 mm) bilden mit der ± waagrechten Lippe für die Bestäuber einen röhrenförmigen Eingang. Lippe (11–13 × 7–9 mm) länger als breit, 2-gliedrig. Hinterlippe 4–4,5 mm lang, leicht konkav, 3-lappig mit abgerundeten Seitenlappen, in einen konischen, nektarlosen, aber deutlich sichtbaren, 2–3 mm langen Sporn übergehend. Vorderlippe 7–9 mm lang, herzförmig, kahnförmig gewölbt, mit 4–7 dottergelben Längsleisten (Pseudopollen). Säule ± waagrecht, Pollinien körnig.

B Mai–Juni. Allogame Nektartäuschblume (solitäre Bienen).

U *C. epipactoides*, *C. kurdica*: Wuchs höher, Sporn länger (3–4 mm), Blüten geöffnet.

W Montane bis hochmontane Stufe in Steineichen-, Immergrünen Ahorn-, Zypressen- und Kiefern- (*Pinus brutia, P. halepensis*)-Wäldern auf kalkreichen Böden. 700–1500 m.

A Endemit der kretischen Gebirge: Lefka Ori, Idhi Oros (Hauptverbreitung). Dhikti Or.

G Abholzung, Entwässerung, Beweidung (Ziegen). Prioritäre Art FFH Anhang II.

H Kre., Kamares, 4.6.86, HB; Kre., Kamares, 4.6.86, HB.

Cephalanthera damasonium
Weißes Waldvögelein

S *C. alba, C. grandiflora, C. pallens.*
M Rhizomgeophyt mit waagrecht kriechender Grundachse, oft mehrere Sprosse. Stängel 10–60 cm hoch, mit 3–6 ± gleichmäßig verteilten Laubblättern, bis zum mittleren an Größe zunehmend, dann abnehmend. Mittlere Laubblätter (4–11 × 1,5–5 cm) breit lanzettlich, ± waagrecht. Oberste Stängelblätter tragblattartig. Blütenstand 6–22 cm lang, locker mit 2–20 elfenbeinfarbenen Blüten besetzt. Untere Tragblätter 2–3 × länger als die Blüten, am Ende nur 1/2 so lang wie der Fruchtknoten. Perigonblätter meist ± zusammenneigend, Blüten selten voll geöffnet. Sepalen (17–23 × 6–10 mm) eiförmig lanzettlich. Petalen (15–19 × 6–8 mm) eiförmig, stumpf. Lippe (13–16 × 10–14 mm) 2-gliedrig. Hinterlippe 3-lappig, herzförmig, am Ende sackartig, gelb. Vorderlippe (9–13 × 9–10 mm) breit oval, an den Seitenrändern aufgewölbt und gezähnelt, an der Spitze abwärts, mit Ausnahme der Ränder dottergelb und von 3 Längsleisten (Pseudopollen) durchzogen. Pollenkörner hellgelb, ungeformt, zerfallend. Kapseln (25–30 × 9–10 mm) aufrecht.
B Mai–Juli. Autogamie mit komplettem Fruchtansatz. Hybriden mit *C. kotschyana* und *C. longifolia*, keine Gattungshybriden. 2n=36.
U *C. longifolia*: Blätter schwertförmig, mittlere Tragblätter kürzer. *C. kotschyana*: Blüten größer (Sepalen > 2 cm), weiter geöffnet, Fruchtknoten schräg (45°) stehend.
W Mullbodenpflanze an schattigen bis halbschattigen Standorten in Seggen-Buchen-, Tannen-, Eichen- Hainbuchen-Zedernwäldern. 5–1940 m.
A In Europa und Vorderasien (meridionale bis temperate Zone) verbreitet. Im kontinentalen Osteuropa lokal und ausklingend. S-Grenze in den Gebirgen Algeriens, Siziliens, Kretas, der S-Türkei und N-Iran.
G Abholzung an südlichen Arealrändern.
H S-Deu., Böblingen, 2.6.03, HB; S-Deu., Böblingen, 2.6.03, HB.

Cephalanthera epipactoides
Gesporntes Waldvögelein

S *C. cucullata* subsp. *epipactoides.*

M Rhizomgeophyt mit kriechendem Wurzelstock, oft mit zahlreichen Sprossen. Stängel 20–60 cm hoch, mit 3–5 tütenförmigen, kräftig geäderten Blättern. Untere bis mittlere Blätter bis 6 cm lang, eiförmig elliptisch, das oberste tragblattartig. Blütenstand länger als der beblätterte Stängelteil, ± locker mit 10–25 großen, rahmfarbenen bis grünlich gelben, weit geöffneten Blüten. Untere Tragblätter (30–40 × 9–11 mm) laubblattähnlich, doppelt so lang wie die Blüten, nach oben kleiner werdend, dann so lang wie der Fruchtknoten. Seitliche Sepalen (25–36 × 7–9 mm) elliptisch lanzettlich. Mittleres Sepal und die elliptischen Petalen (18–25 × 7–9 mm) helmförmig. Sie bilden mit der ± waagrechten Lippe für die Bestäuber einen röhrenförmigen Eingang. Lippe (17–21 × 12–15 mm) breiter als lang, 2-gliedrig, gespornt (4,5–6,5 × 2,5–3 mm), ohne Nektar. Hinterlippe konkav, 3-lappig mit schief 3-eckigen Seitenlappen. Vorderlippe (12–14 × 9–11 mm) verkehrt eiförmig, am Rande gekräuselt, mit 7–9 braungelben, dicht behaarten Längsleisten (Pseudopollen). Säule ± waagrecht, Pollinarien körnig, mittels Klebstoff am Rücken der Bestäuber haftend.

B März–Juni. Allogame Nektartäuschblume (solitäre Bienen). Hybriden mit *C. longifolia* und *C. kurdica*. 2n=44.

U *C. kurdica*: rosa Blüten, Vorderlippe herzförmig.

W Halbschattenpflanze. Lichte Eichen- und Nadelwälder, Gebüsche auf basenreichen Böden. 0–1500 m.

A Hauptvorkommen in der zentralen N-, NW- und SW-Türkei mit vorgelagerten Ägäischen Inseln. Nordwestwärts bis S-Bulgarien (Rodopen) und Griechisch Thrazien. Im NO bis in die nordwestlichen Ausläufer des Kaukasus (Bolshoy).

G Durch waldbauliche Maßnahmen.

H Kos, Asclepinion, 9.4.95, HB; SW-Tür., Mugla, 20.4.90 HB.

Cephalanthera kotschyana
Kotschys Waldvögelein

S *C. damasonium* subsp. *kotschyana.*
M Rhizomgeophyt mit waagrecht kriechender Grundachse. Stängel 20–60 cm hoch, meist einzeln, mit 3–6 ± gleichmäßig, spiralig, angeordneten Laubblättern. Mittlere Laubblätter (6–10 × 2–5 cm) eiförmig, zugespitzt, schräg aufwärts. Oberste Stängelblätter tragblattartig. Blütenstand 8–20 cm lang, breit ausladend bis 7 cm breit, ± locker mit 4–30 rein weißen Blüten besetzt. Untere Tragblätter doppelt so lang (70 mm) wie die Blüten, am Ende nur noch so lang wie der Fruchtknoten. Blüten meist voll geöffnet. Fruchtknoten schräg aufwärts gerichtet, unter einem Winkel von ± 45°. Seitliche Sepalen (20–30 × 7–11 mm) eiförmig lanzettlich, seitlich leicht abstehend. Mittleres Sepal und die kürzeren, eiförmigen Petalen helmförmig. Lippe (13–17 × 11–14 mm) 2-gliedrig. Hinterlippe 3-lappig, herzförmig, am Ende sackartig und gelb. Vorderlippe (8–10 × 1–4 mm) breit herzförmig, an den Seitenrändern aufgewölbt, an der Spitze abwärts, mit Ausnahme der Ränder dottergelb, von 3 Längsleisten (Pseudopollen) durchzogen.
B Mai–Juli. Autogame? oder allogame Nektartäuschblume. Schwer erkennbare Hybriden mit *C. damasonium* und *C. longifolia.*
U *C. damasonium*: Blütenstand schmaler und kürzer, Blüten kaum geöffnet, kleinere Sepalen. Fruchtknoten steil aufwärts gerichtet, dem Stängel ± anliegend.
W Lichte Eichen-, Buchen- und Kiefernwälder. 200–2000 m.
A Die ostmediterran-orientalisch-kaukasische Art besitzt Vorkommen im Taurus, Pontus, Kilikien, Kurdistan und Kaukasus.
G Säuberung von Friedhöfen, Abholzung, Entwässerung.
H SW-Tür., Gülnar, 23.4.90, HB; SW-Tür., Gülnar, 23.4.90, HB.

Cephalanthera kurdica
Kurdisches Waldvögelein

S *C. floribunda*, *C. cucullata* subsp. *kurdica*.
M Rhizomgeophyt mit kurzem, kriechendem Wurzelstock, oft zahlreiche Sprosse bildend. Stängel 10–70 cm hoch, mit 2–4 ± gleichmäßig verteilten Blättern. Mittlere Stängelblätter (2,5–5 × 1–2,5 cm) tütig, eiförmig elliptisch, grün, kräftig geädert, die obersten tragblattartig. Blütenstand 6–40 cm lang, meist länger als der halbe Stängel, locker mit 10–50 relativ großen, hellrosa Blüten. Blüten halb bis ganz geöffnet, ± waagrecht abstehend. Untere Tragblätter (20–50 mm) länger als die Blüten, obere etwa gleich lang. Sepalen (20–32 × 6–9 mm) länglich lanzettlich, seitlich abstehend. Mittleres Sepal und schmal elliptische Petalen (16–18 × 6–7 mm) helmförmig. Lippe deutlich 2-gliedrig. Hinterlippe (4–6 × 10–12 mm) hellrosa, mit breit 3-eckigen, aufrechten Seitenlappen. Vorderlippe (9–11 × 7–10 mm) konkav, rundlich eiförmig, an den Rändern gekräuselt, im Zentrum mit 3–6 braungelben, dicht behaarten Längsleisten (Pseudopollen). Sporn konisch, 4 mm lang, abwärts gebogen, ohne Nektar. Säule ± waagrecht, Pollinien körnig, mittels Klebstoff am Rücken der Bestäuber haftend.
B April–Juni (Gebirge). Allogame Nektartäuschblume (solitäre Bienen).
U *C. epipactoides*: Blüten weißlich cremefarben, Vorderlippe 3-eckig lanzettlich, Blüten größer (Sepalen 25–36 mm lang).
W Vor allem Immergrüne Eichenwälder, auch in Kiefernwäldern auf Kalk- und Schieferböden. 40–2100 m.
A Von der mittleren S-Türkei durch türkisch und irakisch Kurdistan bis W-Iran. Nordwärts bis zur NO-Türkei, nach SO zum iranischen Zagros-Gebirge. Das Areal schließt östlich an das von *C. epipactoides* an, ein kleines Überschneidungsgebiet liegt in Lykien.
G Weite Verbreitung, Gefährdung gering.
H SW-Tür., Gülnar, 23.4.90, HB; SW-Tür., Gülnar, 23.4.90, HB.

Cephalanthera longifolia subsp. longifolia
Schwertblättriges Waldvögelein

S *C. ensifolia*, *C. xiphophyllum*, *C. angustifolia*. **M** Rhizomgeophyt mit kriechendem Wurzelstock, oft zahlreiche Sprosse bildend. Stängel 20–50 cm hoch, mit 7–10, ± zweizeilig angeordneten Laubblättern. Untere bis mittlere Blätter (6–12 × 1,3–3,5 cm) langscheidig, lineal lanzettlich, das oberste tragblattartig. Blütenstand langgestreckt, 7–21 cm lang, ± locker mit 7–27 Blüten. Blüten porzellanartig weiß, meist halb geöffnet, spornlos. Die beiden untersten Tragblätter länger als der Fruchtknoten, nach oben rasch kleiner werdend, die obersten nur 1/4 so lang. Seitliche Sepalen (15–18 × 5–6 mm) länglich eiförmig, bei geöffneten Blüten seitlich abstehend. Mittleres Sepal und die ovalen Petalen (14–16 × 5–7 mm) helmförmig. Sie bilden mit der ± waagrechten Lippe für die Bestäuber einen röhrenförmigen Eingang. Lippe (12–15 × 10–13 mm) 2-gliedrig, ohne Nektar. Hinterlippe konkav, 3-lappig. Vorderlippe oval, seitliche Ränder aufgebogen, mit 4–7 orangegelben, dicht behaarten Längsleisten (Pseudopollen). Pollinarien körnig, mittels Klebstoff am Rücken der Bestäuber haftend. Kapseln (18–25 × 5,5–7 mm) kurz gestielt (1–2 mm).
V Subsp. *conferta*: niedriger, Blätter, Blüten zahlreicher. Hinter- und Vorderlippe etwa gleich breit. Vorkommen im Libanon, Jordanien, Israel.
B April–Juli. Allogame Nektartäuschblume (Solitäre Bienen) mit geringem Fruchtansatz. Hybriden mit *C. caucasica*, *C. damasonium*. 2n=32.

U *C. damasonium*: kürzere Blätter, längere mittlere Tragblätter, 100% Fruchtansatz.

W Seggen-, Blaugras-Buchen-, Eichen-Hainbuchen-, Eichen-Trocken-, Schneeheide-Kiefernwäldern auf basenreichen, oft kalkarmen humosen Boden. 0–2000 m, in Asien bis 3300 m.
A In Europa, N-Afrika und Vorderasien. Ostwärts isolierte Vorkommen im Ural, N-Iran und W-Himalaya.

G Abholzung an südlichen Arealrändern.

H N-Ita., Kurtatsch, 10.5.04, RL; Sar., Burcei, 23.5.91, RL.

Cephalanthera rubra
Rotes Waldvögelein

S *Serapias rubra*, *Epipactis rubra*, *Epipactis purpurea*.

M Rhizomgeophyt mit langer Grundachse und zahlreichen Wurzeln. Stängel 30–70 cm hoch, leicht hin- und hergebogen, im unteren Teil kahl, im oberen Teil drüsig. Bis etwa zur Stängelmitte 5–9, ± 2-zeilig gestellte Laubblätter. Untere Blätter (5–12 × 1,5–3 cm) eiförmig lanzettlich, die oberen schmaler. Blütenstand 3–21 cm lang, breit ausladend, locker 2–24-blütig. Untere Tragblätter (17–25 × 2,5–3,5 mm) länger als der behaarte Fruchtknoten, die oberen halb so lang. Blüten rotlila, rosa, seltener weiß. Seitliche Sepalen (16–23 × 6–7,5 mm) eiförmig lanzettlich, zusammenneigend bis seitlich abstehend. Mittleres Sepal und die Petalen (14–20 × 7–9,5 mm) bilden mit der ± waagrechten Lippe für die Bestäuber einen röhrenförmigen Eingang. Lippe (14–20 × 9–13 mm) 2-gliedrig. Hinterlippe (5–7 × 9–11 mm) konkav, 3-lappig, ohne Nektar mit rudimentärem Sporn (0,8–1,5 mm lang). Vorderlippe (9–13 × 7–8,5 mm) eiförmig lanzettlich, am Rande gekräuselt und aufgebogen, im Zentrum mit bis zu 10 gelbbraunen Längsleisten (Pseudopollen). Pollinarien körnig, mittels Klebstoff am Rücken der Bestäuber haftend. Kapseln (15–30 × 5,5–9 mm) aufrecht, kurz gestielt (3 mm).

B Mai–Juli. Allogame Nektartäuschblume (Bienenblütigkeit: *Chelostoma*, *Dufourea*) mit geringerem Fruchtansatz. 2n=36.

U *C. epipactoides*, *C. kurdica*: Blüten mit 3–4 mm langem Sporn.

W Submediterran-gemäßigt kontinentale Art. In Europa, N-Afrika und Vorderasien. S-Grenze durch Marokko (Hoher Atlas), Algerien, Kreta, Zypern, NW-Syrien bis in den N-Iran.

A Saumart von Seggen-Buchen-, Tannen-, Eichen-, Kiefern-Trockenwäldern auf kalk- und basenreichen Böden. 0–2400 m.

G Entnahme, an den Arealrändern Abholzung.

H S-Deu., Velden, 16.6.02, HB; Deu., Jena, 7.7.95, HB.

Chamorchis alpina
Zwergorchis

S *Ophrys alpina.*
M Geophyt mit 2 runden, ungeteilten Knollen von 4–7 cm Höhe. Am Grunde mit 1–2 Scheidenbättern. Alle 5–11 Laubblätter (35–75 × 1,3–3,5 mm) rosettig gehäuft, dick, grasartig, ± gleich lang, rinnig, mit kapuzenartiger Spitze. Blütenstand schmal, 1,3–3,2 cm lang, mäßig dicht mit 5–15 kleinen, dem Stängel anliegenden, duftlosen Blüten. Tragblätter (9–13 × 2–2,4 mm) lanzettlich, grün, die unteren 3–4 × länger als der Fruchtknoten, nach oben kleiner werdend. Perigonblätter helmförmig, gelbgrün bis olivgrün. Seitliche Sepalen (3–5 × 1,7–2,4 mm) und Petalen (2,5–3,3 × 1,1–1,4 mm) schief eiförmig. Lippe (3,5–5,2 × 2,5–3,5 mm) gelbgrün, zungenförmig, spornlos, an der Basis mit einer Nektargrube, schwach 3-lappig. Mittellappen abgerundet, Seitenlappen schwach abgesetzt. Säulchen ± waagrecht, Antherenfächer parallel. Pollinarien mit kurzen Stielchen, getrennten Klebscheiben und Beutelchen, Pollinien gelb. Kapseln (3–7 × 2–3,5 mm) birnenförmig, kurz gestielt, aufrecht.
B Juli–August. Allogame Art mit hohem Fruchtansatz. Bestäubung durch in der Größe passende Käfer, Wespen und Ameisen (*Formica spec.*). Büschelbildung durch Ausbildung von Seitensprossen. 2n=42.
U Die niedrige, unscheinbare Art ist unverwechselbar. Im fruchtenden Zustand Pflanze gelblich, dann besser sichtbar.
W Kalkliebende, kältefeste Art wächst in lückigen Steinrasen (Polstersegge, Silberwurz) der alpinen Stufe auf windausgesetzten Graten mit kurzer Schneebedeckung. Skandinavien 0–1570 m, Alpen 1400–2700 m.
A Alpid-arktisches Areal mit Vorkommen in Skandinavien, den Alpen und Karpaten.
G Intensive Beweidung.
H N-Ita., Göflan, 20.7.97, RL; N-Ita., Avigna, 25.7.01, RL.

Coeloglossum viride
Grüne Hohlzunge

S *C. viride* var. *islandicum*, *Habenaria viridis*, *Dactylorhiza viridis*.

M Geophyt, zur Blütezeit mit 2 länglichen Knollen, die in 2–3 Abschnitte geteilt sind. Pflanzen 5–30 cm hoch mit 3–7 am Stängel verteilten bläulich grünen, ungefleckten Laubblättern. Untere Stängelblätter (4–10 × 1,5–7 cm) eiförmig, die oberen lanzettlich, sitzend. Blütenstand 2–10 cm lang, locker mit 5–20 kleineren, grünlich gelben bis rötlichen, schwach duftenden Blüten. Tragblätter (10–17 × 2–3 mm), die unteren doppelt so lang wie der Fruchtknoten. Sepalen und Petalen bilden einen Helm. Seitliche Sepalen (4–7 × 2,5–4 mm) schief eiförmig, Petalen (3,5–5,5 × 0,9–1,2 mm) lanzettlich. Lippe (5–10 × 2,5–4 mm) zungenförmig, abwärts gerichtet, gegen das Ende verbreitert und 3-lappig, gegen den Sporneingang an den Seiten aufgebogen. Mittellappen kürzer als die Seitenlappen. Sporn 1,5–2 mm lang, dick, sackartig, leicht 2-teilig mit Nektar. Säule ± waagrecht. Thekenfächer gespreizt, Pollinarien gestielt mit getrennten Klebscheiben und Beutelchen. Pollinien hellgelb, körnig. Kapseln (7–8 × 3,5–4,5 mm) sitzend, dem Stängel anliegend.

V Var. *islandicum*: klein- und wenigblütig.

B Anfang Mai (Tieflagen)–Mitte August (Gebirge). Allogame Art (Käferblütigkeit) mit hohem Fruchtansatz. Gattungshybriden mit *Dactylorhiza* (*fuchsii*, *incarnata*, *maculata*, *majalis* subsp. *majalis*, – *purpurella*, *sambucina*, *umbrosa*). 2n=40.

U *Chamorchis*: fehlende Stängelblätter.

W Borstgrasrasen, Magerwiesen, Zwergstrauchheiden, lichte Wälder auf entkalkten bis sauren Böden. Europa 0–2970 m. (Asien 4000 m).

A S-Grenze der zirkumboreal verbreiteten Art in den Gebirgen M-Spaniens, S-Italiens, N-Griechenlands, der N-Türkei und des Kaukasus.

G Außerhalb der Gebirge durch Düngung und Beweidung.

H Irl., Burren, 1.7.94, HB; Irl., Burren, 1.7.94, HB.

Comperia comperiana
Bartorchis

S *Orchis comperiana, C. karduchorum, C. taurica, Himantoglossum comperianum.*
M Robuster Geophyt mit 2 runden, ungeteilten Knollen, 20–70 cm hoch. Stängel kahl, mit 4–7 Blättern, 4–5 rosettig gehäuft. Grundblätter (7–15 × 2–4 cm) länglich eiförmig. Stängelblätter 2–3, langscheidig. Blütenstand (5–25 cm) arm- bis reichblütig, breit ausladend, 5–25 große Blüten. Tragblätter (20–30 × 7–9 mm) lanzettlich, oliv- bis braungrün, untere doppelt so lang wie der Fruchtknoten, nach oben kleiner werdend. Perigonblätter bis zu 3/4 ihrer Länge helmförmig verwachsen, auf der Außenseite olivgrün mit braunroter Tönung. Seitliche Sepalen (15–18 × 7–8 mm) schief eiförmig lanzettlich, an der Spitze aufgekrümmt. Petalen (12–15 × 2,5–3,5 mm) lanzettlich, die Spitzen zu 2–4 kurzen Fortsätzen ausgezogen (4 mm lang). Lippe (55–63 × 16–18 mm) im oberen Abschnitt (ca. 15 mm lang) keilförmig, konvex, helllila mit dunkleren Saftmalen. Plötzlicher Übergang zur extremen Dreilappigkeit, Seitenlappen (42–46 × 0,7–1 mm) fadenförmig. Mittellappen (20–60 × 16–18 mm) 2-geteilt, Spaltstücke fadenförmig verlängert (0,8–1 mm breit), rotbraun. Sporn (13–16 × 2–3 mm) zylindrisch, hell, abwärts gebogen, etwas kürzer als der Fruchtknoten. Antheren parallel, Pollinarien gestielt mit getrennten Klebscheiben aber gemeinsamem Beutelchen. Pollinien braunviolett, Stielchen gelb.
B Mai–Juni (Juli). Allogame Täuschblume (Bienenblütigkeit) mit geringem Fruchtansatz. Gattungshybriden mit *Himantoglossum caprinum* subsp. *bolleanum*?
U Ostmediterrane *Himantoglossum*-Taxa: keine fädigen Lippenzipfel.
W Kalkliebende Art, an Waldrändern und Gebüschen der montanen Stufe. 50–2000 m.
A Ägäische Inseln (Lesbos, Rhodos), Irak, Krim, Türkei, Iran, Libanon.
G Salepgewinnung. Land- und Forstwirtschaft. Pflege von Friedhöfen.
H S-Tür., Cevizli, 7.5.89, HB; Lesbos, 13.5.98, HB.

Corallorhiza trifida
Korallenwurz

S *Ophrys corallorhiza, C. intacta.*
M Rhizomgeophyt mit fleischiger, korallenartig verzweigter Grundachse ohne Wurzeln und ohne Blattgrün, zur Büschelbildung neigend. Pflanze gelblich grün, 6–16 cm hoch, am Grunde mit 1–2 Scheidenblättern, Stängelblätter fehlen. Blütenstand breit ausladend, 2–6 cm lang, locker mit 2–11 kleinen Blüten. Tragblätter 3-eckig, 2 mm lang, 1/4 so lang wie der Fruchtknoten. Seitliche Sepalen (4–5 × 1–1,5 mm) grünlich gelb, lineal lanzettlich, nach unten gerichtet. Mittleres Sepal und die eiförmigen Petalen (4–6 × 2–3 mm) bilden einen gelblich grünen bis rötlich braunen Helm. Lippe (5–6 × 3–4 mm) weiß, zungenförmig, an den Rändern gewellt, leicht aufgebogen, in der oberen Hälfte rot punktiert, seltener ungezeichnet. Säule nach vorn gekrümmt, rot gesprenkelt. 4 runde, gelbe Pollinien anfangs durch einen Stipes verklebt. Kapseln (7–8,5 × 3,5–4,5 mm), birnenförmig hängend.
B Ende Mai (Ebene)–August (Alpen). Allogamie selten, infolge Autogamie vollständiger Fruchtansatz. Pollentetraden gelangen durch Zerfall auf die Narbe. 2n=42.
U Kaum verwechselbar. Auf Grund der hohen Kapselproduktion im fruchtenden Zustand lange ansprechbar.
W In Hangbuchenwäldern, Beerstrauch-Nadelwäldern, schattigen, moosreichen Fichtenwäldern, Tundren, Torfmooren. 0–2350 m (Alpen).
A Die nordische zirkumboreal verbreitete Art kommt in weiten Teilen Europas und Vorderasiens vor. S-Grenze in den Gebirgen Italiens (Appennino Lucano) und N-Griechenlands (Mazedonien).
G Abholzung und Veränderung der Luftfeuchtigkeit.
H S-Deu., Hörschwag, 31.5.94, HB; N-Ita. Toblach, 17.6.01, RL.

Cypripedium calceolus
Frauenschuh

S *Calceolus marianus*, *C. boreale*.

M Rhizomgeophyt mit ± horizontal kriechendem Wurzelstock, der aus mehreren Gliedern (Ramets) bestehen kann, bei kräftigen Pflanzen Büschelwachstum (bis 43 blühende Triebe). Im Frühjahr schieben aus im Laub überwinternden Sprossen die Stängel hoch und die in der Knospenanlage eingerollten und winkelig gefalteten Blätter werden ausgebreitet. Pflanze 30–60 cm hoch, mit 4–5 stängelumfassenden, kräftig geäderten, breitelliptischen Laubblättern (11–19 × 5–11 cm). Blütenstand 1–3-blütig, 4–18 cm lang. Perigonblätter rotbraun, abstehend, aus einem mittleren, nach oben gerichteten Sepal (35–50 × 17 mm) und einem nach unten weisenden, durch Verwachsung der beiden seitlichen Sepalen entstandenen Kelchblatt, sowie 2 nach unten gerichteten Petalen bestehend. Petalen 40–60 mm lang, oft spiralig gedreht. Lippe 30–40 mm lang, abwärts, kürzer als die übrigen Perigonblätter, pantoffelförmig aufgewölbt, mit enger Mündung (18 × 8 mm) und zitronengelber Farbe, am Grunde rot punktiert, mit süßlichem Duft. Säule mit 2 fertilen Staubblättern und 1 sterilen Staminodium (10 mm lang), das die schildförmige Narbe bedeckt. Kapseln (38–54 × 10–12 mm), zylindrisch, behaart, lang gestielt (10–20 mm). Pollinien (Monaden) gelbbraun, schmierig.

B Mai–Juli. Allogame Kesselfallenblume mit unterdurchschnittlichem Fruchtansatz durch Bestäubung mit Weibchen der Gattung *Andrena*. Naturhybriden mit *C. macranthon*. 2n=22.

U *C. macranthon*: rote, größere Lippe.

W Lichte Laub-, Nadelwälder auf kalk- und basenreichen, modrig humosen Böden. 0–2200 m.

A Boreale und temperate Zone von Europa und Asien. Submeridional mit S-Grenze in den Gebirgen der Pyrenäen, Abruzzen, Dinaren, Rodopen, Krim und Kaukasus.

G Landschaftsverbrauch, waldbauliche Änderungen, Pflücken, Ausgraben. FFH Anhang II.

H N-Ita., Aldein, 5.6.00, RL; N-Ita., St. Ulrich, 12.6.99, RL.

Cypripedium guttatum
Gesprenkelter Frauenschuh

S *C. orientale, C. variegatum.*

M Rhizomgeophyt mit kriechendem Wurzelstock. Stängel 15–30 cm, bis zur Mitte dicht, darüber spärlich behaart. Laubblätter (6–12 × 3,5–6 cm) 2 gegenständig, in der Mitte des Stängels, behaart, eiförmig elliptisch. Blütenstand meist 1-blütig mit eiförmig lanzettlichem Tragblatt. Mittleres Sepal (18–30 × 18 mm) breit eiförmig, aufgerichtet, wie die Petalen und die Lippe mit unregelmäßigen, purpurnen Flecken auf weißem Grund. Lippe schuhförmig, mit schmaler Öffnung. Fruchtknoten behaart.

B Mai–Juni. Allogame Kesselfallenblume. 2n=20.

U Unverwechselbare Art (Blütenfarbe).

W Nadel- und Nadelmischwälder. 100–2400 m.

A Zirkumboreale und temperate Zone Eurasiens bis Alaska und Yukon. In Europa vom Ural bis Weißrussland.

G Gefährdet, regional vom Aussterben bedroht (Moskau).

H China, Yunnan, 6.6.00, HP.

Cypripedium macranthon
Großblütiger Frauenschuh

S *C. thunbergii.*

M Rhizomgeophyt mit kriechendem Wurzelstock. Stängel 25–50 cm, mit 2–4 eiförmig elliptischen Laubblättern (8–16 × 4–7 cm), die am Rande und auf den Nerven fein behaart sind. Blütenstand 1–2-blütig, mit großem Tragblatt (70–100 × 30–60 mm). Perigonblätter und Lippe ± gleich lang (40–70 mm), rotviolett. Mittleres Sepal (40–60 × 25–35 mm) breit oval, aufgerichtet. Seitliche Sepalen zu einem vorn gespaltenen Blatt verwachsen, abwärts gerichtet. Petalen (40–60 × 15–20 mm) eiförmig. Lippe 45–50 mm lang, schuhförmig, Staminodium 13–15 mm lang, sitzend.

B Juni–Juli. Allogame Kesselfallenblume. Naturhybriden mit *C. calceolus.* 2n=20.

U *C. calceolus*: gelber, kleinerer Schuh.

W Lichte Laub- und Nadelwälder.

A Temperate Zone Eurasiens von Weißrussland über die Mandschurei bis Japan. 100–2400 m.

G Sammeln, Forst.

H Sibirien, HP.

Die Gattung Dactylorhiza Necker ex Nevski – Fingerwurz

D. fuchsii mit *Bombus pratorum*, S-Deu., Bayrischzell, 5.6.98, HB.

Im Frühjahr bilden sich aus dem Spross der Mutterknolle Laubblätter, aus kräftigen Pflanzen Blütentriebe. Der Blütenstand ist schon im Knospenzustand frei und nicht mehr von einem Stängelblatt eingeschlossen. Die Tragblätter sind krautig, die untersten meist länger als die Blüten. Der Sporn ist so lang oder kürzer als der Fruchtknoten, meist waagrecht bis abwärts gerichtet. Die Lippe ist ± 3-lappig, abwärts gerichtet und dient als Landeplatz für Bestäuber. Ihre Lage kommt durch Drehung des Fruchtknotens zustande. Der Mittellappen ist wenig differenziert und ungeteilt. Seitliche Sepalen waagrecht bis senkrecht gerichtet, das mittlere Sepal und die Petalen bilden einen Helm, der die Säule schützt. Pollinarien langgestielt, mit getrennten Klebscheiben (Viscidia) und 2-teiliger Bursicula, wodurch sie einzeln oder gemeinsam entnommen werden können. Nach der Entnahme senkt sich das am Kopf des Bestäubers festgeklebte Pollinarium um etwa 90° nach unten, wodurch es die richtige Lage erhält, um bei einem weiteren Blütenbesuch auf die tiefer liegende Narbe einer anderen Blüte treffen zu können. Alle Arten stellen Nektartäuschblumen dar, die im Sporn keinen Nektar produzieren. Trotzdem ist der Fruchtansatz meist überdurchschnittlich. Die Bildung von Hybriden (Bastarden) ist bei dieser Gattung weit verbreitet, wobei selbst isolierte Arten (*D. iberica*, *D. sambucina*) keine Ausnahme bilden. Dieser Effekt wird sowohl durch ein ähnliches Bestäuberspektrum (Hummeln, solitäre Bienen) als auch durch die Einengung auf bestimmte Wuchsorte (Sumpfwiesen) gefördert. Reduziert ist die Fertilität sowohl zwischen den genetisch isolierten diploiden Arten ($2n=40$) als auch zwischen diesen und den abgeleiteten tetraploiden Vertretern $2n=80$. Nur zwischen den letzteren bestehen keine Einschränkungen. Dennoch nimmt man an, dass viele der heutigen tetraploiden Arten wohl erst nach dem Ende der letzten Eiszeit aus den diploiden Elternarten (*D. incarnata*, *D. fuchsii*) durch Chromosomenverdopplung entstanden sind und damit wieder fertil wurden. Diese Strategie der hybridogenen Polyploidie hat der Gattung einen ungeheuren Formenreichtum beschert. Intergenerische Hybridisierung vollzieht sich nur mit Gattungen, deren Vertreter ebenfalls geteilte Knollen besitzen (*Coeloglossum*, *Gymnadenia*, *Nigritella*, *Pseudorchis*). Sie weist damit auf eine nahe Verwandtschaft hin, die neuerdings durch molekularbiologische Untersuchungen bestätigt wurde. Die Gattung besteht gegenwärtig aus ca. 70 Taxa, wovon hier 29 auf der Rangstufe der Art, 31 auf der der Unterart sowie zusätzlich weitere Varietäten geführt werden. 5 Taxa (*D. insularis*, *D. romana* mit 2 Unterarten, *D. sambucina*) mit nur schwach geteilten Knollen werden zur Subsektion *Sambucinae* Parl. gestellt, die ihre Hauptverbreitung in den mediterranen Gebirgen besitzt. Die ostmediterran-orientalische *D. iberica* besitzt Stolone und bildet die Sektion *Iberanthus* Schlechter. Die große Zahl der restlichen Taxa mit tief fingerförmig geteilten Knollen wird zur Sektion *Dactylorhiza* gerechnet, die überwiegend auf feuchte Böden spezialisiert ist. Ihr Vorkommen reicht von der borealen Zone im Norden bis zum nordafrikanischen Atlas-Gebirge im Süden, von Madeira im Westen bis nach Japan, Alaska im Osten. Entfaltungszentren stellen die Balkanischen und Orientalischen Gebirge sowie die Britischen Inseln dar.

H *D. fuchsii* mit pollinarientragender *Bombus pratorum*, S-Deu., Bayrischzell, 5.6.98, HB.

Dactylorhiza baltica
Baltische Fingerwurz

S *O. latifolia* subsp. *baltica*, *O. baltica*.
M Stängel 35–65 cm hoch, hohl, ± gleichmäßig mit 5–8 verwaschen gefleckten oder ungefleckten, hellgrünen Laubblättern. Unterste Stängelblätter (10–14 × 1,8–2 cm) eiförmig lanzettlich. Die beiden folgenden (12–29 × 1,6–2,7 cm) sind die größten, breit lanzettlich, größte Breite im unteren Drittel, rinnig gefaltet, lang zugespitzt, schräg abstehend. Blütenstand kopfig bis zylindrisch, 5–11 cm lang, ± dicht- und reich 20–55-blütig. Tragblätter (14–20 × 3,5–4,2 mm) lanzettlich, die unteren doppelt so lang wie der Fruchtknoten, nach oben kleiner werdend. Blüten mittelgroß, hell purpurrot. Seitliche Sepalen (8,4–10 × 3,9–4,3 mm) schief eiförmig, ± waagrecht gerichtet. Mittleres Sepal (7–7,8 × 3,4–4,2 mm) und die Petalen (6,7–7,4 × 3,7–4,5 mm) bilden einen Helm, der die Säule schützt. Lippe (8,2–9 × 11–12,6 mm) queroval, 3-lappig, die halbrunden Seitenlappen (6–7,7 × 4,8–6,2 mm) mäßig zurückgebogen, Mittellappen (2,6–3,5 × 3,5–4,2 mm) ± 3-eckig. Lippe im helleren Mittelteil mit violettroten Punkten oder Strichen übersät, die auf die Ränder und die Sepalen übergreifen. Sporn (8–10 × 2,1–2,5 mm) walzlich konisch, abwärts gerichtet, 2/3 so lang wie der gedrehte Fruchtknoten (11–12,5 × 1,5–2 mm).
B Juni–Juli. Allogame Nektartäuschblume. Hybriden mit anderen *Dactylorhiza*-Arten: *D. fuchsii*, *D. incarnata*, *D. majalis*. 2n=80.
U *D. majalis*: Grundblätter breiter, Blüten größer, Lippe breiter, frühere Blütezeit.
W Küstennahe Nasswiesen, Flachmoore, auf kalkarmen, nährstoffreichen Böden. 0–400 m.
A Mittel- und NO-Polen, Baltikum (Litauen, Estland), Verlauf der O-Grenze unklar (Russland, Sibirien, Mongolei?, China?).
G Entwässerung, Land- und Forstwirtschaft.
H Pol., Suwalki, 22.6.99, HB; Pol., Suwalki, 22.6.99, HB.

Dactylorhiza baumanniana subsp. baumanniana
Baumanns Fingerwurz

M Geophyt mit 2 länglichen Knollen, jeweils in 2–4 tiefe Abschnitte gespalten. Stängel 15–40 cm hoch, ± markig, etwa gleichmäßig mit 4–6 gefleckten oder verwaschen gefleckten Laubblättern. Untere Stängelblätter (9–14 × 1,4–2,5 cm) lanzettlich, in oder unter der Mitte am breitesten, bläulich grün, rinnig gefaltet, schräg abstehend. Nach oben werden die Blätter kleiner, das oberste (3,5–7 cm lang) ist tragblattartig und erreicht meist nur knapp den Beginn des Blütenstandes. Blütenstand zylindrisch, ausladend, 5–9 cm lang, ± dicht- und reich (10–25)-blütig. Tragblätter (18–30 × 4–6 mm) lanzettlich, die unteren doppelt so lang wie der Fruchtknoten, nach oben kleiner werdend. Blüten mittelgroß, purpurrot. Seitliche Sepalen (11–13 × 3–4 mm) schief eiförmig, schräg bis fast senkrecht aufgerichtet, gedreht. Mittleres Sepal (8–10 × 3–4 mm) und die Petalen (7,5–9,5 × 2,5–3,5 mm) bilden einen Helm, der die Säule schützt. Lippe (8–11 × 9–11 mm) rundlich bis queroval, vorn kurz 3-lappig. Seitenlappen mäßig zurückgebogen, Mittellappen (4–5 × 3–4 mm) spitz 3-eckig. Lippe im helleren Mittelteil mit violettroten Schleifen, Punkten oder Strichen gezeichnet. Sporn (7–9 × 2,5–3 mm) zylindrisch, abwärts gerichtet, 3/4 so lang wie der Fruchtknoten (9–13 × 1,5–2 mm).
B Mai–Juni. Allogame Nektartäuschblume. Hybriden mit *D. cordigera* subsp. *cordigera*, subsp. *pindica*, *D. saccifera*.
U *D. cordigera*: Grundblätter kürzer und breiter, Lippe herzförmig; *D. majalis*: fehlt auf dem Balkan; *D. kalopissii*: hellere Blütenzeichnung, höhere Pflanzen.
W Flachmoore, Nasswiesen, auf kalkarmen, nährstoffreichen Böden. 1000–2000 m.
A Griechenland: N-Peloponnes, Sterea, Epirus, griechisch Mazedonien.
G Entwässerung, Beweidung, Straßenbau.
H N-Gri., Grevena (Typus Lokalität), 30.5.87, HB; N-Gri., Grevena (Typus Lokalität), 30.5.87 HB.

Dactylorhiza baumanniana subsp. smolikana
Smolikas Fingerwurz

S *D. smolikana.*

M Stängel 30–50 cm hoch, hohl, unterhalb des Blütenstandes 5 mm dick, ± gleichmäßig mit 3–6 ungefleckten bis gefleckten, graugrünen Laubblättern. Untere Stängelblätter (11–17 × 2–3,5 cm) breit lanzettlich, schräg bis steil aufwärts gerichtet, rinnig gefaltet, größte Breite in der Mitte. Das drittunterste Blatt ist meist das größte, die folgenden werden schmaler. Oberstes Stängelblatt 5–11 cm lang, den Beginn des Blütenstandes eben erreichend. Blütenstand (8–14 × 3,5–4,5 cm) zylindrisch, dicht- und reich-(12–35)-blütig. Untere Tragblätter (18–30 × 3,5–5,5 mm) lanzettlich, doppelt so lang wie der Fruchtknoten, nach oben kleiner werdend. Seitliche Sepalen (10–13 × 3,3–4,5 mm) schief eiförmig, schräg aufwärts gerichtet. Mittleres Sepal und die schief eiförmigen Petalen (8–10,5 × 2,8–4,2 mm) bilden einen Helm, der die Säule schützt. Lippe (9,5–13 × 12–16,5 mm) im Umriss rundlich, 3-lappig, mit kleinem Mittellappen (1,8–3,5 × 2,5–4 mm) und halbelliptischen Seitenlappen (8,6–12 × 6–8,5 mm). Lippe im helleren Mittelteil mit ± -aufgelöstem, ausgedehntem Doppelschleifenmal. Sporn (7,7–10,5 × 3–4,2 mm) kegelförmig-zylindrisch, leicht abwärts gerichtet, 3/4 so lang wie der Fruchtknoten.

B Juni–Juli. Allogame Täuschblume. Hybriden mit *D. baumanniana*, *D. cordigera* subsp. *pindica.*

U Unterscheidet sich von der ähnlichen subsp. *baumanniana* durch höheren Wuchs, breitere Grundblätter, längeren, reichblütigeren Blütenstand mit größeren Blüten.

W Quellmoore, Nasswiesen, auf kalkarmen, nährstoffreichen Böden. 1230–1550 m.

A N-Griechenland: Smolikas-Gebirge.

G Entwässerung, Beweidung.

H N-Gri., Ypati, 10.7.87, HB; N-Gri., Ypati, 10.7.87, HB.

Dactylorhiza cordigera subsp. cordigera
Herzförmige Fingerwurz

S *D. cordigera* subsp. *siculorum*, *Orchis cordigera*.

M Geophyt mit 2 länglichen Knollen, jeweils in 2–4 tiefe Abschnitte gespalten. Stängel 10–30 cm hoch, hohl, mit 2–3, grob schwarzviolett punktierten Laubblättern. Untere Stängelblätter eiförmig, die mittleren (5–11 × 1,5–4 cm) eiförmig lanzettlich, etwa in der Mitte am breitesten, schräg aufwärts gerichtet. Das oberste Stängelblatt tragblattartig, den Beginn des Blütenstandes überragend. Blütenstand eiförmig, 3,5–6 cm lang, breit ausladend, ± dicht- und wenig 5–12-blütig. Tragblätter (12–17 × 4–5 mm) lanzettlich, die unteren doppelt so lang wie der Fruchtknoten (8–10 × 1–1,5 mm), purpurn überlaufen. Blüten dunkel rotviolett. Seitliche Sepalen (8–10 × 3–4 mm) schief eiförmig, schräg aufgerichtet bis vorgeneigt. Mittleres Sepal und die Petalen (6,5–8,5 × 3–5 mm) bilden einen Helm, der die Säule schützt. Lippe (7–10 × 9–12 mm) etwas breiter als lang, 3-eckig bis herzförmig, an den Rändern gekerbt und gewellt, ± flach ausgebreitet bis schwach konvex, mit leicht vorgezogener Spitze. Lippe am Sporneingang und im hellen Zentrum mit ausgedehnter, dunkel purpurner Schleifenzeichnung. Sporn (4–6 × 3–5 mm) kegelförmig, stumpf, aus breiter Basis sich verjüngend, schräg abwärts gebogen, ± 1/2 so lang wie der gedrehte Fruchtknoten.

B Juni–August. Allogame Täuschblume. Hybriden mit *D. saccifera*. Gattungshybriden mit *Gymnadenia frivaldii*, *Pseudorchis albida*. 2n=80.

U Subsp. *bosniaca*: in allen Teilen größer; *D. majalis*: Lippe 3-lappig. In den Ostkarpaten Pflanzen höher und langsporniger (subsp. *siculorum*), nahern sich *D. majalis*.

W Bachufer, Quellmoore, Nasswiesen, nährstoffreiche, kalkarme Böden. 900–2200 m.

A Endemit der Süd- und Ostkarpaten.

G Entwässerung, intensive Beweidung.

H Rum., Retezat, 11.8.80, HB; Rum., Retezat, 11.8.80, HB.

Dactylorhiza cordigera subsp. bosniaca
Bosnische Fingerwurz

S *Orchis bosniaca*, *O. monticola* subsp. *bosniaca*, *O. lagotis*, *O. grisebachii*.

M Unterscheidet sich von subsp. *cordigera* durch in allen Teilen größere Abmessungen. Höhe 25–55 cm, Blattzahl 3–5, mittlere Blätter (8–16 × 2,5–5 cm), Blütenstandslänge 7–14 cm, Blütenzahl 15–35. Seitliche Sepalen (11–15 × 4,5–6 mm), Petalen (9–13 × 4–6 mm), Lippe (10–13 × 13–20 mm) und Sporn (6–10 × 3–5 mm).

V Am südlichen Arealrand (Mazedonien) schwächere und kleinblütigere Pflanzen mit 3-geteilten Lippen, die wohl Einflüsse anderer Arten (*D. kalopissii*, *D. baumanniana*) anzeigen.

B Juni–August. Allogame Täuschblume. Hybriden mit *D. graeca*, *D. saccifera*. Gattungshybriden mit *Gymnadenia frivaldii*.

W Quellmoore, Nasswiesen, auf kalkarmen, nährstoffreichen Böden. 900–2200 m.

A N-Balkanische Gebirge: Jugoslawien, Albanien, Bulgarien, N-Griechenland.

G Entwässerung, Beweidung.

H N-Gri., Florina, 4.7.77, HB.

Dactylorhiza cordigera subsp. pindica
Pindus-Fingerwurz

S *D. pindica*.

M Unterscheidet sich von der ähnlichen subsp. *bosniaca* durch die Höhe der Pflanzen (30–70 cm), die Blattzahl (4–6), breitere Grundblätter (10–20 × 3–5 cm), längeren (8–18 cm) und reichblütigeren Blütenstand (25–50) mit größeren Blüten, längerem Sporn, reduzierte Lippenzeichnung und konvexer Lippe. Seitliche Sepalen (11–14,5 × 4–5,5 mm), Petalen (9–11,5 × 3,5–5 mm), Lippe (10–13,5 × 15–20 mm), Sporn (8,5–11,5 × 3–5 mm).

V Variable Unterart, die teilweise Einflüsse anderer Taxa (subsp. *bosniaca*, *D. baumanniana* subsp. *smolikana*, *D. saccifera*) anzeigt.

B Ende Mai–Juli. Allogame Täuschblume.

W Quellmoore, bachbegleitende Nasswiesen, auf Sandstein und Serpentin. 1200–1800 m.

A Gebirge NW-Griechenlands: Smolikas, Grammos, Iti?.

G Entwässerung, Beweidung.

H N-Gri., Smolikas, 18.7.87, HB.

Dactylorhiza elata subsp. elata
Hohe Fingerwurz

S *Orchis elata, O. munbyana.*

M Geophyt mit 2 länglichen Knollen, jeweils in 2–4 tiefe Abschnitte gespalten. Stängel 50–100 cm hoch, ± gleichmäßig mit 8–13 (19) ungefleckten Laubblättern. Untere Stängelblätter (15–30 × 3,5–6 cm) lanzettlich, im unteren Drittel am breitesten, grün, rinnig gefaltet, schräg aufwärts stehend. Nach oben werden die Blätter kleiner, das oberste ist 6–10 cm lang, tragblattartig und erreicht den Beginn des Blütenstandes oder ist etwas kürzer. Blütenstand schmal zylindrisch, 10–25 cm lang, ± dicht- und reich 50–110-blütig. Tragblätter (25–45 × 5–8 mm) lanzettlich, die unteren 2–3 × so lang wie der Fruchtknoten, nach oben kleiner werdend. Blüten rosa bis hellrot. Sepalen (11–16 × 4–5 mm) schief eiförmig, fast senkrecht aufgerichtet. Mittleres Sepal (9–14 × 4–5 mm) und die Petalen (9–12,5 × 4–5,5 mm) bilden einen Helm, der die Säule schützt. Lippe (9–14 × 12,5–18 mm) rundlich bis queroval, vorne kurz 3-lappig, flach, Seitenlappen nicht zurückgebogen. Mittellappen (3–5 × 3,7–6 mm) spitz 3-eckig. Lippe im helleren Mittelteil mit violettroten Schleifen oder Strichen. Sporn (10–15 × 1,5–2,5 mm) zylindrisch, abwärts gerichtet, 3/4 so lang wie der Fruchtknoten (13–19 × 2–3,5 mm).

B April–Mai. Allogame Nektartäuschblume. 2n=80.

U Subsp. *mauritanica*: dunkel purpurrote Blüten, dickerer und längerer Sporn; subsp. *sesquipedalis*: Sepalen kürzer, Sporn dicker.

W Küstensümpfe, Nasswiesen, Quellaustritte, auf nährstoffreichen Böden. 0–1600 m.

A N-Afrika: N-Tunesien (ob noch?), N-Algerien (selten, stark zurückgehend).

G Entwässerung, Beweidung, Landwirtschaft.

H N-Alg., Kolea, 25.5.74, HB; N-Alg., Kolea, 25.5.74, HB.

Dactylorhiza elata subsp. mauritanica
Mauretanische Fingerwurz

M Habitus ähnlich subsp. *elata* und subsp. *sesquipedalis*. Unterschiede: Blüten purpurrot, Sporn länger und breiter. Sepalen (13–16 × 4–5 mm) schief eiförmig, senkrecht aufgerichtet, nicht gedreht. Mittleres Sepal und die Petalen (11–13 × 3–4,5 mm) bilden einen Helm. Lippe (12–15,5 × 13–20 mm) im Umriss kreisförmig, schwach 3-lappig, mit leicht vorgezogenem Mittellappen (1,5–3 × 2,6–4,5 mm). Seitenlappen mäßig zurückgebogen. Lippe im helleren Mittelteil mit violettroter Schleifenzeichnung. Sporn (15–19 × 3,7–4,2 mm) zylindrisch, abwärts gebogen, so lang oder etwas länger als der gedrehte Fruchtknoten (13–18 × 2–3 mm).

B April–Juni. Allogame Nektartäuschblume.

W Quellfluren, Hangquellmoore, Nasswiesen, Bach- und Flussufer. ca. 1000–2500 m.

A Gebirge Marokkos: Rif, Mittlerer, Hoher und Anti-Atlas.

G Entwässerung, Beweidung, Landwirtschaft.

H Mar., Ifrane, 10.5.96, HB.

Dactylorhiza elata subsp. sesquipedalis
Spanische Fingerwurz

S *Dactylorhiza elata* subsp. *durandii*.

M Unterscheidet sich von subsp. *elata* durch hellere Blüten, längere Sepalen, schlankeren Sporn. Von subsp. *mauritanica* durch dunklere purpurrote Blüten, längere Sepalen, Lippen und Sporne und ungefleckte Blätter. Sepalen (10–13 × 3–4,5 mm) senkrecht, Petalen (8–11 × 3–5 mm) schief eiförmig. Lippe (9–13 × 12–15 mm) rundlich, schwach 3-lappig, Seitenlappen zurückgebogen. Sporn (10–15 × 3,5–5 mm) zylindrisch, abwärts gebogen, 3/4 so lang wie der Fruchtknoten (13–18 × 2,2–3 mm).

B April–Juni. Allogame Nektartäuschblume.

U Subsp. *brennensis* (Frankreich: Indre): niedriger, wenig- und kleinblütiger, zeigt Einflüsse von *D. fuchsii*, *D. incarnata*, *D. maculata*.

W Felsige Sturz- und Sickerquellen, Hangquellmoore, Quellsümpfe. 0–2100 m.

A Portugal (im Süden ausgestorben), Spanien, S-, W-Frankreich, S-Holland, Korsika, Sardinien.

G Entwässerung, Beweidung, Landwirtschaft.

H O-Spa., Alicante, 25.5.96, HB.

Dactylorhiza euxina
Schwarzmeer-Fingerwurz

S *O. euxina*, *O. monticola* subsp. *caucasica*.

M Stängel 20–35 cm hoch, ± gleichmäßig mit 5–7 meist gefleckten (punktförmig oder flächig), seltener mit ungefleckten Laubblättern (var. *markowitschii*), hohl. Untere Stängelblätter (8–12 × 2–3,5 cm) eiförmig, etwa in der Mitte am breitesten, hellgrün, ausgebreitet, schräg abstehend. Blätter nach oben elliptisch lanzettlich und schmaler, das oberste 4–7 cm lang, tragblattartig, überragt den Beginn des Blütenstandes meist deutlich. Blütenstand breit zylindrisch, ausladend, 5–8 cm lang, ± dicht- und reich 10–30-blütig. Tragblätter (15–20 × 4–5,5 mm) lanzettlich, die unteren doppelt so lang wie der Fruchtknoten, nach oben kleiner werdend. Blüten mittelgroß, dunkel purpurviolett. Sepalen (9–10 × 3–4 mm) schief eiförmig, ± senkrecht aufgerichtet, gedreht. Mittleres Sepal (8–9 × 3–3,5 mm) und die Petalen (7,5–10,5 × 3,0–4,5 mm) bilden einen Helm. Lippe (9–13 × 8,5–12 mm) herzförmig rundlich, kurz 3-lappig, längs gewölbt, Seitenlappen mäßig zurückgeschlagen, an den Rändern aufgebogen, grob gezähnt. Mittellappen klein (1,5–3,5 × 1,8–3,5 mm) spitz 3-eckig, lang ausgezogen. Lippe fast auf der ganzen Fläche mit violettroter Schleifen-, Strich- oder Punktzeichnung. Sporn (6–8 × 3–4 mm) sackförmig, zylindrisch, schräg abwärts gerichtet, ± 1/2 so lang wie der Fruchtknoten.

V *D. armeniaca*: hochwüchsig, Lippe (8–11,5 × 6,5–8,5 mm) schwach 3-lappig, Seitenlappen rückwärts gebogen.

B Mai–Juli. Allogame Nektartäuschblume. Hybriden mit *D. iberica*.

U *D. umbrosa*: Lippe keilförmig, ohne deutliche Spitze; *D. urvilleana*: höher, Sporn länger.

W Nasswiesen, Hangquellmoore der montanen bis alpinen Stufe, auf kalkarmen, nährstoffreichen Böden. 500–2900 m.

A Gebirge NO-Anatoliens und Kaukasiens (Russland, Georgien, Abchasien, Aserbaidschan).

G Entwässerung, Beweidung, Straßenbau.

H Geo.,Sno,10.6.96,RL;Geo.,Kazbegi,30.5.84,HB.

Dactylorhiza foliosa
Madeira-Fingerwurz

S *Orchis foliosa* (nom. illeg.), *Dactylorchis foliosa*, *Orchis maderensis.*

M Geophyt mit 2 länglichen Knollen, jeweils in 2–4 tiefe Abschnitte gespalten. Stängel 30–50 (70) cm hoch, markerfüllt, ± gleichmäßig mit 8–12 (16) ungefleckten oder höchstens verwaschen gefleckten Laubblättern. Untere Stängelblätter länglich lanzettlich, etwa in der Mitte am breitesten, überhängend bis waagrecht, bis 20 cm lang und 6 cm breit, hellgrün, glänzend. Die oberen 3–5 Blätter kleiner, die obersten tragblattartig. Blütenstand konisch, breit ausladend, 5–15 cm lang, ± dicht- und reichblütig. Tragblätter lanzettlich, die unteren doppelt so lang wie der Fruchtknoten. Die Blüten gehören zu den größten der Gattung und sind hell bis leuchtend purpurrot. Seitliche Sepalen (8–11 × 2,5–4 mm) schief eiförmig, ± waagrecht bis schräg gestellt. Zusammen mit dem mittleren Sepal und den Petalen (7,5–9 mm lang) bilden sie einen weit geöffneten Helm. Lippe (8–17 × 10–20 mm) meist breiter als lang, rundlich bis querelliptisch, vorne kurz 3-lappig. Mittellappen 3-eckig, oft kleiner als die buchtig gezähnten Seitenlappen. Zeichnung mit verwaschener, fächerförmiger Maserung. Sporn (5–10 × 1–1,5 mm) schmal zylindrisch, stumpf, leicht abwärts gebogen, 1/2 bis 1/3 so lang wie der Fruchtknoten.

B Mai–Juli. Allogame Nektartäuschblume.

U Auf Madeira einzige *Dactylorhiza*-Art.

W Schattige, luftfeuchte Hänge ohne Staunässe, sekundär an Straßenböschungen, auf sauren Böden.

A Endemit Madeiras. Vorkommen in der auf der Nordseite der Insel gelegenen Lorbeerwald-Zone, die im Einzugsgebiet der Passatwolken liegt. 500–1150 (1500) m.

G Auf Madeira nicht gefährdet, da die Art auch auf Sekundärbiotope (Straßenböschungen) ausweichen kann.

H Madeira, Fonte de Pedra, 19.5.95, RH; Madeira, Fonte de Pedra, 20.5.95, RH.

Dactylorhiza fuchsii subsp. fuchsii
Fuchs-Fingerwurz

S *Orchis longebracteata, O. fuchsii.*
M Stängel 25–70 cm hoch, markerfüllt, ± gleichmäßig mit 4–10 gefleckten Laubblättern. Unterstes Laubblatt (7–20 × 1,5–3,2 cm) eiförmig. Nach oben folgen breit lanzettliche (1,3–2,5 cm) Stängelblätter, in oder etwas über der Mitte am breitesten, schräg abstehend. Blütenstand zylindrisch, 4–13 cm lang, ± dicht- und reich 14–60-blütig. Untere Tragblätter (10–25 × 2–4 mm) lanzettlich, so lang oder etwas länger als der Fruchtknoten, nach oben kleiner werdend. Blüten mittelgroß, rein weiß bis purpurn, meist hellrot. Sepalen (7–11 × 3–4,2 mm) schief eiförmig, ± waagrecht bis schräg ausgebreitet. Mittleres Sepal (7–9 × 3–4 mm) und die Petalen (6–9 × 3–4 mm) bilden einen Helm. Lippe (7–10 × 10–14 mm) rundlich, vorne stark 3-lappig, ausgebreitet, an den Rändern oft aufgebogen. Mittellappen (2–4 × 3–5 mm) 3-eckig, lang ausgezogen. Lippe fast auf der ganzen Fläche (auch Sepalen) mit violettroter Strich- oder Punktzeichnung. Sporn (7–10 × 1,5–3 mm) zylindrisch, ± waagrecht, ± 3/4 so lang wie der gedrehte Fruchtknoten (7–13 × 1,5–4 mm).
V Subsp. *carpatica* (Weiße Karpaten); subsp. *psychrophila* (N-Skandinavien); var. *sudetica* (Sudeten, Alpen, Mittelgebirge) und var. *sooana* (Ungarn): niederwüchsiger und kleinblütiger.
B Mai–Juli. Allogame Täuschblume mit gutem Fruchtansatz. Hybriden mit vielen *Dactylorhiza*-Arten. Gattungshybriden mit *Coeloglossum, G. conopsea, G. odoratissima, Nigritella nigra* subsp. *rhellicani, Pseudorchis albida.* 2n=40.
U *D. maculata*: Pflanzen kleiner, Sporn dünner, Lippe mit kurzem Mittellappen.
W Wälder, Heiden, Nasswiesen, Flachmoore, auf frischen bis nassen Böden. 0–2500 m.
A Fast ganz Europa. N-Grenze (von Skandinavien bis Sibirien), S-Grenze (M-Spanien, M-Portugal, M-Italien, Kroatien, Rumänien) unklar.
G Land- und Forstwirtschaft, Entwässerung.
H Pol., Riesengebirge, 26.6.99, HB; N-Ita., Grissian, 27.5.00, RL.

Dactylorhiza fuchsii subsp. hebridensis
Hebriden-Fingerwurz

S *Orchis hebridensis.*
M Unterscheidet sich von subsp. *fuchsii* und *D. maculata* durch gedrungeneren Wuchs (10–20 cm), dichteren, breiteren Blütenstand (5–7 × 3,5–4 cm) und blassviolette, große Blüten. Seitliche Sepalen (8–10 × 3–4 mm) ± waagrecht ausgebreitet. Lippe (7–9 × 10–14 mm) querelliptisch, 3-lappig, mit weinroter Zeichnung, die auf die Sepalen übergreift. Seitenlappen an den Rändern aufgebogen, gezähnt. Mittellappen (3–5 × 3–4 mm) am Ende 3-eckig. Sporn (6–8,5 × 1–2 mm) schmal zylindrisch, abwärts, ± so lang wie der gedrehte Fruchtknoten (7–9 × 1,5–2,5 mm).
B Juni–Juli. Allogame Täuschblume. 2n=40.
W Küstennahe Heiden (Machair), bewachsene Dünen, auf kalkreichen, wechselfeuchten bis trockenen Böden. 0–100 m.
A Britische Inseln: Äußere Hebriden, Jura, Tiree, Sutherland, Shetland, Donegal, Galway, Kerry, Ost-Cornwall. **G** Beweidung.
H Scho., Timsgarry, Lewis, 7.7.02, RL.

Dactylorhiza fuchsii subsp. okellyi
O'Kellys Fingerwurz

S *Orchis maculata* var. *okellyi.*
M Unterscheidet sich von subsp. *fuchsii* durch niedrigeren Wuchs (15–25 cm), schmalere, ungefleckte Grundblätter (7–11 × 0,7–1,7 cm), kürzeren Blütenstand (2–5 cm) mit wohlriechenden, reinweißen Blüten. Von *D. maculata* subsp. *ericetorum* durch die Blütenfarbe, eine stärker geteilte Lippe mit größerem Mittellappen (2,5–3,5 × 2,5–3 mm). Sepalen (7,5–12 × 2,3–3 mm) seitlich ausgebreitet. Lippe (6,5–7,5 × 8,5–9,5 mm) stark 3-lappig, ohne Zeichnung. Sporn (6–8 × 1–1,5 mm) schmal zylindrisch, abwärts gerichtet, etwa so lang wie der Fruchtknoten (6,5–8 × 1–1,5 mm).
B Juni–Juli. Allogame Täuschblume. 2n=40.
U Die Unterart variiert nur wenig.
W Magerrasen, Hanganrisse, auf frischen, kalkreichen Böden („Burren"). 200–500 m.
A Irland: Down, Fermanagh, Leitrim, Clare, Galway; schott. Inseln: Coll, Tiree, Kintyre. Isle of Man.
G Landwirtschaft, Tourismus, Beweidung.
H W-Irl., Ballyvaughan, 1.7.94, HB.

Dactylorhiza graeca
Griechische Fingerwurz

S *D. cordigera* subsp. *graeca*.

M Stängel 30–40 cm hoch, hohl, ± gleichmäßig mit 4–5 ungefleckten, hellgrünen Laubblättern. Untere Stängelblätter (15–20 × 1,5–2,5 cm) spitz lanzettlich, größte Breite im oberen Drittel, schräg abstehend. Oberstes Stängelblatt tragblattartig, 4–8 cm lang, den Beginn des Blütenstandes eben erreichend. Blütenstand zylindrisch, 6–11 cm lang, ± locker 9–25-blütig. Tragblätter (15–18 × 2,5–4,5 mm) lanzettlich, die unteren knapp doppelt so lang wie der Fruchtknoten, nach oben kleiner werdend. Blüten mittelgroß, hell purpurrot. Seitliche Sepalen (10–12 × 3–4 mm) schief eiförmig, ± waagrecht bis schräg aufwärts gerichtet. Mittleres Sepal (9–11 × 3–4 mm) und die Petalen (9–11 × 4–5 mm) bilden einen Helm, der die Säule schützt. Lippe (9–11 × 9–11 mm) im Umriss rundlich bis keilförmig, angedeutet 3-lappig, die halbrunden Seitenlappen entlang der Längsachse mäßig zurückgebogen, Mittellappen (1–2 × 1,5–3 mm) ± 3-eckig, leicht vorgezogen. Lippe im weißlichen Mittelteil mit violettroten Strichen oder Schleifen gezeichnet. Sporn (8–9,5 × 1,5–2 mm) schlank zylindrisch, am Ende spitz, leicht abwärts gerichtet, 3/4 so lang wie der gedrehte Fruchtknoten (8–10 × 1,5–2 mm).

B Ende Juni–Juli. Allogame Nektartäuschblume. Hybriden mit *D. cordigera* subsp. *bosniaca*, *D. saccifera* subsp. *saccifera*.

U *D. cordigera*: Grundblätter und Blütenlippen breiter, Sporn kürzer. *D. kalopissii*: Pflanzen und Blattzahl höher, Blüten kleiner, Lippen stärker 3-lappig.

W Quellsümpfe, Nasswiesen, auf nährstoffreichen, kalkarmen Böden. 1400–1600 m.

A N-Griechenland: Varvous-Gebirge, nur wenige Wuchsorte bekannt.

G Entwässerung, Land- und Forstwirtschaft.

H N-Gri., Lailas (Typus Lokalität), 14.7.87, HB; N-Gri., Lailas (Typus Lokalität), 14.7.87, HB.

Dactylorhiza iberica
Iberische Fingerwurz

S *Orchis iberica, O. angustifolia, O. leptophylla.*
M Geophyt mit 2 rübenförmigen, ganzen oder gespaltenen Knollen, im Herbst unterirdische Stolone treibend, die meist dichte Bestände bilden. Stängel 20–50 cm hoch, dünn, ± gleichmäßig mit 3–6 ungefleckten, hellgrünen, rinnigen Laubblättern. Untere Stängelblätter (10–30 × 0,7–1,5 cm) lineal lanzettlich, grasartig, schräg abstehend. Blütenstand schmal zylindrisch, 4–12 cm lang, ± locker 10–35-blütig. Tragblätter (6–13 × 1,5–2 mm) lanzettlich, die unteren länger als der Fruchtknoten, nach oben kleiner werdend. Blüten sehr klein, hellrosa bis hellrot, alle Perigonblätter locker helmförmig. Seitliche Sepalen (6–8 × 2–3 mm) schief eiförmig, Petalen (5–7 × 1–2 mm) spitz lanzettlich. Lippe (5,5–8 × 5–9 mm) rundlich (Türkei, Kaukasien) bis keilförmig (Griechenland), am Grunde stielförmig verengt, ± 3-lappig bis fast ganzrandig, flach. Seitenlappen an den Rändern aufgebogen. Mittellappen (0,7–2 × 1–1,5 mm) ± spitz 3-eckig, leicht vorgezogen bis fast fehlend. Lippe im weißlichen Mittelteil mit violettroten Punkten oder Strichen. Sporn (4–6 × 0,7–1,5 mm) schlank zylindrisch, am Ende stumpf, abwärts gebogen, ± 3/4 so lang wie der Fruchtknoten (6–9 × 0,7–1 mm). Pollinarien mit gelbem Stiel, braungelbe Pollinien. Kapseln (11–13 × 2,5–3,5 mm) zylindrisch.
B Juni–August. Allogame Täuschblume. Hybriden mit *D. euxina, D. incarnata, D. nieschalkiorum, D. osmanica, D. saccifera, D. umbrosa, D. urvilleana* s.l. Gattungshybriden mit *G. conopsea.*
U Unverwechselbare, variable Art.
W Quellsümpfe, Quellfluren, Nasswiesen an Seen und Flüssen, auf kalkreichen Böden. 360 (Aserbaidschan)–2600 m.
A Krim (N-Grenze), Zypern, Türkei, NO-Irak, Libanon (S-Grenze), Georgien, Armenien, Aserbaidschan, N- und W-Iran (S-Grenze). Isoliertes Areal in Griechenland: N-Peloponnes, Pindus.
G Entwässerung, Land- und Forstwirtschaft.
H Pelop., 30.7.90, HB; Aserb., Sheki, 3.6.97, HB.

Dactylorhiza incarnata subsp. incarnata
Fleischfarbene Fingerwurz

S *Orchis incarnata, D. strictifolia, O. strictifolia.* **M** Stängel 30–60 cm hoch, steif, hohl, ± gleichmäßig mit 5–8 ungefleckten, hellgrünen, rinnigen Laubblättern, die an der Spitze kapuzenartig sind. Untere Stängelblätter (13–31 × 1–3 cm) lineal lanzettlich, steif aufwärts, lang zugespitzt. Blütenstand schmal zylindrisch, 5–12 cm lang, ± dicht 15–60-blütig. Tragblätter (17–27 × 3,5–6 mm) lanzettlich, untere doppelt so lang wie der Fruchtknoten. Blütenfarbe hell- bis dunkelfleischfarben. Seitliche Sepalen (6–9 × 2,7–3,6 mm) schief eiförmig, ± senkrecht. Mittleres Sepal und die Petalen (5–8 × 2,5–4 mm) bilden einen Helm. Lippe (5,5–8 × 6–9 mm) rundlich, schwach 3-lappig, im helleren Mittelteil mit feinem einfachen oder doppeltem Schleifenmuster. Mittellappen (0,8–2,3 × 1,5–3 mm) ± 3-eckig, leicht vorgezogen, Seitenlappen rückwärts gebogen. Sporn (6–10 × 2,3–3 mm) konisch, am Ende stumpf, waagrecht bis leicht abwärts, ± 2/3 so lang wie der Fruchtknoten (9–13 × 1,7–3,7 mm).

V Var. *lobelii*: robust, niedrig, großblütig (Niederlande); var. *pulchella*: Blüten purpurviolett (Britische Inseln); var. *serotina*: kleinerer Wuchs, spätere Blütezeit (M-Europa).
B Mai–Juli. Allogame Täuschblume. Hybriden mit *D. baltica, D. fuchsii, D. iberica, D. lapponica, D. maculata, D. majalis, D. nieschalkiorum, D. osmanica, D. praetermissa, D. sambucina, D. traunsteineri.* Gattungshybriden mit *Coeloglossum viride, G. conopsea.* 2n=40.
U Subsp. *cruenta*: Blätter kürzer, meist gefleckt, Blüten kleiner, dunkler.
W Quellsümpfe, Quellfluren, Nasswiesen auf basenreichen Böden. 0–2400 m.
A Fast ganz Europa: N-Grenze in N-Skandinavien (Finnmark), S-Grenze in den Gebirgen S-Spaniens, M-Italiens, N-Griechenlands. Isolierte Vorkommen auf der Krim, im Pontus. O-Grenze (Sibirien, Jakutien, Dahurien) unklar.
G Entwässerung, Land- und Forstwirtschaft.
H Slo., Istrien, 21.5.00, RL; N-Ita., Castelfeder, 24.5.00, RL.

Dactylorhiza incarnata subsp. baumgartneriana
Aserbaidschanische Fingerwurz

M Unterscheidet sich von subsp. *incarnata* durch niedrigeren Wuchs (12–35 cm), höhere Blattzahl (5–9), kürzere aber breitere Grundblätter (6–18 × 1,2–4,3 cm), kürzeren Blütenstand (3,8–8 cm), höhere Blütenzahl (14–65). Blüten hellrosa bis rotlila, Lippe mit dunklerer Strich- oder Streifenzeichnung. Seitliche Sepalen (7–9,5 × 2,5–3,5 mm) ± waagrecht abstehend, Petalen (5,7–7,6 × 2,2–2,8 mm) lanzettlich. Lippe (5,2–8,5 × 5,2–8 mm) keil- bis herzförmig, leicht 3-lappig, mit vorgezogener Spitze (1,7–1,9 × 1,1–2,5 mm). Sporn (6,1–7,2 × 1,7–2,5 mm) konisch, abwärts, 2/3 so lang wie der Fruchtknoten (9,3–10,5 × 1,6–2,1 mm). Pollinien grau, Stielchen gelblich.
B Ende Mai–Ende Juni. Allogame Täuschblume.
W Nasswiesen, Seggenriede. 330–360 m.
A Endemit Aserbaidschans (Sheki).
G Entwässerung, Umwandlung in Äcker, Beweidung. Vom Aussterben bedroht.
H Aserb., Sheki, 25.4.00, HB.

Dactylorhiza incarnata subsp. coccinea
Scharlachfarbene Fingerwurz

S *Orchis latifolia* var. *coccinea*, *D. coccinea.*
M Unterscheidet sich von subsp. *incarnata* durch niedrigeren Wuchs (10–20 cm), geringere Blattzahl (4), kürzere Grundblätter (10–15 × 1–2 cm) und Blütenstände (3,5–5,5 cm), geringere Zahl von leuchtend scharlachfarbenen Blüten (10–25). Lippe mit dunklerer Strich- oder Streifenzeichnung. Seitliche Sepalen (7,5–9,5 × 2,5–4 mm) senkrecht abstehend. Petalen (6–8 × 3–4 mm) schief eiförmig. Lippe (5–7 × 8–10 mm) breit herzförmig, leicht 3-lappig, mit vorgezogener Spitze (1–2 × 1,5–3 mm). Sporn (7–8 × 2,5–3,5 mm), abwärts, ± 2/3 so lang wie der Fruchtknoten (10–12 × 2,5–3,5 mm).
B Juni–Juli, 2 Wochen nach subsp. *incarnata*. Allogamie. Hybriden mit subsp. *incarnata*?
W Nasse Dünensenken, Küstenwiesen, Flachmoore, auf kalkhaltigen Böden. 0–200 m.
A NW-Schottland mit Inseln, Küste von O-Schottland, Wales, Anglesey, Binnenland.
G Entwässerung, Landwirtschaft, Beweidung.
H Wal., Anglesey, 26.6.94, HB.

Dactylorhiza incarnata subsp. cruenta Blutrote Fingerwurz

S *Orchis cruenta, D. cruenta.*
M Unterscheidet sich von subsp. *incarnata* durch niedrigeren Wuchs (15–30 cm), geringere Blattzahl (3–5), kürzere, beidseitig gefleckte Grundblätter (5–10 × 1,5–2,5 cm), kürzeren Blütenstand (4–8 cm) mit kleineren, purpurroten Blüten (10–30). Seitliche Sepalen (7–8,5 × 2,8–3,2 mm) senkrecht nach oben, Petalen (6–6,5 × 2,3–3 mm) schief eiförmig. Lippe (5,7–6,8 × 6–7,3 mm) rhombisch, leicht 3-lappig zugespitzt. Sporn (6–6,5 × 2,3–2,7 mm) konisch, abwärts, 2/3 so lang wie der Fruchtknoten (10–12,5 × 2,7–3,2 mm).
V In den Alpen auch ungefleckte Blätter.
B Juni–Juli. Allogame Täuschblume. Hybriden mit *D. fuchsii, D. incarnata, D. maculata, D. majalis, D. traunsteineri* und *G. conopsea.* 2n=40.
W Nasswiesen, Flachmoore, auf Kalk. 0–2400 m.
A Skandinavien, Baltikum (Litauen, Estland), Alpen (von SO-Frankreich bis W-Österreich).
G Entwässerung, intensive Beweidung, Ski-Tourismus. **H** N-Ita., Mölten, 15.6.99, RL.

Dactylorhiza incarnata subsp. ochroleuca Strohgelbe Fingerwurz

S *Orchis incarnata* var. *ochroleuca, O. incarnata* subsp. *ochroleuca, D. ochroleuca.*
M Unterscheidet sich von subsp. *incarnata* durch höheren Wuchs (40–60 cm), schmalere Grundblätter (1,2–2,5 cm breit), längeren (15–20 cm) und reichblütigeren Blütenstand (40–60) und konstant hellgelbe Blüten. Seitliche Sepalen (7–9 × 3–4 mm) senkrecht nach oben gerichtet, Petalen (6–7,5 × 3,5–4 mm) schief eiförmig. Lippe (5–7,5 × 6,5–9,5 mm) rhombisch, leicht 3-lappig, mit vorgezogener Spitze (1–3 × 1–3 mm). Sporn (6–8,2 × 2,1–3,2 mm) konisch, abwärts gebogen, ± 1/2 so lang wie der gedrehte Fruchtknoten (12–15 × 2–3 mm).
B Juni–Juli. Allogame Täuschblume. 2n=40.
W Flach- und Zwischenmoore, im Verlandungsbereich von Seen. 0–850 m.
A Mitteleuropa (Schweiz, Deutschland, Rumänien, Polen, dänische Inseln). N-Grenze in S-England und S-Schweden.
G Entwässerung, Landwirtschaft, Beweidung.
H O-Pol., Augustow, 25.6.99, HB.

Dactylorhiza insularis
Insel-Fingerwurz

S *Orchis insularis*, *D. sambucina* subsp. *insularis*.

M Stängel 15–40 cm hoch, mit 5–8 ungefleckten, hellgrünen Laubblättern, von denen 3–4 im unteren Drittel sitzen. Grundblätter (8–15 × 1,7–2,5 cm) länglich lanzettlich, größte Breite in der oberen Hälfte, schräg abstehend, leicht rinnig. Blütenstand zylindrisch, 4–12 cm lang, ± locker 7–17-blütig. Tragblätter (20–30 × 5–7,5 mm) lanzettlich, hellgrün, die unteren ± doppelt so lang wie der Fruchtknoten, nach oben kleiner werdend. Blüten zitronengelb. Seitliche Sepalen (9–10 × 5–6 mm) schief eiförmig, waagrecht bis leicht aufwärts spreizend. Mittleres Sepal (7,5–8,5 × 4–5 mm) und die Petalen (7,5–8,5 × 5–6 mm) bilden einen Helm, der die Säule schützt. Lippe (8,5–10 × 10–12 mm) im Umriss rundlich, 3-lappig, die halbrunden Seitenlappen entlang der Längsachse nur wenig zurückgebogen, Mittellappen (2–3 × 3,5–4 mm) ± 3-eckig, vorgezogen. Lippe am Sporneingang mit wenigen dunkelroten Punkten. Sporn (9–11 × 2–2,5 mm) zylindrisch, am Ende stumpf, ± waagrecht bis leicht aufwärts gerichtet, etwas kürzer als der gedrehte Fruchtknoten (12–15 × 1,5–2 mm).

V Var. *bartonii*: Malzeichnung aus 2 leuchtenden dunkelroten Flecken bestehend.

B April–Juni. Allogame Täuschblume. Hybriden mit *D. fuchsii, D. romana* subsp. *markusii*. 2n=60.

U *D. romana* subsp. *markusii*: Grundblätter zahlreicher und schmaler, Sporn schlanker und aufwärts gebogen, fehlende Malzeichnung.

W Nadel- (Kiefern) und Laubwälder (Eichen, Esskastanien), magere Bergwiesen auf mäßig feuchten, sauren Böden. 0–1500 m.

A Westmediterran: Hauptverbreitung in Portugal, Spanien, Sardinien, Korsika. Isoliert in S-Frankreich (Languedoc), Marokko (Rif) und Italien (Toscana, Romagna).

G Forstwirtschaft (Waldrodung), Beweidung.

H Ita., Sard., Buddoso, 6.5.94, HB; Ita., Sard., Fonni, 13.5.98 RL.

Dactylorhiza kalopissii subsp. kalopissii
Kalopissis Fingerwurz

M Stängel 35–60 cm hoch, steif, hohl, ± gleichmäßig mit 5–7 ungefleckten bis punktförmig gefleckten, hellgrünen, steil aufwärts gerichteten Laubblättern. Untere Stängelblätter (11–15 × 2–4 cm) lanzettlich, rinnig gefaltet, größte Breite unter der Mitte. Oberstes Stängelblatt tragblattartig, 4–8 cm lang, den Beginn des Blütenstandes leicht überragend. Blütenstand schmal zylindrisch, 8–12 cm lang, ± dicht 18–30-blütig. Tragblätter (13–20 × 2,5–3,5 mm) lanzettlich, die unteren über doppelt so lang wie der Fruchtknoten, nach oben kleiner werdend. Blütenfarbe blass trübviolett. Seitliche Sepalen (9–12 × 3–4,5 mm) schief eiförmig, ± waagrecht. Mittleres Sepal (8–10 × 3–4 mm) und die Petalen (6–8 × 2,5–3,5 mm) bilden einen Helm, der die Säule schützt. Lippe (7–9 × 9–12 mm) im Umriss herzförmig, schwach 3-lappig, im helleren Mittelteil mit mehreren Reihen purpurvioletter Punkte, Striche oder Schleifen. Mittellappen (1–2 × 2–4 mm) schwach abgesetzt, leicht vorgezogen, Seitenlappen leicht rückwärts gebogen. Sporn (6–9 × 2–2,5 mm) konisch, am Ende stumpf, leicht abwärts gebogen, ± 2/3 so lang wie der gedrehte Fruchtknoten (9–12 × 2–3 mm).

V Hybridschwärme mit *D. saccifera*: verwaschen gefleckte Laubblätter, stärker 3-geteilte Lippe, längerer Sporn.

B Mai–Juni. Allogame Nektartäuschblume.

U Subsp. *macedonica*: in allen Teilen größer: Wuchs (50–70 cm), Grundblätter (18–26 cm), Blütenstand (10–17 cm), Blütenzahl (25–60), längere, stärker 3-geteilte Blütenlippen (6–7,5 mm), deutlicher abgesetzter Mittellappen.

W Quellsümpfe, Nasswiesen, Flachmoore; nährstoffreiche, kalkarme Böden. 1200–1600 m.

A SO-Albanien, N-Griechenland (Epirus, Thessalien, Mazedonien).

G Entwässerung, Forstwirtschaft, Beweidung.

H N-Gri., Katara-Pass, 28.6.77, HB; N-Gri., Katara-Pass, 28.6.77, HB.

Dactylorhiza kalopissii subsp. macedonica
Mazedonische Fingerwurz

S *D. macedonica.*

M Stängel 45–75 cm hoch mit 8–10 ± gleichmäßig verteilten, ungefleckten, steil aufgerichteten Laubblättern. Untere Stängelblätter (18–26 × 2,5–4,5 cm) eiförmig lanzettlich, größte Breite in der Mitte, rinnig gefaltet, lang zugespitzt. Nach oben werden die Blätter zunächst schmaler, dann lanzettlich. Oberstes Stängelblatt 3–4 cm lang, den Beginn des Blütenstandes nicht ganz erreichend. Blütenstand zylindrisch, 10–20 cm lang und mäßig dicht- und reich (20–65)-blütig. Untere Tragblätter (15–20 × 3–4 mm) lanzettlich, 1,5–2 × so lang wie der Fruchtknoten, nach oben kleiner werdend. Blüten mittelgroß, Blütenfarbe rosa bis blass trübviolett, im Zentrum und gegen den Sporneingang heller, Malzeichnung aus kleinen Punkten bestehend oder fast fehlend. Seitliche Sepalen (8–9,2 × 3,3–3,6 mm) schief eiförmig, steil aufwärts gerichtet. Mittleres Sepal und die schief eiförmigen Petalen (6,2–7,2 × 2,6–3,1 mm) bilden einen Helm, der die Säule schützt. Lippe (6–7,5 × 8,3–9,8 mm) rautenförmig, 3-lappig, mit 3-eckig vorgezogenem Mittellappen (3–4 × 3,5–4,5 mm) und keilförmigen Seitenlappen (4,5–5 × 2,6–3,3 mm). Sporn (6,5–7,8 × 2,3–2,8 mm) sackförmig stumpf, leicht abwärts gerichtet, 3/4 so lang wie der Fruchtknoten (9–11 × 2–3 mm).

V Hybriden mit *D. saccifera*: Blattfleckung, stärker 3-geteilte Lippe, längerer Sporn.

B Mai–Juni. Allogame Nektartäuschblume.

U Unterscheidet sich von der ähnlichen subsp. *kalopissii* durch höheren Wuchs, längere und ungefleckte Grundblätter, längere und reichblütigere Blütenstände, stärker 3-geteilte, ungezeichnete Blütenlippen mit abgesetzten Mittellappen.

W Quellsümpfe, Nasswiesen, Flachmoore auf nährstoffreichen Böden. 1000–1500 m.

A N-Griechenland: Olymp, Titaros, Paikon.

G Entwässerung, Landwirtschaft, Beweidung.

H N-Gri., Menikion-Gebirge, 13.7.87, HB; N-Gri., Menikion-Gebirge, 13.7.87, HB.

Dactylorhiza lapponica subsp. lapponica
Lappländische Fingerwurz

S *Orchis angustifolia* var. *lapponica*, *D. pseudocordigera*, *D. traunsteineroides*.

M Stängel 12–30 cm hoch, dicklich, hohl, im oberen Teil oft violett, ± gleichmäßig mit 2–4 (meist 3) stark gefleckten, grünen, steil aufwärts gerichteten Laubblättern. Untere Stängelblätter (4–9 × 0,7–1,8 cm) schmal bis breit lanzettlich, rinnig gefaltet, größte Breite im unteren Drittel. Oberstes Stängelblatt tragblattartig, 2,5–6,5 cm lang, den Beginn des Blütenstandes nicht erreichend. Blütenstand zylindrisch, 3–6 cm lang, ± locker 6–20- und armblütig. Tragblätter (12–20 × 3–5 mm) lanzettlich, die unteren doppelt so lang wie der Fruchtknoten, nach oben kleiner werdend. Blüten klein bis mittelgroß, dunkelviolett. Seitliche Sepalen (7,3–10 × 2,6–3,8 mm) schief eiförmig, ± waagrecht gerichtet. Mittleres Sepal und die Petalen (6–8 × 2,2–3,4 mm) bilden einen Helm, der die Säule schützt. Lippe (5,5–7,6 × 7–10,5 mm) von herzförmig bis 3-lappig, im helleren Mittelteil mit mehreren Reihen purpurvioletter Punkte, Striche oder Schleifen. Mittellappen (1,5–2,5 × 2,2–3,5 mm) schwach abgesetzt, leicht vorgezogen, Seitenlappen leicht rückwärts gebogen. Sporn (7–11 × 1,9–2,7 mm) konisch, am Ende stumpf, leicht abwärts gebogen, ± 3/4 so lang wie der gedrehte Fruchtknoten (8,5–12 × 2–3 mm).

V Skandinavische Populationen stimmen untereinander nicht völlig überein. Schwedische Populationen: langsporniger (8,5–11 mm).

B Juni–Juli. Allogame Täuschblume. 2n=80.

U Subsp. *russowii*: höherer Wuchs, längere und schmalere Grundblätter, längerer und reichblütigerer Blütenstand.

W Flachmoore und Waldmoore, Nasswiesen. 0–1000 m.

A Skandinavien: Norwegen, Schweden, Gotland. Ein Vorkommen in W-Schottland und auf den Hebriden ist unklar.

G Entwässerung, Land- und Forstwirtschaft.

H Schwed., Hammerdal, 6.7.03, TP; Schwed., Norrbotten, 8.7.84, HRe.

Dactylorhiza lapponica subsp. rhaetica
Rätische Fingerwurz

M Unterscheidet sich von subsp. *lapponica* durch kleinere Grundblätter (3–8 × 0,6–1,6 cm), kürzere Blütenstände (2,5–8 cm), geringere Blütenzahl (5–14), kleinere Tragblätter (10–16 × 3–4 mm) und Blüten. Seitliche Sepalen (6,3–8,5 × 2–3,2 mm) schief eiförmig. Lippe (4,5–6,8 × 6,2–9,3 mm) rhombisch, schwach 3-lappig. Mittellappen (1,2–2,4 × 2,2–3,3 mm) leicht vorgezogen. Sporn (6,5–9 × 1,4–2,3 mm) konisch, ± 3/4 so lang wie der gedrehte Fruchtknoten (7,5–10,5 × 2–3 mm).

B Juni–August. Allogame Täuschblume. 2n=80.

U *D. incarnata* subsp. *cruenta*: kleinere Blüten, breitere, steifere, rinnigere Blätter; *D. majalis* subsp. *alpestris*: breitere Grundblätter, größere Blüten.

W Hang- und Flachmoore, Quellfluren, nasse Schotterhänge auf Kalk. 500–2400 m.

A Alpen: SO-Frankreich (Dauphiné), N-Italien, Schweiz, Deutschland, Österreich, Slowakei?

G Entwässerung, Land-, Forstwirtschaft.

H N-Ita., Obereggen, 15.7.97, RL.

Dactylorhiza lapponica subsp. russowii
Russows Fingerwurz

S *D. curvifolia, D. russowii.*

M Unterscheidet sich von subsp. *lapponica* durch längere Grundblätter (8–12 × 0,7–1,5 cm), reichblütigeren Blütenstand (10–30), längeren, dünneren Sporn (9–11 × 1,8–2,6 mm). Blüten mittelgroß, hell purpurrot. Seitliche Sepalen (7,6–9,2 × 2,6–3,7 mm) schief eiförmig, ± waagrecht. Mittleres Sepal und die Petalen (5,8–7,6 × 2,5–3,5 mm) bilden einen Helm. Lippe (6,3–7,6 × 8–11 mm) rundlich, 3-lappig, Seitenlappen mäßig zurückgebogen, reich gepunktet, Mittellappen (1,1–2,3 × 2,3–3,1 mm) ± 3-eckig. Sporn (9–11 × 1,7–2,6 mm) zylindrisch, abwärts gerichtet, knapp so lang wie der Fruchtknoten (8,7–11,5 × 1,5–2 mm).

B Juni–Juli. Allogamie. Hybriden mit *D. fuchsii*, *D. incarnata* und mit *G. conopsea*. 2n=80.

W Küstennahe Nasswiesen, Flachmoore, auf kalkarmen, nährstoffreichen Böden. 0–400 m.

A NO-Europa: Schweden, Finnland, Estland.

G Entwässerung, Land- und Forstwirtschaft.

H Est., Nissi, 16.6.95, RH.

Dactylorhiza maculata subsp. maculata
Gefleckte Fingerwurz

S *Orchis maculata, D. elodes, D. ericetorum.*
M Stängel schlank, 20–40 cm hoch, markerfüllt, rinnig, ± gleichmäßig mit 3–5 gefleckten, grünen, steil aufwärts gerichteten Laubblättern. Untere Stängelblätter schmal lanzettlich, (4,5–9,5 × 0,6–1,4 cm), größte Breite unterhalb der Mitte. Oberstes Stängelblatt tragblattartig, 1,5–4,3 cm lang, den Beginn des Blütenstands nicht erreichend. Blütenstand zuerst breit kegelförmig, später zylindrisch, 3–5 cm lang, ± locker 8–25-blütig. Tragblätter (10–17 × 2,2–3,8 mm) lanzettlich, die unteren fast doppelt so lang wie der Fruchtknoten, nach oben kleiner werdend. Blüten klein bis mittelgroß, reinweiß bis blass hellviolett. Seitliche Sepalen (7,4–9,5 × 2,4–3,2 mm) schmal lanzettlich, ± waagrecht. Mittleres Sepal und die Petalen (5,7–7,3 × 2–3,2 mm) bilden einen Helm, der die Säule schützt. Lippe (6,2–8,6 × 9–12,5 mm) ± kreisförmig, flach, 3-lappig, im helleren Mittelteil oder auf der ganzen Fläche mit purpurnen kleinen Schleifen, Strichen oder Punkten. Mittellappen (1,4–2,8 × 2,4–3,4 mm) 3-eckig, vorgezogen, Seitenlappen leicht rückwärts gebogen. Sporn (5,3–8 × 0,8–1,6 mm) sehr dünn, zylindrisch, leicht abwärts, ± 3/4 so lang wie der gedrehte Fruchtknoten (6,7–9,5 × 1,5–2 mm).
B Juni–Juli. Allogame Nektartäuschblume. 2n=80.
U *D. fuchsii*: größer (Höhe, Blätter, Blütenstand), Lippe tiefer 3-lappig, reichere Zeichnung, Sporn dicker.
W Offene atlantische Sphagnummoore auf feuchten, sauren Böden. 0–1200 m.
A Britische Inseln, Atlantische Bereiche von Portugal, N-Spanien, Frankreich, N-Deutschland, Dänemark, Skandinavien. Nach Osten über das Baltikum bis Zentralsibirien?
G Regional durch Entwässerung, Land-, Forstwirtschaft.
H Dän., Buljeberg, 16.6.04, HB; Scho., Ardessie, 3.7.02, RL.

Dactylorhiza maculata subsp. battandieri Algerische Fingerwurz

S *D. battandieri.*

M Unterscheidet sich von *D. elata* durch niedrigeren Wuchs (20–40 cm), geringere Blattzahl (4–7), kleinere Grundblätter (7–17 × 1,5–3 cm), kürzere Blütenstandslänge (4–10 cm) und Tragblätter (20–25 × 3,5–4 mm), eine geringere Blütenzahl (15–50). Blüten mittelgroß, hellrot bis blass hellviolett. Seitliche Sepalen (10–12 × 2,5–3 mm) schmal lanzettlich, ± waagrecht. Mittleres Sepal und die Petalen (7,5–9 × 2,5–3 mm) bilden einen Helm. Lippe (9,5–11 × 10–15 mm) ± kreisförmig, leicht gekielt, 3-lappig, im Mittelteil mit purpurnen kleinen Strichen. Sporn (9–10 × 2,5–3 mm) dünn, leicht abwärts, etwa so lang wie der Fruchtknoten (9–10 × 1,4–2 mm).

B Mai–Juni. Allogame Nektartäuschblume.

W Hangquellmoore, Rutschhänge, Bachufer. 1300–1600 m.

A N-Algerien: Große und Kleine Kabylei.

G Entwässerung, Forst, Beweidung.

H N-Alg., Djurdjura, 25.5.75, HB.

Dactylorhiza maculata subsp. caramulensis Portugiesische Fingerwurz

S *D. caramulensis.*

M Unterscheidet sich von subsp. *maculata* durch höheren Wuchs (30–50 cm), größere Grundblätter (12–16 × 1,5–3 cm), längeren Blütenstand (5–15 cm), größere Blütenzahl (40–60), längere Tragblätter (16–35 × 3,5–5,5 mm), größere Blüten. Seitliche Sepalen (9–15 × 2,8–4 mm) ± waagrecht und Petalen (7–11 × 2,8–3,5 mm) schief lanzettlich. Lippe (9–15 × 12–17 mm) querelliptisch, 3-lappig. Mittellappen (2–5 × 3–5 mm) kaum oder schwach vorgezogen. Sporn (9–14 × 2–3 mm) sackförmig, stumpf, etwa so lang wie der gedrehte Fruchtknoten (11–16 × 2–3 mm).

B Mai–Juli. Allogame Täuschblume.

W Hangmoore, Quellfluren, Nasswiesen. 300–1600 m.

A Gebirge von Mittel- und N-Portugal, W-, NW-Spanien (Extremadura, Galicien).

G Entwässerung, Land-, Forstwirtschaft.

H Por., Sierra de Caramulo, 15.5.79, HB.

Dactylorhiza maculata subsp. islandica
Isländische Fingerwurz

S *D. islandica.*

M Unterscheidet sich von subsp. *maculata* durch niedrigeren, robusteren Wuchs (5–20 cm), am Grunde gedrängte, gefleckte oder ungefleckte Laubblätter (5–10 × 2–3,5 cm), die etwa in der Mitte am breitesten sind, einen kürzeren, dichteren Blütenstand mit geringerer Blütenzahl (4–20). Seitliche Sepalen waagrecht, mit dem mittleren Sepal und den Petalen einen lockeren, im Vergleich zur Lippe großen Helm bildend. Lippe im Umriss breit elliptisch, so lang wie breit, schwach 3-lappig, mit vorgezogenem Mittellappen, hellrosa bis hellrot, mit reicher Strich- oder Schleifenzeichnung. Sporn zylindrisch, stumpf, etwas kürzer als der Fruchtknoten.

B Juni–Juli. Allogame Täuschblume. 2n=80.

W Atlantische Krähenbeeren-Heiden, auf sauren Böden.

A Endemit Islands.

G Land-, Forstwirtschaft.

H Isl., Langarratu, 10.7.95, DR.

Dactylorhiza maculata subsp. montellii
Montells Fingerwurz

S *D. kolaensis.*

M Unterscheidet sich von subsp. *maculata* durch niedrigeren Wuchs (5–25 cm), geringere Blattzahl (3–4), schmalere, grobgefleckte Grundblätter (5–8 × 1–2 cm), kürzeren, dichteren Blütenstand (3–6 cm), geringere Blütenzahl (5–15), größere, hellrosa Blüten. Untere Tragblätter etwa so lang wie der Fruchtknoten. Seitliche Sepalen lanzettlich, waagrecht bis schräg aufwärts gerichtet. Lippe (8,5–12 × 7–10,5 mm) breitelliptisch, schwach 3-lappig mit vorgezogenem Mittellappen, im Zentrum mit rotvioletten Strichen oder Schleifen. Sporn zylindrisch, am Ende stumpf, abwärts, etwa 2/3 so lang wie der gedrehte Fruchtknoten.

B Juli–Anfang August. Allogamie. 2n=80.

W Torfmoore, Rinnsale, auf nassen, sauren Böden der subarktischen Tundra. 0–200 m.

A Lappland, N-Russland (Kola-Halbinsel), Sibirien?

G Torfgewinnung.

H Schwed., Abisko, 23.7.95, DR.

Dactylorhiza maculata subsp. savogiensis Savoyer Fingerwurz

S *D. savogiensis.*

M Unterscheidet sich von der ähnlichen *D. fuchsii* durch schmalere, lanzettliche Grundblätter (12–16 × 1–2,5 cm), rotbraunen oberen Stängel und Tragblätter, geringere Blütenzahl (10–35), größere, weinrote Blüten, deren Lippen, im Umriss ± kreisrund und weniger geteilt sind. Seitliche Sepalen (8–12 × 2,8–3,7 mm) ± waagrecht, Petalen (6–10 × 2,5–3,5 mm) schief lanzettlich. Lippe (7–12 × 9–15 mm) querelliptisch, 3-lappig, Seitenlappen halbkreisförmig, Mittellappen vorgezogen. Sporn (7–12 × 1,8–2,6 mm), leicht absteigend, etwa so lang wie der Fruchtknoten (7,3–9,5 mm lang).

B Juni–Anfang August. Allogame Täuschblume. 2n=80. Hybriden mit *D. fuchsii* s. l.

W Hangmoore, Quellfluren, Nasswiesen. 1200–2000 m.

A Gebirge von SW-Frankreich (Hte Savoie, Savoie) bis zur Zentralschweiz (Gotthard).

G Entwässerung, Beweidung.

H Schweiz, Andermatt, 25.7.04, HB.

Dactylorhiza maculata subsp. transsilvanica Siebenbürgen-Fingerwurz

S *D. transsilvanica.*

M Unterscheidet sich von der ähnlichen *D. fuchsii* durch ungefleckte, schmalere, auf Ober- und Unterseite hellgrüne Grundblätter (10–15 × 1–2,2 cm), rein weiß gefärbte Blüten und eine breitere, weniger tief geteilte, ungezeichnete Blütenlippe. Seitliche Sepalen (8–12 × 2,5–4 mm) und Petalen (6–9 × 2,5–3,5 mm) lanzettlich. Lippe (9–12 × 12–16 mm) schwach 3-lappig, Seitenlappen breit gerundet, Mittellappen (4–6 × 3–5 mm) wenig vorgezogen. Sporn (8–11 × 1,5–3 mm) sackförmig, schräg abwärts, ± so lang wie der Fruchtknoten (9–11 × 1–2 mm).

B Juni–Juli. Allogame Täuschblume. 2n=80.

W Offene frische bis feuchte Wiesen, Waldränder. 100–1200 m.

A Karpaten: Mähren, Slowakei, Ukraine, Rumänien, NW-Balkan: Serbien?, Bosnien?, Kroatien, Slowenien.

G Land- und Forstwirtschaft.

H Kro., Titovo-Ucice, 16.6.88, HB.

Dactylorhiza majalis subsp. majalis
Breitblättrige Fingerwurz

S *D. fistulosa* nom. illeg.
M Stängel 15–55 cm, hohl, unter der Ähre 3,1–5,2 mm dick, mit 4–7 grob gefleckten Laubblättern. Untere Blätter (8–18 × 1,8–3,5 cm) eiförmig, größte Breite etwa in der Mitte, obere eiförmig lanzettlich. Blütenstand walzlich, 4–13 cm lang, ± dicht 7–35-blütig. Tragblätter (15–32 × 4–6 mm) lanzettlich, rotbraun, die unteren ± doppelt so lang wie Fruchtknoten. Seitliche Sepalen (8–12 × 3–4,5 mm) schief eiförmig, ± senkrecht aufwärts. Mittleres Sepal (7–9 × 3–4 mm) und Petalen (6–8,5 × 2,4–4 mm) bilden Helm. Lippe (7–9 × 8–14 mm), rundlich, schwach 3-lappig, rhombische Seitenlappen flach oder leicht zurückgebogen. Mittellappen (1,8–4 × 2,5–4 mm) ± 3-eckig, vorgezogen. Lippe im helleren Zentrum mit Schleifen-, Punkt- oder Strichzeichnung, Ränder rotviolett. Sporn (7,5–10 × 2–3,5 mm) konisch, abwärts gebogen, ± 3/4 so lang wie Fruchtknoten (9–13 × 2–3 mm).
V *D. parvimajalis* (W-Alpen, Jura, Vogesen): schmalere Grundblätter (1,2–2,4 cm), dünnerer Stängel (∅ 2,3–3,7 mm), längerer Sporn (10–13 mm), weniger Blüten (7–20); subsp. *turfosa* (Tschechei): niedrigerer Wuchs (14–20 cm), weniger, meist ungefleckte Blätter (3), kürzerer Blütenstand (4–5 cm), spätere Blütezeit (Juni–Juli). Subsp. *alpestris* (Alpen): größere Blüten, kaum geteilte Blütenlippen (8,5–11 × 12–16,5 mm), längere Sporne (11–14.5 mm).
B März–Mai. Täuschblume. Hybriden mit *D. baltica*, *D. cordigera?*, *D. fuchsii*, *D. incarnata*, *D. lapponica*, *D. praetermissa*, *D. sambucina*, *D. traunsteineri*. Gattungshybriden mit *Coeloglossum*, *G. conopsea*, *N. nigra*. 2n=80.
U *D. cordigera*: Lippe breiter und flacher, Zeichnung schleifenförmig.
W Nasswiesen, Quellfluren, Küstensümpfe auf kalkarmen Böden. 0–2000 m (Alpen).
A Weite Teile von Europa: S-Grenze durch N-Spanien, N-Italien, Dalmatien, Rumänien. N-Grenze durch S-Norwegen, S-Schweden.
G Entwässerung. **H** S-Deu., Ellwangen, 21.5.93, HB; S-Deu., Böblingen, 7.5.01, HB.

Dactylorhiza majalis subsp. cambrensis Walisische Fingerwurz

M Unterscheidet sich von subsp. *occidentalis* durch gekielte, am Stängelgrund gehäufte und stark gefleckte (Punkte ca. 3 mm ⌀) Grundblätter (10–18 × 1,5–4 cm), eine schmalere Blütenlippe mit einem zentralen Mal, etwas längere Perigonblätter. Von *D. purpurella*, durch eine ± konvexe Lippe. Seitliche Sepalen (8,8–12 × 3,5–4,5 mm) ± waagrecht bis senkrecht, Petalen (6–7,5 × 2,5–3,5 mm) schief eiförmig. Lippe (7–10 × 10–12 mm) breit herzförmig, ± 3-lappig, Seitenlappen flach bis leicht aufwärts. Mittellappen (1,5–3,5 × 3–4 mm) 3-eckig, vorgezogen. Sporn (8–9,5 × 1,5–2,5 mm) abwärts gerichtet, etwas kürzer als der Fruchtknoten (9–13 × 2,5–3,5 mm).

B Anfang Juni–Mitte Juli, etwas später als subsp. *occidentalis*. Allogame Täuschblume.

W Küsten-, Nasswiesen, Dünentälchen. 0–100 m.

A Walisische Küste: Merionethshire, Cardiganshire, Caernarvonshire, Anglesey.

G Land- und Forstwirtschaft, Beweidung.

H Wal., Anglesey, 27.3.94, HB.

Dactylorhiza majalis subsp. occidentalis Westirische Fingerwurz

S *Orchis majalis* subsp. *occidentalis*, *O. kerryensis*.

M Unterscheidet sich von subsp. *majalis*, die in Irland fehlt, durch niedrigeren Wuchs (10–30 cm), schmalere Grundblätter (10–15 × 1,2–2 cm) und Blütenlippen. Seitliche Sepalen (8–9,5 × 3–4,5 mm) ± waagrecht, Petalen (6–7,5 × 3–4,5 mm) schief eiförmig. Lippe (7,5–10 × 10–12 mm) breit herzförmig, ± 3-lappig, Seitenlappen zurückgebogen. Mittellappen (1–2,5 × 2,5–4 mm) ± 3-eckig, leicht vorgezogen. Sporn (7–9 × 1,5–2,5 mm), abwärts, etwa 2/3 so lang wie der Fruchtknoten (10,5–12,5 × 2,5–4 mm).

V Var. *kerryensis*: ungefleckte Blätter, hellere Blüten, Lippenzeichnung punkt- oder strichförmig.

B Mitte Mai–Ende Juni. Täuschblume. 2n=80.

W Feuchte Dünentälchen, Sumpf- und Küstenwiesen, Weiden, auf ± neutralen Böden. 0–200 m.

A Irland, Verbreitungsschwerpunkt im Westen.

G Land- und Forstwirtschaft, Beweidung.

H Irl., Clifden, 1.7.94, HB.

Dactylorhiza majalis subsp. scotica
Schottische Fingerwurz

S *D. majalis* var. *ebudensis*, *D. majalis* subsp. *ebudensis.*

M Unterscheidet sich von *D. purpurella* und *D. majalis* subsp. *occidentalis* durch niedrigeren, zwergigen Wuchs (5–10 cm), schmalere Grundblätter (1,2–1,6 cm), meist mit großen, runden Punkten oder ganzen Flecken (oft beidseitig). Seitliche Sepalen (7–9 × 3–3,5 mm) ± senkrecht aufwärts gerichtet, Petalen (6–7 × 2,5–3,5 mm) schief eiförmig. Lippe (7–8,5 × 9–11 mm) breit herzförmig, ± 3-lappig, Seitenlappen zurückgebogen. Mittellappen (1,5–3 × 2–3 mm) ± 3-eckig, leicht vorgezogen. Sporn (8–10 × 2,5–3 mm) walzlich konisch, abwärts gebogen, etwa so lang wie der Fruchtknoten (8–11 × 1,5–2 mm)

B Mitte Mai–Mitte Juni. Allogame Nektartäuschblume.

W Feuchte Dünentälchen (Machair). 5–10 m.

A Äußere Hebriden: North Uist.

G Land- und Forstwirtschaft, Beweidung.

H Scho., N-Uist, 12.6.85, ML.

Dactylorhiza majalis subsp. alpestris
Alpen-Fingerwurz

S *D. majalis* var. *pumila*, *Orchis alpestris.*

M Unterscheidet sich von *D. majalis* s.str. durch robusteren Wuchs (10–35 cm), dickeren Stängel, meist nur 4 (statt 5) schräg stehende, intensiv gefleckte, stumpfere Blätter, dunklere Blüten, größere, weniger tief 3-teilige Blütenlippen (7–9,5 × 7–9,5 mm), Mittellappen (1–4 × 0,5–2 mm) kleiner als die Seitenlappen. Sepalen (8–10 × 3–4 mm), Sporn (6,3–8,5 × 2,4–3 mm) 3/4 so lang wie der Fruchtknoten.

B Juni–Juli. Täuschblume. Hybriden mit *D. fuchsii*, *D. incarnata*, *D. lapponica*, *D. sambucina*, *D. traunsteineri*. Gattungshybriden mit *Coeloglossum*, *G. conopsea*, *N. nigra*. 2n=80.

W Quellaustritte, Rieselhänge, feuchte Wiesen, auf basischen und schwach sauren Boden (Granit, Gneis). 700–2400 m.

A Alpen, Mittelgebirge (Schwarzwald, Alb).

G Land- und Forstwirtschaft, Beweidung.

H N-Ita., Penser Joch, 28.6.00, RL.

Dactylorhiza maurusia
Maurische Fingerwurz

S *Orchis maurusia, D. maculata* subsp. *maurusia.*
M Geophyt zur Blütezeit mit 2 unterirdischen, fingerförmig in 2–3 Abschnitte geteilten Wurzelknollen. Stängel schlank, 30–60 cm hoch, hohl bis fast markerfüllt, mit 6–8 ungefleckten, steif aufrecht stehenden Laubblättern. Grundblätter (15–25 × 1,5–2,2 cm) länglich lanzettlich, lang zugespitzt, größte Breite in der Mitte. Größte Abmessungen besitzt das zweit- oder drittunterste Stängelblatt. Nach oben Blätter rasch kleiner, das oberste tragblattartig, 2,5–3,5 cm lang. Es erreicht kaum den Beginn des Blütenstands oder überragt ihn etwas. Blütenstand schmal zylindrisch, 5–15 cm lang, mäßig dicht 10–50-blütig. Tragblätter (14–21 × 2,7–4 mm) lanzettlich, grün, die unteren knapp doppelt so lang wie der Fruchtknoten. Blüten mittelgroß, blasslila bis hell rosaviolett. Seitliche Sepalen (9–10 × 2,5–4 mm) schief eiförmig, schräg bis senkrecht aufwärts gerichtet. Mittleres Sepal (8,5–10 × 2,5–3,5 mm) und die Petalen (8–10 × 2,5–3,5 mm) bilden einen Helm, der die Säule bedeckt. Lippe (9–13 × 12–14 mm) im Umriss queroval, schwach 3-lappig. Seitenlappen (10–12 × 6–8 mm) rundlich, am Rande gezähnelt, entlang der Längsachse nur wenig rückwärts gebogen. Mittellappen (2,5–4 × 3,5–4 mm) 3-eckig, schwach vorgezogen. Lippe im helleren Zentrum mit ausgedehnter, dunkler Strich- oder Schleifenzeichnung. Sporn (11–13 × 1,5–2 mm) schmal zylindrisch, leicht abwärts gerichtet, etwa so lang oder etwas länger als der Fruchtknoten (11–13 × 1,4–2 mm).
B Ende Mai–Juli. Allogame Nektartäuschblume.
U: *D. elata* s.l: größere Stängelblätter, höherer, reichblütigerer Blütenstand, Tragblätter länger.
W Quellaustritte, Hangquellmoore, auf kalkarmen Böden. 1500–1900 m.
A Endemit N-Marokkos (Rif-Gebirge).
G Wasserentnahme, Land- und Forstwirtschaft, Beweidung.
H Mar., Ketama, 25.5.75, HB; Mar., Ketama, 30.5.96, HB.

Dactylorhiza nieschalkiorum
Nieschalks Fingerwurz

M Geophyt, zur Blütezeit mit 2 unterirdischen, fingerförmig in 2–3 Abschnitte geteilten Wurzelknollen. Stängel 30–60 cm hoch, hohl, dick, mit 5–7 ungefleckten, nur selten gefleckten Laubblättern. Untere Blätter (10–20 × 2–5 cm) breit lanzettlich, über der Mitte am breitesten, steif aufrecht, obere Stängelblätter eiförmig lanzettlich. Das oberste tragblattartig, 4–8 cm lang, den Beginn des Blütenstandes nicht erreichend oder etwas überragend. Blütenstand walzlich, 8–20 cm lang, ± dicht 20–80-blütig. Blüten sehr groß, hellrot bis blass violettrot. Untere Tragblätter (20–26 × 4–5 mm) lanzettlich, grün, ± doppelt so lang wie der Fruchtknoten, nach oben kleiner werdend. Seitliche Sepalen (12–17 × 4–6 mm) schief eiförmig, ± waagrecht bis schräg aufwärts gerichtet. Mittleres Sepal (9–12 × 4–5 mm) und die Petalen (9–14 × 3–4,5 mm) bilden einen Helm. Lippe (12–15 × 15–20 mm) im Umriss breit elliptisch, schwach 3-lappig, die rhombischen Seitenlappen flach oder leicht zurückgebogen, am Rande gezähnelt. Mittellappen (1,5–4 × 3–4,5 mm) 3-eckig, ± vorgezogen, kleiner als die Seitenlappen. Lippe im helleren Zentrum mit Schleifen- oder Strichzeichnung. Sporn (10–14 × 3–5 mm) dick zylindrisch, waagrecht bis schwach abwärts gerichtet, etwa so lang wie der gedrehte Fruchtknoten (10–15 × 2–3 mm).

B Juni–Juli. Allogame Nektartäuschblume. Hybriden mit *D. saccifera* subsp. *bithynica*, *D. iberica*, *D. incarnata*.

U *D. urvilleana*: Blätter am Grunde gehäuft und gefleckt, Blüten kleiner.

W Offene Nasswiesen, feuchte Uferwiesen, Quellfluren, auf basenreichen Böden. 1000–1800 m.

A Endemische Art der Küstengebirge der NW-Türkei in der Umgebung von Bursa, Ordu, Bolu und Kastamonu.

G Entwässerung, Land- und Forstwirtschaft, Tourismus.

H W-Tür., Bolu, 1.7.82, HB; W-Tür., Bolu, 1.7.82, HB.

Dactylorhiza osmanica
Osmanische Fingerwurz

S *D. cilicica*, *D. cataonica*, *D. olocheilos*.

M Geophyt, zur Blütezeit mit 2 unterirdischen, fingerförmig in 2–3 Abschnitte geteilten Wurzelknollen. Stängel 20–50 cm, hohl, dick, mit 6–8 ungefleckten Laubblättern. Untere Blätter (10–20 × 2–5 cm) breit lanzettlich, in der Mitte am breitesten, steif aufrecht, obere Stängelblätter eiförmig lanzettlich. Das oberste tragblattartig, 3,5–5,5 cm lang, den Beginn des Blütenstands erreichend oder etwas überragend. Blütenstand zylindrisch, 4–11 cm lang, ± dicht 20–70-blütig. Blüten mittelgroß, intensiv rot- bis purpurviolett. Untere Tragblätter (18–30 × 3,5–6 mm) lanzettlich, grün, braunrot überlaufen, mehr als doppelt so lang wie der Fruchtknoten, nach oben kleiner werdend. Seitliche Sepalen (9–12 × 3,5–4,5 mm) schief eiförmig, ± waagrecht bis schräg aufwärts. Mittleres Sepal und die Petalen (6–9 × 2,5–3,5 mm) bilden einen Helm. Lippe (8–12 × 10–15 mm) querelliptisch, fast ganzrandig, schwach konvex, angedeutet 3-lappig. Seitenlappen an den Rändern leicht aufgebogen. Lippe im helleren Zentrum mit Schleifen- oder Strichzeichnung, die auf die Ränder ausstrahlen kann. Sporn (5–9 × 3–4 mm) kegelförmig zylindrisch, waagrecht bis leicht abwärts, 1/2–2/3 so lang wie der gedrehte Fruchtknoten (9–12 × 1,5–2 mm).

V Var. *anatolica*: kräftigerer Wuchs (50–60 cm), längere Grundblätter (14–21 cm) und Blütenstände (26 cm), größere Blütenlippen (12–16 × 10–16 mm).

B Mai–Juli. Allogame Täuschblume. Hybriden mit *D. iberica*, *D. incarnata*, *D. umbrosa*, *D. urvilleana*.

U *D. umbrosa*: keilförmige Lippe, längerer Sporn; *D. euxina*: niedrigerer Wuchs, gleichmäßige Beblätterung, Lippe stärker 3-geteilt.

W Nasswiesen, Quellhorizonte, Bachränder, auf basenreichen Böden. 500–2400 m.

A Endemit der M- und O-Türkei, NW-Syrien.

G Entwässerung, Land- und Forstwirtschaft.

H SO-Tür., Gülek, 25.5.81, HB; SO-Tür., Gülek, 25.5.81, HB.

Dactylorhiza praetermissa
Übersehene Fingerwurz

S *D. praetermissa* var. *junialis*, *D. pardalina*, *Orchis incarnata* var. *integrata*.

M Geophyt, zur Blütezeit mit 2 unterirdischen, fingerförmig in 2–3 Abschnitte geteilten Wurzelknollen. Stängel 35–70 cm, hohl, dick (⌀ > 5 mm), mit 5–8 ± gleichmäßig verteilten, ungefleckten Laubblättern. Untere Blätter (15–25 × 2–5,5 cm) breit lanzettlich, etwa in der Mitte am breitesten, steif aufrecht, gekielt. Blütenstand zylindrisch, 5–11 cm lang, ± dicht 25–70-blütig. Blüten mittelgroß, meist blass violettpurpurn, seltener purpurviolett (Hybridisierung). Untere Tragblätter (19–32 × 4,2–5,3 mm) lanzettlich, grün, braunrot überlaufen, mehr als doppelt so lang wie der Fruchtknoten, nach oben kleiner werdend. Seitliche Sepalen (9,5–11 × 3,7–4,2 mm) schief eiförmig, ± waagrecht bis schräg aufwärts. Mittleres Sepal (8–9 × 3–4 mm) und die Petalen (7–8,5 × 3,5–4 mm) bilden einen Helm. Lippe (7,5–10 × 10–12 mm) schwach herzförmig, fast ganzrandig, schwach konvex, angedeutet 3-lappig. Seitenlappen abgerundet, am Rande leicht aufgebogen. Lippe im helleren Zentrum mit feinen Punkten oder Strichen, auf die dunkleren Ränder ausstrahlend. Sporn (8–9 × 2,2–3 mm) kegelförmig, leicht abwärts, ± 3/4 so lang wie der Fruchtknoten (9,5–11 × 2,3–3 mm).

V Var. *junialis*, *D. pardalina*: ringförmig gefleckte Blätter; subsp. *integrata*: Lippe keilförmig mit ausgeprägter Zeichnung.

B Ende Mai–Juli. Allogame Täuschblume. Hybriden mit *D. fuchsii*, *D. incarnata*, *D. lapponica*, *D. maculata*, *D. majalis*, *D. purpurella*. Gattungshybriden mit *Gymnadenia conopsea*.

U *D. incarnata*: Blüten kleiner.

W Küsten-, Nasswiesen, Dünentälchen, Seggenriede, auf kalkreichen feuchten Böden. 0–600 m.

A Atlantisches Europa: England, Wales, N- und Mittelfrankreich, Deutschland (Niederrhein), Dänemark (Jütland).

G Entwässerung, Land- und Forstwirtschaft.

H S-Eng., Exeter, 25.6.94, HB; S-Eng., Exeter, 25.6.94, HB.

Dactylorhiza purpurella subsp. purpurella Purpurblütige Fingerwurz

S *D. majalis* subsp. *purpurella.*
M Geophyt zur Blütezeit mit 2 unterirdischen, fingerförmig in 2–4 Abschnitte geteilten Wurzelknollen, deren Enden zu langen, wurzelartigen Fortsätzen verlängert sind. Stängel gedrungen, 15–35 cm hoch, teilweise hohl, mit 5–7 ungefleckten bis schwach punktförmig gefleckten, schräg stehenden, rinnigen Laubblättern. Untere Blätter (9–14 × 1,4–3 cm) eiförmig lanzettlich, größte Breite etwa in der Mitte. Blütenstand zylindrisch, 4–7 cm lang, dicht 13–35-blütig. Tragblätter (10–20 × 3–5 mm) lanzettlich, grün, die unteren ± doppelt so lang wie der Fruchtknoten. Blüten intensiv purpurn bis tief rubinrot. Seitliche Sepalen (7–9 × 2,5–4 mm) schief eiförmig, schräg bis senkrecht aufwärts gerichtet. Mittleres Sepal (6–7,5 × 2,5–3 mm) und Petalen (5–7 × 2,5–3,5 mm) bilden einen Helm. Lippe (5–8 × 6–10 mm) rhombisch, schwach 3-lappig, Seitenlappen flach oder leicht aufgebogen, Mittellappen (0,5–1 × 1,5–3 mm) kaum vorgezogen. Lippe im helleren Zentrum mit ausgedehnter, dunkler Punkt- oder Strichzeichnung. Sporn (7–9 × 2–2,5 mm) schmal zylindrisch, stumpf, abwärts, ± so lang wie der Fruchtknoten (7–11 × 1–2,5 mm).
V Var. *atrata*: grobe Blattfleckung, Lippenzeichnung fleckenartig (NO-England). Subsp. *majaliformis*: (Wales, N- und NW-Schottland, Jütland): robuster, größere, dichtere Beblätterung, stärkere Fleckung der Stängel- und Tragblätter, größere Lippe (7–9 × 10–14 mm).
B Juni–August. Allogame Nektartäuschblume. Hybriden mit *D. fuchsii*, *D. incarnata*, *D. maculata*, *D. praetermissa*. Gattungshybriden mit *Coeloglossum* und *G. conopsea*. 2n=80.
U *D. majalis* subsp. *cambrensis*: Blätter stärker gefleckt, Blüten etwas heller, größer.
W Nasswiesen, Küstensümpfe, Dünentälchen, neutrale bis schwach saure Böden. 0–600 m.
A Irland, England, Schottland, Shetland-Inseln, SW-Norwegen, N-Jütland, S-Schweden,
G Landwirtschaft, Beweidung.
H Lewis, 7.7.02, RL; Anglesey, 27.6.94, HB.

Dactylorhiza pythagorae
Pythagoras Fingerwurz

M Stängel 20–45 cm hoch, ± gleichmäßig mit 4–7 ungefleckten, schräg aufwärts gerichteten Laubblättern, unterhalb des Blütenstandes 2,5–4,5 mm dick. Untere Stängelblätter (10–17 × 2–4 cm) schmal lanzettlich, gekielt, die folgenden sind länger und schmaler. Die oberen Blätter sind kleiner, das oberste ist 4,5–10 cm lang und überragt deutlich den Beginn des Blütenstandes. Blütenstand kopfig bis zylindrisch, 5–15 cm lang und mäßig dicht- und reich (8–40)-blütig. Untere Tragblätter (22–35 × 3,8–5 mm) lanzettlich, etwa doppelt so lang wie der Fruchtknoten, nach oben kleiner werdend. Blüten groß, blass- bis dunkelrosa oder hellviolett. Seitliche Sepalen (11–15,5 × 3,2–5 mm) schief eiförmig, steil aufwärts gerichtet. Mittleres Sepal und die schief eiförmigen Petalen (9,8–12,7 × 2,7–4 mm) bilden einen Helm, der die Säule schützt. Lippe (9–15 × 10–14,5 mm) im Umriss elliptisch, schwach 3-lappig, die halbelliptischen Seitenlappen (9–12 × 6–7 mm) ± flach. Mittellappen (1,8–3 × 3–4 mm) 3-eckig, schwach abgesetzt. Lippe ohne oder mit ausgedehnter Punkt- oder Strichzeichnung, die auf die Ränder und den Sporneingang übergreift. Sporn (9–14,5 × 3,8–5 mm) sackförmig, waagrecht bis leicht abwärts gerichtet, nur wenig kürzer als der gedrehte Fruchtknoten (10–14 × 2–3 mm).

B Ende Mai–Anfang Juli. Allogame Nektartäuschblume.

U Unterscheidet sich von *D. urvilleana* subsp. *urvilleana* und subsp. *phoenissa* durch ungefleckte, gekielte Blätter, blassrosa bis dunkelrosa Blüten mit undeutlicher punkt- oder strichförmiger Schleifenzeichnung, deren Lippen so lang wie breit sind, vor allem aber durch einen dickeren Sporn.

W Quellmoore, Bachränder. 800–900 m.

A Griechenland, Samos: Endemit des Karvuni-Gebirges.

G Entwässerung, Forst- und Landwirtschaft.

H Samos, Karvuni, 7.7.91, HB; Samos, Karvuni, 7.7.91, HB.

Dactylorhiza romana subsp. romana
Römische Fingerwurz

S *Orchis romana, O. pseudosambucina.*
M Geophyt mit 2 eiförmigen, höchstens bis 1/3 der Länge gespaltenen Knollen. Stängel 10–25 cm hoch, mit 6–11 ungefleckten, hellgrünen Laubblättern, 4–8 am Grunde rosettig. Grundblätter (8–15 × 0,8–1,4 cm) lineal lanzettlich, größte Breite etwa in der Mitte. Blütenstand eiförmig zylindrisch, 4–8 cm lang, ± locker 5–20-blütig. Tragblätter (20–25 × 4,5–5,5 mm) lanzettlich, hellgrün, die unteren knapp doppelt so lang wie der Fruchtknoten, nach oben kleiner werdend. Seitliche Sepalen (8,5–10 × 4–5 mm) schief eiförmig, senkrecht aufwärts gerichtet. Mittleres Sepal (7,5–9 × 3,5–4,5 mm) und die Petalen (7–9 × 5–6,5 mm) bilden einen Helm, der die Säule schützt. Lippe (9–11 × 11–13 mm) rundlich, 3-lappig, die halbrunden Seitenlappen entlang der Längsachse zurückgebogen, Mittellappen (2,5–3,5 × 4–5 mm) ± 3-eckig, vorgezogen. Sporn (15–18 × 1,5–2 mm) schlank zylindrisch, am Ende stumpf, aufwärts gebogen, länger als der Fruchtknoten (13–15 × 1,5–2 mm). Pollinarien gestielt, Pollinien gelb bis rosa, je nach Blütenfarbe.
V Blüten gelb, rotviolett, fleischfarben sowie Mischtypen. Regional auch einheitlich. Subsp. *libanotica*: Blüten weißlich bis rötlich (Libanon, N-Israel).
B März–Mai. Allogame Nektartäuschblume. Hybriden mit subsp. *markusii*, *D. sambucina*.
U Subsp. *georgica* und subsp. *markusii*: Sporn kürzer. *D. insularis*: aus roten Punkten oder Flecken bestehende Malzeichnung, breitere Grundblätter, Sporn kürzer.
W Lichte Laub- und Nadelwälder, Macchien, auf mäßig trockenen, schwach sauren bis basischen Böden. 0–2000 m.
A Zentral- bis ostmediterran: Italien, NO-Sizilien, Dalmatien, Bulgarien, Griechenland, Kreta, Türkei, Zypern, Libanon, N-Israel (Hermon).
G Forstwirtschaft, Aufgabe von Esskastanienkulturen.
H Siz., Linguaglossa, 17.4.95, RL; S-Ita., Gargano, 15.4.93, HB.

Dactylorhiza romana subsp. georgica
Georgische Fingerwurz

S *D. flavescens.*
M Unterscheidet sich von subsp. *romana* durch breitere, unterseits glänzende Grundblätter (8–15 × 1,4–2,7 cm), kürzeren Sporn. Von subsp. *markusii* durch breitere Grundblätter und östliche Verbreitung. Blütenstand eiförmig zylindrisch, 3,5–8 cm lang, ± locker 13–45-blütig. Blüten rot oder gelb. Seitliche Sepalen (9,5–11 × 4–5 mm) schief eiförmig, senkrecht aufwärts gerichtet. Mittleres Sepal und die Petalen (8–9 × 5–7 mm) helmförmig. Lippe (8–10 × 10–12 mm) breiter als lang, 3-lappig, Mittellappen (2–3 × 3–4 mm) ± 3-eckig, vorgezogen. Sporn (12–14 × 2,5–3 mm) zylindrisch, am Ende stumpf, aufwärts gebogen, etwa so lang wie der Fruchtknoten (12–13 × 1,5–2 mm).
B März–Anfang Juni. Täuschblume. Hybriden mit subsp. *romana* (Zypern), *D. urvilleana.*
W Lichte Wälder, Bergwiesen. 900–2200 m.
A O-Türkei, Zypern, Kaukasien, N-Iran, Turkmenistan. **G** Regional. Land- und Forstwirtschaft.
H Aserb., Schemacha, 22.4.00, HB.

Dactylorhiza romana subsp. markusii
Schwefelgelbe Fingerwurz

M Unterscheidet sich von subsp. *romana* durch kürzeren Sporn, von subsp. *georgica* durch schmalere Grundblätter und w-mediterranes Areal. Von *D. insularis* durch schmalere Grundblätter, gebogene Sporne und fehlende Malzeichnung. Grundblätter (7–13 × 1–1,5 cm) lanzettlich. Seitliche Sepalen (9–10,5 × 4–5 mm) schief eiförmig, senkrecht. Mittleres Sepal (7,5–8,5 × 4–5 mm) und die Petalen (8–9,5 × 5–7 mm) helmförmig. Lippe (8–9,5 × 10–12 mm) breiter als lang, 3-lappig, Mittellappen ± 3-eckig, vorgezogen. Sporn (11,5–14 × 2,5–3 mm), aufwärts gebogen, etwa so lang wie der Fruchtknoten (12–13 × 1,5–2 mm).
V Blüten gelb, nur auf Sizilien auch rot (Hybridschwärme mit *D. romana*).
B März–Anfang Juni. Täuschblume. Hybriden mit subsp. *romana*, *D. insularis*, *D. sambucina.*
W Lichte Wälder, Bergwiesen. 700–2000 m.
A Westmediterran: Portugal, Spanien, Marokko, N-Algerien, Sizilien. **G** Forstwirtschaft, Beweidung. **H** Siz., Ficuzza, 7.4.95, RL.

Dactylorhiza ruthei
Ruthes Fingerwurz

S *Orchis ruthei.*
M Geophyt, zur Blütezeit mit 2 fingerförmig in 2–3 Abschnitte geteilten Wurzelknollen. Stängel 30–60 cm, ± hohl, dick (∅ 4–5 mm), mit 5–7 ± gleichmäßig verteilten, ungefleckten Laubblättern. Grundblätter (11–19 × 1,5–4,5 cm) eiförmig lanzettlich, im unteren Drittel am breitesten, dann gleichmäßig, am Ende kurz zugespitzt, steif aufrecht, kahnförmig gekielt. Oberstes Stängelblatt tragblattartig, 4–10 cm lang, den Beginn des Blütenstandes überragend. Blütenstand lang zylindrisch, 5–17 cm, ± dicht 15–70-blütig. Blüten mittelgroß, leuchtend blassrosa bis helllila. Untere Tragblätter (23–35 × 4–5 mm) lanzettlich, hellgrün, an der Spitze rötlich, 3x länger als der Fruchtknoten. Seitliche Sepalen (9–12 × 4–5 mm) schief eiförmig, ± waagrecht. Mittleres Sepal (8,5–10 × 3,5–4,5 mm) und die Petalen (7,5–9 × 3,5–5 mm) bilden einen Helm. Lippe (8,4–9,5 × 10,5–13,2 mm) breit keilförmig, gleichmäßig 3-geteilt, entlang der Längsachse leicht rückwärts gebogen. Seitenlappen gestutzt, unter 45° abspreizend. Mittellappen (4–5,7 × 2,9–4,2 mm) deutlich vorgezogen, stumpf 3-eckig, durch Buchten von den Seitenlappen getrennt. Lippe meist ohne Zeichnung oder mit bogenförmigen Punkten oder Strichen, im Zentrum und gegen den Sporneingang weißlich. Sporn (7,3–8,5 × 2,2–2,7 mm) schlank kegelförmig, leicht abwärts gebogen, ± 2/3 so lang wie der gedrehte Fruchtknoten (11–14 × 1,5–2,5 mm). Pollinarien gestielt, Pollinien hellbraun.
B Ende Mai–Juni. Täuschblume. Hybriden mit *D. fuchsi*, *D. majalis* (Blattfleckung). 2n=80.
U *D. praetermissa*: Blütenlippen mit Malzeichnung, weniger 3-geteilt.
W Küstennahe Sumpf- und Schilfwiesen, auf kalkreichen feuchten Böden. 0–10 m.
A Usedom: sehr selten (1 Wuchsort), auf polnischer Seite (Swinemünde) erloschen.
G Entwässerung, Landwirtschaft, Tourismus.
H N-Deu., Usedom, 13.6.01, HB; N-Deu., Usedom, 13.6.01, HB.

Dactylorhiza saccifera
Sackspornige Fingerwurz

S *D. maculata* subsp. *saccifera, D. gervasiana.*
M Geophyt mit 2 tief gespaltenen Knollen. Stängel 30–80 cm hoch, markerfüllt, mit 5–11 ± gleichmäßig verteilten, stark gefleckten Laubblättern. Unterste Grundblätter kurz eiförmig, abgestumpft. Die nächsten (10–19 × 2,2–4,5 cm) viel größer, breit lanzettlich, etwa in der Mitte am breitesten, am Ende kurz zugespitzt, abstehend bis zurückgebogen, schwach gefaltet. Oberstes Stängelblatt tragblattartig, 3–7 cm lang, den Beginn des Blütenstands nicht erreichend. Blütenstand lang zylindrisch, 8–25 cm lang, ± dicht 20–100-blütig. Blüten groß, blass violettpurpurn. Untere Tragblätter (15–30 × 2,5–4 mm) lanzettlich, grün, rotbraun überlaufen, 3x länger als Fruchtknoten, nach oben kleiner. Seitliche Sepalen (9–15 × 3–5 mm) schief eiförmig, ± waagrecht. Mittleres Sepal (8–12 × 3–4,5 mm) und Petalen (7–11 × 3–5 mm) bilden Helm. Lippe (8–11 × 11–15 mm) gleichmäßig 3-geteilt, flach ausgebreitet. Seitenlappen gestutzt, am Rande gezähnelt. Mittellappen (4–7 × 4–5 mm) deutlich vorgezogen, stumpf 3-eckig, durch deutliche Buchten von den Seitenlappen getrennt. Lippe fächerförmig mit ausgedehnter, dunkelroter Punkt- oder Strichzeichnung. Sporn (10–15 × 3–4,5 mm) sackartig zylindrisch, leicht abwärts, so lang wie der Fruchtknoten (10–14 × 2–3 mm).
V Pflanzengröße nimmt von Süd nach Nord ab.
B Mai–Juli. Täuschblume. Hybriden mit *D. cordigera, D. iberica, D. kalopissii.* 2n=40.
U *D. fuchsii, D. maculata*: Pflanzen schwächer, Sporn dünner.
W Quellfluren, Nasswiesen, humide Wälder, auf basenreichen Böden. Montane bis subalpine Stufe. 100–2200 m.
A Peloponnes, Griech. Festland bis Z-Balkan (Albanien, Montenegro, Serbien). N-Grenze (Karpaten?) unklar. M-, S-Italien, Sizilien, Korsika.
G Entwässerung, Forst- und Landwirtschaft.
H *D. saccifera* (links), *D. saccifera × D. kalopissii* (rechts), N-Gri., Katara Pass, 05.07.77 HB; N-Gri., Vermion, 30.7.77 HB.

Dactylorhiza sambucina
Holunder-Fingerwurz

S *Orchis sambucina, D. latifolia.*
M Geophyt mit 2 zylindrischen, kurz 2–4-spaltigen Knollen. Stängel 10–25 cm hoch, mit 4–7 ungefleckten, hellgrünen Laubblättern, 2–4 am Grunde rosettig gehäuft. Grundblätter (6–12 × 1,4–2,7 cm) länglich eiförmig, größte Breite über der Mitte. Blütenstand zylindrisch, ausladend, 3–7 cm lang, ± locker 5–25-blütig. Blüten gelb oder rot, mit deutlichem Holunderduft. Tragblätter (18–28 × 4–6 mm) lanzettlich, hellgrün, die unteren 1,5 × länger als der Fruchtknoten, nach oben kleiner werdend. Seitliche Sepalen (9–12 × 3,6–4,5 mm) schief eiförmig, senkrecht aufwärts gerichtet. Mittleres Sepal (7–10 × 2,8–4 mm) und die Petalen (7–10 × 3,4–4 mm) bilden einen Helm. Lippe (7–9 × 9–11 mm) querelliptisch, leicht 3-lappig, Seitenlappen zurückgebogen, Mittellappen (1,3–3,3 × 2,5–6 mm) schwach abgesetzt. Sporn (10–14 × 3–4,5 mm) zylindrisch kegelförmig, am Ende stumpf, abwärts gebogen, ± so lang wie der Fruchtknoten (11–17 × 1,7–2,5 mm). Kapseln (19–20 × 5–6 mm) zylindrisch, am Ende mit Blütenresten, von unten nach oben an Größe abnehmend.
V Blüten gelb (Eva) oder rot (Adam), oft gemeinsam, seltener getrennt wachsend. Hybriden zeigen eine Mischfarbe.
B April–Juli (Gebirge). Allogame Nektartäuschblume mit geringem Fruchtansatz. Hybriden mit *D. fuchsii, D. incarnata, D. majalis, D. romana* subsp. *markusii*, subsp. *romana, D. saccifera.* Gattungshybriden mit *Coeloglossum, G. conopsea* und *Pseudorchis albida*? 2n=40.
W Lichte Wälder, Magerrasen, Bergwiesen, auf mäßig trockenen bis wechselfeuchten, schwach sauren Böden. 30–2400 m.
A In Europa verbreitet. S-Grenze in S-Spanien, N-Sizilien und S-Peloponnes. O-Grenze: Thrakien, Karpaten, Ukraine (Dnjepr), Kleiner Kaukasus. N-Grenze: S-Norwegen, Mittelschweden.
G Land- und Forstwirtschaft, Beweidung.
H Deu., Bad Kreuznach, 4.5.95, HB; Ita., Selva Rotonda, 18.5.98, RL.

Dactylorhiza sphagnicola
Torfmoos-Fingerwurz

S *D. sphagnicola*, subsp. *deweveri*, subsp. *hoeppneri*, *D. incarnata* subsp. *sphagnicola*, *D. sennia*.

M Geophyt mit 2 tief gespaltenen Knollen. Stängel 20–50 cm hoch, hohl, grün, im oberen Bereich kantig und schmutzig braunrot, mit 4–6 ± gleichmäßig verteilten, ungefleckten Laubblättern. Im unteren Drittel in lockerer Anordnung 2–3 langscheidige Blätter, die entlang des Mittelnervs gekielt, nach oben gefaltet sind. Das unterste (8–15 × 0,8–1,6 cm) schmal lanzettlich, langsam zu einer langen Spitze ausgezogen, größte Breite etwa in der Mitte. Das zweitunterste (13–24 × 1,1–2,4 cm) ist fast gleich, aber größer. Oberstes Blatt tragblattartig, 4–8 cm lang, den Beginn des Blütenstands überragend. Blütenstand pyramidal, 4–10 cm lang, ± dicht 13–40-blütig. Blüten mittelgroß, blassrosa, porzellanfarben bis hell pfirsichfarben. Untere Tragblätter (15–25 × 3,3–4,7 mm) lanzettlich, grün, knapp doppelt so lang wie der Fruchtknoten, nach oben kleiner werdend. Seitliche Sepalen (8–11 × 3–4 mm) schief eiförmig, ± waagrecht. Mittleres Sepal und die Petalen (6–8 × 2,7–3,8 mm) bilden einen Helm. Lippe (7–9 × 9,5–12,5 mm) im Umriss fast kreisförmig, leicht 3-geteilt, schwach konvex. Seitenlappen rund, Mittellappen (1,6–3 × 2,6–4 mm) wenig vorgezogen. Lippe im helleren Zentrum mit ausgedehnter Punkt- oder Strichzeichnung, selten ohne Saftmale. Sporn (9–11 × 1,9–2,6 mm) walzenförmig, leicht abwärts gebogen, knapp so lang wie der Fruchtknoten (9,5–13 × 1,9–2,5 mm).

B Ende Mai–Anfang Juli. Täuschblume. 2n=80.

U *D. praetermissa*: höherer Wuchs, dunklere Blüten, nicht in sauren Mooren wachsend.

W Sphagnumreiche Hochmoorränder, Zwischenmoore, auf sauren Torfböden. 50–600 m.

A S-Holland, NO-Frankreich und SO-Belgien (Ardennen), W-Deutschland (Niederrhein).

G Entwässerung, Forst- und Landwirtschaft.

H Belg., Hohes Venn, 21.6.94, HB; Belg., Hohes Venn, 21.6.94, HB.

Dactylorhiza traunsteineri
Traunsteiners Fingerwurz

S *Orchis traunsteineri*, *D. majalis* subsp. *traunsteineri.*
M Geophyt mit 2 tief gespaltenen Knollen. Stängel 20–50 cm hoch, in der Mitte hohl, schlank, 3–5 ± gleichmäßig verteilte, gefleckte oder ungefleckte Laubblätter. Grundblätter (8–15 × 0,4–1,4 cm) schmal lanzettlich, langscheidig, entlang des Mittelnervs gekielt, größte Breite etwa in der Mitte. Oberstes Blatt tragblattartig, 2–6 cm lang, den Beginn des Blütenstandes nicht erreichend. Blütenstand schmal zylindrisch, 6–15 cm lang, ± locker 8–25-blütig. Blüten mittelgroß, purpurviolett. Untere Tragblätter (14–28 × 2,8–4,2 mm) lanzettlich, grün, braunrot überlaufen, knapp doppelt so lang wie Fruchtknoten, nach oben kleiner werdend.Seitliche Sepalen (9–11 × 2,7–4,2 mm) schief eiförmig, ± senkrecht aufwärts gerichtet. Mittleres Sepal und Petalen (7,3–8,5 × 3,2–4,4 mm) bilden Helm. Lippe (8,5–10,5 × 9,5–11,5 mm) im Umriss fast kreisförmig, stark 3-geteilt. Seitenlappen rund, fein gekerbt, Ränder rückwärts gebogen. Mittellappen (1,5–4,5 × 2,3–3,7 mm) deutlich vorgezogen. Lippe im helleren Zentrum mit aus Punkten oder Strichen bestehenden Schleifenmuster. Sporn (8,8–10,5 × 1,8–2,1 mm) konisch, dem Fruchtknoten anliegend, leicht abwärts, fast so lang wie der Fruchtknoten (9,5–13 × 1,9–2,5 mm).
V *D. bohemica* (N-Böhmen): längere, schmalere Grundblätter (7–21 × 0,9–2 cm); kürzere (3,5–8 cm), 7–15-blütige Infloreszens.
B Ende Mai–Juli. Täuschblume mit hohem Fruchtansatz. Hybriden mit *D. fuchsii*, *D. incarnata*, *D. majalis*. Gattungshybriden mit *Gymnadenia conopsea*, *G. odoratissima*. 2n=80.
U *D. majalis*: Lippe runder, Sporn kürzer.
W Kleinseggen-, Nieder-, Quellmoore, auf basenreichen Sumpfhumusböden. 600–2150 m.
A Alpen: Dauphiné, Schweiz, Österreich, Slowenien, Oberschwaben, Allgäu, Oberbayern, Bayrischer-, Böhmerwald, N-Böhmen.
G Entwässerung, Forst- und Landwirtschaft.
H Beide Öst., Kitzbühl, 27.6.98, HB.

Dactylorhiza umbrosa
Persische Fingerwurz

S *Orchis turcestanica*, *D. sanasunitensis*, *D. persica*, *D. merovensis*, *D. vanensis*.

M Geophyt mit 2 tief gespaltenen Knollen. Stängel 25–60 cm hoch, hohl, mit 4–8, im unteren Drittel gehäuften, ungefleckten Laubblättern. Grundblätter (9–16 × 1,8–4 cm) breit lanzettlich bis länglich lanzettlich, größte Breite etwa in der Mitte. Oberstes Blatt tragblattartig, 4–8 cm lang, den Beginn des Blütenstandes meist etwas überragend. Blütenstand zylindrisch, 6–16 cm lang, dicht 15–60-blütig. Blüten mittelgroß, hellpurpurn bis purpurrot. Untere Tragblätter (15–25 × 3–6 mm) lanzettlich, grün, braunrot überlaufen, doppelt so lang wie der Fruchtknoten, nach oben kleiner werdend. Seitliche Sepalen (8–11 × 2,5–4 mm) schief eiförmig, ± senkrecht aufwärts gerichtet. Mittleres Sepal und die Petalen (7–8,5 × 2–3 mm) bilden einen Helm. Lippe (7–10 × 8–11 mm) im Umriss keil- bis kreisförmig, ± ganzrandig bis schwach 3-teilig. Seitenlappen halbrund, an den Rändern rückwärts gebogen, Mittellappen fehlend bis zahnförmig. Lippe im helleren Zentrum mit einem dunklen Schleifenmuster. Sporn (6–10 × 1,5–2,5 mm) zylindrisch, dem Fruchtknoten (9–12 × 1,5–2,5 mm) anliegend und abwärts gebogen, ± 3/4 so lang wie dieser.

V Var. *chuhensis* (O-Anatolien): Blätter ein- oder beidseitig gefleckt, sonst gleich.

B Mai–Juli. Täuschblume. Hybriden mit *D. euxina*, *D. iberica*, *D. osmanica*, *D. urvilleana*. Gattungshybriden mit *Coeloglossum*. 2n=80.

U *D. euxina*: Blüten dunkler, seitliche Sepalen ± waagrecht, Sporn dicker; *D. osmanica*: Wuchs höher, Blütenstand länger, Lippe schmaler.

W Nasswiesen, Quellmoore, Fluss- und Bachauen. 1000–3800 m.

A Von der Mittleren Türkei (Kataonien) ostwärts über Kaukasien, Irakisch Kurdistan, W- und N-Iran, Afghanistan bis Zentralasien.

G Entwässerung, Landwirtschaft, Beweidung.

H Aserb., Lerik, 26.5.97, HB; O-Tür., Erivan, 25.5.84, HB.

Dactylorhiza urvilleana subsp. urvilleana
D' Urvilles Fingerwurz

S *D. lancibracteata*, *D. pontica*, *Orchis affinis*, *O. amblyoloba*, *O. basilica* subsp. *cartaliniae*.
M Geophyt mit 2 tief gespaltenen Knollen. Stängel in der Höhe sehr variabel (13–60 cm), hohl, mit 3–8, im unteren Drittel gehäuften, stark gefleckten Laubblättern. Grundblätter (7–14 × 1,5–3,5 cm) eiförmig lanzettlich, größte Breite etwas über der Mitte. Oberstes Blatt tragblattartig, 3–8 cm lang, den Beginn des Blütenstandes überragend. Blütenstand zylindrisch, 4–12 cm lang, ± dicht 10–50-blütig. Blüten mittelgroß, rosa, rotviolett bis purpurrot. Untere Tragblätter (17–25 × 3,2–4,5 mm) lanzettlich, grün, braunrot überlaufen, mehr als doppelt so lang wie der Fruchtknoten, nach oben kleiner werdend. Seitliche Sepalen (11–14 × 4–5 mm) schief eiförmig, ± waagrecht bis schräg aufwärts gerichtet. Mittleres Sepal und die Petalen (8,5–9,5 × 3,5–5 mm) bilden einen Helm. Lippe (9,5–12 × 13–16 mm) im Umriss breit elliptisch, deutlich 3-teilig. Seitenlappen halbrund, ± flach oder an den gekerbten Rändern schwach rückwärts gebogen. Mittellappen (2,5–3,5 × 3,2–4,7 mm) vorgezogen, kleiner als die Seitenlappen. Lippe im helleren Zentrum mit ornamentalem Schleifenmuster, das auf die Ränder ausstrahlt. Sporn (9–14 × 2,5–4 mm) dick sackförmig, ± waagrecht bis leicht abwärts gerichtet, so lang wie der gedrehte Fruchtknoten (8–12 × 1,5–2,5 mm).
V *D. ilgazica* (Paphlagonien): grüner Stängel, kurzer Blütenstand, helle Blüten. Varietät?
B Juni–August. Allogame Täuschblume. Hybriden mit *D. euxina*, *D. romana* subsp. *georgica*, *D. iberica*, *D. osmanica*, *D. umbrosa*.
U *D. saccifera* subsp. *bithynica*: Wuchs höher, Blütenstand länger, lockerer. Lippe tiefer 3-geteilt.
W Nasswiesen, nasse Wälder. 0–2700 m.
A NO-Türkei (Pontus), Kaukasien, N-Iran (Talysh, Mazandaran).
G Entwässerung, Forstwirtschaft, Beweidung.
H Geo., Tsikhisdschwari, 19.6.96, RL; Aserb., Sheki, 2.6.97, HB.

Dactylorhiza urvilleana subsp. bithynica Bithynische Fingerwurz

S *D. bithynica*
M Unterscheidet sich von *D. saccifera* durch kleinere Tragblätter (12–15 × 2–3 mm) und größere Blüten (Lippe, Sporn, Sepalen). Von *D. urvilleana* durch im Durchschnitt höheren Wuchs (30–50 cm), längeren Blütenstand (10–18 cm) und stärker 3-geteilte Blütenlippen. Seitliche Sepalen (9–12 × 3–4 mm) schief eiförmig, ± waagrecht. Mittleres Sepal (8–10 × 2–3 mm) und die Petalen (7–9 × 2,5–4 mm) bilden einen Helm. Lippe (9–11 × 11–14 mm) stark 3-geteilt, leicht konvex. Mittellappen (4–6 × 3–5 mm) ± vorgezogen. Sporn (11–14 × 3–4 mm) breit zylindrisch, ± waagrecht, etwas länger als der Fruchtknoten (8–10 × 1–2 mm).
B Juni–Juli. Allogame Nektartäuschblume. Hybriden mit *D. nieschalkiorum*, *D. urvilleana*.
W Quellfluren, Nasswiesen, Rutschhänge auf frischen bis feuchten Böden. 800–1700 m.
A Gebirge der Westlichen und Mittleren Türkei.
G Entwässerung, Forst- und Landwirtschaft.
H W-Tür., Bolu, 10.7.82, HB.

Dactylorhiza urvilleana subsp. phoenissa Phönikische Fingerwurz

M Unterscheidet sich von subsp. *urvilleana* durch höhere (35–80 cm), dickstängeligere Pflanzen (∅ 8–15 mm), größere Laubblattzahl (6–10), längere, schwächer gefleckte Grundblätter (12–22 cm), längere Tragblätter (25–50 × 4,5–6 mm), zahlreichere (25–70), größere Blüten mit Schleifenzeichnung. Seitliche Sepalen (12,5–15 × 4,5–5,5 mm) ± waagrecht bis schräg aufwärts, nicht völlig zurückgeschlagen. Petalen (8,5–11 × 3,5–4,5 mm) schief eiförmig. Lippe (9,5–11,5 × 13–16 mm) fast kreisförmig, 3-geteilt, flach bis leicht konvex. Mittellappen ± vorgezogen, 3-eckig. Sporn (10–13 × 3,2–4,8 mm) aufgeblasen, leicht abwärts, ± so lang wie der Fruchtknoten (13–16 × 2–3 mm).
B Mitte Mai–Anfang Juli. Allogame Nektartäuschblume. Hybriden mit *D. iberica*.
W Rieselhänge, Quellhorizonte, Bachränder, auf feuchten Böden. 1000–1800 m.
A Libanon-Gebirge.
G Entwässerung, Landwirtschaft, Bebauung.
H Liba., Bscharre, 4.6.04, HB.

Die Gattung Epipactis Zinn
Stendelwurz

M Geophyten mit horizontalem oder vertikalem, oft verzweigtem Rhizom. Wurzeln blass bräunlich, fleischig. Stängel einzeln oder büschelig, am Grunde mit 1–4 Scheidenblättern, Laubblätter ± am Stängel verteilt, streifen- bis bogennervig, groß bei autotrophen Taxa, reduziert bis sehr klein bei ± mykotrophen Taxa, obere Blätter tragblattartig. Blütenstand meist behaart, locker- bis dichtblütige Traube, vor dem Aufblühen nickend, zur Hochblüte aufrecht, meist ± einseitswendig. Blüten gestielt, weit offen bis geschlossen (kleistogam), abstehend bis hängend, resupiniert, vanilleartig duftend bis geruchlos. Perigonblätter abstehend bis glockenartig zusammengeneigt oder geschlossen, grünlich bis schmutzig braunrot, wenig differenziert. Petalen etwas kleiner, konkav. Lippe spornlos, durch ± starke Verengung quer zweigeteilt in schüsselförmige, meist nektarhaltige Hinterlippe und ± herzförmige Vorderlippe. Vorderlippe am Grunde meist mit 2 Schwielen besetzt, dazwischen ± ausgeprägte, rundliche Längsleiste. Verengung starr oder scharnierartig beweglich. Säulchen kurz, oben mit flacher Pollenschüssel, an deren hinterer, in der Mitte ± ausgezogener, stielförmiger Kante die Anthere befestigt ist. Pollinien 2, vorne an Klebdrüse geheftet, gefurcht, dadurch in je 2 ungleiche birnenförmige Hälften geteilt; Pollenschüssel bei autogamen Taxa ± reduziert, Pollinien dann direkt über Narbe stehend. Pollenpakete ± bröckelig, einzelne Pollenkörner rundlich, zu Tetraden vereinigt, letztere locker über elastische Fäden verbunden. Narbe länglich rechteckig auf Vorderseite des Säulchens. Rostellum über Narbenmitte, an der Spitze mit ± ausgeformter, milchigtrüber, kugelförmiger Klebdrüse, an welche beide Pollinien ohne Stielchen geheftet sind. Klebdrüse bei allogamen und fakultativ autogamen Taxa zumindest in frisch geöffneter Blüte wirksam, bei obligat autogamen Taxa stark reduziert, unwirksam oder fehlend. Beutelchen fehlend, Klebdrüse dadurch rasch austrocknend. Fruchtknoten gerade, sechsrippig, Stielchen ± 90° gedreht, Blüten hierdurch in Kombination mit seitlichem Abschwenken resupiniert. Fruchtkapsel zur Reife verbreitert, beidseits der Rippen längs aufspringend.

V *E. palustris* mit beweglicher Vorderlippe (Sectio *Arthrochilium*) und die großblütige *E. veratrifolia* (Sectio *Cymbochilium*) sind wenig variabel und innerhalb der Gattung gut abgesetzt. Von den weiteren, bisher zur Sectio *Epipactis* gestellten, europäischen Arten besitzen mehrere wie *E. atrorubens*, *E. microphylla*, *E. viridiflora* ziemlich konstante Differentialmerkmale. Dagegen bereitet die Abgrenzung vieler Sippen, insbesondere der *E. helleborine* nahestehenden, vielfach in jüngster Zeit als Art beschriebenen thermophilen und autogamen Taxa große Schwierigkeiten, da durchschlagende Merkmale fehlen und häufig Zwischenformen zu beobachten sind. Außerdem besitzen sie meist eine nur kleinräumige Verbreitung, oder sind gar nur von einem (Sekundär-) Wuchsort bekannt. Ihre Klassifizierung ist bisher auch unter Zuhilfenahme reproduktiver, molekularbiologischer oder ökologischer Kriterien nicht befriedigend gelöst. Entsprechend wird ihre taxonomische Bewertung in der zeitgenössischen Literatur sehr unterschiedlich gehandhabt. Sie erscheinen vielfach zu hoch bewertet und werden hier wo begründet als Unterarten, Varietäten oder Synonyme behandelt; für das Bearbeitungsgebiet werden insgesamt 18 Arten mit 20 Unterarten geführt.

B Rhizom ausgewachsener Pflanzen bildet jährlich neue Glieder, aus deren Augen sich neue, unterirdisch überwinternde Sprosse bilden. Der Austrieb erfolgt im mittleren Frühjahr. Bestäubung durch Insekten (allogam, häufig geitonogam) oder Selbstbestäubung (fakultativ oder obligat autogam). Interspezifische Hybridisierung weit verbreitet; natürliche intergenerische Hybriden zweifelhaft. Diploid, 2n=16, 24, 32, 36, 38, 40, 52, 60. Samenreife 5–10 Wochen nach der Blüte.

U *Cephalanthera*: Blüten weiß oder rosa, nach oben gerichtet, Vorderlippe mit gelblichen Längsleisten, Säulchen lang, Klebdrüse fehlend, Fruchtknoten ungestielt, gedreht.

A Holarktis, Z-, O-Afrika. Europa 0–2570 m, Afrika –3750 m, Asien –4000 m.

Epipactis atrorubens subsp atrorubens
Rotbraune Stendelwurz

S *Serapias atrorubens, E. rubiginosa.*
M Rhizomgeophyt, Stängel 15–60 cm hoch, aufrecht, grün bis rötlich, unteres Drittel kahl, oft büschelig. Laubblätter 5–11, ± zweizeilig, dunkelgrün, in unterer Hälfte gehäuft, unterseits öfters violett, eiförmig bis länglich eiförmig, sichelartig (4–8 × 2–7 cm), oberstes tragblattartig, Blüten nicht erreichend. Blütenstand 5–23 cm lang, braunrot, locker, oft einseitswendig, stark behaart. Tragblätter lanzettlich, untere länger als Blüten. Blüten 5–40, klein, abstehend bis nickend, offen, dunkelrot, vanilleartig duftend. Lippe (5–8 × 4–6 mm) zweigeteilt. Hinterlippe napfförmig, dunkelgrün bis schmutzigrot, innen rotbraun, nektarhaltig. Vorderlippe purpurrot, breit herzförmig, basal 2 warzige Höcker. Perigonblätter braunrot bis purpurn. Sepalen (8–10 × 3,5–5 mm). Petalen kürzer und breiter. Fruchtknoten gestielt, braunrot, filzig behaart, Klebdrüse wirksam. Pollen hellgelb, bröckelig.
V Blütenfarbe grünlich weiß bis gelblich rosa: subvar. *lutescens*, Frankreich; *E. spiridinovii*, Bulgarien. Blattlänge kurz: var. *borbasii*, Ungarn. Blattfärbung dunkelpurpurrot: var. *atrata*, Tirol. In alpiner Zone robuste Pflanzen mit bodennah gehäuften, gelbgrünen Blättern. Hybriden mit *E. bugacensis*, *E. helleborine*, *E. muelleri*, *E. palustris*.
B Mai–August. Allogam (Hummeln, geitonogam), fakultativ autogam, Fruchtansatz hoch. 2n=40; var. *triploidea* 2n=60.
U *E. atrorubens* subsp. *parviflora*: Blüten kleiner, rot, Blätter etwas länger.
W Sanddünen, lichte Gebüsche, Wälder, Kiefern-, Latschenfluren; auf trockenen, mageren, kalkhaltigen Böden. 0–2570 m.
A Hauptverbreitung M-Europa bis Ostseeraum; weiter Brit. Inseln, N-Skandinavien, N-Spanien, S-Italien, Peloponnes, Krim, Russland, SW-Sibirien, NW-Kaukasus.
G Am Arealrand selten, lokal gefährdet.
H M-Deu., Kyffhäuser, 22.7.01, HB; M-Deu., Kyffhäuser, 11.7.98, HB.

Epipactis atrorubens subsp. parviflora
Kleinblütige Stendelwurz

S *E. parviflora* nom. illeg., *E. kleinii.*

M Unterscheidet sich von subsp. *atrorubens* durch schlankeren Wuchs, weniger silbrig graugrüne, bisweilen violett überlaufene Laubblätter. Blütenstand dichter behaart, Blüten 10–40, deutlich kleiner, offen, hellrot. Lippe kürzer (4–5,5 × 3–4,5 mm). Vorderlippe sehr klein, weißlich bis rosa, in der Mitte etwas dunkler, Spitze winzig. Perigonblätter blassgrün, braunviolett getönt. Fruchtknoten dicht behaart.

V Wenig variabel. Hybriden mit subsp. *atrorubens*, *E. cardina*, *E. helleborine* und *E. microphylla*.

B Mai–Juli. Allogam (soziale Wespen).

U *E. microphylla*: Blätter kleiner, kürzer als Stängelglieder, Lippe weißlich grün.

W Lichte bis schattige Kiefern-, Eichenwälder, kalkhaltige Böden. 450–1650 m.

A Montane Zonen Z-, N-, O-Spaniens, SW-Frankreich (nur Roussillon).

G Zerstreut, ungefährdet.

H NO-Spa., Figueiras, 13.6.1996, HB.

Epipactis atrorubens subsp. subclausa
Thessalische Stendelwurz

S *E. subclausa*, *E. thessala.*

M Unterscheidet sich von subsp. *atrorubens* durch niedrigeren Wuchs, braunrot violetten Stängel, rotviolette, silbrig graugrün überlaufene Blätter, dicht graufilzig behaarten Blütenstand, kleinere, mäßig geöffnete, braunrote Blüten. Lippe kürzer (4,8–6,5 mm). Vorderlippe braunrot, Rand weißlich, herzförmig, warzig gehöckert. Sepalen braungrün, Petalen dunkelrot. Fruchtknoten dicht graufilzig.

V Hybriden mit *E. helleborine.*

B Mitte Juli–Ende August. Allogam.

U subsp. *parviflora*: Pflanze grüner, weniger stark behaart, Blüten kleiner; *E. microphylla*: Blätter kleiner, kürzer als Stängelglieder, Lippe weißlich grün.

W Buchen-, Tannenwälder, mäßig trockene, kalkhaltige Böden. 700–1700 m.

A Montane Zonen Z-, N-Griechenlands, selten in Attika, Peloponnes.

G Zerstreut, zzt. ungefährdet.

H Gri., Thess. Olymp, 28.7.90, HB.

Epipactis bugacensis subsp. bugacensis
Auwald-Stendelwurz

S *E. danubialis, E. rhodanensis.*

M Rhizomgeophyt, Stängel 15–65 cm hoch, drahtig, grün, fast kahl. 4–7 Laubblätter, gelbgrün bis grün, ± aufwärts gerichtet, mittlere größer (2,5–8 × 1,5–5 cm), länglich eiförmig. Blütenstand 7–20 cm lang, ± locker, einseitswendig, dicht feinhaarig. Untere Tragblätter 12–30 mm lang, oft kürzer als Blüte. Blüten (6) 15–30 (35) mittelgroß, gelblich grün, nickend, glockig geöffnet. Lippe (6–8 × 3,5–4,5 mm) zweigeteilt. Hinterlippe schüsselförmig, weißgerandet, innen rötlich braun, Nektar enthaltend. Vorderlippe weißlich rosa, in der Mitte tiefrosa, Höcker schwach entwickelt. Durchgang Vorder-/Hinterlippe meist schmal. Perigon weißlich grün. Sepalen (7–10 × 3,5–4,5 mm) eiförmig lanzettlich. Petalen kleiner, innen rötlich. Fruchtknoten grün, bronzefarben gestielt. Pollenschüssel kurz, schmal. Klebdrüse meist unwirksam. Pollen hellgelb, bröckelig.

V Subsp. *rhodanensis*: Stängel unten rotbraun, mehr Hochblätter, Blütenstand relativ kürzer, Blüten kleiner, Sepalen kürzer, Spitze Vorderlippe grünlich weiß, stärker gehöckert; *E. campeadori*: Pflanze bis 80 cm hoch; mehr Blätter, größer, länger als Stängelglieder; untere Tragblätter länger, Blütenstand dichter, bis 45-blütig, Lippe blassgrün, bei *E. hispanica* auch rosa (Sp); *E. guegelii*: Durchgang Vorder-/Hinterlippe breiter, Klebdrüse wirksam (Rum). *E. tallosii:* Blätter kürzer, rundlicher, weniger zahlreich. Hybriden mit *E. atrorubens.*

B Mitte Mai–Juli. Vorwiegend autogam.

U *E. helleborine* subsp. *helleborine*: Blätter größer, intensiv grün, Blüten meist kräftiger gefärbt, Klebdrüse meist wirksam.

W Auwälder, buschige Flussufer, Pappelfluren in feuchten Niederungen. 5–1650 m.

A Subsp. *bugacensis*: Rumänien, Ungarn; subsp. *rhodanensis*: Österreich, Bayern, Schweiz, Frankreich, Spanien.

G Selten bis zerstreut. Potenziell gefährdet.

H Ung., Soltvadkert, 10.6.03, HWZ; subsp. *rhodanensis* Fra., Lyon, 28.6.97, EG.

Epipactis cardina
Dunkelviolette Stendelwurz

M Rhizomgeophyt, Stängel 20–60 cm hoch, aufrecht, leuchtend rotviolett, oben stark behaart, oft büschelig. Laubblätter 6–10, ± zweizeilig, gleichmäßig am Stängel verteilt, oberseits graugrün bis violettgrün, unterseits ab Basis rotviolett bis violett überlaufen, länger als Stängelglieder. Unterstes Blatt rundlich eiförmig, die nächsten größer (bis 10 × 5 cm), eiförmig lanzettlich, gebogen, wellig, zugespitzt, obere zunehmend tragblattartig, sichelartig gebogen, untere Blüten überragend. Blütenstand 10–25 cm lang, dicht, einseitswendig. Tragblätter lanzettlich, abstehend bis aufwärts gerichtet, untere länger als Blüten. Blüten 10–35, mittelgroß, abstehend bis nickend, weit geöffnet, kräftig gefärbt, geruchlos. Lippe (7,5–9 × 3,5–4,5 mm) zweigliedrig. Hinterlippe (3,8–4,5 × 3,8– 4,5) napfförmig, 3 mm tief, unterseits meist weißlich grün, am Rande rot, innen rotbraun, nektarhaltig. Vorderlippe (3,8–4,2 × 3,6–4 mm) purpurrot bis braunviolett, herzförmig, Spitze stumpf, zurückgebogen, an der Basis 2 ± warzige Höcker. Perigonblätter außen schmutziggrün bis braunrot. Sepalen (9–10 × 4,5–5 mm) eilanzettlich, zugespitzt. Petalen kürzer, breiter (8–9 × 3,9–4,3 mm), eiförmig zugespitzt. Fruchtknoten gestielt, grün bis braunrot, ± behaart, Stielchen 4–5 mm lang, rotviolett. Säulchen kurz. Anthere kaum über flache Pollenschüssel hinausragend. Narbe weißlich glänzend, rechteckig, in der Mitte leicht quergefurcht, Klebdrüse milchigweiß, wirksam. Pollen hellgelb.

V Habitus wenig variabel, Färbung etwas stärker variabel. Hybriden mit *E. atrorubens* subsp. *parviflora*.

B Juli–August. Allogam. Bildet auch nichtblühende Triebe.

W Kiefernwälder. 900–1700 m.

A O-/SO-Spanien, montane Lagen der Iberischen Massive (Teruel bis Almeria).

G Zerstreut. Ungefährdet.

H NO-Spa., Teruel, Puerto de Villaroya, 10.7.03, GB; Fortanete, 23.7.01, GB.

Epipactis condensata
Dichtblütige Stendelwurz

S *E. helleborine* subsp. *condensata*.

M Rhizomgeophyt, Austrieb hell gelbgrün. Stängel 20–50 (70) cm hoch, steif, dick, hellgrün, oben dicht weiß- bis graufilzig behaart, oft büschelig. Laubblätter 5–8, kurz, grau- bis gelbgrün, gleichmäßig am Stängel verteilt, untere rundlich, tütig, mittlere Blätter am größten (2,5–4,5 × 1,5–2,5 cm), eiförmig, kurz zugespitzt, gleich lang wie Stängelglieder, häufig auch kürzer, oberstes tragblattartig, unterste Blüten nicht erreichend. Blütenstand 10–23 cm lang, 10- bis 35-blütig. Tragblätter kurz, untere ± gleich lang wie Blüten, abstehend. Blüten mittelgroß, grünlich, gelb getönt, glockig, abstehend bis nickend. Lippe 9–11 mm lang, zweigeteilt. Hinterlippe tief napfförmig, Rand weißlich, oft rosa angehaucht, Boden außen weißlich grün, innen dunkelbraun bis purpurschwarz, glänzend, nektarhaltig. Vorderlippe (3,5–4,5 × 5,5–6,5 mm) breit dreieckig, stumpf oder leicht zugespitzt, weißlich, Spitze etwas zurückgeschlagen, Höcker rotviolett, runzelig. Perigonblätter außen gräulich grün, deutlich behaart; Sepalen (10–11 × 6,5–7,5 mm), innen hellgrün gekielt, zugespitzt, eiförmig. Petalen kleiner, zartrosa, in der Mitte weißlich, an der Spitze gelblich. Fruchtknoten gräulich grün, stark flaumig behaart, Stielchen 3–5 mm lang, grünlich. Klebdrüse milchglasig, wirksam.

B Mitte Juni–Anfang August. Allogam. Hybriden mit *E. helleborine*.

U *E. helleborine* subsp. *bithynica*: Pflanzen höher, Stängel unten rotviolett, oben weniger dicht behaart, Blätter größer, grün, weniger tütenförmig, Blüten kräftig rotbraun gefärbt; *E. viridiflora*: Blätter grünviolett, größer, flach, Blütenstand weniger dicht behaart, Blüten größer, weit geöffnet.

W Offene montane Kiefernwälder auf stark basischen Böden. 800–1600 m.

A Türkei, Zypern, Libanon?

G Selten. Gefährdet.

H NO-Tür., Bolu, 25.6.78, HB; NO-Tür., Gemüshane, 5.7.78, HB.

Epipactis dunensis
Dünen-Stendelwurz

S *E. cambrensis*, *E. sancta*.

M Rhizomgeophyt, Stängel 20–50 cm lang, aufrecht, grün, unten kahl, oben ± dicht flaumig behaart, selten büschelig. Am Grunde 1–2 weißlich braune Schuppenblätter, darüber 4–6 gleichmäßig am Stängel verteilte, schräg aufwärts gerichtete gelblich grüne bis grüne Laubblätter, untere eiförmig, tütig, mittlere am größten (5–8 × 1,5–4 cm), eilanzettlich, oberstes tragblattartig, unterste Blüten meist überragend. Blütenstand 4–16 cm lang, locker. Untere Tragblätter krautig, 1,5–2 × länger als Blüten, abstehend. Blüten 7–30, klein, gelbgrün, waagrecht bis hängend, glockig bis offen. Lippe (6–9 × 4–5 mm) zweigeteilt. Hinterlippe 4–5,5 mm lang, topfförmig, weißlich olivgrün, am Rande rosarot, innen rötlich braun, nektarhaltig. Vorderlippe breit dreieckig, Basishöcker weißlich rosa, gekräuselt, Spitze grünlich, vorgestreckt bis abgebogen. Sepalen kurz (6,5–9 × 3,5–4,5 mm), Petalen deutlich kleiner. Fruchtknoten grün, kahl bis leicht behaart, Stielchen an der Basis rötlich überlaufen. Anthere weit über stark reduzierte Pollenschüssel hinausragend, Klebdrüse rudimentär, unwirksam. Pollen gelb, bröckelig.

V Stielchen grün (*E. sancta*, Holy Island); f. *pinetorum*: Pflanze kräftiger, reichblütiger, oft büschelig, Blätter lanzettlich, flach, nicht gewellt, gebogen, Blüten grün.

B Ende Juni–Juli. Autogam.

U *E. phyllanthes*: Pflanzen schlanker, Blätter lanzettlicher, grün, Blüten weißlich grün bis grün, meist wenig geöffnet bis geschlossen, hängend.

W Halbtrockene Sanddünen mit Kriechweide und Kiefernaufforstungen. 0–50 m.

A. Endemit der Küsten von Wales (Anglesey), NW-England (Lancashire bis S-Cumberland), N-England (Cheviotland, Holy Island, O-England?, N-Lincoln).

G Sehr lokalisiert. Gefährdet.

H Wal., Anglesey, 23.7.91, RL; Wal., Anglesey, 21.07.96, HB.

Epipactis greuteri
Greuters Stendelwurz

M Rhizomgeophyt, Stängel 20–70 cm hoch, grün, oft braunviolett angehaucht, unten kahl, oben dicht grau behaart, selten büschelig. Laubblätter 4–6, rinnig, dunkelgrün, eilanzettlich, bogig abstehend, mittlere am größten (4–9 × 2–4 cm), oberste lang, tragblattartig. Blütenstand bis 23 cm lang, 1/3–1/2 des Stängels, meist locker. Untere Tragblätter doppelt so lang wie Blüten, nach unten hängend. Blüten 8–35, wenig geöffnet, glockig, hängend. Lippe 7–9 mm lang, vorgestreckt. Hinterlippe napfförmig, weißgerandet, innen grüngelb bis rotbraun, necktarhaltig. Vorderlippe weißlich, grünlich oder rosa, stumpf dreieckig, schwach gehöckert, Spitze leicht zurückgebogen. Perigon grünlich, oft rötlich purpurn überlaufen. Sepalen 9–12 mm lang, spitz eiförmig, innen oft rosa. Petalen kürzer, eiförmig, heller, weißlich grün, öfters rosa überzogen. Fruchtknoten bis 16 mm lang, grün, flaumig, auffallend lang gestielt. Stielchen (5) 7–10 mm lang, am Ansatz meist aufrecht, dann bogenartig nach unten gedreht, an der Basis oft gelblich aufgehellt oder rötlich überlaufen. Klebdrüse unwirksam (Kalabrien: wirksam). Pollen bröckelig.

V Subsp. *flaminia*: Stängel, Blätter heller grün, Blüten selten bunt, Pollenschüssel stark reduziert, Klebdrüse fehlend; subsp. *preinensis*: Blüten bunter, weniger hängend, Stielchen kürzer, mit Klebdrüse (Hybrid mit *E. viridiflora*?, Österreich).

B Mitte Juli–August. Autogam, teils allogam (u. a. Wespen). Fruchtansatz hoch.

U *E. leptochila* subsp. *leptochila*: Blätter breiter, eilanzettlich, Vorderlippe langgestreckt, zugespitzt, Stielchen viel kürzer.

W Schattige, feuchte Nadel-/ Laubwälder.

A Griechisches Festland, Kalabrien (Serre), 950–1400 m; subsp. *flaminia*: N-Apennin, Slowenien, Österreich, Slowakei, Tschechei, Thüringen; 500–1350 m.

G Selten. Gefährdet durch Waldschlag.

H Gri., Trikala, 14.6.85, HB; subsp. *flaminia*: N-Ita., Campigna, 1.8.96, HB.

Epipactis helleborine subsp. helleborine
Breitblättrige Stendelwurz

S *E. helleborine* var. *minor*, *E. youngiana*.

M Rhizomgeophyt, Stängel 15–100 cm hoch, kräftig, aufrecht, grün, unten kahl, oben flaumig behaart, selten büschelig. 5–14 Laubblätter, grün, am Stängel verteilt, horizontal abstehend, untere eiförmig (4–13 × 2–7 cm), mittlere am größten, bis 17 cm lang, obere kleiner, zunehmend eilanzettlich, oberstes tragblattartig. Blütenstand 8–30 cm lang, ± locker, gestreckt. Tragblätter lanzettlich, spitz, untere länger als Blüten. Blüten 10–80, mittelgroß, leicht nickend, glockig, später weit offen. Lippe (8–11 × 4–7 mm) zweigeteilt. Hinterlippe 4–5,5 mm lang, schüsselförmig, weißlich, innen tief rotbraun, Nektar enthaltend. Vorderlippe weißlich rosa bis schmutzigrot, herzförmig, mit zwei gekräuselten Höckern, Spitze stumpf, anfangs vorgestreckt, später nach unten gebogen bis eingerollt. Durchgang Vorder-/Hinterlippe ± breit. Perigon außen grünlich, rötlich purpurn überlaufen. Sepalen (8–13 × 4,5–6 mm) leicht gekielt, seitliche schief länglich eiförmig, streifig genervt. Petalen (7–11 × 4–6 mm) meist rötlicher, schief eiförmig. Fruchtknoten kurz gestielt, Stielchen (3–5 mm) rötlich. Säulchen kurz, Klebdrüse milchglasig, wirksam. Pollen hellgelb, bröckelig.

V Variabel. Hybriden mit mehreren Taxa. *E. nordeniorum*: kleinwüchsige, -blütige Auwaldform, Klebdrüse reduziert (Öst.).

B Ende Mai–September. Allogam (Wespen, Hummeln, Fliegen), fakultativ autogam. Fruchtansatz hoch. 2n=38, 40.

U *E. leptochila* subsp. *leptochila*: Vorderlippe zugespitzt, nach vorne gerichtet.

W Lichte bis schattige Wälder, Gebüsche, Wegränder, Böschungen. 0–2300 m.

A Hauptverbreitung in temperater Zone Europas und Kleinasiens, strahlt bis N-Skandinavien, Sibirien, Kaukasus, Himalaya aus. N-Afrika?, Israel?

G Häufig. Meist ungefährdet.

H N-Ita., Croce Arcana, 11.8.90, RL; N-Ita., Perdonig, 18.7.00, RL.

Epipactis helleborine s.l.

V *E. helleborine* ist äußerst vielgestaltig, ausgehend von der Nominatsippe lassen sich drei Hauptgruppen ihrer Variabilität erkennen: 1. thermophile Sippen ± offener Fluren, lichter Wälder mit kräftigem Wuchs, rundlicheren, oft derben, bodennäheren Blättern, sehr ähnlichen bis gleichen Blüten und wirksamer Klebdrüse, vorwiegend allogam (subsp. *orbicularis*, – *tremolsii* u. Ä.); 2. Pflanzen ± halbschattiger Habitate von ähnlichem Wuchs mit schmaleren Blättern, blasseren Blüten, ± reduzierter Klebdrüse, vorwiegend autogam (subsp. *aspromontana*, *E. leptochila*, *E. muelleri* u. Ä.); 3. Waldpflanzen von grazilem Wuchs, kleineren lanzettlichen Blättern, kleineren grünlichen Blüten, ohne Klebdrüse, vorwiegend autogam (*E. phyllanthes*, *E. persica* u. Ä.). Dazwischen sind sowohl innerhalb einzelner Populationen als auch zwischen Populationen oft ± nahtlose Übergänge zu beobachten. Nahestehend, aber gut abgesetzt sind E. *dunensis*, *E. meridionalis*, *E. placentina*.

Epipactis helleborine subsp. aspromontana Aspromonte-Stendelwurz

S *E. aspromontana*, *E. olympica*.

M Unterscheidet sich von subsp. *helleborine* durch schlankeren, oft büscheligen Wuchs, weniger (5–7), kleinere Blätter (mittlere am größten, 3,5–8 × 2–4,5 cm) und durch längeres, bogenförmig nach oben abgedrehtes Fruchtknotenstielchen (4–6,5 mm). Klebdrüse vorhanden, meist wirksam.

V Pflanzen nieder- bis hochwüchsig, Blüten weißlich grün bis rosarot, sonst wenig variabel; Klebdrüse teils sehr früh vertrocknend, besonders bei *E. olympica*.

B Mitte Juli–Mitte August. Allogam, fakultativ autogam. Fruchtansatz sehr hoch.

U *E. greuteri* subsp. *greuteri*: Blütenstand lockerer, Blüten weniger bunt, Blütenstielchen länger, Klebdrüse meist unwirksam.

W Tannen-/Buchenwälder. 750–1800 m.

A Süditalien (Kalabrien, Gargano), Griechenland (Thessalischer Olymp). **G** Lokal selten (Gr). Schutzbedürftig. **H** S-Ita., Gambarie, 10.7.94, RL; S-Ita., Gambarie, 5.8.04, RL.

Epipactis helleborine subsp. bithynica
Bithynische Stendelwurz

S *E. bithynica*, *E. pycnostachys*.

M Thermophile Sippe, unterscheidet sich von subsp. *helleborine* durch robusten, dicken, unten oft rotvioletten Stängel, häufig büschelig. Blätter rundlich bis eilanzettlich, meist länger als Stängelglieder. Blütenstand dicht, Blüten grünlich bis schmutzig braunrot, Vorderlippe cremefarben bis kräftig rot.

V Blattwerk sehr variabel von klein, rundlich, derb bis groß, eilanzettlich, krautig, oft bodennah oder auch mittig gehäuft.

B Mitte Mai–August. Allogam.

U *E. degenii* (Gr), *E. densifolia* Tü), *E. heraclea* (Gr), *E. turcica* (Tü, Levante) liegen innerhalb der Variabilität von subsp. *bithynica*, oft kaum unterscheidbar von subsp. *latina*, *tremolsii*.

W Offene bis halbschattige, eher trockene Fluren, lichte Wälder, Gebüsche, Wegränder, Böschungen. Kalkhold. 300–2200 m.

A Griechenland, Türkei bis Kaukasus, Israel.

G Selten bis zerstreut. Lokal gefährdet.

H Gri., Samos, 16.5.90, HB.

Epipactis helleborine subsp. latina
Italienische Stendelwurz

S *E. latina*.

M Thermophile Sippe, unterscheidet sich von subsp. *helleborine* durch robusteren Stängel, kürzere, eirunde, tütige Laubblätter, ± zweizeilig im unteren Stängeldrittel angeordnet. Blütenstand dicht, stark behaart. Blüten intensiver rötlich gefärbt.

V Blattwerk variabel, in niederen, halbschattigen Lagen deutlich größer, ähnlich wie bei subsp. *tremolsii*. Steht auch subsp. *orbicularis* nahe.

B Ende Juni–Juli. Blüht deutlich vor subsp. *helleborine*. Allogam, auch fakultativ autogam. 2n=38.

U *E. atrorubens*: Stängel rötlich, Blüten kleiner, kräftiger rot gefärbt, häufige Bastarde.

W Offene trockene Fluren, sonnige Waldränder, Straßenböschungen. 200–1650 m.

A Italien, Apennin von der Toskana bis Kalabrien.

G Zerstreut. Ungefährdet.

H M-Ita., Castel del Monte, 28.7.96, HB.

Epipactis helleborine subsp. neerlandica Niederländische Stendelwurz

S *E. helleborine* var. *neerlandica*, *E. renzii*.
M Thermophile Sippe, unterscheidet sich von subsp. *helleborine* durch niedrigeren Wuchs (8–25 cm), robusteren, unten purpurnen Stängel, kürzere, derbe, gedrängte, eiförmige Laubblätter, kurzen (4–10 cm), dichtblütigen, rau behaarten Blütenstand.
V Blütenfarbe grünlich bis rotbraun. Halbschattige Pflanzen höher (bis 50 cm), Blütenstand länger (bis 20 cm), Blätter länger, elliptisch bis eilanzettlich, sichelförmig gebogen, gleichmäßig am Stängel verteilt.
B (Juni) August (September). Allogam.
U Subsp. *orbicularis*: Pflanzen höher, reichblütiger, Blätter runder, gleichlang wie Stängelglieder, Blüten blasser.
W Dünentälchen mit Kriechweidenfluren, lichte Kiefernwälder. Kalkhold. 0–50 m.
A Nordseeküsten von Frankreich bis Dänemark und England.
G Selten. Gefährdet.
H N-Dän., Tannisby, 14.8.01, HB.

Epipactis helleborine subsp. orbicularis Kurzblättrige Stendelwurz

S *E. distans*, *E. orbicularis*.
M Thermophile Sippe, unterscheidet sich von subsp. *helleborine* durch robusteren Stängel, oft büschelig. Laubblätter gelbgrün, kürzer, rundlicher, ± gleich lang wie Stängelglieder. Blütenstand 1/3–1/2 der Pflanze. Blüten heller, grünlich weiß bis blassrosa, öfters rötlich.
V Im Halbschatten Übergänge zu subsp. *helleborine*. *E. lapidocampi*: frühblühend, Durchgang Vorder-/Hinterlippe sehr breit (Niederösterreich); *E. molochina*: Blüten rötlicher (O-Spanien).
B Mitte Juni–August. Allogam (Wespen), auch fakultativ autogam. 2n=40.
U subsp. *tremolsii*: Blätter größer, länger als Stängelglieder, Blüte kräftiger gefärbt.
W Offene Fluren, lichte Kiefernwälder, Gebüsche, Wegränder. 0–2200 m.
A Alpenländer, Ostseeraum (N-Deutschland, S-Schweden).
G Zerstreut. Ungefährdet.
H N-Ita., Tiers, 8.8.02, RL.

Epipactis helleborine subsp. schubertiorum Kalabrische Stendelwurz

S *E. schubertiorum.*

M Unterscheidet sich von subsp. *aspromontana* durch zierlichen Wuchs, niedrigere Höhe (20–45 cm), lanzettliche Blätter. Blütenstand 5–15 cm lang, Blüten blasser, Vorderlippe breit herzförmig, Spitze stumpf, zurückgeschlagen, Stielchen kürzer, 2–4 mm lang, grün, unten meist bronzefarben. Klebdrüse wirksam.

V Wenig variabel. Oft Übergangsformen zur subsp. *aspromontana*: Pflanzen hoch, Blätter kürzer, Stielchen verlängert. Hybriden mit *E. greuteri, E. placentina.*

B Mitte Juli–Mitte August. Allogam, fakultativ autogam. Selten büschelig.

U *E. leptochila* subsp. *neglecta*: robuster, Blätter größer, Vorderlippe mehr eingerollt.

W Tannen-/Buchenwälder. 900–1400 m.

A Süditalien, Kalabrische Gebirge (Sila, Serre, Aspromonte.

G In den Serre häufig, ungefährdet. Sonst zerstreut bis selten, schutzbedürftig.

H S-Ita., Sila Grande, 31.7.96, HB.

Epipactis helleborine subsp. tremolsii Tremols Stendelwurz

S *E. maestrazgona, E. tremolsii.*

M Thermophile Sippe, unterscheidet sich von subsp. *orbicularis* durch purpurn überlaufenen Stängel, größere, breit eiförmige bis eilanzettliche Laubblätter, länger als Stängelglieder, krautige Tragblätter.

V Blattwerk variabel mit Übergängen zur subsp. *orbicularis; E. provincialis*: Lippenspitze grünlich, frische Klebdrüse wirksam! (Provence); *E. duriensis*: Pflanze schlanker, Stängel grünlich, Blätter steiler, gewellt, lockerblütig, Stielchen kurz, grün (NO-Port.); *E. lusitanica*: Pflanze schlanker, Blüten rötlich braun (Algarve).

B Mitte Mai–Juli. Allogam. 2n=16–60.

U subsp. *helleborine*: Stängel schlanker, Blätter flacher, mehr am Stängel verteilt.

W Lichte, trockene Kiefern-/Eichenwälder, Gebüschsäume, Wegränder, Böschungen. Kalkhold. 0–1600 m

A Portugal, Spanien, Marokko, Provence, Sardinien. **G** Zerstreut. Ungefährdet.

H NO-Spa., Arboli, 5.5.96, HB.

Epipactis leptochila subsp. leptochila
Schmallippige Stendelwurz

S *E. leptochila* var. *altensteiniana*, *E. leptochila* subsp. *dinarica*, *E. peitzii*.

M Rhizomgeophyt, Stängel 30–70 cm hoch, aufrecht, grün, unten kahl, oben leicht flaumig behaart, selten büschelig. Laubblätter 3–8, grün, abstehend bis leicht überhängend, untere eiförmig (50–90 × 20–60 mm), wenig zugespitzt, mittlere eilanzettlich, obere tragblattartigartig, das oberste 50–120 mm lang, unterste Blüten ± überragend. Blütenstand 70–300 mm lang, ± locker, einseitswendig. Untere Tragblätter länger als Blüten. Blüten 7–35, mittelgroß, gelblich bis weißlich grün, nickend, offen bis glockenförmig. Lippe zweigeteilt, abwärts gestreckt. Hinterlippe (4–6 × 5–7 mm), napfförmig, 4–5 mm tief, am Grunde dunkel rotbraun, grünlich rosa gerandet, nektarhaltig. Vorderlippe hellgrün, rosa oder weißlich, spitzherzförmig, etwas länger als breit, schwach gehöckert. Durchgang Vorder-/Hinterlippe eng. Sepalen (10–15 × 4–7 mm) eilanzettlich, gekielt. Petalen heller, eiförmig (9–11 × 5–7 mm). Fruchtknoten gestielt, kahl, Stielchen (2–4 mm) grün. Anthere langgestielt, Klebdrüse in Knospe vorhanden, aber unwirksam. Seitlicher Durchblick zwischen Antherenstiel und Pollenschüssel frei. Pollen hellgelb, bröckelig.

V Wenig variabel, Petalen, Vorderlippe bisweilen ± rosa angehaucht. Oft Übergänge zu subsp. *neglecta* und *E. helleborine*.

B Ende Juni–Mitte August. Autogam, kleistogam, partiell allogam. 2n=36, 40.

U *E. greuteri*: Blätter schmaler, Blüten hängend, Vorderlippe stumpf, Stielchen ± doppelt so lang.

W luftfeuchte Laubmischwälder, kalkreiche Böden, geringe Bodendeckung. 20–1550 m

A Hauptverbreitung Südengland, Deutschland, Schweiz, strahlt bis Mittelitalien, Nordspanien, Irland, Dänemark, Slowakei, Ungarn, Kroatien und Georgien aus.

G Regional zerstreut. Ungefährdet.

H Eng., Henley on Thames, 23.7.02, RL; Deu., Niederstetten Kocher, 4.7.02, HB.

Epipactis leptochila subsp. neglecta
Übersehene Stendelwurz

S *E. neglecta*, *E. leutei*, *E. naousaensis*.
M Unterscheidet sich von subsp. *leptochila* durch dunklere Blätter, rötlich gefärbte Blüten, flachere pfannenförmige Hinterlippe, zurückgebogene Vorderlippe, sehr schmalen Durchgang Vorder-/Hinterlippe, ± ungestielte Anthere, in frischer Blüte wirksame Klebdrüse.
V *E. komoricensis*: Blätter und Tragblätter kürzer, Klebdrüse fehlend (Slowakei); *E. voethii*: Pflanzen niedriger, Blätter gelblich grün, Blütenstand wenigblütig (Österreich, Tschechien, Slowakei, Ungarn).
B Juli–August. Allogam, fakult. autogam.
U *E. helleborine*: Blätter breiter, Tragblätter kürzer, Vorderlippe breiter, stumpf, Sepalen stumpfer; oft kaum unterscheidbar.
W Luftfeuchte Buchenwälder. 240–1670 m.
A Von England über Deutschland bis Slowakei und Ungarn, O-Frankreich, Italien bis Griechenland, Kaukasus.
G Regional selten, schutzbedürftig.
H Eng., Princes Risborough, 25.7.02, RL.

Epipactis meridionalis
Südliche Stendelwurz

M Unterscheidet sich von *E. helleborine* durch zierlicheren Wuchs (20–50 cm hoch), dünneren, rötlich braunen, oberhalb erstem Drittel zunehmend flaumig behaarten Stängel. Laubblätter kürzer, eiförmig, mittlere flach, ± waagrecht abstehend. Blütenstand kürzer, 9–20-blütig, locker. Perigon rotviolett überlaufen, innen grün, rosa getönt. Vorderlippe weißlich, herzförmig, nahe Basis eng nach unten gebogen, Schwielen kräftig purpurrot. Fruchtknoten grünviolett, flaumig behaart. Klebdrüse milchig, wirksam.
V Im Norden des Areals Stängel, Fruchtknoten, Blüten grüner, weniger rotbraun.
B Mitte Juli–August. Allogam.
U *E. viridiflora*: Blätter schmaler, länger, blaugrün violett überlaufen, Blüten blasser.
W Schattige bis halblichte, unterwuchsarme Buchen-, Tannen-, Eichenwälder. Auf Granit und Kalk. 570–1930 m.
A S-Italien, Sizilien, Sardinien.
G Zerstreut bis selten. Lokal gefährdet.
H S-Ita., Aspromonte, 6.8.04, RL.

Epipactis microphylla
Kleinblättrige Stendelwurz

S *E. latifolia* subsp. *parviflora*.
M Rhizomgeophyt, Stängel 15–50 cm hoch, selten büschelig, aufrecht, unten papillös, oben dicht graufilzig behaart. 3–9 Laubblätter klein (1,5–5,5 × 0,7–1,5 cm), am Stängel verteilt, meist kürzer als Stängelglieder, gekielt, streifennervig, graugrün, meist violett überlaufen, untere breit eiförmig, nach oben schmäler, lanzettlich, oberstes tragblattartig, unterste Blüten nicht erreichend. Blütenstand 2–20 cm lang, locker, meist einseitswendig. Tragblätter (18–20 × 3–4 mm) spitzlanzettlich, länger als Fruchtknoten. Blüten 2–25, klein, nickend, meist glockig geöffnet, seltener geschlossen bleibend, wohlriechend. Lippe (5–7 × 3–4 mm) zweigeteilt. Hinterlippe, napfförmig, weißlich rosa, wenig Nektar enthaltend. Vorderlippe herzförmig, schwach zugespitzt, am Rande gekerbt, weißlich grün, am Grunde mit 2 gelblich weißen warzigen Höckern und mittiger Längsleiste. Perigonblätter graugrün, besonders Petalen oft lilaviolett überlaufen, außen zur Basis behaart. Sepalen (7–9 × 3–4,5 mm) länglich eiförmig, gekielt, seitliche leicht abwärts gerichtet. Petalen (6–8 × 3–4 mm) kleiner, eiförmig. Fruchtknoten lang gestielt, graugrün, dicht filzig behaart. Säulchen kurz, Klebdrüse anfangs wirksam, dann eintrocknend. Pollen hellgelb, bröckelig.
B Mai–August. Allogam (Bienen) und autogam. Fruchtansatz mittel. Bildet selten nicht blühende Erstarkungstriebe und Hybriden.
U *E. atrorubens* subsp. *parviflora*: Blüten rot, Blätter etwas länger.
W Schattige Gebüsche, Laubwälder, selten Nadelwälder, auf frischen, meist nährstoffreichen, kalkhaltigen Böden. 50–1800 m.
A Von S-Spanien, Frankreich bis M-Deutschland, über Karpathen, Türkei, Krim, Kaukasus bis N-Iran; südlich bis Sardinien, Sizilien, Kreta, Zypern.
G Regional selten, gefährdet (Waldschlag).
H M-Deu., Sondershausen, 6.7.95, HB, M-Deu., Sondershausen, 6.7.95, HB.

Epipactis muelleri
Müllers Stendelwurz

S *E. helleborine* subsp. *muelleri.*

M Rhizomgeophyt, Stängel dünn, 30–60 cm hoch, oft büschelig. Laubblätter, 4–10 (14), gelblich grün, ± zweizeilig, lanzettlich, zugespitzt, rinnig gefaltet, sichelförmig gebogen, am Rande gewellt, mittlere am größten (3–9 × 1,5–4 cm), oberstes die unteren Blüten etwas überragend. Blütenstand langgestreckt, einseitswendig, hell filzig behaart, 6–23 cm lang, 18–45-blütig. Tragblätter lineallanzettlich, untere länger als Blüten. Blüten klein bis mittelgroß, glockig, nickend bis hängend, gelbgrün bis weißlich hellgrün. Sepalen (9–12 × 4–5 mm), Petalen heller (8–10 × 3,5–4,5 mm). Lippe zweigliedrig (7–9,5 × 4–5 mm). Hinterlippe (4–6 × 5–7 mm), napfförmig, am Grunde rötlich braun, nektarführend, Seiten weißlich bis grünlich. Vorderlippe breit herzförmig, nur leicht gehöckert, Spitze abwärts gebogen, grünlich weiß bis gelblich weiß. Säulchen ohne Pollenschüssel, Anthere ungestielt bis kurz gestielt, Narbe von unten schräg aufwärts nach hinten bis zum Antherenansatz gerichtet, dadurch Pollinien direkt über Narbe liegend. Klebdrüse fehlend. Pollen bröckelig, von selbst auf Narbe fallend.

V Vorderlippe selten rosa angehaucht (hybridogener Einfluss). Hybriden mit *E. atrorubens, E. helleborine, E. leptochila.*

B Ende Juni–Mitte August, 1–2 Wochen vor *E. helleborine*. Obligat autogam. 2n=40.

U *E. helleborine*: Blätter grün, eiförmig, flacher, nicht wellig, Blüten größer, bunter, Klebdrüse vorhanden, wirksam; *E. leptochila*: Blätter breiter, nicht wellig, dunkelgrün, Vorderlippe lang zugespitzt.

W Trockenwarme Waldränder, Gebüschsäume, Wegränder. Kalkhold. 130–1590 m.

A Hauptverbreitung Frankreich, Deutschland, Schweiz, ausstrahlend bis Belgien, Pyrenäen, M-Italien, Istrien, Ungarn, Slowakei, Tschechei.

G Zerstreut bis selten, regional gefährdet.

H SW-Deu., Hörschwag, 18.7.95, HB; SW-Deu., Heimsheim, 18.7.95, HB.

Epipactis palustris
Sumpf-Stendelwurz

S *Serapias helleborine* var. *palustris.*
M Rhizomgeophyt, Stängel aufrecht (25–80 cm), unten kahl, grün, purpurbraun überlaufen. Blätter 5–8, grün, kurzscheidig, bogennervig, rinnig, aufwärts gerichtet, eilanzettlich (6–15 × 1,8–4 cm), oberste tragblattartig, unterste Blüte nicht erreichend. Blütenstand 7–25 cm lang, aufrecht, locker, einseitswendig, kurz behaart. 5–25 mittelgroße Blüten, geöffnet, langgestielt, zuerst abstehend, dann hängend, geruchlos. Tragblätter spitzlanzettlich, kürzer als Blüte. Lippe zweigeteilt, abwärts gerichtet, Hinterlippe schüsselartig (5–6 × 4–5 mm), weiß, lilarot geädert, am Grunde gelborange, nektarabsondernde Leiste. Vorderlippe (6–8 × 7–9 mm) beweglich, weiß, halbrund, Rand wellig gekerbt, aufgebogen, Basis mit 2 weißgelben Längswülsten. Sepalen (10–13 × 3,5–4 mm) eiförmig, grünlich, streifig braunrot überlaufen, seitliche abspreizend, mittleres mit Petalen lockeren Helm bildend. Petalen kürzer, weiß, mittig lilarot getönt. Fruchtknoten lang gestielt, spindelförmig, flaumig behaart, purpurbraun, seltener grün. Säulchen gelb, kurz, Klebdrüse wirksam, Pollinien gelb, Pollen bröckelig.
V Variabel sind Wuchs (Ökoformen), Perigon- (± Rotanteil) und Lippenfarbe (± Gelbanteil). Hybriden nur mit *E. atrorubens* nachgewiesen.
B Mitte Juni–Mitte August. Allogam und fakultativ autogam. Fruchtansatz hoch. Vermehrung auch vegetativ durch Ausläufer. 2n=40.
U Unverwechselbar.
W Mäßig basische, ± kalkkaltige Humusböden. Wechselfeuchte Wiesen, Sumpfwiesen, Quellhänge, Dünentälchen, Seeufer. 0–2225 (China 3350) m.
A Von Britischen Inseln und Spanien bis zum Kaukasus, Sibirien und W-China. Im äußersten N- und S-Europa sehr selten bis fehlend.
G Regional gefährdet (Entwässerung), an südlicher Arealgrenze (Siz.) stark gefährdet.
H SW-Deu., Heimsheim, 18.7.95, HB; N-Ita., Prad, 22.7.97, RL.

Epipactis persica subsp. persica
Persische Stendelwurz

S *E. helleborine* subsp. *transcaucasica*.
M Rhizomgeophyt, schlank, Stängel 10–70 cm lang, dünn (2–4,5 mm), aufrecht, grün, unten fast kahl, oben stärker behaart, öfters truppweise, selten büschelig. Blätter ± gleichmäßig am Stängel verteilt, unten 1–3 braune Schuppenblätter, darüber 2–4 Laubblätter, grün bis dunkelgrün, eiförmig lanzettlich, kurz zugespitzt, flach bis leicht gewellt, ± bogig abstehend, am Rande unregelmäßig bewimpert; mittleres am größten (3–9 × 1,5–4,5 cm), oberstes bisweilen tragblattartig, unterste Blüten meist überragend. Blütenstand 3–25 cm lang, locker. Tragblätter lanzettlich, unterstes oft sehr breit, länger als Blüten. Blüten 7–25, klein, grünlich bis weißlich grün, abstehend bis nickend, offen. Lippe (6–9 × 3,5–4,5 mm) zweigeteilt. Hinterlippe 3–4 mm lang, napfförmig, weißlich grün, am Rand weißlich rot, innen braungrün bis braunrot, nektarhaltig. Vorderlippe dreieckig rundlich, an der Basis weißlich rosa, Höcker ± gekräuselt, Spitze grünlich, meist stumpf, gekerbt, vorgestreckt bis abgebogen. Sepalen kurz (8–12,5 × 3–5,5 mm), eilanzettlich, gekielt, zugespitzt, grün, Petalen kürzer, breit eilanzettlich, blass grünlich, öfters rosa angehaucht. Fruchtknoten grün, kahl bis leicht behaart, grün, oft ± gelblich bis rötlich gestielt. Pollenschüssel kurz, vorne schmal. Anthere kurz gestielt, Klebdrüse rund, milchglasig, in der frischen Blüte meist vorhanden, wirksam. Pollen gelb, bröckelig.
V Pflanzenhöhe, Blattgröße variabel.
B Ende Juni–August. Allogam, fakultativ autogam. Fruchtansatz sehr hoch.
U *E. phyllanthes*: Blüten blasser, oft hängend, Klebdrüse fehlend bis rudimentär.
W Luftfeuchte Buchen-, Hainbuchenwälder. Silikat und Kalk. 200–2700 m.
A Europäische Türkei, Pontus, Kaukasus, Iran bis Afghanistan, Pakistan.
G Zerstreut bis häufig. Ungefährdet.
H Geo., Sabaduri, 20.7.03, RL; Geo., Trialeti, 15.7.01, RL.

Epipactis persica subsp. moravica
Elbe-Stendelwurz

S *E. albensis*, *E. latifolia* var. *gracilis*, *E. moravica*.

M Unterscheidet sich von subsp. *persica* durch kürzeren Stängel, kürzere, gelblich grüne Blätter (größtes Blatt 2,5–5,5 × 1,5–2,8 cm), armblütigeren (2–17), dicht kurz behaarten Blütenstand, herzförmige, lang zugespitzte, weißlich grüne Vorderlippe mit leicht aufgebogenen Seitenrändern. Blütenstielchen gelblich grün, rötlich überlaufen. Pollenschüssel kurz, Anthere deutlich gestielt, Narbe oben breiter, Rostellum lang ausgezogen, an der Spitze braun werdend, Klebdrüse auch in der Knospe fehlend.

V Wuchshöhe, Blattform und -anzahl variabel; bei scheidenblattartiger Ausformung auch der unteren Stängelblätter wirkt die Pflanze stelzenartig. Bei mährischen Pflanzen (CR) ist das größte Blatt rundlicher, breiter (2,5–5,5 × 0,9–3,8 cm), die Vorderlippe grün gehöckert, der Rand weniger nach oben gebogen, die Klebdrüse vorhanden, aber unwirksam. Geringfügig unterschiedlich sind: *E. fibri*: Blütenstielchen bronzefarben überlaufen, Blattrand unregelmäßig bewimpert, Rostellum länger (Frankreich); *E. mecsekensis*: Petalen, Vorderlippe rosa, Narbe rechteckig, Klebdrüse gut ausgebildet (Ungarn); alle können mit subsp. *moravica* zusammengefasst werden.

B Juli–September. Obligat autogam. Nichtblühende Triebe unbekannt.

U: subsp. *pontica*: Blätter größer, Vorderlippe rundlich, Klebdrüse vorhanden; *E. phyllanthes*: Blätter größer, Infloreszenz weniger bis kaum behaart, Blüten meist hängend.

W Auwälder, feuchte Eichen-, Hainbuchen- und Buchenwälder. Auf mäßig sauren bis mäßig basischen Böden. 50–530 m.

A Östliches M-Europa, Brandenburg, SW-Polen, Tschechei, Slowakei, Ungarn, Niederösterreich.

G Zerstreut bis selten. Gefährdet durch Flussbegradigungen, Entwässerungen.

H O-Deu., Paslow, 16.8.97, HB, O-Deu., Paslow, 16.8.97, HB.

Epipactis persica subsp. gracilis
Zierliche Stendelwurz

S *E. gracilis, E. exilis, E. microphylla* var. *glabrescens.*

M Unterscheidet sich von der sehr ähnlichen subsp. *persica* durch zierlicheren Wuchs (17–35 cm hoch), schmalere Laubblätter (größtes 3,5–5 × 1–2,3 cm), kürzeren, armblütigeren Blütenstand (2–8,5 cm mit 3–13 Blüten). Stängel unten kahl, oben spärlich behaart, Blattrand unregelmäßig bewimpert, Stielchen grün, Klebdrüse in frischer Blüte vorhanden, leicht vertrocknend, unwirksam. Wenig variabel.

B Mitte Juli–August. Autogam.

U *E. meridionalis*: Blätter größer, Stängel rötlich braun, oben stark behaart, Blüten intensiv rötlich braun gefärbt.

W Alte, geschlossene, luftfeuchte, unterwuchsfreie Buchenwälder. 700–1650 m.

A Gebirge N-Griechenlands, Bulgariens (Rila) und der Apenninen-Halbinsel, ZO-Sardinien (Steineichenwälder).

G Zerstreut. Ungefährdet.

H S-Ita., Pollino, 25.7.86, HB.

Epipactis persica subsp. pontica
Pontische Stendelwurz

S *E. pontica, E. helleborine* subsp. *pontica.*

M Unterscheidet sich von subsp. *persica* durch kürzere, zahlreichere (4–6) Blätter, dicht flaumig behaarten, armblütigeren Blütenstand, geschlossenere Blüten, rundliche, eng taillierte Vorderlippe, weiß mit grünlichen Höckern. Pollenschüssel kürzer als gestielte Anthere, Klebdrüse in frischer Blüte vorhanden, unwirksam.

V Unterstes Laubblatt oft tiefer angesetzt (Ita., Öst., Tür.), Blütenstand reichblütiger (Öst.), Basis Vorderlippe rosa getönt (Ita.).

B Mitte Juli–September. Autogam, teils kleistogam. Fruchtansatz sehr hoch.

W Hanglagen von luftfeuchten, ± vegetationsfreien Buchen-, Buchenmischwäldern. Auf silikatischem, vulkanischem und kalkhaltigem Gestein. 200–1500 m.

A Österreich, Mähren, Slowakei, Ungarn, Slowenien, M-, S-Italien, N-Türkei (Pontus). Arealkenntnis noch ungenügend.

G Zerstreut bis selten. Regional gefährdet.

H S-Ita., Piani di Zervò, 7.8.04, RL.

Epipactis phyllanthes
Englische Stendelwurz

S *E. confusa*, *E. phyllanthes* var. *degenera*.
M Rhizomgeophyt, Stängel 20–50 cm lang, dünn (2,5–4 mm), aufrecht, grün, unten violett, kahl, oben ± leicht behaart. Laubblätter 3–5, ± dunkelgrün, Rand unregelmäßig bewimpert; untere eiförmig, mittlere am größten (4–9 × 2–3,5 cm), eilanzettlich, zugespitzt, oberstes tragblattartig, unterste Blüte meist überragend. Blütenstand 7–15 cm lang, locker. Tragblätter grün, untere länger als Blüten. Blüten 10–35, klein, grün bis gelblich oder weißlich grün, waagrecht bis hängend, offen, glockig, oft geschlossen. Lippe (6–8 × 3,5–4,5 mm) zweigeteilt, selten einteilig (var. *phyllanthes*). Hinterlippe napfförmig, weißlich grün, innen grün, auch bräunlich (N-Eng.), nektarhaltig. Vorderlippe dreieckig, Basis weißlich rosa, gekräuselt gehöckert, Spitze vorgestreckt bis abgebogen, grünlich. Sepalen kurz (6,5–8,5 × 3–4 mm), eilanzettlich, blass grün, Petalen kleiner. Fruchtknoten weißlich grün gestielt. Pollenschüssel reduziert. Anthere gestielt, über Narbe stehend, Klebdrüse rudimentär bis fehlend. Pollen bröckelig.
V Var. *fageticola*: Blüten abstehend, offen, Sepalspitzen abgebogen (Sp.); var. *olarionensis*: Klebdrüse wirksam (SW-Fr.); var. *pendula*: Blätter derb, dunkelgrün, Blüten größer, hängend, Perigon bräunlich überlaufen (NW-, S-Eng.); var. *vectensis*: in England häufigste Varietät, Blütenstand leicht flaumig behaart, Blüten hängend, Lippe normal; *E. stellifera*: Blattrand gleichmäßig bewimpert (Schweiz, Frankr.).
B Ende Juli–August. Autogam. 2n=36, 40.
U *E. dunensis*: Blätter breiter, gelbgrün, derb, rinnig, steiler, Blütenstand stärker behaart, Blüten bunter.
W Auwälder, Laubmischwälder. 5–1500 m.
A Britische Inseln, N-Portugal, N-Spanien, Frankreich, Schweiz, Belgien, N-Deutschland, Dänemark.
G Selten bis zerstreut. Lokal gefährdet.
H N-Eng., Newbrough, 7.8.91, RL; N-Eng., Beltingham, 17.7.02, RL.

Epipactis placentina
Piacentinische Stendelwurz

S *E. muelleri* subsp. *cerritae*.

M Rhizomgeophyt, Stängel 20–50 cm hoch, robust, grün, unten rötlich überlaufen, kahl, oben flaumig behaart, einzeln. Laubblätter 4–7, grün, eiförmig bis eilanzettlich, zugespitzt, ausgebreitet bis schwach gebogen, Rand leicht gewellt, mittlere am größten (5–9 × 2–4,5 cm), obere tragblattartig, die unteren Blüten meist überragend. Blütenstand kurz (7–15 cm), gestreckt, ± locker. 10–30 Blüten, ± nickend, glockig, häufig ziemlich geschlossen. Lippe klein (6–8 × 3–4,5 mm) zweigeteilt. Hinterlippe 3,5–4,5 mm lang wie breit, napfförmig, außen rosa, innen purpurfarben bis tief rotbraun, nektarhaltig. Vorderlippe auffallend zugespitzt dreieckig, gestreckt, rosarot, Ränder leicht hochgebogen, Basis markant von Hinterlippe abgesetzt, kaum gehöckert. Perigon außen grün, ± rosa gerandet. Sepalen (7–10 × 3–4,5 mm) eilanzettlich, grün bis gelbgrün, rosa gerandet, schwach genervt. Petalen (6,5–9,5 × 3–4,5 mm) eiförmig zugespitzt, rosa. Fruchtknoten grün, kurz gestielt, Unterseite abgeflacht. Pollenschüssel reduziert, Klebdrüse fehlend bis reduziert, Pollen gelb, bröckelig.

V *E. futakii*: Blätter etwas größer, Blüten größer, meist geschlossen, Klebdrüse vorhanden, unwirksam, kleistogam; *E. robatschiana*: Blüten schwächer rosa gefärbt (Kalabrien). Hybriden mit *E. helleborine* subsp. *schubertiorum*.

B Mitte Juli–August. Autogam. 2n=38.

U *E. helleborine*: Pflanzen höher, Blätter größer, Vorderlippe stumpf, abwärts gebogen; *E. muelleri*: Blätter zahlreicher, wellig, sichelförmig, Blüten offen, gelblich grün.

W Kiefernforste, schattige bis halblichte, unterwuchsarme Buchen-, Tannen-, Eichenwälder. Meist Silikat. 100–1400 m.

A Frankreich, Schweiz, Slowakei, Italien (Emilia bis Kalabrien), Sizilien (Ätna).

G Zerstreut bis selten. Lokal gefährdet.

H S-Ita., S. Bruno, 3.8.04, RL; N-Ita., Pertuso, 25.7.94, RL.

Epipactis troodi subsp. troodi
Zyprische Stendelwurz

S *E. persica* subsp. *troodi.*
M Rhizomgeophyt, Stängel 20–45 cm lang, dünn, grün, unten kahl, oben flaumig. 3–5 dunkelgrüne, purpurviolett getönte Laubblätter (3–6 × 0,7–2,8 cm) kürzer als Stängelglieder, tütig bis eiförmig. Blütenstand armblütig. Untere Tragblätter länger als Blüten. Blüten mittelgroß, nickend, offen. Hinterlippe (3–4 × 3–4 mm) napfförmig, olivgrün, Rand rosapurpurn, innen rötlich, nektarhaltig. Vorderlippe dreieckig rundlich, 4–5 mm lang, rotpurpurn, in der Mitte und zur Spitze grünlich, Höcker runzelig. Sepalen (10–12 × 4–6 mm) gelbolivgrün, Petalen kürzer, eiförmig, weißlich olivgrün, Rand purpurn. Klebdrüse wirksam.
B Juni–Mitte Juli. Allogam, fakul. autogam.
U *E. persica*: Blätter grün, größer, länger als Stängelglieder, Blüten blasser.
W Kiefern-, Laubwälder. 800–1800 m.
A Endemit von Zypern, Troodos, Zederntal.
G Sehr lokalisiert. Zzt. ungefährdet.
H Zyp., Troodos, 3.7.85, HB.

Epipactis troodi subsp. cretica
Kretische Stendelwurz

S *E. cretica.*
M Unterscheidet sich von der sehr ähnlichen subsp. *troodi* geringfügig durch dickeren, dunkelgrünen, meist violett überlaufenen Stängel, wachsigere Knospen und Blüten und schmutziggrünes, braunrot überlaufenes Perigon. Klebdrüse in frischer Blüte vorhanden, wirksam.
V Häufig treten mangelhaft entwickelte Pflanzen auf (ungünstiger Wetterverlauf, Ausbleiben von Niederschlägen).
B Ende Mai–Anfang Juli. Allogam, fakultativ autogam, bisweilen auch kleistogam.
U *E. microphylla*: Blätter kleiner, grün, Blütenstand, Fruchtknoten dicht flaumig behaart, Höcker der Vorderlippe gelblich weiß, ausgeprägt warzig.
W Schattige Laubmischwälder, oft entlang von Bachläufen. Kalk. 700–1500 m.
A Endemit von Kreta, nur in den Gebirgsstöcken Lefka Ori, Psiloritis, Dikti.
G Selten. Gefährdet (Überweidung).
H Kreta, Kritsa, 16.6.86, HB.

Epipactis veratrifolia
Germerblättrige Stendelwurz

S *E. abyssinica, E. somaliensis.*

M Rhizomgeophyt, Pflanze 20–150 cm hoch, meist büschelig. Stängel aufrecht bis gebogen, unten kahl, oben dicht flaumig behaart. Laubblätter 3–10 (20) eilanzettlich zugespitzt, streifennervig, gekielt, untere kurzscheidig, mittlere am größten (8–28 × 1–6 cm), obere tragblattartig. Blütenstand 9–60 cm lang, locker. Tragblätter (5–25 × 1–2 cm) eilanzettlich, untere bisweilen laubblattähnlich, obere kürzer. Blüten 10–50, groß, offen. Lippe gebogen, zweigeteilt. Hinterlippe 10–12 mm lang, schmal kahnförmig, am Boden längliche, ± zweigeteilte, glänzende, gelblich bis rötliche Schwiele, Seitenlappen aufgerichtet. Vorderlippe 9–11 mm lang, eiförmig lanzettlich, am Grunde mit 2 dreieckigen aufgebogenen Seitenlappen, weißlich bis rötlich mit braungelbem Querband, Spitze weiß. Perigonblätter gespreizt, gelbgrün, am Rande purpurbraun getönt. Sepalen eilanzettlich (13–21 × 7–10 mm), das mittlere schmaler. Petalen (8–18 × 4–8 mm) schmaler, dreieckig eiförmig, außen am Hauptnerv schwach behaart. Fruchtknoten lang gestielt, schmal, kaum breiter als Stielchen, flaumig behaart. Reife Fruchtkapsel (20–30 × 6–8 mm) stark verbreitert, ± birnenförmig, hängend. Stielchen 6–8 mm lang, deutlich abgesetzt. Säulchen fast aufrecht, 10 mm lang, Anthere groß, kurz gestielt, 4–5 mm lang, dunkelgrün. Pollen gelb.

B Mitte März–Ende Juli. Pflanzen ganzjährig warmer Zonen beginnen wie in Arabien (nicht auf Zypern) bereits ab Spätherbst zu blühen, sie ziehen nach der Samenreife nicht ein. Zur Blüte gelangen dennoch nur neue Triebe. Allogam (Syrphidae).

U Unverwechselbar.

W Quellfluren, Bach-, Flussufer, Feuchtwiesen, Rieselhänge, meist auf Kalk. 0–2600 m.

A Von mittlerer S-Türkei, Zypern bis Afghanistan, Arabien, O-Afrika.

G Selten. Regional gefährdet.

H Zyp., Episkopi, 3.4.04, HB; Zyp., Episkopi, 9.3.94, HB.

Epipactis viridiflora subsp. viridiflora
Violette Stendelwurz

S *E. purpurata*, *E. varians*, *E. violacea*.
M Rhizomgeophyt, oft büschelig. Stängel 25–65 cm hoch, steif, dick, grünviolett, unten spärlich behaart. Laubblätter 4–10, dunkelgrün bis violettgrün, spiralig, ± gleichmäßig am Stängel verteilt, schmal eiförmig, untere (3–7 × 1,2–3,2 cm) kürzer als 2 Stängelglieder, oberstes tragblattartig, 2–7 cm lang, unterste Blüten erreichend oder überragend. Blütenstand 7–30 cm lang, gestreckt, ausladend, ± locker, einseitswendig, graufilzig. Untere Tragblätter deutlich länger als Blüten. Blüten 8–45, weit geöffnet. Lippe (9–12 × 5,5–6,5 mm) porzellanfarben, zweigeteilt. Hinterlippe 4,5–6,5 mm lang wie breit, napfförmig, innen hell rotbraun, nektarhaltig. Vorderlippe (4,5–6 × 5–6,5 mm) herzförmig, gezähnelt, rosafarben gehöckert, Spitze zurückgeschlagen. Sepalen (12–15 × 6–8 mm) spitz eiförmig, grün, violett überlaufen, innen hell olivgrün. Petalen (10–12 × 5,5–7 mm) eiförmig, konkav, außen grünlich, violett überlaufen, innen grün, bisweilen rosa überlaufen. Fruchtknoten 12–15 mm lang, rötlich langgestielt, grün, spärlich kurzhaarig. Klebdrüse glasig, wirksam.
V *E. pseudopurpurata*: kleinwüchsig, nicht büschelig, wenigerblütig, ohne Klebdrüse, autogam (Slowakei); lus. *rosea*: chlorophyllfreie rosa gefärbte Spielart; lus. *chlorophylla*: Blätter grün, Blüten weiß. Hybriden mit *E. helleborine*.
B Ende Juli–September. Allogam, vorwiegend geitonogam (Wespen). Fruchtansatz hoch. 2n=40.
U *E. helleborine*: Blätter größer, grün.
W Schattige, unterwuchsarme Laub- und Nadelwälder, Wegränder. Kalk, Mergel, Löß, Lehmböden. 50–1400 m.
A Hauptverbreitung in M-Europa, strahlt bis S-England, Dänemark, NO-Polen, Rumänien, S-Italien und O-Spanien aus.
G Zerstreut. Lokal gefährdet.
H SW-Deu., Weil im Schönbuch, 18.7.96, HB; Weil im Schönbuch, 19.8.96, HB.

Epipactis viridiflora subsp. halacsyi Peloponnes-Stendelwurz

S *E. halacsyi*, *E. graeca*.

M Unterscheidet sich von subsp. *viridiflora* durch zierlicheren Wuchs, schwächere violette Tönung des Stängels und der Blätter, dünneren, etwas hin- und hergebogenen Stängel, weniger und kleinere Blätter (2,5–4 × 0,5–2 cm), Blütenstand meist kürzer, buntere Blüten, weißlich rosafarben mit geringen Anteilen an Grüntönen. Mit Fortschreiten der Anthese wird Färbung der Blüten kräftiger bis deutlich rot, Blütenrückseite wird dabei oft dunkelrot. Vorderlippe mit 2 schwach entwickelten Höckern, Spitze zurückgeschlagen. Klebdrüse gut ausgebildet, wirksam, bei heißem Wetter schnell austrocknend. Pollinien kompakt.

B Mitte Juli–August. Allogam.

W Frische, schattige Laub- und Nadelwälder nahe an Bachläufen. 900–1500 m.

A Endemit des Peloponnes (Gr), Taygetosgebirge, thessalischer Olymp?.

G Selten. Zzt. ungefährdet.

H Peloponnes, Menalon, 20.7.01, EG.

Epipactis viridiflora subsp. kuenkeleana Kaukasische Stendelwurz

M Unterscheidet sich von subsp. *viridiflora* durch rundere, breitere Laubblätter (das größte 5–7 × 2,5–4 cm), insgesamt kräftiger gefärbte Blüte, insbesondere intensiv rosarot gefärbten Mittelteil der Lippe (oberer Rand Hinterlippe, Basis Vorderlippe) mit kräftig ausgebildeten, wulstigen, intensiv rosaroten Höckern an der Basis der Vorderlippe.

B Anfang Juni–August. Allogam, wohl auch geitonogam. Fruchtansatz hoch. Nichtblühende Blattriebe bislang nicht beobachtet.

U Subsp. *rechingeri*: weniger, kleinere Blätter, kürzer als Stängelglieder.

W Schattige, unterwuchsarme Hainbuchen- und Buchenwälder auf mineralreichen, griesigen bis kiesigen Böden ohne dicke Humusschicht. 600–1500 m.

A Kaukasischer Endemit, vom russischen NW-Kaukasus (Tuapse) über Georgien bis NO-Aserbaidschan.

G Selten. Gefährdet.

H Aserb., Sheki, 30.6.96, HB.

Epipactis viridiflora subsp. pollinensis
Pollino-Stendelwurz

S E. pollinensis.

M Unterscheidet sich von der ähnlichen subsp. *viridiflora* durch kleineren Wuchs (18–26 cm hoch), schmalere Blätter (größtes Blatt 1,1–2,1 cm breit), kürzeren, armblütigeren Blütenstand (4–7,5 cm), kleinere Tragblätter (16–24 × 2,5–4 mm), kleinere Blüten, Lippe (6,8–8,5 × 5–5,5 mm), Sepalen (9,5–11 × 4,5–5 mm), Petalen 7,5– 8,5 × 4,2–5,2 mm), kürzeren, kahlen Fruchtknoten (10–12 mm) und etwas kleinere Fruchtkapseln. Klebdrüse gut entwickelt, wirksam, Pollen hellgelb.

B Anfang August–September. Allogam. Fruchtansatz hoch. Tendiert auch zur Büschelbildung. Pantelleria (TP): Ende Mai–Anfang Juni.

W Schattige, unterwuchsarme Buchenwälder. Kalk. 1400–1600 m (TP: 740–810 m).

A S-Italien, Pollinomassiv, Pantelleria (TP); M-Italien?, Nördliche Arealgrenze unklar.

G Selten. Gefährdet.

H S-Ita., Pollino, 14.8.96, HB.

Epipactis viridiflora subsp. rechingeri
Rechingers Stendelwurz

S E. rechingeri.

M Unterscheidet sich von subsp. *viridiflora* durch weniger (2–4, selten 5), kleinere Laubblätter (3–5 × 2–3 cm), kürzer als Stängelglieder, durch satt violettgrüne, oft braun überlaufene Blüten mit lebhaft rosaviolett gefärbter Vorderlippe und ausgeprägt runzligen Höckern.

B Ende Juli–September. Allogam, nach Eintrocknen der Klebdrüse auch fakultativ autogam durch herabfallenden Pollen.

U *E. condensata*: austreibende Pflanze gelbgrün, Blätter gelbgrün, zahlreicher, tütig, Blütenstand und Fruchtknoten dicht filzig behaart, gräulich grün, Blüten kleiner, weniger geöffnet, Vorderlippe blasser.

W Schattige, unterwuchs- und lichtarme Buchen-Hochwälder des Elburs-Gebirges. Auf Schiefer, Sandstein und Kalk mit schwacher Humusschicht. 1400–2100 m.

A Endemit N-Irans (Gorgan, Mazandaran).

G Zerstreut. Zzt. ungefährdet.

H N-Iran, Mazandaran, 21.8.72, RSB.

Epipogium aphyllum
Blattloser Widerbart

S *Satyrium epipogium.*

M Pflanze ohne Blattgrün mit saprophytischer Lebensweise, lebenslang auf Pilzsymbiose angewiesen. Rhizomgeophyt mit fleischiger, korallenartig verzweigter Grundachse. Aus vorjährigen Bulben entwickeln sich Blütentriebe, kräftige Pflanzen neigen zu Büschelwachstum (bis zu 25). Stängel hellbraun, 5–30 cm hoch mit 1–3 stängelumfassenden Schuppenblättern. Blütenstand langgestreckt, 1,5–6 cm lang mit 1–5 großen, hängenden, locker angeordneten, schwach duftenden Blüten. Tragblätter lineal lanzettlich, 7–11 mm lang, bräunlich. Perigonblätter rahmfarben, locker halbkreisförmig und abwärts gerichtet. Sepalen (14–17 × 2–3,5 mm) lanzettlich, eingerollt, Petalen (13–15 × 3–4,5 mm) länglich eiförmig. Lippe weißlich, 3-lappig, mit 2 kürzeren Seiten- und einem größeren Mittellappen, nach oben weisend. Seitenlappen 3-eckig, abgerundet, Mittellappen (9–12 × 9–10 mm) breit elliptisch, spitz, mit 4–6 Längsleisten, die mit roten Papillen besetzt sind, Seitenränder aufgebogen, leicht gekerbt. Sporn (6–9 × 3–5 mm) sackartig, am Ende abgerundet, gebogen, aufwärts gekrümmt. Kapseln (15–20 × 8–10 mm) rundlich, hängend.

B Juli–August. Allogame Nektartäuschblume (Bienenblütigkeit) mit niedrigem Fruchtansatz und kurzer Reifezeit. Vegetative Vermehrung durch Ausläufer führt zu Büschelbildung. 2n=68.

U Unverwechselbare Waldart.

W Die temperat-boreale Art wächst oft gesellig in montanen und subalpinen, luftfeuchten Buchen- und Tannenwäldern auf nährstoff- und basenreichen Böden. 80–1900 m (Gebirge).

A Skandinavien, Russland, Asien. In Europa mit S-Grenze in den Gebirgen S-Italiens und Z-Griechenlands.

G Kahlschlag und Stickstoffeintrag aus der Luft.

H S-Deu., Hüfingen, 7.8.97, HB; S-Ita., Aspromonte, 11.7.94, RL.

Gennaria diphylla
Zweiblättriger Grünstendel

S *Satyrium diphyllum, Coeloglossum diphyllum*
M Geophyt mit 2 runden, ungeteilten Knollen von 10–50 cm Höhe und 2 ± gegenständig und deutlich voneinander entfernten, stängelumfassenden, grünen Blättern. Unterstes Blatt (7–14 × 2,5–8 cm) herzförmig, leicht zugespitzt, das obere deutlich kleiner. Blütenstand ± einseitswendig, wenig ausladend, 6–17 cm lang und dicht mit 10–65 kleinen, gelbgrünen Blüten besetzt. Tragblätter (5–7 × 2–2,5 mm) länglich lanzettlich, lang zugespitzt, etwas kürzer als der Fruchtknoten. Perigonblätter glockig zusammenneigend, mit der Lippe eine offene Röhre bildend. Sepalen (3–4 × 1–1,5 mm) eiförmig lanzettlich, leicht konkav, am Ende stumpf. Petalen etwas länger als die Sepalen, rhombisch, an der Spitze auswärts gebogen. Lippe (4–4,6 × 2,6–2,8 mm) grün, 3-lappig, etwas länger als die Petalen. Spaltstück des Mittellappens (1,3–1,5 × 1,1–1,4 mm) 3-eckig, abwärts gebogen, etwas länger als die spreizenden Spaltstücke der Seitenlappen (1,2–1,4 × 0,5–0,8 mm). Sporn (1,4–1,6 × 0,8–1,2 mm) sackförmig, stumpf, am Ende 2-geteilt, etwa 1/4 so lang wie der lang gestielte Fruchtknoten (6,5–8 × 3–3,5, davon Stiellänge 1–1,6 mm). Antherenfächer divergierend, Pollinarien ungestielt mit nackten Klebscheiben. Pollinien hellgelb.
B Januar–April (Mai). Blütenbau deutet auf Allogamie, Fruchtansatz überdurchschnittlich, Bestäuber unbekannt. 2n=34.
W In feuchten Lorbeerwäldern Madeiras bis 1100 m, in Kanaren-Kiefernwäldern Teneriffas bis 1300 m. Im westl. Mittelmeergebiet in küstennahen Pineten oder Macchien. 5–1300 m.
A Von den Kanaren entlang der nordafrikanischen Küste bis Tunesien, nach Norden über Portugal, S-Spanien, Elba, Sardinien, Korsika bis Menorca.
G Küstennahe Wuchsorte durch Abholzen der Wälder und touristische Anlagen.
H Ita., Elba, 5.3.04, RL; N-Alg., Zeralda, 14.3.82, HB.

Goodyera macrophylla
Großblättriges Netzblatt

S *Epipactis macrophylla.*
M Rhizomgeophyt mit oberirdischer, im Moos kriechender Grundachse, die gegliedert ist und Ausläufer treibt. Am Ende des Rhizoms liegt eine aus 6–8 Blättern bestehende Rosette, deren Blätter (12–20 × 3–7 cm) länglich elliptisch, zugespitzt und glänzend tiefgrün sind. Pflanze 20–70 cm hoch, über der Rosette mit mehreren lanzettlichen, am Rande leicht gewellten Stängelblättern (1–2,5 cm lang), im oberen Bereich tragblattartig. Blütenstand langgestreckt, wenig ausladend, ziemlich dicht und vielblütig (bis 70 Blüten). Tragblätter lanzettlich, länger als der Fruchtknoten, diesem anliegend, filzig behaart. Blüten ca. 13 mm lang, horizontal stehend, schmutzig weiß, filzig behaart. Seitliche Sepalen (8–9 mm lang), seitwärts nach unten gerichtet, unten auswärts gebogen. Mittleres Sepal und Petalen helmförmig, sie bilden mit der Lippe eine enge Kronröhre, die den Zugang zur Säule bildet. Lippe gekielt, abwärts gebogen, am Ende halbkreisförmig, schwach 2-teilig. Hinterlippe napfförmig, nektarführend, ohne Einschnürung in die kahnförmige Vorderlippe übergehend. Pollinarien gelblich braun, körnig, dem gabelförmigen Fortsatz des Rostellums anliegend.
B September–November. Allogame, blühunwillige Art (Bienenblütigkeit) mit hohem Fruchtansatz und langer Blühdauer (2 Monate). Vegetative Vermehrung durch Ausläufer.
U *G. repens:* in allen Teilen kleiner, wenigblütiger.
W Feuchte, in Steillagen liegende, schattige, immergrüne Lorbeer- und Lorbeer-Buschwälder der Nebelzone. 800–1400 m.
A Endemit Madeiras mit ehemals 2 Wuchsorten.
G Überleben nur durch Erhaltungskultur, an Naturstandorten fast erloschen. FFH Anhang II.
H Madeira, 19.9.91, DR; Madeira, 19.9.91, DR.

Goodyera repens
Kriechendes Netzblatt

S *Peramium repens.*

M Rhizomgeophyt mit kriechender Grundachse. Am Ende des Rhizoms liegt eine 5–8-blättrige Rosette, deren spitz eiförmige Blätter (2,0–3,5 × 1,2–1,7 cm) fast gleich groß, netznervig und gestielt sind. Pflanze 5–25 cm hoch, über der Rosette mit mehreren, tragblattartigen Stängelblättern. Laubblätter kahl, Stängel, Tragblätter und weiße Blüten aber dicht mit hellen Drüsenhaaren besetzt. Blütenstand einseitswendig, schmal, 3–7 cm lang und locker 10–30-blütig. Tragblätter (8–16 × 2–4 mm) lanzettlich, doppelt so lang wie der Fruchtknoten. Alle Blütenblätter ± glockig, für die Bestäuber eine enge Röhre bildend. Seitliche Sepalen (4–6 × 2,5–3 mm) schief eirund, nach außen gebogen. Petalen (4–6 × 1,6–2 mm) lanzettlich, kahl. Lippe (3,5–5 × 3–5 mm) ungespornt, abwärts gebogen, am Ende rund, 2-teilig. Hinterlippe napfförmig, nektarführend, ohne Einschnürung in die kahnförmige Vorderlippe (0,7–1 × 0,8–1,5 mm) übergehend. Pollinarien gelblich, körnig, dem gabelförmigen Fortsatz des Rostellums anliegend. Kapseln (4,5–7 × 3–4,5 mm) birnförmig. Fruchtreife ab Oktober.

B Juni–August. Allogame Art mit hohem Fruchtansatz (Bienenblütigkeit: Hummeln, *Lasioglossum*). Nach der Blüte stirbt die Rosette ab, aus Seitensprossen können sich jedoch Jungpflanzen entwickeln und kleine Teppiche bilden. 2n=30.

U *G. macrophylla*: in allen Teilen größer und reichblütiger, Endemit Madeiras.

W Nadelwälder und Nadelholzforste auf Moderhumus über basen- und meist kalkreichen Böden. 0–2070 m.

A Die nordisch-kontinentale, zirkumboreale Art kommt in Europa und Asien von der borealen bis zur submeridionalen Zone vor.

G Eutrophierung (Luft) und Abholzung schaden der konkurrenzschwachen Art.

H S-Deu., Hörschwag, 28.7.95, HB; Ita., Pertuso, 25.7.94, RL.

Gymnadenia conopsea
Mücken-Händelwurz

S *Orchis conopsea*, *G. sibirica*, *G. conopsea* subsp. *montana*.
M Geophyt mit 2 handförmig geteilten Knollen. Stängel 35–100 cm, ca. 3 mm dick, 6–15 Blätter, 2–5 am Grunde rosettig gehäuft. Grundblätter (10–25 × 1–4 cm) linealisch lanzettlich. Blätter nach oben kleiner, tragblattartig. Blütenstand langgestreckt, 7–30 cm lang, locker bis dicht, 25–140 Blüten, stark duftend, rosa bis rotlila, seltener rein weiß. Tragblätter (9–20 × 2–4 mm), meist länger als Fruchtknoten. Seitliche Sepalen (5–10 × 2,7–4,5 mm) schief elliptisch. Mittleres Sepal und Petalen (4–7 × 3–5 mm) helmförmig. Lippe (4,5–7,5 × 5–9 mm) 3-lappig, breiter als lang. Mittellappen vorgezogen, Seitenlappen breit eiförmig. Sporn (14,5–19 × 0,8–1,1 mm) stecknadelförmig, 1,5–2 × so lang wie Fruchtknoten. Pollinarien gestielt mit getrennten, nackten Klebscheiben. Pollinien hellgelb. Kapseln (6–14 × 3–5 mm) zylindrisch, sitzend.
V In alpinen und subalpinen Lagen var. *alpina*: zierlicher, wenigblütiger. In Flachmooren var. *densiflora*: breitblättriger, dicht- und reichblütiger, blüht später; var. *pyrenaica* (*G. odoratissima* subsp. *longicalcarata*): zierlicher, Lippe kleiner, Sporn wenig länger als Fruchtknoten.
B Juni–August. Allogame Art mit hohem Fruchtansatz. Tagfalterblütigkeit: Langrüsselige Tagfalter (*Ochlodes venata*), Zygaenidae, Schwärmer, Eulen. Geitonogamie vorherrschend. Hybriden mit *G. frivaldii*, *G. conopsea*. Gattungshybriden mit vielen *Dactylorhiza*- und *Nigritella*-Taxa, *Coeloglossum viride* und *Pseudorchis albida*. 2n=40, 80.
U *G. odoratissima*: in allen Teilen kleiner, Sporn kürzer (3,7–5,5 mm).
W Kalkmagerrasen, Niedermoore, (sub)alpine Matten, lichte Laub-, Nadelwälder. 5–2800 m.
A Europa mit S-Grenze in den Gebirgen von S-Spanien, S-Italien, dem Peloponnes. Ostwärts über Kaukasien, N-Iran, China bis Himalaya.
G Großes Areal, im Flachland gefährdet.
H N-Ita., Culac, 25.6.00, RL; S-Deu., Heimsheim, 30.6.96, (Zygaenidae) HB.

Gymnadenia frivaldii
Frivalds Händelwurz

S *Pseudorchis frivaldii, Leucorchis frivaldii.*
M Geophyt mit 2 (3) ± zur Hälfte geteilten Knollen, die zu wurzelartigen Fortsätzen verlängert sind. Stängel 15–25 cm hoch, mit 4–7 ± gleichmäßig verteilten Laubblättern. Die unteren 2–3 Blätter (7–11 × 0,8–1,5 cm) breit lanzettlich, kurz zugespitzt, obere 1–2 scheidig, tragblattartig. Blütenstand 2–4 cm lang, eiförmig, ausladend, dicht- und reich 10–50-blütig. Tragblätter (9–12 × 1,5–2 mm) lanzettlich, ± so lang wie der Fruchtknoten, grün, an den Rändern rötlich. Blüten vom Stängel abstehend, cremefarben bis hellrosa. Seitliche Sepalen (3,5–5 × 1,5–2 mm) schräg abstehend. Mittleres Sepal und die schief eiförmigen Petalen (2,5–3,5 × 1,2–1,4 mm) helmförmig. Lippe (3,5–4 × 3–3,5 mm) schmal zungenförmig, schwach 3-lappig, mit kaum abgesetzten Seitenlappen, an der Spitze abwärts gebogen. Sporn (1,6–1,8 × 0,4–0,6 mm) zart rosa, durchscheinend, leicht abwärts gebogen. Säule ± waagrecht, Antherenfächer parallel, Pollinarien gestielt mit getrennten, nackten Klebscheiben, Pollinien gelb.
B Juni–Juli. Allogame Art (Tagfalterblütigkeit), Bestäuber unbekannt. Gattungshybriden mit *Dactylorhiza cordigera*, *Gymnadenia conopsea*, *Pseudorchis albida* und *Nigritella nigra* subsp. *rhellicani.*
U *Pseudorchis*: Blüten grüngelb, Helm geschlossen.
W Reliktische Art balkanischer Flachmoore (Bultvegetation) und Quellfluren der subalpinen und alpinen Stufe. Auf Silikat und Tonschiefer, Porphyr und Porphyrit. 1000–2300 m.
A Südkarpaten (Retjezat), Zentraler Balkan (Vitosa, Rila, Pirin, Rhodopen), Montenegro, Albanien (Gur i Topit) bis N-Griechenland.
G Die seltene Art ist durch Entwässerung und Beweidung stark gefährdet.
H N-Gri., Kastoria, 5.6.87, HB; N-Gri., Kastoria, 5.6.87, HB.

Gymnadenia odoratissima
Wohlriechende Händelwurz

S *Orchis odoratissima.*

M Geophyt mit 2 handförmig geteilten Knollen. Stängel 20–50 cm, dünn (ca. 2 mm) mit 3–4 Rosettenblättern und mehreren, grasartigen Laubblättern. Grundblätter (8–16 × 0,2–0,7 cm) linealisch, gekielt, ungefleckt. Blütenstand zylindrisch, 4–11 cm lang, mit 25–80 Blüten locker besetzt. Blüten rosa bis hellrot, selten rein weiß, intensiv nach Vanille duftend. Tragblätter (5–11 × 1,7–2,5 mm) lanzettlich, etwa so lang wie der Fruchtknoten. Seitliche Sepalen (3,5–5,5 × 2–3 mm) schief eiförmig, abstehend. Mittleres Sepal und die Petalen (3,5–5 × 2,7–3,2 mm) helmförmig. Lippe (3,8–5 × 3,4–4 mm) 3-lappig, ohne Zeichnung, Seitenlappen abgerundet, Mittellappen vorgezogen. Sporn (3,7–5,5 × 0,5–0,7 mm) zylindrisch, Nektar enthaltend, höchstens so lang wie der Fruchtknoten. Pollinarien gestielt, mit getrennten, nackten Klebscheiben. Pollinien hellgelb. Kapseln (4,5–6 × 3–4 mm) eiförmig, sitzend.

V Auf Kalkmagerrasen der subalpinen und alpinen Stufe var. *idae*: in allen Teilen zierlicher, wenigblütiger mit helleren Blüten.

B Juni–August. Allogame Art mit hohem Fruchtansatz. Tagfalterblütigkeit: kleinere Tagfalter, *Zygaenidae*, Nachtfalter. Hybriden mit *G. conopsea*, Gattungshybriden mit *Dactylorhiza* (*fuchsii*, *traunsteineri*), *Nigritella* (*lithopolitanica*, *nigra* subsp. *rhellicani*, *rubra*) und *Pseudorchis*. 2n=40.

U *G. conopsea*: in allen Teilen größer, Sporn länger (15–20 mm).

W Alpine Magerrasen, Flachmoore, Pfeifengraswiesen, lichte Kiefernwälder auf kalkreichen, wechselfeuchten Böden. 15–2600 m.

A Submeridionale und temperate Zone Europas von S-Schweden und dem Rigaer Meerbusen südwärts bis in die Gebirge N-Spaniens, N-Italiens und den Dinaren.

G Sekundärbiotope durch Nutzungsaufgabe oder Eutrophierung.

H S-Deu., Balingen, 7.7.90, HB; N-Ita., Lungiarü, 7.7.03 (var. *idae*), RL.

Habenaria tridactylites
Kanarenstendel

S *Orchis tridactylites* nom. inval.

M Geophyt mit 2 runden, ungeteilten Knollen von 10–40 (60) cm Höhe, am Grunde mit zwei Scheidenblättern. Darüber folgen 2, dem Boden aufliegende Grundblätter (4–18 × 1,2–7 cm), die länglich lanzettlich bis eiförmig, glänzend grün und stachelspitzig sind. Blütenstand allseitswendig, langgestreckt (4–17 cm), locker 2–30-blütig. Tragblätter (9–11 × 2,5–4 mm) grün, häutig, am Ende 3-eckig spitz, 1/2–3/4 so lang wie der Fruchtknoten (13–15 × 2–2,5 mm) und diesem anliegend. Blüten gelblich grün, duftend. Seitliche Sepalen (5–7,5 × 2–3 mm) schief eiförmig, etwas abwärts gerichtet, zurückgeschlagen. Mittleres Sepal und die Petalen bilden einen Helm, der die Säule bedeckt. Petalen (5–6,5 × 2,5–3,5 mm) schief eiförmig, am Vorderrand mit einem basalen Zahn. Lippe (7–10 × 7–9 mm) tief 3-teilig, mit linealischen, spreizenden Seitenlappen (5–7 × 0,5–0,8 mm), einem fast gleichen, wenig kürzeren, ungeteilten Mittellappen (5,5–7,5 × 1–1,3 mm). Sporn (12–20 × 1,2–1,5 mm) schmal kegelförmig, abwärts halbkreisförmig gekrümmt, so lang oder etwas länger als der Fruchtknoten, im letzten Drittel mit Nektar. Anthere breit, an beiden Seiten unterhalb der Theken je ein weißliches Staminodium. Pollinarien aufrecht, ± parallel, mit seitlich an den Stielchen sitzenden Klebscheiben. Pollinien gelb.

B Oktober–März (April). Allogame Art mit unterdurchschnittlichem Fruchtansatz durch Schwärmer, Eulen oder Spanner. 2n=42.

U *Gennaria diphylla*: kleinere Blüten und stängelständige Blätter.

W Lorbeerwaldstufe an feuchten Felshängen, im Baumheidegebüsch, sekundär an schattigen Terrassenmauern, im aufgelassenen Kulturland. 0–1400 m.

A Endemit der Kanarischen Inseln mit Ausnahme von Fuerteventura.

G Kahlschlag, Wasserableitung, Straßenbau, Tourismus. **H** Spa., La Palma, 24.2.96, HB; Spa., Teneriffa, 28.1.95 HB.

Hammarbya paludosa
Sumpf-Weichorchis

S *Ophrys paludosa.*

M Rhizomgeophyt mit vertikalem Wurzelstock und einer tiefer sitzenden vorjährigen und einer an der Oberfläche sitzenden frischen Scheinknolle, die periodisch dem Wachstum der Sphagnumpolster folgen. Stängel 7–17 cm hoch, am Grunde mit 2 ungleichen Rosettenblättern (2–3,2 × 0,6–1 cm; 1,7–2,5 × 0,4–0,6 cm). Blütenstand 3–9 cm lang, allseitswendig, mit 8–40 locker angeordneten, dem Stängel anliegenden, gestielten, grüngelben, geöffneten Blüten. Tragblätter (2,5–4,2 × 0,9–1,1 mm) lanzettlich. Lippe (2–3 × 1,6–2 mm) löffelförmig, konkav, mit Nektar, durch doppelte Resupination nach oben weisend, spornlos, mit 4 grünen Längsstreifen. Seitliche Sepalen (2,8–3,2 × 1,2–1,3 mm) aufwärts. Mittleres Sepal (3,1–4,2 × 1,4–1,6 mm) größer, zeigt senkrecht nach unten und täuscht die Lippe vor. Petalen (1,7–2,1 × 0,5–0,6 mm) waagrecht nach außen gerichtet, eiförmig lanzettlich, umgerollt. Pollinarien grüngelb, keulig mit gemeinsamem Beutelchen. Kapseln (4–5 × 2–2,3 mm) kurz gestielt (2–3 mm).

B Juli–August. Allogame Art (Fliegenblütigkeit) mit geringem Fruchtansatz. Bestäubung durch kleine Bienen und Schlupfwespen, Pilz-, Stech- und Trauermücken. Brutknospen an Laubblattspitzen führen zu vegetativer Vermehrung und Büschelbildung. 2n=28.

U *Malaxis monophyllos*: 1 größeres Laubblatt, reichblütiger; *Liparis*: 2 größere Laubblätter und größere Blüten.

W Selten in Moorschlenken und Zwischenmooren auf nassen, basenarmen, leicht sauren Torfböden. 0–1160 m.

A Nordisch, zirkumpolar verbreitete Art (Eurasien, N-Amerika) mit S-Grenze in SW-Frankreich, Oberitalien und Siebenbürgen.

G Im gesamten Areal durch Torfabbau, Entwässerung und Aufforstung.

H S-Deu., Waldburg, 20.7.94, HB; S-Deu., Waldburg, 8.8.95, HB.

Herminium monorchis
Kleine Einknolle

S *Ophrys monorchis.*

M Ausdauernde, 10–25 cm hohe, relativ unauffällige Pflanze, zur Blütezeit mit einer Knolle. An 1–2 Ausläufern bilden sich Tochterknollen, wodurch Gruppenbildung erzeugt wird. Stängel schlank, mit 2 gegenständigen Grundblättern (1,5–7,0 × 0,7–1,6 cm) und 1–2 Stängelblättern. Blütenstand langgestreckt (2–5 cm), wenig ausladend, reichblütig (10–40), allseitswendig. Blüten leicht röhrenförmig, grüngelb, nickend, nach Honig duftend, spornlos. Tragblätter lanzettlich (3,5–5,3 × 0,8–1,2 mm). Sepalen eiförmig lanzettlich (2,4–3,2 × 1,1–1,5 mm), Petalen länger (3–5 mm), am Grunde durch 2 seitliche Ausbuchtungen lippenähnlich. Lippe 3-lappig (3,5–5,2 × 1,8–2,6 mm). Pollinarien mit kurzen Stielchen und großen, getrennten Klebscheiben. Kapsel (3,5–5 × 1,5–2,2 mm) aufrecht, kurz gestielt.

B Blütezeit Mitte Juni–Ende Juli. Allogame, nektarproduzierende Art (Fliegenblütigkeit: kleine Wespen, Fliegen, Weichkäfer, Bockkäfer) mit kurz gestielten Pollinarien und getrennten, nackten Klebscheiben und gutem Fruchtansatz. Wind- (Samen) und vegetative Ausbreitung (Stolone). 2n=40.

U Die konstante Art ist durch die zipfelig ausgebildeten Blüten unverwechselbar. Andere klein- und grünblütige Arten sind: *Coelogossum*: sackförmiger Sporn; *Hammarbya*: offene Blüten; *Malaxis*: reich- und kleinblütiger.

W Selten in Kalkmagerrasen, in Kalkflachmooren und Pfeifengraswiesen, auf mageren, wechselfeuchten humösen Böden. 0–2500 m (Alpen).

A Die temperat-boreale Art wächst in der temperaten Zone, die sich ostwärts über Kaukasien, Japan, China bis zum Himalaya erstreckt.

G Im gesamten Verbreitungsgebiet durch Torfabbau, Entwässerung, intensive Beweidung und Aufforstung.

H S-Deu., Balingen, 27.6.95, HB; N-Ita., Senges, 16.7.99, RL.

H. hircinum, England

H. adriaticum, N-Italien

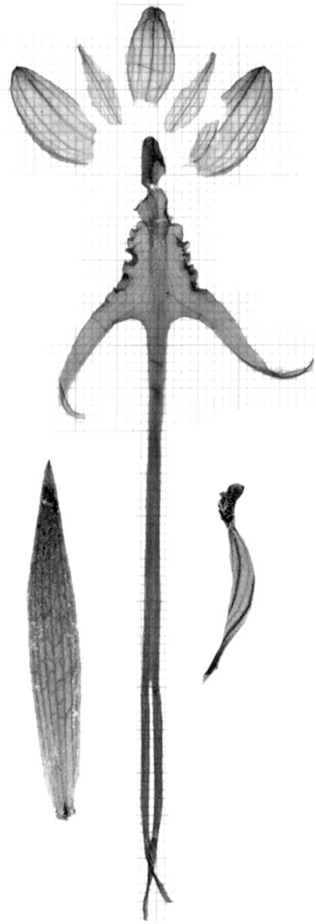

H. capr. calcaratum, Bosnien

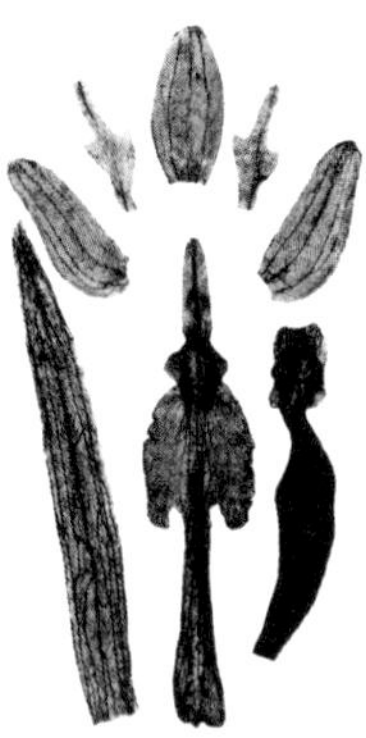

H. formosum, Aserbaidschan

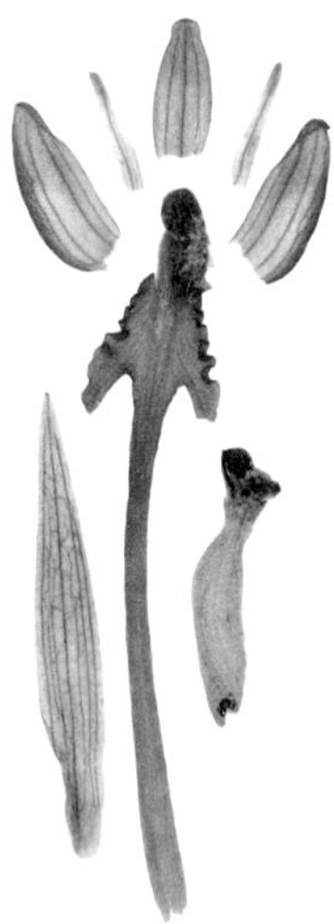

H. aff. affine, Türkei

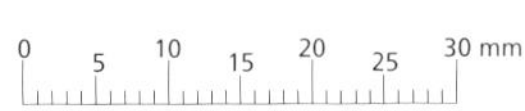

. capr. *levantinum*, Libanon

H. capr. caprinum, Bulgarien

H. capr. rumelicum, Griechenland

H. capr. bolleanum, Türkei

H. aff. samariense, Kreta

Himantoglossum adriaticum
Adriatische Riemenzunge

S *H. hircinum* subsp. *adriaticum.*

M Geophyt mit 2 runden, ungeteilten Knollen. Stängel 30–75 cm, robust, mit 8–10 Laubblättern, 2–4 rosettig. Grundblätter (10–20 × 1,5–4 cm) länglich eiförmig, zur Blütezeit meist schwarz. Nach oben folgende Stängelblätter kleiner, scheidenartig. Blütenstand 10–40 cm lang, breit ausladend, locker mit 15–40 schwach duftenden Blüten. Untere Tragblätter (20–30 × 2–4 mm) bis 2 × so lang wie Fruchtknoten. Perigonblätter helmförmig, auf der Außenseite grünlich gelb, auf der Innenseite auf olivgrünem Grund rotbraun gestreift oder punktiert. Seitliche Sepalen (9–11 × 5–6 mm) eiförmig, konkav. Petalen (6–8 × 1,5–2 mm) schmal linealisch. Lippe (40–65 × 10–15 mm) stark 3-geteilt, im Knospenzustand uhrfederartig eingerollt, gelbbraun bis rotbraun, Basis mit 2 Längsleisten, mit dunkelroten Saftmalen, an den Rändern gewellt. Mittellappen (35–55 × 1,4–2,5 mm) schmal riemenförmig gedreht, am Ende meist gespalten (1,5–20 mm tief). Seitenlappen (5–22 × 1–2 mm) linealisch, mit wenigen Windungen gedreht. Sporn (2,5–3,5 × 1,4–2,5 mm) kegelförmig, abwärts, 1/6 so lang wie der Fruchtknoten (15–20 mm lang). Pollinarien gelblich braun, langgestielt mit gemeinsamer Klebdrüse und Beutelchen. Kapseln (13–16 × 4,5–6 mm) zylindrisch, sitzend.

B Mai–Juli. Allogame Art (*Andrena*, *Colletes*) mit geringer Nektarproduktion und durchschnittlichem Fruchtansatz. Auch *Apis mellifica* als Ersatzbestäuber. Hybriden mit *H. hircinum* (S-Italien) und *H. caprinum*? (Slowakei).

U *H. hircinum*: starker Geruch, dichter Blütenstand; *H. caprinum*: größere Blüten, Sporn länger als 4 mm.

W Lichte Wälder, Gebüschsäume, Magerrasen auf kalkreichen Böden. 0–1900 m (Abruzzen).

A Italien (ohne Sizilien), Slowenien, Kroatien, Österreich, Ungarn, Moldavien. **G** Verbuschung, Monokulturenaufforstung, Landschaftsverbrauch. FFH Anhang II. **H** S-Ita., Scanno, 28.5.98, HB; Ist., Buje, 29.6.04, HB.

Himantoglossum affine subsp. affine
Orientalische Riemenzunge

S *Aceras affinis*, *H. hircinum* subsp. *affine.*
M Geophyt mit 2 runden, ungeteilten Knollen. Stängel 30–70 cm hoch, robust, mit 7–10 Laubblättern, 1–3 rosettig gehäuft. Grundblätter (10–20 × 2,5–6 cm) eiförmig lanzettlich, zur Blütezeit meist welkend. Die nach oben folgenden Stängelblätter sind kleiner und scheidenartig. Blütenstand 10–35 cm lang, breit ausladend, locker mit 10–35 schwach duftenden Blüten. Untere Tragblätter (30–40 × 4–6 mm) länger als die Fruchtknoten, lanzettlich. Perigonblätter helmförmig, auf der Außen- und Innenseite blass grünlich bis leicht trüb purpurn. Seitliche Sepalen (14–17 × 5–7 mm) eiförmig, konkav. Petalen (10–12 × 2–3,5 mm) lineal lanzettlich. Lippe (40–65 × 8–14 mm) stark 3-geteilt, im Knospenzustand uhrfederartig eingerollt, blass grünlich bis grünlich braun, an der hellen Basis ohne deutliche Saftmale. Mittellappen (35–50 × 2–4 mm) schmal riemenförmig, am Ende nochmals gespalten (2–11 mm tief), nur mit 1 Windung. Seitenlappen (3–4,5 × 2,6–4,2 mm) kurz, schief 3-eckig, Ränder gewellt. Sporn (4–6 × 1,8–2,2 mm) konisch, abwärts. Pollinarien langgestielt mit gemeinsamer Klebdrüse und Beutelchen. Kapseln (13–16 × 4,5–6 mm) zylindrisch, sitzend.
V Subsp. *samariense*: Unterschiede gering. Lippe (50–65 × 8–10 mm) meist mit rotvioletter Punktierung, kaum gedreht. Sporn 3–4 mm lang. Endemit der Kretischen Gebirge: Lefka Ori, Idhi Oros, Dhikti Or.
B Mai–Juli. Allogame Art (Bienenblütigkeit) mit wenig Nektar. Hybriden mit *H. caprinum* subsp. *caprinum*?, subsp. *bolleanum*?
U *H. caprinum* s.l.: größere, stärker gefärbte Blüten mit Saftmalen.
W Lichte Eichen- und Nadelwälder, Macchien auf kalkreichen Böden. 100–2200 m (Iran).
A Von Lesbos über W-, N- und S-Anatolien, NW-Syrien, Kurdistan bis S-Iran. **G** Salepgewinnung, Beweidung, Abholzung. **H** N-Tür., Verziköprü, 11.6.89, HB. (subsp. *affine*); Kreta, Samaria, 10.6.86, HB (subsp. *samariense*).

Himantoglossum caprinum subsp. caprinum
Ziegen-Riemenzunge

S *Orchis caprina*, *H. hircinum* subsp. *caprinum*. **B** Geophyt mit 2 runden, ungeteilten Knollen. Stängel 30–70 cm hoch, robust, mit 7–10 Laubblättern, wovon 2–3 rosettig gehäuft sind. Grundblätter (8–15 × 1,5–3 cm) eiförmig lanzettlich, zur Blütezeit meist verwelkt. Obere Stängelblätter kleiner. Blütenstand 10–35 cm lang, breit ausladend, locker mit 15–40 schwach duftenden Blüten besetzt. Untere Tragblätter (20–40 × 2–4 mm) länger als die Fruchtknoten, lanzettlich. Perigonblätter helmförmig zusammenneigend, hellrot bis leuchtend purpurn überlaufen. Seitliche Sepalen (12–14 × 5–6 mm) eiförmig. Petalen (7–9 × 2–3 mm) lineal lanzettlich. Lippe (40–60 × 12–14 mm) stark 3-geteilt, knospig uhrfederartig eingerollt, leuchtend purpurn, an der hellen Basis mit vielen, purpurnen Saftmalen und einem gewellten 6,5–7,5 mm breiten Steg. Mittellappen (40–50 × 2–2,5 mm) schmal riemenförmig, am Ende nochmals gespalten (bis ca. 10 mm), mehrfach gedreht. Seitenlappen (7–10 × 2–2,5 mm) sichelförmig, an den Rändern gewellt. Sporn (5–7 × 2–3 mm) sackartig, konisch, abwärts. Pollinarien langgestielt mit gemeinsamer Klebdrüse und Beutelchen.

B Mai–Juli. Allogame Art (Bienenblütigkeit) mit geringer Nektarproduktion.

Hybriden mit *H. adriaticum*? (Slowakei), *H. affine*? (Türkei), *H. caprinum* subsp. *calcaratum*? (Balkan).

U Subsp. *rumelicum*, subsp. *calcaratum*: Pflanzen höher, Blüten größer, Sporn länger; *H. affine*: Blütenfarbe mit mehr Grünanteil. Lippe weniger gedreht, Mittellappen schwächer gespalten.

W Lichte Eichen-, Eichenbuschwälder, Gebüsch- und Waldsäume, Magerrasen auf kalkreichen Böden. 0–1500 m.

A Balkan: Ungarn, Slowakei, Kroatien, Rumänien, Bulgarien sowie Krim und NW-Kaukasus, mittlere N-Türkei? **G** Beweidung, forst- und landwirtschaftliche Maßnahmen. FFH Anhang II. **H** Ung., Budapest, 30.7.80, HB; Bul., Milanova, 4.7.82 HB.

Himantoglossum caprinum subsp. bolleanum Taurus-Riemenzunge

S *H. montis-tauri.*

M Unterscheidet sich von *H. affine* durch längere und breitere, mit Saftmalen gezeichnete Lippen. Von subsp. *rumelicum* durch niedrigeren Wuchs, wenigblütigeren Blütenstand mit kleineren blasseren Blüten. Blütenstand 10–50 cm, locker 8–40-blütig. Seitliche Sepalen (11–13 × 5–6 mm) schief eiförmig. Petalen (7–9 × 1–1,5 mm) lineal lanzettlich. Lippe (40–45 × 12–15 mm) 3-geteilt, konvex, oliv bis grünlich braun, an der hellen Basis mit weinroten Saftmalen. Mittellappen (30–50 × 1,5–2,5 mm) riemenförmig, am Ende 2-geteilt (5–20 mm tief). Seitenlappen (8–11 × 0,4–0,6 mm) schief 3-eckig, gewellt. Sporn (3–4 mm) konisch.

B Mai–Juli. Bienenblütigkeit. Hybriden mit *H. affine*? Gattungshybriden mit *Comperia*?

W Lichte Eichen- und Nadelwälder, Garriguen auf kalkreichen Böden. 800–1200 m.

A Lesbos, Lykien, Pamphilien, Kilikien.

G Beweidung, Abholzung, Salepgewinnung.

H SW-Tür., Cevizli, 10.6.85 HB.

Himantoglossum caprinum subsp. calcaratum Gespornte Riemenzunge

S *H. hircinum* subsp. *calcaratum*, *Aceras calcarata.*

M Unterscheidet sich von subsp. *caprinum* und subsp. *rumelicum* durch längere Sporne und Seitenlappen, größere Lippen. Blütenstand 15–40 cm, locker 10–50-blütig. Seitliche Sepalen (14–17 × 6–8 mm) schief eiförmig. Petalen (9–12 × 2,5–4 mm) 3-eckig lanzettlich. Lippe (70–95 × 11–15 mm) 3-geteilt, purpurn, mit Saftmalen. Mittellappen (60–85 × 1,5–2,5 mm) riemenförmig, am Ende 15–40 mm tief gespalten, wenig gedreht. Seitenlappen (20–35 × 2–4 mm) sichelförmig, gewellt. Sporn (8–11 × 3,5–4 mm) konisch. Pollinien grünlich.

B Mitte Juni–Anfang August. Bienenblütigkeit. *Apis mellifica* ist Ersatzbestäuber. Hybriden mit subsp. *caprinum*?, subsp. *rumelicum*?

W Lichte Eichenwälder, Gebüschsäume auf kalkreichen Böden. 400–1200 m.

A Balkanischer Endemit: Herzegovina, Montenegro, Kosovo, Albanien? **G** Forst, Beweidung.

H S-Jug., Pec, 6.7.95, HB.

Himantoglossum caprinum subsp. levantinum Levante-Riemenzunge

M Unterscheidet sich von subsp. *bolleanum* und *H. affine* durch höheren Wuchs, größere Blüten mit längerem Mittellappen. Untere Tragblätter (40–55 × 4,7–7,5 mm) breit lanzettlich. Seitliche Sepalen (14–16 × 5,5–7 mm) schief eiförmig. Petalen (10–11 × 2–3 mm) lineal lanzettlich. Lippe (70–95 × 14–17 mm) 3-geteilt, bräunlich grün, ohne Saftmale, an den oberen Rändern gewellt, Stegbreite 7–8 mm. Mittellappen (60–80 × 2,5–4 mm) riemenförmig, am Ende gespalten, Spaltstücke (13–30 × 1,7–2 mm). Seitenlappen (außen: 18–21 × 3–5 mm; innen: 8–10 × 2–4 mm) sichelförmig, an den Rändern gewellt. Sporn (5–8 × 2,5–3 mm) konisch, abwärts. Beutelchen weinrot.

B Mai–Juli. Allogamie (Bienenblütigkeit). Hybriden mit *H. affine*?

W Lichte Eichenwälder, Garriguen auf kalkreichen Böden. 800–1300 m.

A Libanon, Israel, Jordanien.

G Siedlungsdruck, Forstwirtschaft.

H Liba., Schuf-Berge, 10.6.04, HB.

Himantoglossum caprinum subsp. rumelicum Rumelische Riemenzunge

M Unterscheidet sich von subsp. *caprinum* durch höheren Wuchs und größere Blüten. Von subsp. *calcaratum* durch niedrigeren Wuchs, kürzeren Blütenstand, kleinere Blüten. Sepalen (13–18 × 6–9 mm) schief eiförmig. Petalen (10–15 × 2–4 mm) lineal lanzettlich, seitlich mit je einem Zähnchen. Lippe (55–85 × 10–15 mm) 3-geteilt, mit purpurnen Saftmalen und einem gewellten Steg (7–11 mm breit). Mittellappen (45–75 × 1,5–2,5 mm) riemenförmig, am Ende 1–4 cm tief gespalten. Seitenlappen (10–25 × 1,5–3 mm) sichelförmig, randlich gewellt. Sporn (6–8 × 2,5–4 mm) konisch, abwärts gerichtet. Pollinien violett, Stiel gelb.

B Mai–Juli. Bienenblütigkeit. Hybriden mit subsp. *calcaratum*? und subsp. *adriaticum*?

W Lichte Eichen- und Eichenbuschwälder, Waldsäume auf kalkreichen Böden. 0–1500 m.

A Balkan: Kroatien?, Bulgarien?, Serbien, Albanien, Griechenland. Ostwärts bis zur NW-Türkei.

G Intensive Beweidung, Forstwirtschaft.

H N-Gri., Joannina, 13.6.98, HB.

Himantoglossum formosum
Kaukasische Riemenzunge

S *Orchis formosa, Aceras formosum.*
M Geophyt mit 2 runden, ungeteilten Knollen. Blühende Pflanzen in der unteren Hälfte grünlich, ab dem Beginn des Blütenstandes ± braunrot. Stängel 30–80 cm, robust, mit 8–15 Laubblättern, 2–6 rosettig gehäuft. Grundblätter (8–20 × 2,5–4,5 cm) breit lanzettlich, zur Blütezeit oft vertrocknet. Nach oben folgende Stängelblätter kleiner, scheidenartig. Blütenstand 8–35 cm lang, schmal zylindrisch, locker mit 15–50 schwach duftenden Blüten. Untere Tragblätter (30–60 × 5–10 mm) ± so lang wie die Fruchtknoten, lanzettlich, grün, rotbraun überlaufen. Perigonblätter ± helmförmig zusammenneigend, auf der Außenseite rotbraun, auf der Innenseite hellgrün. Seitliche Sepalen (10–15 × 5–7,5 mm) eiförmig, konkav. Petalen (9–12 × 3–5 mm) aus schmaler Basis rhombisch verbreitert bis schwach 3-zipfelig. Lippe (24–35 × 9–13 mm) stark 3-geteilt, im Knospenzustand uhrfederartig eingerollt, an der Basis mit 2 Längsleisten, weißlich, ohne Saftmale, gegen die Ränder grünlich braun bis bräunlich purpurn. Mittellappen (13–17 × 2,5–3 mm) schmal bandartig, am Ende verdickt, meist nochmals 2 mm tief gespalten. Seitenlappen (2–4 mm lang) kurz, halbelliptisch, am Rande gekräuselt. Lippe an der Basis mit 2 erhabenen Längsleisten, die den Sporneingang begrenzen. Sporn (8–12 × 1,5–2 mm) zylindrisch, ± so lang wie der Fruchtknoten. Pollinarien langgestielt mit gemeinsamer Klebdrüse und Beutelchen. Pollinien braunviolett. Kapseln (18–23 × 3,5–5 mm) kurz gestielt (2 mm), zylindrisch.
B Mai–Juni. Allogame Art (Bienenblütigkeit).
U Im Areal nur diese unverwechselbare Art.
W Magerrasen, lichte Eichen- und Eichenbuschwälder. 100–800 m.
A NO-Kaukasus (Dagestan, Aserbaidschan), Talysch, Bergkarabach.
G Beweidung, Verbuschung, Aufforstung.
H Aserb., Kuba, 28.5.97, HB; Aserb., Kuba, 28.5.97, HB.

Himantoglossum hircinum
Bocks-Riemenzunge

S *Satyrium hircinum, Loroglossum hircinum.*
M Geophyt mit 2 runden, ungeteilten Knollen. Stängel 25–75 cm hoch, robust mit 8–14 Laubblättern, 2–4 rosettig gehäuft. Grundblätter (10–20 × 2–6,5 cm) länglich eiförmig, zur Blütezeit meist schwarz. Die nach oben folgenden Stängelblätter kleiner und scheidenartig. Blütenstand 10–35 cm lang, breit ausladend, locker mit 15–120 stark nach Ziegenbock riechenden Blüten. Untere Tragblätter (30–50 × 3–5,2 mm) doppelt so lang wie der Fruchtknoten. Perigonblätter helmförmig, auf der Außenseite grünlich gelb, auf der Innenseite auf olivgrünem Grund rotbraun gestreift oder punktiert. Seitliche Sepalen (10–14 × 5–7 mm) eiförmig, konkav. Petalen (7–10 × 2–3 mm) schmal linealisch, seitlich mit je einem Zähnchen. Lippe (35–65 × 8–14 mm) stark 3-geteilt, im Knospenzustand uhrfederartig eingerollt, grünlich bis grünlich braun, an der Basis mit dunkelroten Saftmalen, an den Rändern gewellt. Mittellappen (34–60 × 2,7–4,3 mm) schmal riemenförmig, am Ende meist nochmals gespalten (0,7–5 mm tief). Seitenlappen (7–28 × 1,4–2 mm) linealisch, wie der Mittellappen schraubig gedreht. Sporn (4–5 × 1,8–2,3 mm) kegelförmig, abwärts. Pollinarien gelblich grün, langgestielt mit gemeinsamer Klebdrüse und Beutelchen. Kapseln (13–16 × 4,5–6 mm) zylindrisch, sitzend.
B Mai–Juli. Allogame Art (solitäre Bienen: *Andrena*) mit wenig Nektar und gutem Fruchtansatz. Ersatzbestäuber ist die Honigbiene. Hybriden mit *H. adriaticum* (S-Italien). 2n=36.
U *H. adriaticum*: schwacher Geruch, kleinere und stärker gefärbte Blüten.
W Lichte Wälder, Gebüschsäume, Magerrasen auf kalkreichen Böden. 0–1850 m (Sizilien).
A S-Italien, Sizilien, N-Afrika, Spanien, Frankreich, Deutschland, Belgien, Holland bis M-England.
G Aufforstung, Verbuschung, Entnahme.
H S-Deu., Krautheim, 17.5.98, HB; S-Deu., Hemmendorf, 15.5.94, HB.

Limodorum abortivum
Violetter Dingel

S *L. abortivum* subsp. *gracile*, *L. rubriflorum*.
M Rhizomgeophyt mit zahlreichen, langen und fleischigen Seitenwurzeln. Aus Knospen entwickeln sich Blütentriebe. Keine sterilen Sprosse. Stängel stahlblau bis violett, 25–75 cm hoch, mit 2–5 spargelähnlichen Scheidenblättern. Blütenstand 10–32 cm lang, mit 7–20 lockeren, leicht ausladenden Blüten. Tragblätter wie der Stängel gefärbt, länger als der Fruchtknoten. Blüten halb- bis voll geöffnet, mit seitlich abspreizenden paarigen Sepalen und Petalen, auch geschlossen, blassviolett bis violett. Seitliche Sepalen (18–23 × 5–8 mm) schief eiförmig lanzettlich, dunkel geädert. Mittleres Sepal konvex, die Säule bedeckend. Petalen (14–20 × 3 4 mm) schmal lanzettlich. Lippe (16–20 × 11–12 mm) in Vorder- und Hinterlippe gegliedert. Hinterlippe an den Rändern aufgewölbt, im Zentrum rinnig. Vorderlippe herzförmig, konkav, mit welligen Rändern und Längsadern. Sporn (15–20 × 2–3 mm) so lang oder länger als der Fruchtknoten, diesem anliegend, ohne Nektar. Pollinarien ungestielt, mit gemeinsamer, nackter Klebscheibe. Pollinien gelb. Kapseln (30–37 × 8–10 mm) zylindrisch, langgestielt (10–13 mm).
V Var. *rubrum* besitzt rötliche Blüten (Lesbos, Rhodos, Zypern, S-Türkei).
B April–Juni. Allogame Nektartäuschblume (Bienenblütigkeit: *Anthophora*, *Anthidium*), später autogam (Pollinienzerfall). 2n=56.
U *L. trabutianum*: Sporn nur 2–4 mm lang.
W Kiefernwälder, Garriguen, seltener in Eichen- und Seggen-Buchenwäldern auf basenreichen Böden, in Kalkmagerrasen. 5–1900 m.
A Mediterranes Kerngebiet. Strahlt nach Norden bis Mitteleuropa, nach Osten zum Kaukasus und N-Iran und nach Süden bis N-Afrika, Israel und SW-Iran (Fars) aus.
G An der südlichen und nördlichen Arealgrenze durch waldbauliche Maßnahmen und Verbuschung.
H Samos, Mytiline, 15.4.90, HB; N-Ita., Laag, 26.5.00, RL.

Limodorum trabutianum subsp. trabutianum
Trabuts Dingel

S *L. abortivum* subsp. *trabutianum*.

M Rhizomgeophyt mit fleischigen Wurzeln. Stängel 30–60 cm hoch, grünviolett bis violett, mit 2–7 langscheidigen, gleich gefärbten Blättern und Tragblättern. Blütenstand 10–25 cm lang, wenig ausladend, mit 5–20 locker stehenden Blüten. Tragblätter (15–40 × 7–13 mm) lanzettlich, mindestens so lang oder länger als der Fruchtknoten. Blüten kurz gestielt, dem Stängel anliegend, geschlossen oder halb- bis ganz geöffnet, grünlich bis violett. Seitliche Sepalen (17–19 × 4–5 mm) lanzettlich. Mittleres Sepal (15–22 × 4–7 mm), eiförmig lanzettlich, die Säule bedeckend. Petalen (11–17 × 1–3 mm) lineal lanzettlich, lang zugespitzt. Lippe (13–18 × 3–5 mm) petaloid, ungegliedert, schmal spatelförmig, ± flach, wie die übrigen Perigonblätter aufwärts oder nach außen gerichtet, oder fast geschlossen. Sporn (2–4 × 0,5–1,5 mm) rudimentär. Säule auf der Vorderseite mit einem Staminodium, das bei *L. abortivum* fehlt! Pollinarien ungestielt, körnig, mit gemeinsamer, nackter und schnell vertrocknender Klebscheibe. Pollinien hellgelb, körnig. Im fortgeschrittenen Blühstadium zerfallen die Pollinien und gelangen auf die darunter liegende Narbe.

B April–Juni, gleichzeitig mit *L. abortivum*. Obligate Autogamie mit vollständigem Fruchtansatz. 2n=60.

U *L. abortivum*: Sporn 15–20 mm lang.

W Meist Eichen-, seltener Kiefern- oder Buchen-Tannen-Mischwälder und Gebüsche auf basenreichen Böden. 30–2000 m (Marokko).

A Südwestmediterranes Areal von NW-Algerien und Marokko (Atlas) nordwärts über Portugal, Spanien, Mallorca, S- bis W-Frankreich (Deux Sèvres), im Osten über Sardinien, Pantelleria bis M-Italien.

G Oft nur in Kleinpopulationen. Abholzung, Landschaftsverbrauch

H Por., Colares, 24.4.96, HB; Sar., Dorgali, 17.5.98, RL.

Limodorum trabutianum subsp. brulloi Kalabrischer Dingel

S *L. brulloi*, *L. trabutianum* var. *brulloi*.

M Unterscheidet sich von subsp. *trabutianum* durch eine in Vorder- und Hinterlippe gegliederte Lippe, einen längeren Blüten- und Fruchtstiel (10–15 mm lang) und 5 Staminodien. Tragblätter 1–2 cm lang, ± so lang wie der Fruchtknoten. Blütenstand 10–22 cm lang, mit 6–20 kaum geöffneten Blüten. Seitliche Sepalen (16–20 × 5–6,5 mm) schmal elliptisch, Petalen (15–16 × 3,5–4,5 mm) lanzettlich. Lippe breiter in Vorder- (8–11 × 6–10 mm) und Hinterlippe (6–7 × 6–7 mm) gegliedert. Sporn 2–6 mm lang, sackförmig. Säule mit 5 petaloiden Staminodien. Kapseln (25–30 × 10–12 mm) langgestielt (10–15 mm).

B Mai–Juni. Obligate Autogamie.

W Buchen- und Buchen-Tannenwälder. 1000–1480 m.

A S-Italien, Kalabrien (Aspromonte, Serre, Sila).

G Lokal häufig, zzt. ungefährdet.

H S-Ita., Gambarie, 11.7.94, RL.

Limodorum trabutianum subsp. thracum Thrakischer Dingel

M Unterscheidet sich von subsp. *trabutianum* durch eine schmalere Lippe und einen kürzeren Sporn. Pflanzen (8) 15–25 (32) cm hoch. Stängel und Scheidenblätter hellgrün bis leicht violett überlaufen. Blütenstand ausladend, mit zahlreichen, weit geöffneten Blüten. Seitliche Sepalen (20–22 × 3 mm) und Petalen (19 × 1 mm) lanzettlich. Lippe (19–21 × 2 mm) ungegliedert. Sporn rudimentär, ca. 1 mm lang. Säule 17 mm lang mit > 2 mm langem, zahnförmigem Fortsatz unter der Narbe.

B Juni. Obligate Autogamie.

W Lichte Kiefern- und Eichenwälder auf kalkfreien Böden. 400–470 m.

A N-Griechenland, Thrakien (Dadia).

G Die kleinräumig verbreitete Art ist durch forstwirtschaftliche Maßnahmen gefährdet.

H Subsp. *brulloi*: S-Ita., Gambarie, 11.7.94 RL.

Liparis loeselii
Torf-Glanzkraut

S *Ophrys loeselii.*

M Knollengeophyt mit horizontalem Wurzelstock, an dessen Ende eine ältere und eine jüngere unterirdische Scheinknolle vorhanden ist. Die jüngere Knolle ist von 2 Scheidenblättern umhüllt. Darüber folgen 2 gegenständige, breit lanzettliche, grüne, fettig glänzende Rosettenblätter (3–13 × 1–3 cm; 2–8 × 0,7–2 cm). Stängel kantig, 7–17 cm hoch. Blütenstand allseitswendig, 2–7 cm lang und locker mit 2–11 (18) gelbgrünen Blüten besetzt. Brakteen (1,5–2,5 × 1,5–2,5 mm) schuppenförmig, hellgrün. Sepalen (7–10 × 1,4–2 mm) abstehend, lanzettlich linealisch, eingerollt. Petalen (5–8 × 0,5–0,7 mm) linealisch. Durch unvollständige Resupination zeigen die Blüten eines Blütenstandes meist in verschiedene Richtungen. Blütenlippe (7–10 × 4–5 mm) sichelförmig gebogen, schwach gegliedert, mit Nektar. Vorderabschnitt eiförmig, Hinterabschnitt kurz, längsrinnig. Säule vorwärts gebogen, frei. Anthere 2-geteilt, mit doppelten dunkelgelben Pollinien. Über der Narbe sitzt eine kleine Rostelldrüse, die den Klebstoff zur paarweisen Entnahme bildet. Kapseln (12–13 × 4,5–5,5 mm) gestielt (3,5–4 mm), dauerhaft.

V Var. *ovata*: breite Blätter mit stumpfer Spitze (Großbritannien, Devon, Wales).

B Ende Mai–Mitte Juli. Trotz Produktion von Nektar und Klebstoff handelt es sich um eine autogame Art mit hohem Fruchtansatz und später Reife (Februar). 2n=36.

U *Hammarbya*: kleinere Blätter und Blüten; *Malaxis*: einblättrig, kleinere Blüten.

W Kalkreiche Flach- und Zwischenmoore auf humosen Nassböden, feuchte Dünensenken. 0–1100 m.

A Amphiatlantisch-subozeanische Art. Im Gebiet in M- und O-Europa. Im Süden isoliert in W-Spanien, N-Korsika, N-Italien und N-Griechenland.

G Trockenlegung, Eutrophierung, Aufforstung. FFH Anhang II. **H** S-Deu., Iznang, 1.6.94, HB; S-Deu., Iznang, 1.6.94, HB.

Listera cordata
Kleines Zweiblatt

S *Ophrys cordata.*

M Rhizomgeophyt mit kriechendem Wurzelstock und Wurzelschösslingen, truppweises Auftreten. Im Frühjahr entwickeln sich oberirdische, grüne Blätter, aus kräftigeren Stöcken Blütentriebe. Stängel zart, 7–15 cm hoch, mit einem einzigen, etwas unterhalb der Mitte stehenden, gegenständigen Blattpaar. Laubblatt (1,4–2,6 × 1,4–2,2 cm) herzeiförmig, behaart, mit kräftiger Nervatur. Blütenstand 2–3,3 cm lang, allseitswendig, flaumig, locker 5–10-blütig. Tragblätter (1,1–1,6 × 0,8–1,1 mm) winzig, 3-eckig, 1/3 so lang wie der Fruchtknoten. Blüten spornlos, weit geöffnet, grün bis gelbgrün, rotbraun überlaufen. Sepalen (2–2,5 × 0,9–1,3 mm) elliptisch, Petalen (1,9–2,2 × 0,6–0,8 mm) lanzettlich. Lippe (4–6 × 2–3 mm) tief gespalten. Hornartige, nektarführende Auswüchse an der Lippenbasis. Mittellappen tief 2-geteilt mit schmalem Steg (0,7–0,9 mm breit), Spaltstücke (2,2–3,1 × 0,4–0,8 mm). Säule ± waagrecht, Pollinien hellgelb, körnig. Berührung taktiler Zonen führt zur Freisetzung eines Leimtropfens, der die Pollinarien am Bestäuber anheftet. Kapseln (4,5–5,5 × 2,2–2,7 mm) kugelig, langgestielt (2 mm).

B Mai–Juli (Gebirge). Allogame Art (Fliegenblütigkeit) mit unterdurchschnittlichem Fruchtansatz. Bestäubung durch Pilzmücken und kleine Käfer. 2n=34 (35–38).

U *L. ovata*: alle Teile größer, grüne Blüten.

W Moosige Beerstrauch-Nadelwälder auf feuchten, nährstoffarmen Rohhumusböden. Am Rand saurer Spirken-Moore. 10–2300 m.

A Zirkumpolares Areal mit Vorkommen in der boreal-temperaten Zone und in Ausläufern der arktischen Zone. Entlang der Gebirge die S-Grenze in der submeridionalen Zone: Pyrenäen, Seealpen, Ligurien, Dinaren, Rodopen, Pontus, W-Kaukasus.

G Waldbauliche Maßnahmen, Entwässerung, Aufkalken.

H S-Deu., Feldberg, 27.6.95, HB; S-Deu., Feldberg, 27.6.95, HB.

Listera ovata
Großes Zweiblatt

S *Ophrys ovata.*

M Rhizomgeophyt mit ausdauernder Grundachse. Aus Wurzelschösslingen bilden sich im Frühjahr Blattpaare, aus kräftigeren Stöcken Blütentriebe von 20–60 cm Höhe. Im unteren Viertel des Stängels liegt das gegenständige Blattpaar. Blätter (4–14 × 2–9 cm) breit eiförmig, gleich groß, stark geädert. Blütenstand 7–25 cm lang, wenig ausladend, drüsig behaart, allseitswendig, locker mit 14–65 Blüten besetzt. Blüten grün bis gelbgrün, kurz gestielt. Tragblätter (3,5–5,7 × 2,2–3,2 mm) herzförmig, knapp 1/2 so lang wie der Fruchtknoten. Sepalen (4–5,2 × 2,3–3 mm) schief eiförmig, konkav. Petalen (3,7–4,7 × 0,9–1,2 mm) lanzettlich. Lippe (7–11 × 4–6,5 mm) spornlos, tief 2-spaltig, mit weit vorgezogenen Spaltstücken (3–5 × 1,3–2,2 mm). Nektarium an der Lippenbasis von 2 Leisten begrenzt, zur Mitte hin in eine Schwiele übergehend, auf der Tröpfchen sichtbar sind. Kapsel (7–14 × 2,5–4,5 mm) keulenförmig, langgestielt (4–7 mm). Berühren von taktilen Zonen führt zur Freisetzung eines Leimtropfens, der die körnigen Pollinarien am Bestäuber anheftet.

V In subalpinen Lagen gedrungenere Pflanzen.

B Mai–August (Gebirge). Allogame Art (Fliegenblütigkeit) mit hohem Fruchtansatz durch Blatt- und Schlupfwespen sowie Käfer. Vegetative Vermehrung durch Wurzelsprosse seltener als bei *L. cordata*. 2n=24 (35–38).

U *L. cordata*: in allen Teilen zierlicher, Blüten meist braunrot.

W Flachmoore, Magerrasen, ungedüngte Wiesen, Gebüsche und lichte Wälder auf basenreichen, frischen Böden. 0–2600 m.

A In Europa von der borealen bis zur meridionalen Zone. Im Osten bis Z-Sibirien, vom Kaukasus bis zum W-Himalaya. S-Grenze im Mittelmeergebiet in den Gebirgen S-Spaniens, Siziliens, Kretas, der S-Türkei und N-Iran.

G Entwässerung sensibler Feuchtgebiete.

H W-Deu., Merzig, 10.5.98, HB; S-Deu., Holzbronn, 25.6.96, HB.

Lysiella oligantha
Wenigblütige Waldhyazinthe

S *Platanthera oligantha*, *Platanthera parvula*, *Platanthera obtusata* subsp. *oligantha*.
M Geophyt mit 2 zinkenförmigen Knollen, die lange, wurzelartige Fortsätze tragen. Pflanze niedrig, 5–20 cm hoch, kahl, am Grunde mit einem grünen, scheidigen, zungenförmigen Laubblatt (4–7,5 × 1,2–2,1 cm) und einem tragblattartigen Stängelblatt. Blütenstand kurz, 2,5–4,5 cm lang, wenig ausladend, locker 2–12-, meist 5–8-blütig. Blüten klein, grünlich weiß, duftlos. Tragblätter lanzettlich, dem Fruchtknoten anliegend und etwas länger als dieser. Seitliche Sepalen (2–3 × 1–1,5 mm) schief eiförmig, seitlich abstehend. Mittleres Sepal und Petalen bilden einen Helm, der die Säule schützt. Lippe (3–3,5 × 1 mm) zungenförmig, aus breitem Grunde verschmälert, am Ende stumpf, abwärts gerichtet. Sporn 3–4 mm lang, zylindrisch, gegen das Ende verschmälert, Nektar enthaltend? Säule ± waagrecht, Antherenfächer gespreizt, Pollinarien gestielt mit getrennten Klebscheiben. Pollinien gelb.
B Mitte Juni–Ende Juli. Allogame Art mit hohem Fruchtansatz, Bestäuber unbekannt. 2n=126.
U *Pseudorchis albida* subsp. *straminea*: größere Blatt- und Blütenzahl und 3-teilige Lippe.
W Die kalkliebende, konkurrenzschwache Art wächst in der Birkenwaldregion in arktischen Zwergstrauchheiden. Die Strauchschicht von *Betula nana*, *Salix* oder *Dryas* ist nur wenige cm hoch.
A Lappland 50–800 m, Sibirien bis 1200 m.
G Die konkurrenzschwache Art besitzt in Lappland nur wenige Wuchsorte mit stark schwankenden Beständen. Eine Gefährdung besteht durch Zuwachsen der Standorte. FFH Anhang II.
H Schwed., Jav'reoaivit, 4.7.76, DR; Schwed., Abisko, 4.7.83, WS.

Malaxis monophyllos
Einblättrige Weichwurz

S *Ophrys monophyllos.*

M Geophyt mit 2 nebeneinander sitzenden, unterirdischen, von Blattrosetten umgebenen Sprossknollen. Stängel kahl, 8–30 cm hoch, am Grunde mit 1 (2) scheidigen, elliptisch eiförmigem Laubblatt (2–9 × 1–3,7 cm). Blütenstand 3,5–15 cm lang, relativ locker mit 17–80 winzigen, gelbgrünen Blüten besetzt, die eng am Stängel sitzen. Tragblätter (2,5–3 × 0,6–0,8 mm) häutig, dem Fruchtknoten anliegend. Seitliche Sepalen (2,5–3 × 1–1,3 mm) lanzettlich, nach oben gerichtet. Mittleres Sepal gleich, abwärts gerichtet. Petalen (2–2,6 × 0,3 mm) seitlich abstehend, rückwärts gebogen, lanzettlich. Lippe (2–3 × 1,7–2,2 mm) durch doppelte Resupination aufwärts gerichtet, ungespornt, am Grunde schüsselförmig mit einwärts gebogenen seitlichen Rändern, enthält Nektar. Rostellum in der Bucht zwischen den 2 Zähnen die gemeinsame Klebdrüse tragend. Entnahme der 4 gelben Pollinien paarweise. Kapseln (7–9,5 × 2,5–3 mm) sind eiförmig, aufrecht, kantig und gestielt (2–3 mm).

B Juni–August (Alpen). Allogame Art (Fliegenblütigkeit) mit unterdurchschnittlichem Fruchtansatz. Bestäubung durch Syrphidae und andere Diptera. 2n=30.

U *Hammarbya paludosa*: Hochmoor, 2 Blätter; *Liparis loeselii*: 2 Blätter, größere Blüten.

W In moosigen Auenwäldern, in Linden-, Ahorn- und Buchenwäldern, in nassen Bergwiesen, auf moosigen Steinschutthalden mit mäßig nährstoff- und basenreichen Böden. 0–1900 m.

A Die nordisch-boreale, zirkumpolar verbreitete Art ist in der temperaten und borealen Zone Europas verbreitet. S-Grenze in den Südalpen und Karpaten.

G Oft nur Kleinpopulationen, waldbauliche Maßnahmen, Änderungen des Wasserhaushalts und Zuwachsen der Biotope.

H N-Ita., Sella Nevea, 14.7.93, RL; S-Deu., Reit im Winkl, 6.6.99, HB.

Neotinea maculata
Keuschorchis

S *Satyrium maculatum*, *N. intacta*, *Aceras densiflora*.

M Geophyt mit 2 runden, ungeteilten Knollen von 8–30 cm Höhe. Stängel schlank, etwas hin- und hergebogen, mit 2–6 Blättern. Die untersten 2–3 Grundblätter (3–12 × 1–3 cm) sind rosettig angeordnet, länglich eiförmig, gefleckt oder ungefleckt. Die stängelständigen Blätter sind kleiner und scheidenförmig. Blütenstand schmal zylindrisch, 2–10 cm lang, allseitswendig und dicht mit zahlreichen Blüten besetzt. Blüten sehr klein, weißlich, grünlich weiß oder rosa. Tragblätter (3,5–4,5 × 1,5–2 mm) lanzettlich, häutig, etwa 2/3 so lang wie der Fruchtknoten (5–6 × 1,5–2 mm) und diesem anliegend. Perigonblätter helmförmig zusammenneigend. Sepalen (3,5–4,5 × 1,5–2 mm) spitz lanzettlich, Petalen (3–4 × 0,5–0,7 mm) spitz linealisch. Lippe (3–3,5 × 2,5–3 mm) stark 3-geteilt. Spaltstück des Mittellappens (1,3–1,7 × 0,7–0,9 mm) keilförmig, an der Spitze oft 2-spaltig und abwärts gebogen. Spaltstücke der Seitenlappen (1,3–1,7 × 0,2–0,4 mm) lineal, schmaler als der Mittellappen. Sporn (1,2–1,4 × 0,7–0,9 mm) konisch, stumpf, leicht abwärts gekrümmt. Säule klein, Pollinarienentnahme schwierig bis unmöglich.

B März–Mai. Die spontan zerfallenden Massulae fallen auf die Narbe und lösen Autogamie aus. 2n=40.

U Unverwechselbare Art.

W Im Mittelmeergebiet gerne in halbschattigen Lagen, in Pineten, an nordseitig exponierten Wänden, auch in Phrygana- oder Macchien-Formationen. Auf den Kanaren und Madeira im Lorbeer- und Kanaren-Kiefernwald sowie im Baumheide-Gebüsch. 0–2000 m.

A Das mediterran-atlantische Verbreitungsgebiet reicht von den Kanaren im Westen bis nach Israel im Osten und von N-Afrika im Süden bis nach Irland im Norden.

G Kleine Populationen an den Arealrändern.

H Mar., Ifrane, 13.5.96, HB; Sizilien, M. Cammarata, 16.5.93, RL.

Neottia nidus-avis
Vogel-Nestwurz

S *Ophrys nidus-avis.*
M Rhizomgeophyt mit horizontaler Grundachse und zahlreichen, nestartig verflochtenen Wurzeln, ohne Wurzelhaare. Pflanze hell bräunlich, ohne Blattgrün, daher immer auf Mykorrhizapilze von Waldbäumen angewiesen. Aus Sprossknospen entwickeln sich jährlich ausschließlich neue Blütentriebe. Stängel robust, 15–35 cm hoch, mit 3–4 braunen Manschettenblättern, die 3–6 cm lang sind. Blütenstand allseitswendig, 7–20 cm lang, am Grunde locker, nach oben dicht mit 10–60 nach Honig duftenden Blüten besetzt. Tragblätter linealisch, etwa halb so lang wie der gedrehte Fuchtknoten. Perigonblätter gelblich bis bräunlich, helmförmig. Sepalen (4–6 × 2–3 mm), konkav, eiförmig, Petalen schmaler, 0,5–2 mm breit. Lippe (10–13 × 10–13 mm) vorgestreckt, am Grunde schüsselartig vertieft mit Nektarausscheidungen, am freien Ende 2-spaltig mit runden Seitenlappen. Pollinien hellgelb, ungestielt, körnig. Kapseln (9–16 × 4–8 mm) eiförmig, gestielt (3–5 mm), ausdauernd, mehrere Jahre sichtbar.
B Mai–Mitte Juli (Gebirge). Anfangs herrscht Allogamie (Ameisen) vor, später zerfallen die Pollenpakete und fallen auf die Narbe (Autogamie), wodurch ein maximaler Fruchtansatz zustande kommt. 2n=36.
U In Europa unverwechselbar.
W Feuchte, schattige Waldgesellschaften (Buchen, Eichen, Kiefern, Tannen, Zedern) auf frischen basen- und nährstoffreichen, vorzugsweise kalkhaltigen Lehmböden. 0–2200 m.
A In der temperaten Zone von Europa bis Z-Sibirien, in der borealen Zone vereinzelt. Im meridionalen Bereich südlich bis N-Afrika (Mont Babor), ostwärts bis Kaukasien und NW-Persien.
G Abholzen der Wälder an den Arealrändern (Algerien, Sizilien, Nordwestpersien).
H S-Deu., Sigmaringen, 31.5.94, HB; Ita., M. Cervati, 14.7.92, RL.

Neottianthe cucullata
Kapuzenorchis

S *Orchis cucullata, Gymnadenia cucullata.*
M Geophyt mit 2 runden, ungeteilten Knollen, im Grenzbereich zwischen Moosschicht und Mineralboden wurzelnd. Stängel dünn, 10–30 cm hoch, oberwärts kantig, hellgrün, mit 3–4 Blättern, 2 rosettenartig, fast gegenständig dem Boden aufliegend. Grundblätter stark genervt, eiförmig lanzettlich, auf der Unterseite glänzend bläulich grün, auf der Oberseite hellgrün, ungleich, das größere (4,3–7,5 × 1,8–3,6 cm), das kleinere (2,8–8 × 0,8–2,4 cm). Nach oben folgt 1 (bei kräftigeren Pflanzen 2) tragblattähnliches Stängelblatt. Blütenstand ± einseitswendig, 2,5–6 cm lang, (3) 8–22 (30) Blüten. Untere Tragblätter (6–9 × 1,5–2,5 mm) hellgrün, dem Fruchtknoten (5,5–7 × 2–2,5 mm) anliegend, etwa so lang wie dieser. Perigonblätter helmförmig zusammenneigend. Sepalen (6–8 × 1,5–1,8 mm) breit linealisch, am Ende zugespitzt. Petalen linealisch. Lippe (7–9 × 5–6 mm) tief 3-teilig, schräg abwärts, dicht papillös. Mittellappen (5–6 × 1,3–1,6 mm) zungenförmig, gegen das Ende verschmälert, an den Rändern rotlila, im Zentrum weißlich mit 2–8 aus kurzen Strichen bestehenden, rotlila Saftmalen. Seitenlappen (2,5–4 × 0,5–0,8 mm) schmal lineal, kleiner als der Mittellappen, rotlila. Sporn (5–7 × 0,7–1,5 mm), zylindrisch, abwärts gebogen, am Ende verdickt. Antheren parallel, Pollinarien kurz gestielt mit getrennten, nackten Klebscheiben.
B Anfang Juli–Ende August, Blütezeit kurz. Allogame, nektarlose Täuschblume mit durchschnittlichem Fruchtansatz (ca. 40%).
U Unverwechselbare, spätblühende Art.
W Sandige, moosreiche und luftfeuchte Nadelwälder (Kiefern- Fichten-, Fichten- Kiefern- sowie Kiefern-Eichenwälder) mit starker Tau- und Nebelbildung. 0–4000 m.
A Osteuropa, Sibirien bis Japan.
G In Polen durch Holzeinschlag und Änderung des Wasserhaushaltes.
H Pol., Augustow, 14.8.99, HB; Pol., Augustow, 14.8.99, HB.

Die Gattung Nigritella Rich.
Kohlröschen

M Geophyten mit 2 handförmigen Knollen, mit je 2–5 kräftigen Abschnitten und Nebenwurzeln. Pflanze niedrig (5–35 cm). Stängel grün, kantig. Laubblätter grün, ungefleckt, grasblattähnlich, Rand weißlich gezähnelt; untere rosettig, gebogen bis aufrecht, mittlere am Stängel verteilt; oberste tragblattartig, anliegend. Blütenstand halbkugelig, rund bis zylindrisch, dicht. 20–80 kleine, schwarzbraune, rote bis weißrosa Blüten, trichterförmig geöffnet, nicht resupiniert, meist nach Vanille/ Kakao duftend, Knospen dunkler. Tragblätter spitz, grün, purpurn gerandet, bei unteren Rand zur Spitze mit 0,02–0,1 mm langen zähnchenartigen Papillen besetzt, wellig oder glatt, bei oberen meist glatt. Lippe ei- bis rautenförmig, ungeteilt, schräg nach oben gerichtet, rückseitig ± eingesattelt. Perigon ± im Halbkreis nach unten ausgebreitet. Sepalen lanzettlich, spitz, seitliche ± asymmetrisch, kürzer; Petalen schmaler, kürzer. Sporn sehr kurz, sackartig, basal verengt, Nektar enthaltend. Fruchtknoten grün, eiförmig. Säulchen kurz, Pollinien gelb.

B Diploide Taxa (2n=40) allogam (auch geitonogam, *Noctuidae*, *Zygaenae*) mit sexueller Samenbildung; polyploide Taxa (2n=60, 80, 100) mit apomiktischer Samenbildung über Nuzellarembryonen.

U *Gymnadenia*: Sporn länger, Blüten resupiniert, Lippe geteilt. Hybriden zwischen den meisten Arten (soweit syntop) und mit *Gymnadenia conopsea*, selten mit *Dactylorhiza fuchsii*, *D. majalis*, *Gymnadenia odoratissima*, *G. frivaldii* und *Pseudorchis albida*.

W Niederrasige Magerwiesen. (530) 1100–2800 m; in Skandinavien (1) 300–1270.

A Endemische Gattung der Europäischen Gebirge mit 2 Arten und 12 Unterarten; von den Alpen bis Kantabrien, Skandinavien, Karpathen, Balkan und Z-Apennin.

H *N. nigra* subsp. *rhellicani* mit Eulenfalter, Schweiz, Julier Pass, 23.7.04, HB; *G. conopsea* × *N. nigra* subsp. *rhellicani*, Blüte ± halb resupiniert, N-Ita., Reschen, 22.7.01, RL.

Nigritella nigra subsp. austriaca
Österreichisches Kohlröschen

S *Gymnadenia nigra* subsp. *austriaca*, *N. nigra* subsp. *gallica*.

M Geophyt, Stängel (7) 10–20 (27) cm hoch. 6–10 rosettige Laubblätter (3–9,5 × 0,25–0,6 cm), das unterste breit linealisch und zugleich das kürzeste, nach oben 5–12 kürzere, steil aufgerichtete Stängelblätter. Blütenstand anfangs flach halbkugelig, breiter als hoch, in der Hochblüte halbkugelig bis bienenkorbförmig (1,5–2,3 × 1,7–2,4 cm), später walzlich verlängert, dicht mit 20–60 Blüten besetzt. Tragblätter (9–12 × 1,3–2,1 mm) meist glattrandig, manchmal wellig, selten mit Papillen besetzt. Blüten schwach trichterförmig, dunkel rotbraun bis braunrot, intensiv nach Vanille/Kakao riechend; Lippe (6,5–10 × 4–5,5 mm) weit geöffnet, aus schmaler Basis rasch verbreitert, im unteren Drittel schwach sattelförmig verengt. Sepalen (5,5–8 × 1,4– 2,2 mm) lanzettlich; Petalen schmaler. Sporn sackförmig, stumpf (1–1,5 mm × 0,8–1,2 mm).

V Dolomiten-Populationen vielfach intermediär zwischen subsp. *austriaca* und subsp. *rhellicani*: Lippe kürzer, Tragblätter mit Papillen, Blütenstände groß, eiförmig; karyologische und embryologische Befunde fehlen bislang. *N. nigra* subsp. *iberica*: morphologisch nicht unterscheidbar (2n=80), erscheint nach ersten Allozymuntersuchungen genotypisch von subsp. *austriaca* gut abgesetzt.

B Anfang Juni–Ende Juli. Apomiktisch. Fruchtknoten früh anschwellend, Fruchtansatz komplett. 2n=80.

U Subsp. *rhellicani*: Blütenstand spitzkegelig, später zylindrisch, Lippe kleiner, Tragblätter meist papillös, blüht ± 1 Woche später.

W Alpine Magerrasen, nur auf basischem Substrat (Kalk, Dolomit). 1150–2600 m.

A Ostalpen, Bayern, Dolomiten, Kärnten bis Niederösterreich; subsp. *iberica*: Jura, franz. Westalpen, Zentralmassiv, Pyrenäen.

G Lokal gefährdet (Tourismus, Düngung).

H Öst., Trofaiach, T.typ., 7.7.04, HB; Öst., Aflenz, 24.6.03, RL.

Nigritella nigra subsp. nigra
Braunes Kohlröschen

S *Satyrium nigrum.*

M Unterscheidet sich von subsp. *austriaca* durch kürzeren Sporn (0,8–1,1 mm). Stängel 10–22 cm hoch, Blütenstand anfangs breiter als hoch, später kalbkugelig bis kugelig, selten eiförmig bis walzlich verlängert. Tragblattrand glatt oder wellig, selten mit Papillen besetzt. Blüten dunkel rotbraun bis dunkel braunrot, intensiv riechend. Lippe (7,5–12 × 4–5,5 mm) geöffnet, schwach sattelförmig verengt. Sepalen (6,9–10,5 × 1,4–2,2 mm), Petalen schmaler.

B Mitte Juni–Mitte Juli. Apomiktisch, Fruchtansatz vollständig, Samenreife ca. 4 Wochen nach der Blüte. 2n=60.

W Magere Mähwiesen, Weiden, trockene kalkarme Narduswiesen bis kalkreiche Dryasfluren. (1) 300–1270 m.

A Skandinavien, Nordschweden/Mittelnorwegen, kleiner Vorposten in N-Norwegen bei Tromsö.

G Gefährdet durch Brachfallen der Wiesen.

H N-Schwed., Berg, 10.7.99, TP.

Nigritella nigra subsp. carpatica
Karpathen-Kohlröschen

S *N. angustifolia* var. *carpatica, N. carpatica.*

M Unterscheidet sich von subsp. *rhellicani* durch niedrigeren Wuchs, schmalere, streng aufrecht stehende, nicht gebogene Blätter, halbkugeligen bis eiförmigen Blütenstand, dunkel lilarote Knospen, deutlich kleinere, nach dem Aufblühen rosafarbene, im Lauf der Anthese aufhellende, unten fast weiße Blüten und kürzere, über der Basis rückseitig stärker sattelförmig eingeschnürte Lippe (4,5–5,9 × 2–2,5 mm). Duft intensiv, schärfer. Untere Tragblätter glattgerandet, wellig oder papillös. Rostellumfalte ± deutlich über Anthere vorstehend.

B Juni–Juli. Allogam, 2n=40, 60.

U Subsp. *corneliana*: Blüten größer.

W Montane bis subalpine Magerwiesen, Weiden; kalkarme Böden. 1000–1800 m.

A Endemit der rumänisch-ukrainischen Ostkarpathen (Marmarossicum), hier einziges *Nigritella*-Taxon.

G Sehr selten, deshalb gefährdet.

H Ukraine, Dzogul-Pass, 15.6.93, EK.

Nigritella nigra subsp. corneliana
Westalpen-Kohlröschen

S *N. corneliana*, *N. lithopolitanica* subsp. *corneliana*.
M Unterscheidet sich von subsp. *rhellicani* durch rötlich weiße bis leuchtend zinnoberrote, am Grunde aufgehellte Blüten, größere Lippe (7–10 × 4–5 mm), ca. 1 Woche früher blühend. Laubblätter zahlreich, Blütenstand vielblütig, kugelig, eiförmig bis zylindrisch, Tragblätter mit kurzen Papillen besetzt. Lippe im unteren Viertel rückseitig sattelförmig eingeschnürt, nach vorne geöffnet. Sepalen (6–8 × 2 mm) lanzettlich, dreinervig, Petalen schmaler. Sporn stumpf, 0,9–1,2 mm lang. Duft vanilleartig.
V Var. *bourneriasii*: einheitlich dunkelrot mit Blaustich, blüht 1 Woche später.
B Juli–Mitte August. Allogam. 2n=40.
U Subsp. *lithopolitanica*: Blütenstand kürzer, Blüten flau rosafarben, blaustichig.
W Alpine Magerrasen. Kalk. 1700–2500 m.
A West-/Seealpen (Frankreich/Italien).
G Lokal gefährdet (Tourismus).
H SO-Fra., Col du Lautaret, 15.7.92, HB.

Nigritella nigra subsp. gabasiana
Gabas-Kohlröschen

S *N. gabasiana*.
M Unterscheidet sich von subsp. *rhellicani* durch wenig geöffnete, im unteren Drittel sattelförmig verengte Lippe (7–9 × 3–4,5 mm) mit röhrenartig umgebogenen, sich ± berührenden Rändern und kaum duftenden Blüten. Blütenstand dicht, 15–55-blütig, anfangs kegel- bis eiförmig (1,2–3,8 × 1,5–3,2 cm), später zylindrisch. Rand unterer Tragblätter gänzlich oder mittig kurz dreieckig papillös, öfters wellig bis glatt. Blüten dunkelbraun bis rotviolett. Sepalen (6–9 × 1,3– 2,7 mm), Petalen meist schmaler. Sporn sackartig (0,8–1,4 × 0,8–1 mm).
V Blüten selten gelb (Huesca).
B Mitte Juni–August. Allogam. 2n=40.
U Subsp. *iberica*: Blütenstand runder, Lippe geöffnet, Tragblätter ohne Papillen.
W Alpine Magerrasen, Urgestein, Kalk. 1100–2450 m.
A Kantabrisches Gebirge, Pyrenäen (Spa./Fr.).
G Lokal gefährdet (Tourismus, Brache).
H SW-Fra., Pas d. Casa, 24.6.02, HWZ.

Nigritella nigra subsp. rhellicani
Schwarzes Kohlröschen

S *N. rhellicani, N. cenisia.*
M Geophyt, Stängel 5–20 (35) cm hoch. 7–14 rosettenartig gehäufte Laubblätter (1,5–7 × 0,3–0,9 cm), linealisch, grasartig, rinnig, die beiden unteren am breitesten und kürzesten, grün, Rand weißlich gezähnelt. Weiter oben 4–9 kürzere Stängelblätter, am Rande purpurn. Blütenstand dicht, anfangs kegelförmig bis eiförmig (1,5–3,2 × 1,5–2,3 cm), später zylindrisch. Tragblätter (8–14 × 1,2–2,5 mm) spitzlanzettlich, zumindest untere von der Spitze ± über die Mitte mit 0,05–0,1 mm langen Papillen besetzt. Blüten schwarzpurpurn, schokoladenbraun bis rotbraun, intensiv duftend; Lippe (5–8,2 × 3,2–5,5 mm) weit offen, im unteren Drittel schwach sattelförmig eingeschnürt, Querschnitt halbkreisförmig. Sepalen (5–9 × 1,5– 2,5 mm) lanzettlich, Petalen schmaler (4,5– 7 × 1,2– 1,8 mm). Sporn sackartig, stumpf (1–1,7 × 0,9–1,1 mm).
V Hochwüchsige Pflanzen der W-Alpen mit über 3 cm langen Blütenständen, aber ohne durchschlagende eigene Merkmalscharakteristik werden als var. *robusta* oder als *N. cenisia* abgetrennt, sie treten z. B. auch in den Südtiroler Z-Alpen auf. In den Z-/S-Alpen treten, selten auch populationsbildend, karminrote, ziegelrote, orangene, gelbe bis weiße Spielarten (am Grund meist ± rot-scheckig) auf.
B Mitte Juni–Mitte August. Allogam, auch geitonogam, Fruchtansatz sehr hoch bis vollständig, Samenreife nach 8 Wochen. 2n=40.
U Subsp. *austriaca*: blüht ca. 1 Woche früher, Blütenstand anfangs breiter als hoch, oft struppig, Lippe größer, Tragblattrand glatt.
W Alpine Magerrasen, ungedüngte Mähder, extensive Weiden, Urgestein, Kalk, Dolomit. (800) 1400–2600 (2800) m.
A Alpen, hier häufigstes *Nigritella*-Taxon (in den äußersten O-Kalkalpen fehlend), N-Apennin, Balkan, Karpathen.
G Lokal gefährdet (Tourismus, Brache).
H N-Ita., Puflatsch, 30.6.00, RL; l. flava: Puflatsch, 23.7.04, RL.

Nigritella nigra subsp. lithopolitanica
Steineralpen-Kohlröschen

S *N. lithopolitanica.*
M Unterscheidet sich von subsp. *rhellicani* durch dunkelrosa Knospen, nach dem Aufblühen rosafarbene, leicht blaustichige Blüten und nahe dem Grunde rückseitig sattelförmig eingeschnürte Lippe (mittelgroß, 6,5–8,5 × 4–5 mm). Laubblätter zahlreich. Blütenstand vielblütig, halbkugelig bis eiförmig, intensiv nach Vanille duftend. Tragblätter glatt, am Ende oft mit 0,02–0,08 mm langen feinen Papillen besetzt. Blüten mit der Anthese deutlich aufhellend, unterste fast weiß werdend. Sepalen (5–8 × 2 mm) lanzettlich, Petalen schmaler. Sporn klein, stumpf, 0,9–1,2 mm lang.
B Mitte Juni–Mitte Juli. Allogam, 2n=40.
U Subsp. *corneliana*: einheitlicher rot, seitliche Sepalen geringfügig breiter.
W Alpine Magerrasen. Kalk. 1300–2000 m
A Slowenien, Österreich (Karawanken, Koralpe).
G Selten, lokal gefährdet (Tourismus).
H Öst., Kärnten, Petzen, 23.6.03, RL.

Nigritella nigra subsp. runei
Braut-Kohlröschen

S *Gymnigritella runei, Gymnadenia runei.*
M Unterscheidet sich von subsp. *nigra* durch längeren Sporn, hellere, leuchtend purpurrote Blüten. Blütenstand halbkugelig bis eiförmig, dicht, schwach vanilleartig riechend. Lippe kleiner, kaum sattelförmig verengt, Querschnitt halbkreisförmig. Sepalspitzen dunkler, Lippenbasis heller, weißlich. Sporn sackförmig, stumpf, an der Basis verengt, 1,9– 2,3 mm lang.
V Gering. Hybridogen aus *G. conopsea* und *N. nigra* (Spornlänge, leuchtende Blütenfarbe, bestätigt durch genetische Analysen).
B Mitte Juni–Ende Juli. Blüht nicht jedes Jahr. Apomiktisch, Samenreife ca. 4 Wochen nach der Blüte. 2n=80.
W Magerwiesen oberhalb Waldgrenze. Kalk. 600–850 m.
A Skandinavischer Endemit. Schwedisches Lappland, Västerbotten.
G Sehr selten, gefährdet durch Ausgraben, Herbarisieren. FFH Anh. II.
H N-Schwed., Saxnäs, 19.7.93, RH.

Nigritella rubra subsp. rubra
Rotes Kohlröschen

S *N. miniata* p.p., *N. angustifolia* var. *rosea*.
M Geophyt, Stängel 5–25 cm hoch. 5–10 Laubblätter (2,5–7 × 0,25–0,6 cm), linealisch, grasartig, rinnig, grün, Rand weißlich gezähnelt, untere rosettig gehäuft, die beiden unteren am breitesten und kürzesten. Nach oben 4–7 kürzere Stängelblätter, oberste tragblattartig. Blütenstand 25–60 (80)-blütig, dicht, aufblühend spitzkegelig, dann eiförmig (1,6–3 × 1,5–2,2 cm), später zylindrisch. Tragblätter (8–15 × 1,2–2,8 mm) spitzlanzettlich, am Rande dunkel braunrot bis schwarzpurpurn, untere ± mit Papillen besetzt. Blüten leuchtend rubinrot mit leicht blauviolettem Stich, Perigon apikal etwas heller, intensiv nach Vanille/Kakao duftend; Lippe (5,5–8 × 3,5–5,5 mm) im unteren Drittel deutlich sattelförmig eingeschnürt und eingerollt, anschließend weit geöffnet. Sepalen (6–8 × 1,3– 2,6 mm) lanzettlich, 3-nervig; Petalen schmaler (5–6,5 × 1,0– 1,9 mm), 2-nervig. Sporn sackförmig, stumpf (1,0–1,4 × 0,9–1,1 mm). Rostellumfalte nicht vorstehend.
V Var. *dolomitensis*: untere und mittlere Blütenkränze mit weit geöffneter, schwach eingesattelter Lippe, Lippenränder an Verengung weit auseinander klaffend; in den Dolomiten vorherrschend, sporadisch im weiteren Areal. Sonst wenig variabel.
B Mitte Juni–Ende Juli, Hochblüte ± 10 Tage vor subsp. *rhellicani*, gleichzeitig mit subsp. *austriaca*. Apomiktisch, Fruchtansatz sehr hoch bis vollständig. 2n = 80.
U Subsp. *austriaca*: Blütenstand breiter als hoch, halbkugelig, dunkel rotbraun; subsp. *rhellicani*: Einsattelung Lippe schwach, näher an der Basis, braunrot, hellrote Spielarten meist scheckig, nicht einheitlich gefärbt.
W Alpine Magerrasen, nur über Kalk, Dolomit. 1300–2600 m.
A Alpen vom Tessin bis Niederösterreich, rumänische Karpathen.
G Lokal gefährdet (Tourismus, Brache).
H Öst., Schneeberg, T.typ. v. *rubra*, 9.7.04, RL; N-Ita., Fanes, T.typ. v. *dolom.*, 5.7.00, RL.

Nigritella rubra subsp. archiducis-joannis Erzherzog-Johann-Kohlröschen

S *N. archiducis-joannis.*
M Unterscheidet sich von subsp. *rubra* durch kürzeren, ± halbkugeligen Blütenstand, dunkel fleischfarbene Knospen, nach dem Aufblühen heller fleischfarbene, geschlossenere Blüten. Lippe 6–8,5 mm lang, bei 1/3 über der Basis deutlich sattelförmig eingeschnürt und bis auf 3/4 ihrer Länge eingerollt, Ränder sich berührend. Mittleres Sepal und Petalen eng an eingerollter Lippe anliegend, somit schmale Röhre bildend. Sepal-, Petalspitzen etwas dunkler getönt. Geruch schwach vanilleartig. Sporn kurz. Rostellumfalte vorstehend.
B Juli–Anfang August. Apomiktisch. 2n=80.
U Subsp. *rubra*: Blütenstand länger, Lippe offener, rubinrot, blüht ± 10 Tage früher; subsp. *widderi*: Blüten stärker aufgehellt untere weiß, vorne weit geöffnet.
W Alpine Kalkmagerrasen. 1600–1970 m
A Endemit, N-Kalkalpen, Obersteiermark.
G Sehr selten, gefährdet (Tourismus).
H Öst., Tauplitz, T.typ., 23.7.90, HB.

Nigritella rubra subsp. buschmanniae Brenta-Kohlröschen

S *N. buschmanniae.*
M Unterscheidet sich von subsp. *rubra* durch kürzeren, halbkugeligen bis eiförmigen Blütenstand, hellrosa bis rote, violettstichige Blüten, während Anthese aufhellend, deshalb untere Blüten heller, selten weißlich. Lippe oberhalb der Basis sehr breit, nur schwach sattelförmig eingeschnürt, bis auf 3/4 der Länge röhrenartig eingerollt, Ränder sich ± annähernd. Perigon weniger gespreizt, Spitzen dunkler, stumpfer; Sepalen breiter, seitliche abstehend. Petalen meist vorgestreckt. Rostellumfalte meist vorstehend. Geruch ± vanilleartig.
B Juli, bei syntopen Vorkommen gleich wie subsp. *rubra*. Apomiktisch. 2n=100.
U Subsp. *widderi*: Blüten heller, untere weißlich, Perigon und Lippe spitzer.
W Alpine Magerrasen, auf Dolomit. 1995–2500 m.
A Endemit der Brenta (Trentino, Italien).
G Sehr selten, gefährdet (Tourismus).
H N-Ita., Brenta, T.typ., 15.7.98, RL.

Nigritella rubra subsp. stiriaca
Steirisches Kohlröschen

S *Gymn. rubra* var. *stiriaca, N. stiriaca.*
M Unterscheidet sich von der sehr ähnlichen subsp. *rubra* durch dunkelrosa, an der Spitze weißliche Knospen, nach Aufblühen hellrosa bis purpurrosa, lilastichige Blüten, die am Grunde dunkler, nach außen heller bis fast weiß gefärbt sind. Tragblattrand deutlich papillös. Lippe im unteren Drittel sattelförmig eingeschnürt, ganz bis halb eingerollt, anschließend weit geöffnet. Sepalen, Petalen lanzettlich. Sporn stumpf, 0,9–1,4 mm lang. Geruch zimtartig. Habitus, Blütenform und -größe ähnlich wie subsp. *rubra.*
V Lippe oft schwach eingesattelt und weit geöffnet wie var. *dolomitensis.*
B Mitte Juni–Mitte Juli. Hochblüte 1 Woche vor subsp. *rubra.* Apomiktisch. 2n=80.
W Subalpine bis alpine Kalkmagerrasen. 1350–1965 m.
A Endemisch im Salzkammergut, Dachstein, Grazer Bergland. **G** Sehr selten, gefährdet (Tourismus). **H** Öst., St. Wolfgang, 30.6.04, RL.

Nigritella rubra subsp. widderi
Widders Kohlröschen

S *N. widderi.*
M Unterscheidet sich von subsp. *rubra* durch halbkugeligen bis eiförmigen Blütenstand, dunkelrosa bis fleischfarbene Knospen, nach Aufblühen zunehmend hellrosa bis weiße Blüten und am Grunde bauchig auf 3 mm erweiterte Lippe. Lippe darüber sattelförmig eingeschnürt und eingerollt, Lippenränder sich ± berührend, oberhalb weit geöffnet. Perigonspitzen stärker getönt als Basis, Sporn kurz, Rostellumfalte seitlich gesehen stark vorstehend. Duftend.
B Mitte Juni–Ende Juli. Etwa 1/2 Woche vor subsp. *rubra.* Apomiktisch. 2n=80.
U *N. nigra* subsp. *lithopolitanica*: Lippenbasis schmaler, weniger bauchig, Rostellumfalte nicht bis kaum vorstehend, allogam; Habitus sehr ähnlich.
W Alpine Kalkmagerrasen. 1430–2350 m.
A N-Kalkalpen, Bayern bis Niederösterreich, Z-Apennin (Italien). **G** Zerstreut bis selten. Lokal gefährdet. **H** Öst., Aflenz, 26.6.04, RL.

Die Gattung Ophrys L. – Ragwurz

Es handelt sich um eine formenreiche Gattung, die durch die insektenähnlichen Blütenlippen eindeutig charakterisiert ist. Der Blütenstand trägt 2–8 locker angeordnete, ± einseitswendige Blüten. Die Lippe ist vielgestaltig, ungeteilt bis 3-lappig und dient als Landeplatz für Bestäuber. Sie ist meist am Rande und auf den Höckern pelzig behaart, ± konvex gewölbt und besitzt hinsichtlich der Zeichnung eine beträchtliche Variabilität, die aber ± artspezifisch konstant ist. Die Pollinarien sind langgestielt und besitzen getrennte Klebscheiben (Viscidia) und Beutelchen (Bursiculae). Sie können damit einzeln oder gemeinsam entnommen werden. Fast alle Arten stellen Sexualtäuschblumen dar, die die Weibchen bestimmter Stechimmen (Hymenopteren) imitieren. Die früher schlüpfenden Männchen werden durch Duftstoffe der Blüten angelockt und in sexuelle Erregung gebracht. Durch die insektenähnliche Lippe wird ein paarungswilliges Weibchen vorgetäuscht. Das weitere Paarungsverhalten wird durch taktile Schlüsselreize gesteuert. In den meisten Fällen sitzt das Insekt aufgrund der Lippenbehaarung in natürlicher Haltung aufrecht und entnimmt mit dem Kopf die Pollinarien (Sektion *Ophrys*). Dabei spielt das Anhängsel als taktiler Reibungspunkt eine wichtige Rolle. Bei der zweiten, kleineren Gruppe orientiert sich das Stechimmen-Männchen aufgrund des Haarstrichs entgegengesetzt und entnimmt mit dem Hinterleib die Pollinarien (Sektion *Pseud-Ophrys* Godfery). Zu dieser Gruppe zählt der Kreis um *Ophrys fusca*, *O. lutea* und *O. omegaifera*. Etwa 5 Minuten nach der Entnahme senkt sich das am Kopf des Bestäubers festgeklebte Pollinarium um etwa 90° nach unten und erhält dann die richtige Lage, um bei einer weiteren Pseudokopulation ganz oder teilweise auf die tiefer liegende Narbe einer anderen Blüte übertragen werden zu können. Die meisten der *Ophrys*-Taxa werden spezifisch von den Männchen der gleichen Insektenart bestäubt. Trotz dieses raffinierten Bestäubungsmechanismus ist der Fruchtansatz sehr niedrig (meist nur 1–2%). Erstaunlicherweise ist die Bildung von Hybriden weit verbreitet, wobei selbst isolierte Arten (*O. apifera*, *O. bombyliflora*, *O. insectifera*, *O. schulzei*, *O. speculum*) keine Ausnahmen machen. Selbst Mehrfachhybriden sind fortpflanzungsfähig, was auch für die Evolution der Gattung eine wichtige Rolle spielt. Da die Chromosomenzahlen für alle Arten gleich sind (2n=36) und die Blütezeit der meisten Arten sich zumindest teilweise überschneiden, wird eine mögliche Hybridisierung nur über die Arealtrennung und Spezifität der Bestäuber gesteuert. Intergenerische Bastarde sind unbekannt. Bei der Abhandlung der einzelnen Taxa werden aus Platzgründen nur häufigere Hybriden unter **B** aufgeführt. Alle angegebenen Maße der Sepalen, Petalen und Lippe wurden an frischen, nicht ausgebreiteten Blüten erhoben. Das Areal der Gattung reicht von den Kanarischen Inseln im Westen bis nach NO-Persien im Osten, im Süden von N-Afrika (Atlasländer, Cyrenaika) bis Skandinavien. Das Entfaltungszentrum ist mediterran, das Mannigfaltigkeitszentrum liegt im östlichen und zentralen Mittelmeergebiet. In diesem Naturführer werden ca. 180 Taxa geführt, davon ca. 62 auf der Rangstufe der Art, die restlichen auf der der Unterart, sowie zahlreiche weitere Varietäten. Von diesen Taxa kommen ca. 25% nur in Griechenland mit Inseln vor, ca. 15 % in Süditalien, Sardinien und Sizilien.

O. apifera × *O. holoserica* mit *Eucera nigrescens*, Deu., Schöntal, 3.6.05, HB.

Ophrys aesculapii
Äskulap-Ragwurz

M Sepalen helloliv, Petalen (5,7–7,5 × 2,3–2,6 mm), papillös, 2/3 so lang. Lippe (8–10 × 8–12 mm) schwach 3-lappig, dunkel(rot-)braun, samtig papillös. Seitenlappen behaart. Mittellappen mit 2–3 mm gelbem Rand und schmalem Anhängsel (0,7–1,3 mm). Malzeichnung H-förmig, von der Basis bis über die Mitte, silbrig umrandet. Basalschwielen grünlich. **B** März–Mai. **A** Endemit S-Griechenlands: Euböa, SO-Festland, S-, O-Peloponnes. 0–1000 m. **H** Gri., Stirio-Kiriaki, 9.4.03, RL.

Ophrys apifera
Bienen-Ragwurz

M Pflanze mittelgroß, 2–17-blütig. Sepalen rosa oder weiß, ausgebreitet bis zurückgeschlagen. Petalen meist länglich linealisch, grün, selten rosa, behaart. Lippe stark konvex gewölbt (8–12 × 7–9 mm), oben tief 3-lappig, gehöckert, außen zottig behaart, dunkelbraun. Mal weißlich gelb. Anhängsel unter die Lippe gebogen. Konnektivfortsatz geschlängelt. Zahlreiche Varietäten (Lippenzeichnung, Petalenform und -größe). **B** Ende März–Juli. Autogam. **A** Atlantisch-mediterran, von Irland und Marokko bis Krim, Türkei, Libanon, Israel, Kaukasus, N-Iran. 50–1800 m. **H** S-Deu., Herrenberg, 20.6.95, HB.

Ophrys amanensis
Amanus-Ragwurz

S *O. antalayensis*. **M** Sepalen abstehend, weißlich bis rosa, Petalen (6,5–7,5 × 2–3 mm) lanzettlich, papillös, 1/2 so lang. Lippe (10,5–14 × 13–15 mm) 3-lappig, dunkel rotbraun bis schwarzviolett. Seitenlappen breit ausladend, kaum gehöckert, behaart. Mittellappen quer gewölbt mit schmalem Anhängsel (1–1,5 mm). Mal H-förmig, von der Basis bis über die Mitte. Konnektiv spitz. **B** Mai–Juni. **A** Endemit der S-Türkei: Kilikien, Hatay und NW-Syrien. 0–900 m. **H** S-Tür., Osmaniye, 28.4.90, HB.

Ophrys arachnitiformis subsp. archipelagi Adriatische Ragwurz

S *O. manacorensis*, *O. cilentana*, *O. mateolana*. **M** Unterscheidet sich von subsp. *arachnitiformis* durch etwas höheren Wuchs (20–40 cm), längeren, reicheren Blütenstand und meist behaarte Petalen. Lippenform (rundlich bis schmal eiförmig) und Perigonfärbung (grün, weißlich bis rosa) sehr variabel. **B** Mitte März–April. Im mittleren W-Italien häufig Hybridschwärme mit *O. sphegodes* (*O. argentaria*, *O. classica*, *O. tarquinia*), in S-Dalmatien und Albanien Übergänge zu *O. sphegodes* subsp. *cephalonica*. *Colletes cunicularius*. **A** Dalmatien (Cres, Korčula), M-, S-Italien. 50–700 m. **H** S-Ita., Gargano, 10.4.93, HB.

Ophrys arachnitiformis subsp. arachnitiformis Spinnenähnliche Ragwurz

S *O. exaltata* subsp. *marzuola*, *O. gallica*, *O. arachnitiformis* subsp. *occidentalis*. **M** Pflanze mittelgroß (15–35 cm), 4–7 Laubblätter (5–10 × 0,8–1,8 cm), an der Basis gehäuft, eiförmig lanzettlich. Blütenstand locker, 2–7-blütig, Tragblätter lanzettlich, länger als Fruchtknoten. Sepalen abstehend, grünlich weiß bis rosa, seitliche länglich eiförmig (10–13 mm lang), Petalen schmal bis breit lanzettlich (7–9 mm lang), am Rande gewellt, gelbgrünlich, weißlich bis rosa, kahl, bisweilen schwach behaart. Lippe eiförmig bis rundlich (8–10 × 8–10 mm), braun bis grünlich braun, ungeteilt, oft kurz gehöckert, samtigbraun behaart. Mal H-förmig, vom hellbraunen Basalfeld bis zur Mitte, oft reich gegliedert, Anhängsel meist vorhanden, klein, spitz, nach oben gerichtet. Basalschwielen bräunlich bis grünlich braun. **V** *O. castellana*: Sepalen weißlich rosa, blüht 6–8 Wochen später. **B** Mitte März–April. *Andrena sabulosa*, *Colletes cunicularius*, *Osmia aurentula*. **U** *O. sphegodes*: Mal einfach, H-förmig, Perigon grün. **W** Garigue, Phrygana, Magerwiesen. **A** Südfrankreich, N-Spanien. 0–800 m, 1400 m (Sp). **H** S-Fra., Col Gardiole, 19.3.03, RL; *O. castellana*: N-Spa., Estella, 3.6.03, RL.

Ophrys arachnitiformis subsp. splendida Glänzende Ragwurz

S O. splendida. **M** Unterscheidet sich von subsp. *arachnitiformis* durch weißliche, rosa oder violette Sepalen, breitere, auffällig zweifarbige Petalen, in der Mitte rosa, am Rande gelbgrün, dunkel rotbraune Lippe mit meist gelbem Rand, hellerer Behaarung und um ± 4 Wochen späterer Blütezeit. **B** Mitte April–Ende Mai. *Andrena squalida.* **A** SO-Frankreich (Provence). 0–600 m. **H** S-Fra., La Grande Freinet, 11.5.91, HB.

Ophrys arachnitiformis subsp. tyrrhena Tyrrhenische Ragwurz

S *O. tyrrhena, O. montis-leonis.* **M** Unterscheidet sich von subsp. *arachnitiformis* durch weißliche, rosa oder violette Sepalen, spitzlanzettliche Petalen, eiförmige, häufig trapezförmige, oft auch dreilappige Lippe mit spitzem bis großem, oft dreizähnigem Anhängsel. Mal reich gegliedert. **B** März–April. *Colletes cunicularius.* **A** Endemit der tyrrhenischen Küste von O-Ligurien, Toskana, Latium. 5–500 m. **H** M-Ita., Elba, 5.3.04, RL.

Ophrys argolica Argolische Ragwurz

S *O. ferrum-equinum* subsp. *argolica.* **M** Locker 2–8-blütig. Sepalen rosa bis rot, Petalen (5–7,5 × 2,5–3,7 mm) schmal 3-eckig, dunkler, kurz behaart, 1/2 so lang. Lippe (9,7–11,5 × 9,7–13,5 mm) rundlich, ± ungeteilt, leicht konvex, kirschrot-braun, an den Schultern silbrig behaart, kleines Anhängsel 1–1,5 mm breit. Mal in der unteren Hälfte 2 isolierte oder verbundene Flecken, hell umrandet. Narbenhöhle weißlich. **B** März–Mai. *Anthophora plagiata.* **U** Ähnlich *O. delphinensis*, *O. elegans.* **A** Griechenland: Kithera, Peloponnes, Golf von Korinth und Saronikos. 0–1000 m. **G** FFH Anhang IV. **H** Pelo. Githeon, 11.4.99, HB.

Ophrys atlantica subsp. atlantica Atlas-Ragwurz

S *O. fusca* var. *durieui.* **M** Locker 1–4-blütig. Sepalen hell oliv, das mittlere nach vorne, das seitliche rechtwinklig gebogen, Petalen (10–12 × 2,7–3,5 mm) stumpf lanzettlich, wellig, etwas dunkler, 4/5 so lang. Lippe (16–20 × 11–15 mm) stark konvex, vorn 3-lappig, am Grunde mit 2–4 mm langem Hals, in der Mitte sattelförmig vertieft, schwarzpurpurn, Seitenlappen weit vorgezogen, langzottig behaart. Spaltstück des Mittellappens (3,5–5 × 6,3–8 mm) rechteckig, ausgerandet, Mal in der oberen Lippenhälfte trapezförmig, blauviolett. **B** März–Mai. **A** SW-mediterran: S-Spanien (Malaga), N-Marokko, NW-, Z- und NO-Algerien. 300–1500 m. **H** S-Spa., Alhaurin, 10.4.96, HB.

Ophrys atlantica subsp. hayekii Hayeks Ragwurz

S *O. omegaifera* subsp. *hayekii.* **M** Unterscheidet sich von subsp. *atlantica* durch den Lippenschnitt, größeres Spaltstück des Mittellappens (4,3–6,0 × 8,0–9,5 mm) und schwächeren Lippenknick. Lippe (15–18 × 12,5–15,5 mm) ± konvex, vorn 3-lappig, am Grunde mit 2–4 mm langem Hals, ± flach oder am Ende aufwärts gekrümmt, schwarzpurpurn, Seitenlappen vorgezogen, langzottig behaart. Mal blauviolett. **B** April. Stabilisierte Hybridpopulation aus *O. atlantica* und *O. fusca* s.l.? **A** Tunesien (1 Wuchsort). **H** Tun., Hammam Lif, 19.4.72, HB.

Ophrys aveyronensis Aveyron-Ragwurz

S *Ophrys sphegodes subsp. aveyronensis.* **M** Pflanze mittelgroß, 3–10-blütig. Sepalen ausgebreitet, lila, rosa oder weiß. Petalen intensiver gefärbt, breit, gewellt, meist kahl papillös, bisweilen sehr fein behaart, am Rande grün bis dunkelrot. Lippe (9–18 × 12–18 mm) oval bis rund, gewölbt, oben dreilappig, am Rande kurz behaart, rotbraun. Mal großflächig, verlaufen, glänzend. Anhängsel klein. **B** Mitte April–Anfang Juni. *Andrena hattorfiana.* **A** SW-Frankreich bis NO-Spanien. 200–950 m. **H** S-Fra., St. Rome de Tarn, 26.5.90, HB.

Ophrys bertolonii subsp. bertolonii
Bertolonis Ragwurz

S *O. romolinii.* **M** Pflanze 10–35 cm hoch, (2–8)-blütig. Sepalen abstehend, rosa. Petalen lang, fein behaart, intensiver gefärbt. Lippe länglich, ungehöckert, in der Aufsicht schmal, Seiten stark nach unten gebogen, vorne im Bereich des dunkelblauen Mals sattelförmig aufgebogen, seitlich stark behaart, selten dreilappig, schwarzpurpurn. Narbenhöhle rechteckig, höher als breit. **V** Gering. Sepalen selten grünlich angelaufen. An der Nordabdachung des Apennin vielfach Übergangspopulationen zur subsp. *benacensis.* **B** Mitte März–Ende Mai. *Chalicodoma parietina, C. pyrenaica.* **U** Alle Unterarten: Lippe gestreckt, Seiten weniger abgebogen, deshalb relativ breiter, Narbenhöhle halbkreisförmig, breiter als hoch. **W** Magerwiesen, lichte Gebüsche. 10–1500 m. **A** Sizilien, Apennin-Halbinsel (Kalabrien bis Emilia-Romagna), Ionische Inseln (selten), Dalmatien, Istrien. **G** Zerstreut. Im Norden und Osten des Areals lokal gefährdet. **H** Siz., Caccamo, 10.4.93, RL; Istrien. Pula, 10.5.03, RL.

Ophrys bertolonii subsp. balearica
Balearische Ragwurz

S *O. balearica.* **M** Unterscheidet sich von subsp. *bertolonii* durch etwas kürzere (11–17 × 5–8 mm), gestreckte, rundlich konvexe, meist dreilappige Lippe, mit deutlich ausgeprägtem Anhängsel (1,3–2,5 × 1,5–3 mm) und breiter Narbenhöhle. Mal klein, blau bis rötlich, auch zweigeteilt. Perigon rosafarben, Petalen (6–10 × 2–4 mm) dunkler, Sepalen (11–16 × 3,5–6 mm), hellrosa mit grünem Mittelnerv. **B** Ende März–Mai. *Chalicodoma sicula.* **U** Subsp. *catalaunica*: Lippe ungeteilt, länger. **A** Endemit der Balearen. 0–500 m. **H** Mallorca, El Arenal, 4.3.98, HB.

Ophrys bertolonii subsp. benacensis
Insubrische Ragwurz

S *O. aurelia, O. saratoi.* **M** Unterscheidet sich von subsp. *bertolonii* durch gestreckte, breitere Lippe, kürzere Petalen und halbkreisförmige, breite Narbenhöhle. Perigon meist rosa. **V** Gering. Sepalen selten weißlich oder schmutzig braungrün. **B** Mitte April–Anfang Juni. Hybridschwärme mit *O. sphegodes* (schmutzigbraunes Perigon). *Chalicodoma parietina.* **U** Subsp. *bertoloniiformis*: Pflanzen niedriger, Sepalen grün. **W** Magerwiesen, Oliveten. 50–850 m. **A** Alpensüdrand (Friaul bis Piemont), N-Apennin (Emilia-Romagna), Ligurien bis Provence. **H** N-Ita., Lugagnano, 2.5.04, RL.

Ophrys bertolonii subsp. bertoloniiformis Bertolonii-ähnliche Ragwurz

S *O. bertoloniiformis, O. pseudobertolonii* subsp. *bertoloniiformis.* **M** Unterscheidet sich von subsp. *bertolonii* durch gestreckte, rundlichere, breitovale Lippe, kleineres Anhängsel, grüne Sepalen, gedrungenere Säule und halbkreisförmige, breite Narbenhöhle. Petalen olivgrün, ± rosa überlaufen. **B** Ende März–Ende Mai. Blüht ca. 1–2 Wochen vor subsp. *bertolonii.* Häufig Hybriden mit *O. tenthredinifera. Chalicodoma benoisti.* **A** S-Italien (Gargano). 2–760 m. **H** S-Ita., Gargano, 12.4.93, HB.

Ophrys bertolonii subsp. catalaunica
Katalanische Ragwurz

S *O. catalaunica, O. magniflora.* **M** Unterscheidet sich von subsp. *bertolonii* durch gestreckte Lippe, kleineres Anhängsel und breite Narbenhöhle, von subsp. *balearica* durch länglichere, ungeteilte Lippe mit größerem, zentralem Mal (variabel, schild-, hufeisen- bis H-förmig) und kleinerem Anhängsel. Perigon hell- bis dunkelrosa, Sepalen grün genervt, Petalen dunkler. **B** Ende April–Mitte Juni. **A** NO-Spanien (Gerona), SW-Frankreich (Roussillon). 0–1200 m. **H** NO-Spa., Montserrat, 25.5.96, HB.

Ophrys bertolonii subsp. drumana
Drome-Ragwurz

S *O. drumana.* **M** Unterscheidet sich von subsp. *benacensis* durch kleinere, hellere Lippe (10–14 × 4–7 mm) mit ausgedehnterem, purpurrotem, oft weißgerandetem, an das Basalfeld angebundenem Mal, hellere, braunrote Behaarung, reicher 4–10-blütig. Perigon rosa. **B** Mitte April–Anfang Juni. *Chalicodoma albonotata.* **U** Subsp. *catalaunica*: Lippe ganzrandig, rundlicher, Perigon bunter. **A** S-, SO-Frankreich (Drome, Ardeche). 250–1100 m. **G** Zerstreut bis selten. Gefährdet. **H** S-Fra., Col de Limouche, 1.6.90, HB.

Ophrys bertolonii subsp. explanata
Breitlippige Ragwurz

S *O. explanata.* **M** Unterscheidet sich von subsp. *bertolonii* durch niedrigeren Wuchs, weniger (2–4) und kleinere Blüten, kürzere (10–13 × 7–9 mm) flach gestreckte, vorne bisweilen leicht hochgebogene, meist dreilappige Lippe. Perigon rosa, Sepalen selten weißlich. **B** Mitte März–Mitte April. *Chalicodoma sicula.* **U** Subsp. *bertoloniiformis*: Blüte etwas größer, Perigon grünlich. **A** Sizilien (Palermo, Favignana, Gela bis Ragusa), Basilicata. 10–900 m. **H** Siz., M. Catalfano, 1.4.98, RL.

Ophrys bertolonii subsp. flavicans
Dalmatinische Ragwurz

S *O. dalmatica.* **M** Unterscheidet sich von subsp. *bertolonii* durch kleinere, gestreckte, breitovale rotbraun gefärbte Lippe mit hellerem, blauen Mal. Lippenrandbehaarung gelblich rot bis rotbraun. Perigon rosarot, Sepalen (8–11 × 2–4 mm) eilanzettlich, hellrosa, grün genervt; Petalen dunkler, am Rand intensiver gefärbt, etwas kürzer, breitlanzettlich, gewellt. **B** Mitte März–Anfang Mai. *Chalicodoma manicata.* **U** Alle Unterarten: Lippe dunkelpurpurn bis schwarzpurpurn. **A** Dalmatinische Küste von Split bis Zadar. 0–100 m. **G** Sehr selten, stark gefährdet. **H** Kroatien, Zadar, 20.4.02, HB.

Ophrys bombyliflora
Drohnen-Ragwurz

M Pflanze nieder, 1–5-blütig. Sepalen (9–13 × 5–7 mm) abstehend, eiförmig, hellgrün. Petalen (3–5 × 2,5–3,5 mm) kurz dreieckig, gelb- bis bräunlich grün, am Grunde dunkler, behaart. Lippe klein (6–10 × 7–10 mm), dunkelbraun, halbkugelig, dreilappig, gehöckert, Seitenlappen behaart, Mittellappen kahl. Höcker verlängert, stumpf. Mal unauffällig, bläulich bis bräunlich. Ohne sichtbares Anhängsel. **B** März–Mai. Hybriden mit *O. tenthredinifera* häufiger. Verschiedene *Eucera*-Arten. **A** Mediterranes Kerngebiet von S-Portugal bis W-Türkei, Marokko bis Libyen. 0–1020 m. **H** Tun., Djebel Resas, 29.3.96, HB.

Ophrys bornmuelleri subsp. bornmuelleri Bornmüllers Ragwurz

M Mittleres Sepal ± nach vorne geneigt, grün, weißlich bis rosa, Petalen (1,5–2 × 1–1,7 mm) 3-eckig, geöhrt, dunkler, kurz behaart, 1/5 so lang. Blüten klein, ± waagrecht. Lippe (9–11 × 8,5–12 mm) trapezförmig, ungeteilt, Ränder silbrig violett behaart, ± flach. Seitenlappen mit spitzen Höckern, Mittellappen mit breitem Anhängsel (2–3 mm). Mal breit H-förmig mit Auszweigungen, gelbgrüner Rand. **B** März–April. *Eucera penicillata.* **A** Zypern, Mittlere S-, SO-Türkei, W-Syrien, Libanon, Israel, N-Irak (Kurdistan). 0–1400 m. **H** Israel, Zikhron, 15.3.94, HB.

Ophrys bornmuelleri subsp. carduchorum Kurdische Ragwurz

S *O. aramaeorum.* **M** Sepalen grün, weißlich bis rosa, Petalen (2–3 × 1–2 mm) 3-eckig, geöhrt, dunkler, kurz behaart, 1/4 so lang. Blüten klein, Lippe (7,5–9 × 6–8 mm) konvex, ungeteilt, an den Rändern silbrig violett behaart. Höcker spitz, Mittellappen 4,5–5,5 mm breit mit 1,2–2 mm breitem Anhängsel. Mal breit H-förmig mit Auszweigungen, gelbgrün umrandet. Narbenhöhle braun mit Transversalband, Basalschwielen und Staminodialpunkten. **B** April–Mai. **A** SO-Anatolien (Euphrat bis Van-See). 600–1000 m. **H** SO-Tür., Lice, 19.5.89, HB.

Ophrys candica subsp. candica
Weißglanz-Ragwurz

M Sepalen weißlich bis rosa, Petalen (2,5–3,5 × 2–3 mm) dunkler, 3-eckig, behaart, 1/4 so lang. Lippe (10–14 × 9–14 mm) konvex, ungeteilt, rechteckig, schwach gehöckert, dunkel rotbraun, an den Rändern aufgebogen, silbrig behaart. Mal oben breit schildförmig, ornamental, marmoriert, gelblich umrandet, das kleine Basalfeld latzförmig begrenzend. Anhängsel groß, 2–4 mm breit, steil aufwärts. **B** April–Mai. **A** S-Italien (Apulien), Kreta, Rhodos, SW-Türkei. 0–900 m. **H** Kreta, Tefeli, 29.4.97, HB.

Ophrys candica subsp. cytherea
Kythera-Ragwurz

M Unterscheidet sich von subsp. *candica* durch längere Sepalen (10–13 mm), kleinere, stärker konvexe Lippe (9–11 × 8,5–12 mm), längere Hörner und kleineres Anhängsel (2–3 mm breit) sowie frühere Blütezeit. Petalen (2,3–3,5 × 1,6–2,6 mm) 3-eckig, behaart, 1/4 so lang wie die Sepalen **B** März–April (Mai). Hybriden mit *O. holoserica* subsp. *apulica* und subsp. *lacaena*, oft schwierig unterscheidbar. **A** S-Griechenland: Kithira, Lakonien. **H** Kithira, Avlamonas, 1.4.99, HB.

Ophrys chestermanii
Chestermans Ragwurz

S *Ophrys holoserica* subsp. *chestermanii.* **M** Mittelgroß, 2–5-blütig. Sepalen (12–17 × 5–6 mm) ausgebreitet, weiß bis rosa. Petalen (5–7 × 2–3 mm) rosa, behaart. Lippe groß (14–17 × 15–18 mm), breit quadratisch bis trapezförmig, wenig gewölbt, ungeteilt, nur schwach gehöckert, oben zottig behaart, dunkel rotbraun bis schwarzpurpurn. Mal H- bis U-förmig, kurz, das Basalfeld latzförmig umgebend. Anhängsel sehr breit, aufwärts gerichtet. **B** Mitte April–Mai. Hybriden mit *O. tenthredinifera* (*O.* × *normanii*). *Psithyrus vestalis.* **A** Endemit von SW- und O-Sardinien. 25–750 m. **H** Sard., Domusnovas, 5.5.94, HB.

Ophrys cilicica
Kilikische Ragwurz

S *O. kurdica*, *O. kurdistanica.* **M** Locker 3–10-blütig. Seitliche Sepalen abwärts, mittleres nach vorne geneigt, grün, weißlich bis rosa, Petalen linealisch, dunkler, papillös behaart, 1/2 so lang. Lippe (9–12 × 5–7 mm) konvex, schmal, schwarzbraun, 3-lappig, am Grunde stark verengt. Seitenlappen gehöckert (1–2 mm), Mittellappen mit kleinem Anhängsel. Mal weißlich, zeigt 2 ± quervernetzte Längsstreifen. Narbenhöhle schmal, weiß, mit Transversalband und Staminodialpunkten. **B** April–Mai. Hybriden mit *O. reinholdii* subsp. *straussii* (*O.* × *kurdistanica*). **A** S-, SO-Türkei, N-Syrien, Iran (Kurdistan). 500–1400 m. **H** S-Tür., Akseki, 30.5.81, HB.

Ophrys crabronifera subsp. crabronifera Hornissen-Ragwurz

M Pflanze groß (20–65 cm), Blütenstand locker, 3–12-blütig. Sepalen leicht zurückgeschlagen, weiß bis rosa, selten gelbgrün. Petalen meist rosa, behaart. Lippe gelb- bis rotbraun, oval, ungeteilt, nur schwach gehöckert, leicht gewölbt, in der Mitte am breitesten, Randbehaarung hell. Mal 2 blaue Flecken, Anhängsel länglich spitz, nach unten gerichtet. Basis Narbenhöhle 4–6 mm breit. **B** Mitte März–Mai. *Anthophora plumipes.* **A** M-Italien: S-Toskana bis M-Kampanien, Marche bis Molise. 0–1000 m. **H** M-Ita., M. Argentario, 25.4.94, HB.

Ophrys crabronifera subsp. morisii
Moris Ragwurz

S *O. aranifera* var. *morisii*, *O. exaltata* subsp. *morisii.* **M** Unterscheidet sich von subsp. *crabronifera* durch meist deutlich gewölbte, dreilappige, leicht gehöckerte, ± dunkelbraune Lippe mit H-förmigem, an Basalfeld angebundenem Mal. Lippe vielgestaltig, oval bis trapezförmig, Perigon hell- bis dunkelrosa, Sepalen meist mit grünem Mittelnerv, Petalen dunkler, breit lanzettlich, stumpf, am Rande gewellt. **B** Ende März–Mai. *Anthophora sicheli.* **A** Sardinien, Korsika, endemisch. 15–1000 m. **H** Sard., Osini, 14.5.98, RL.

Ophrys crabronifera subsp. pollinensis
Brillen-Ragwurz

S *O. biscutella*, *O. holoserica* subsp. *pollinensis*. **M** Unterscheidet sich von subsp. *crabronifera* durch dunklere, trapezförmige Lippe mit breitzipfelig ausladenden Seitenlappen. Mal brillenförmig, bisweilen das Basalfeld umschließend. Behaarung an der Basis weiß, vorne braun. Narbenhöhle am Grunde schmal (2–4 mm). **B** April–Anfang Juni. *Anthophora retusa*. **A** Endemit S-Italiens. Gargano, Cilento bis Pollino. 0–1300 m. **H** S-Ita., Gargano, 6.5.97, HB.

Ophrys cretica subsp. cretica
Kretische Ragwurz

M Sepalen oliv bis braunrot. Petalen (5–8 × 2–3 mm) dunkler, behaart, 1/2 so lang. Lippe (10,5–14 × 11,5–14,5 mm) schmal, dunkel, tief 3-lappig. Seitenlappen spreizend, wie der Mittellappen kahl, am Rande kurz behaart. Anhängsel 0,3–1 mm breit. Mal weiß, latzförmig, dann getrennt keilförmig, H-förmig bis ornamental. Narbenhöhle weiß mit schwarzem Transversalband. **B** April. *Melecta tuberculata*. **A** NW-, Z-Kreta, S-Rhodos. 0–500 m. **H** Kreta, Youchtas, 22.4.97, HB.

Ophrys cretica subsp. beloniae
Naxos-Ragwurz

S *O. cretica* subsp. *bicornuta*. **M** Unterscheidet sich von subsp. *cretica* und subsp. *karpathensis* durch Blütenlippen mit langgehörnten nach vorne und abwärts gerichtete Seitenlappen (Hörner 6–8 mm lang). Sepalen (11–13 × 4,8–5,5 mm) schmal eiförmig, hellgrün, weißlich bis rosa, Petalen (6,5–7,3 × 2,5–3 mm) eingerollt, am Grunde geöhrt, grünbraun bis rotbraun, ± 2/3 so lang. Lippe (11–14 × 12,5–16 mm) 3-lappig, quergewölbt. Zwischenformen mit subsp. *karpathensis* (Kithira, Kykladen) und subsp. *cretica*. **B** Ende März–Ende April. **A** O-Kreta, Kykladen (Naxos, Paros, Siros). 0–500 m. **H** Siros, 15.3.03, HB.

Ophrys cretica subsp. karpathensis
Karpathos-Ragwurz

S *O. cretica* subsp. *naxia*, *O. ariadnae*. **M** Unterscheidet sich von subsp. *cretica* durch frühere Blütezeit, breitere Blütenlippe (11–14 × 10–13,5 mm) und schmaleren Narbenkopf (∅ 1,0 mm); von subsp. *beloniae* durch kürzere Höcker der Seitenlappen der Lippe. Sepalen olivgrün, schmutzig rosa bis braunrot. Seitenlappen der Lippe ± flach bis zurückgerollt. Lippenzeichnung variabel, vom Doppelstreifen bis zum verzweigten H reichend. **B** Mitte Februar–Mitte April. *Melecta albifrons* subsp. *albovaria*. **A** Kreta (nicht im Westen und äußersten Osten), Karpathos, Rhodos, Samos!, Kykladen (Ios, Milos, Naxos, Paros, Siros). 0–1000 m. **H** Rhodos, Kattawia, 31.3.95, HB.

Ophrys delphinensis
Delphi-Ragwurz

M Sepalen rosa bis rot, Petalen (4–6 × 1,8–3 mm) schmal 3-eckig, dunkler, kurz behaart, ± 1/3 so lang. Lippe (10,5–12,5 × 8–10 mm) 3-lappig, konvex, kastanienbraun. Seitenlappen gehöckert (2 mm), behaart, Anhängsel 1,3–2,5 mm breit. Mal zeigt in der oberen Hälfte 2 isolierte oder verbundene, hell umrandete Flecken. Narbenhöhle braun, mit dunklen Basalschwielen und Staminodialpunkten. **B** April–Mai. *Anthophora plagiata*. **A** Griechenland: N-Pelo., Fokis, Attika, Euböa, Volos. 0–1100 m. **H** Pelo., Kalavrita, 25.4.95, HB.

Ophrys dyris
Marokkanische Ragwurz

S *O. algarvensis*. **M** Unterschied zu *O. omegaifera* s.l.: kleinere, rötlich violette Lippe (10,5–13 × 8–12 mm) mit tiefer ansetzender 3-Teilung (Spaltstück des Mittellappens 6–8,5 mm breit), rotviolettem Mal mit rötlicher bis weißlicher Umrandung und rotvioletter Behaarung der Ränder. **V** *O. algarvensis*: ca. 15 % größere Blüten. **B** Ende Dezember–April. *Anthophora atroalba*. **A** N-Marokko (bis Hoher Atlas), M- und S-Portugal, Spanien (zerstreut), Ibiza, Mallorca. 0–2000 m. **H** S-Spa., Cazorla, 15.5.96, HB.

Ophrys elegans
Zierliche Ragwurz

M Sepalen weißlich bis rosa, Petalen (7,1–9,2 × 2,4–2,8 mm) länglich 3-eckig, dunkler, kurz behaart, 1/2–1/3 so lang. Lippe (9,2–11,7 × 8,8–10,4 mm) schwach 3-lappig, konvex, braunviolett. Seitenlappen schwach gehöckert, behaart, Anhängsel 0,4–1 mm breit. Mal ornamental, hell umrandet. Narbenhöhle hell, mit Transversalband und Basalschwielen. **B** April–Mai. *Anthophora erschowi*. **A** Endemit Zyperns mit Häufung an N- und S-Küste. 0–1400 m. **H** Zyp., Kolossi, 4.3.05 HB.

Ophrys exaltata subsp. panormitana
Palermo-Ragwurz

S *Arachnites fuciflora* var. *panormitana*, *Ophrys panormitana* (pro hybr.). **M** Unterscheidet sich von subsp. *exaltata* durch quadratische bis rechteckige, meist dreilappige Lippe (10–15 × 9–14 mm) mit stärkerer Randbehaarung. Sepalen (9–14,5 × 4,5–8 mm) eilanzettlich, weißlich bis rosa, mit grünem Mittelnerv. Petalen (7–10 × 2–4 mm) linealisch, grüngelb bis rosa, am Rande dunkler, gewellt. Basalfeld braun bis dunkelbraun, Basalschwielen grünlich braun, Anhängsel gelb. **B** März–April. Häufig Hybridschwärme mit subsp. *exaltata*. *Andrena thoracica*, *A. florentina*. **A** Sizilien. 20–1000 m. **H** Siz., Passo Pantanelle, 5.4.97, HB.

Ophrys ferrum-equinum subsp. ferrum-equinum Hufeisen-Ragwurz

S Var. *anafiensis*, var. *minor*. **M** Pflanze niedrig, locker 2–8-blütig. Seitliche Sepalen abstehend, weißlich bis hellrot, rotviolett überlaufen, Petalen (6–10 × 2–3,6 mm) lanzettlich, rückwärts gebogen, papillös behaart, 1/2–2/3 so lang. Lippe (14–18 × 10,5–15 mm) ungeteilt bis seicht 3-lappig, dunkel rotbraun bis schwarzviolett. Mittellappen leicht gewölbt, am unteren Rand aufgebogen, mit schmalem, gelblich braunem Anhängsel (1,4–1,7 mm). Malzeichnung in der Mitte hufeisenförmig bis getrennt keilförmig, blauviolett, silbrig glänzend. Konnektiv zugespitzt. **B** Ende März–Anfang Mai. *Chalicodoma parietina*. **U** Aus dem ostmediterranen Raum sind eine Reihe nah verwandter Taxa bekannt (subsp. *aegaea*: Karpathos, – *climacis*: SW-Türkei, – *lesbis*: Lesbos, – *lucis*: Rhodos, – *mandalyana*: SW-Türkei), die sich von subsp. *ferrum-equinum* durch hellere und anders geformte (konvexere) Lippen absetzen, aber voneinander schwer unterscheidbar sind. Unklar ist, ob die Areale getrennt sind. **A** S-Albanien, Griechenland mit Ionischen und Ägäischen Inseln (ohne Kreta), Kithira, SW- und S-Türkei. 0–1000 m. **H** SW-Tür., Bodrum, 7.4.91, HB; Pelo., Kalamata, 30.3.91, HB.

Ophrys exaltata subsp. exaltata
Hochgewachsene Ragwurz

S *O. exaltata* subsp. *sicula*. **M** Pflanze groß, 10–15-blütig. Sepalen abstehend, weiß bis grünlich weiß, manchmal auch hellrosa. Petalen kahl, gewellt, gelblich grün. Lippe ungeteilt, bisweilen schwach 3-lappig, länglich (9–14 mm), leicht gehöckert, oben am Rand behaart, rotbraun. Mal H-förmig, wenig verzweigt, braun bis bläulich, hell umrandet. Anhängsel klein. **B** März–Anfang Mai. *Colletes cunicularius* subsp. *infuscatus*. **A** S-Italien, Sizilien. 15–1250 m. **H** S-Ita., Fasano, 15.4.93, HB.

Ophrys ferrum-equinum subsp. aegaea
Ägäische Ragwurz

S *O. aegaea*, *O. argolica* subsp. *aegaea*. **M** Unterscheidet sich von allen verwandten Taxa (subsp. *climacis*, – *ferrum-equinum*, – *lesbis*, – *lucis*, – *mandalyana*, *O. lycia*) durch reduzierte Malzeichnung (2 getrennte Keile), frühere Blütezeit, eigenes Areal. Sepalen weißlich bis hellrot, Petalen (6,7–8,4 × 2,3–3,4 mm) behaart, spatelförmig, 2/3–1/2 so lang. Lippe (13,5–16,5 × 13,5–18 mm) ungeteilt bis schwach 3-lappig, trapezförmig bis abgerundet, im Zentrum konvex, am Rande flach. Anhängsel klein, gelbgrün, abwärts gerichtet. **B** - Ende Februar–Ende März. **A** Endemit von Karpathos und Kasos. 0–800 m. **H** Karpathos, Spoa, 26.3.95, HB.

Ophrys ferrum-equinum subsp. climacis Antalya-Ragwurz

S *O. climacis.* **M** Unterscheidet sich von subsp. *ferrum-equinum*, – *lesbis*, – *lucis*, – *mandalyana*, *O. lycia* durch einen breiten, gelben Lippensaum. Petalen (8–10 × 2,3–3,2 mm) papillös behaart, spatelförmig, 2/3 so lang wie die Sepalen. Lippe (13,5–15,5 × 15,5–18,5 mm) ± 3-lappig, im Zentrum konvex, am Rande flach, dunkelbraun. Malzeichnung hufeisenförmig oder getrennt keilförmig. **B** Ende Februar–Anfang Mai. **A** Endemit der SW-Türkei. 0–1200 m. **H** S-Tür., Antalya, 20.3.97, HB.

Ophrys ferrum-equinum subsp. convexa Amorgos-Ragwurz

M Unterscheidet sich von *O. ferrum-equinum* durch eine kleinere, stärker konvexe, elliptische Blütenlippe mit schmalerem Anhängsel (0,5–1,5 mm) und ein nach oben verlängertes Mal. Seitliche Sepalen (9,5–13 × 4,5–6 mm) grün- bis braunrot, Petalen (5–9 × 2–3,5 mm) behaart, 1/2–2/3 so lang. Lippe (11–14 × 9–13 mm) meist ungeteilt, dunkel- bis violettbraun. **B** Ende März–Ende April. **A** Griechenland: Kykladen, Sporaden, Ägäische Inseln. 0–800 m. **H** Karpathos, Spoa, 20.3.95, HB.

Ophrys ferrum-equinum subsp. gottfriediana Gottfrieds Ragwurz

S *O. gottfriediana.* **M** Unterscheidet sich von *O. ferrum-equinum* durch ein grünliches bis blassrosa Perigon, eine stärker konvexe und spitz 3-eckige Lippe. Seitliche Sepalen (10–14 × 4–6 mm) breit eiförmig, in der unteren Hälfte dunkler, Petalen (5–9 × 1,8–3 mm) behaart, lanzettlich, 2/3 so lang. Lippe (11–14 × 7–10,5 mm) ungeteilt bis seicht 3-lappig, dunkel- bis violettbraun. Mal in der Mitte hufeisenförmig. **B** März–April. Hybriden mit *O. ferrum-equinum.* **A** Griechenland: Epirus, Peloponnes, Ionische Inseln (Zakinthos, Kefallinia, Ithaka, Korfu), Kykladen?, Ägäische Inseln? 0–700 m. **H** Korfu, Levkimmi, 15.4.01, HB.

Ophrys ferrum-equinum subsp. lesbis Lesbos-Ragwurz

S *O. lesbis*, *O. argolica* subsp. *lesbis.* **M** Unterscheidet sich von allen verwandten Taxa (subsp. *aegaea*, – *climacis*, – *ferrum-equinum*, – *lucis*, *O. lycia*) durch längere Lippen, von subsp. *mandalyana* durch kleinere Blüten. Petalen (7–9,5 × 2,8–4 mm) papillös behaart, breit lanzettlich, gelbrot bis rotbraun, 2/3–1/2 so lang wie die Sepalen. Lippe (13–16 × 12–15 mm) trapezförmig, ungeteilt, konvex, grün- bis braunrot. Mal in der Mitte, kurz bis lang hufeisenförmig, silbrig umrandet. Anhängsel klein, 1,5–2,5 mm breit, abwärts gerichtet. **B** Mitte März–Mitte April. **A** Endemit der Insel Lesbos. 0–200 m. **H** Lesbos, 9.4.98, HB.

Ophrys ferrum-equinum subsp. lucis Rhodische Ragwurz

S *O. aegaea* subsp. *lucis*, *O. lucis.* **M** Unterscheidet sich von subsp. *aegaea*, – *climacis*, – *ferrum-equinum*, – *lesbis*, – *mandalyana*, *O. lycia* durch kleinere, schwach 3-geteilte Lippen. Petalen (6–9,5 × 2,5–3 mm) papillös behaart, lanzettlich, 1/2–2/3 so lang wie die Sepalen. Lippe (13–15 × 11–15 mm) trapezförmig, seicht 3-lappig, konvex, dunkel- bis rotbraun. Mal in der Mitte hufeisenförmig. **B** Mitte März–Mitte April. **A** Ägäis: Rhodos, Tilos, Nisyros; S- und SW-Türkei. 0–1000 m. **H** Rhodos, Laerma, 7.4.95, HB.

Ophrys ferrum-equinum subsp. mandalyana Mandalya-Ragwurz

M Unterscheidet sich von subsp. *aegaea*, – *climacis*, – *ferrum-equinum*, – *lesbis*, – *lucis*, *O. lycia* durch größere Blüten. Sepalen (14–17,5 × 7–9 mm) weißlich bis hellrosa, Petalen (8–9,5 × 3,5–4,5 mm) gleichfarbig, papillös, 1/2 so lang. Lippe (14–16,5 × 12,5–18 mm) trapezförmig, leicht konvex, kastanienbraun, gelbrandig. Mal in der Mitte, kurz hufeisenförmig bis getrennt keilförmig, silbrig umrandet. Anhängsel 1,5–2 mm breit, gelbgrün. **B** April. **A** SW-Türkei: Karien, Lykien, Pamphylien?, Kilikien? 0–1000 m. **H** S-Tür. Bodrum, 15.4.82, HB.

Ophrys fusca s.l.
Rotbraune Ragwurz

M Pflanzen ± mittelgroß, 1–12-blütig, Blüten meist abstehend, nach vorne bis leicht abwärts gerichtet. Sepalen eiförmig bis breit lanzettlich, gewölbt, Ränder leicht eingerollt, seitliche ± abstehend, das mittlere vorgeneigt, grün. Petalen kahl, länglich, gewellt, vorne stumpf, grün, oft gelblich bis bräunlich. Lippe länglich, leicht konvex, am Grunde ± V-förmig eingekerbt, dreilappig, dunkelbraun, in der Mitte fast kahl, papillös, sonst behaart, Kerbe ± kurz weiß behaart. Seitenlappen herabgeschlagen, Mittellappen ausgerandet bis deutlich geteilt, vorne öfters leicht abgebogen. Mal vom Grunde bis zur Mitte geteilt, graublau bis braun, oft fleckig. Narbenhöhle kugelig, zur Lippe breit geöffnet. Säulchen kurz, gelblich, schräg aufwärts, Konnektiv stumpf, grünlich.

V Die Blütenmerkmale von *O. fusca* s.l. sind sehr variabel, insbesondere Lippenlänge, -färbung, -behaarung, Länge der Einkerbung, weniger der übrigen Organe. Trotz ± starker Streuungen innerhalb und zwischen Populationen ist eine Zuordnung zu *O. fusca* s.l. allgemein unproblematisch. Die vielen heute bekannten Taxa (> 50) dieses Komplexes lassen sich morphologisch jedoch nicht klar abgrenzen. Hilfreich für eine sinnvolle Gliederung des *O. fusca*-Komplexes sind Befunde über die teils sehr spezifischen Bestäuber. Diese sind allerdings schwierig zu erheben, liegen im Vergleich zur bekannten Verbreitung der Taxa häufig nur punktuell vor oder fehlen vielfach. Trotz großer Fortschritte scheint die gegenwärtige Datenlage und ein Abgleich der horizontalen und vertikalen Areale von *O. fusca* und ihren Bestäubern für umfassende Schlussfolgerungen nicht ausreichend zu sein. Deshalb ziehen wir hier eine Gliederung nach Größe der Lippe und arealökologischen Gesichtspunkten vor, unter Berücksichtigung markanter, jedoch selten auftretender intraspezifisch charakteristischer Merkmale und, soweit vorhanden oder verfügbar, deutlicher phänologischer Unterschiede sowie bestäubungsbiologischer Befunde:

I. Lippe groß (13–20 mm lang),

1. Lippe flach vorgestreckt; weit verbreitet, Hauptbestäuber *Andrena nigroaenea*: **O. fusca subsp. *fusca*** (**S** *O. arnoldii*, NO-Spanien; *O. calocaerina*, Griechenland; *O. creticola*, Kreta; *O. lojaconoi*, Gargano; *O. lucana*, S-Italien; *O. lupercalis*, S-Frankreich,*O. sabulosa*, Sizilien).

2. Lippe konvex gewölbt, längsgebogen; westmediterran: **subsp. *vasconica*** (**S** *O. omegaifera* subsp. *vasconica*, *O. vasconica*).

3. Lippe schlank, dunkel. Mal blaugrau, über die Mitte reichend, spätblühend; ost-mediterran: **subsp. *attaviria*** (**S** *O. attaviria*, Rhodos; *O. attaviria* subsp. *cesmeensis*, *O. cesmeensis*, W-Türkei).

II. Lippe mittelgroß (9–16 mm lang),

4. Lippe etwas gewölbt, Seitenränder meist ausgebreitet, braun mit gelbem Rand; westmediterran: **subsp. *bilunulata*** (**S** *O. bilunulata*, S-Frankreich; *O. dianica*, SO-Spanien; O. *flammeola*, Sizilien; *O. gackiae*, Sizilien; *O. lucentina*, SO-Spanien; *O. lucifera*, Toskana; *O. migoutiana*, N-Afrika; *O. subfusca* subsp. *liveranii*, Sardinien; *O. lepida*, Sardinien; *O. subfusca*, N-Afrika).

5. Lippe dunkel mit prägnanten Wülsten beidseits der Kerbe. Mal bleifarben; zentral-mediterran: **subsp. *obaesa*** (**S** *O. obaesa*, Sizilien; *O.* × *ficuzzana*, Sizilien; *O. pectus?*, Algerien).

6. Lippe etwas gewölbt, Mal breit grau geran-

det, isoliertes Areal (Libyen): **subsp. *akhdarensis*** (**S** *O. akhdarensis*).

7. Lippe etwas gewölbt, braun, oft gelb gerandet. Wülste am Lippengrund ± ausgebildet, Seitenränder ± ausgebreitet; ost-mediterran: **subsp. *leucadica*** (**S** *O. creberrima*, Kreta; *O. cressa*, Kreta; *O. eptapigiensis*, Rhodos; *O. leucadica*, W-Griechenland; *O. lindia*, Rhodos; *O. punctulata*, W-Griechenland).

8. Lippe gewölbt, Mittellappen breit, gelbbraun gesprenkelt, Rand gelb. Mal hell, groß, ± verwaschen, ost-mediterran: **subsp. *phaseliana*** (**S** *O. parosica*, Ägäis; *O. phaseliana*, S-Türkei).

III. Lippe klein (7–12 mm lang),

9. Lippe flach bis leicht gewölbt, braun, ± gelb gerandet; z-, w-mediterran, Hauptbestäuber *Andrena flavipes*: **subsp. *funerea*** (**S** *O. funerea*, S-Korsika; *O. africana*, Tunesien; *O. caesiella*, Malta; *O. fabrella*, Mallorca; *O. forestieri*, S-Frankreich: *O. fusca* subsp. *minima*, SW-Frankreich; *O. gazella*, Tunesien; *O. hespera*, Toskana; *O. marmorata*, Korsika; *O. ortuabis*, Sardinien; *O. parvula*, Rhodos; *O. peraiolae*, Korsika; *O. perpusilla*, W-Griechenland; *O. sulcata*, W-Frankreich; *O. zonata*, Sardinien).

10. Lippe am Grunde ± konvex gebogen, Seitenlappen ± anliegend bis ausgebreitet, ± gelbrandig; ostmediterran: **subsp. *cinereophila*** (**S** *O. cinereophila*, Kreta; *O. thriptiensis*, Kreta).

11. Lippe im vorderen Drittel am breitesten, Seitenlappen flach ausgebreitet. Käferbestäubt; ost-mediterran: **subsp. *blitopertha*** (**S** *O. blitopertha*, Ägäis; *O. persephonae*, Rhodos).

O. pallida (Sizilien) setzt sich von *O. fusca* deutlich ab durch am Grunde knieförmig gebeugte Lippe mit zurückgeschlagenem Mittellappen und weißlichen Sepalen; sie wird hier als eigenständige Art geführt.

B (Dezember) Januar–Juni. Abdomenpollination (Andrenidae, Colletidae, Scarabaeidae).

W Phrygana, Garrigue, Magerwiesen, lichte Macchia und thermophile Wälder.

A Mediterranes Kerngebiet von Iberischer Halbinsel bis NW-, S-Türkei, Zypern, N-Afrika. N-Arealgrenze von SW-Frankreich, N-Apennin bis Istrien. 0–1400 m.

H Links: Subsp. *fusca*: Siz., Vittoria, 5.2.99, RL; oben: Abdominale Pseudokopulation auf *Ophrys fusca* s.l., Kykladen, Milos, 28.3.00, HB.

Ophrys fleischmannii
Fleischmanns Ragwurz

S *O. omegaifera* subsp. *fleischmannii.* **M** Unterscheidet sich von *O. fusca* s.l. durch stärker gekrümmte Lippe (10–14 × 10,5–12,5 mm) mit fehlender Kerbung und silbrig violetter Behaarung der unteren Lippenhälfte; von *O. omegaifera* s.l. durch dunklere, kleinere Lippe und Behaarung; von *O. israelitica* subsp. *sitiaca* durch stärkere Lippenkrümmung und dunklere Färbung. **B** Mitte Januar–Anfang April. *Andrena sicheli.* **A** Endemit Kretas, zerstreut. 0–1200 m. **H** Kreta, Sougia, 16.3.99, HB.

Ophrys fusca subsp. akhdarensis
Cyrenaika-Ragwurz

M Unterscheidet sich von subsp. *fusca* durch weißlich graue Randzonen des Mals. Mal wie ein Doppelstreifen, Kernzonen bleigrau bis bläulich, öfters heller, mit dunklen Flecken durchsetzt. Perigon grün. Lippe (12–15 × 8,8–10,6 mm) leicht gebogen, nach vorne gestreckt, dreilappig, Seiten- und Mittellappen etwas nach unten geschlagen. Lippenbasis deutlich eingekerbt, Narbenhöhle breit, unten mit weißlichen Haaren dicht besetzt. Perigon gelblich grün, Sepalen eiförmig, Rand etwas eingerollt. Petalen kürzer, linealisch, gelboliv. **B** März. **A** Libyen, Cyrenaika. 340–720 m. **H** Libyen, Al Mari, 28.3.00, HB.

Ophrys fusca subsp. bilunulata
Doppelhalbmond-Ragwurz

M Unterscheidet sich von subsp. *fusca* durch kleinere, etwas gewölbte, heller braune Lippe (11–17 × 7–11 mm), meist mit ausgeprägtem gelbem Rand und ausgebreiteten Seitenlappen. Mal dunkel purpurn mit halbmondförmigen bläulichen Flecken, gelb bis gräulich gerandet. **B** Mitte Februar–Mai. *Andrena flavipes, A. florentina* (Sizilien), *A. vulpecula* (O-Spanien). **A** Iberische Halbinsel, Balearen, S-Frankreich, Italien, Sizilien, N-Afrika. 0–1500 m. **H** S-Fra., Bagnols, 15.4.87, HB.

Ophrys fusca subsp. fusca
Rotbraune Ragwurz

M Pflanze mittelgroß, 2–10-blütig. Sepalen (10–15 × 6–8 mm) grün. Petalen (7,5–11 × 2–3,5 mm) kahl, gewellt, grün bis gelbbräunlich. Lippe (13–20 × 8,5–12,5 mm) leicht konvex, am Grunde tief V-förmig eingekerbt, dreilappig, dunkelbraun. Seitenlappen herabgeschlagen, Mittellappen ausgerandet. Mal graublau bis braun. **B** Januar–Juni. *Andrena nigroaenea, Colletes cunicularius* (S-Spanien). **A** Mediterran, Iber. Halbinsel bis NW-Türkei, N-Afrika. 0–1400 m. **H** Por., Villa Presla, 24.4.96, HB.

Ophrys fusca subsp. attaviria
Attaviros-Ragwurz

M Unterscheidet sich von der sehr ähnlichen subsp. *fusca* durch meist schlankere, dunklere Lippe (13–17 × 8–11 mm), blaugraues, über die Mitte reichendes Mal, von subsp. *cinereophila* durch größere Lippe und spätere Blütezeit, von subsp. *leucadica* durch etwas größere, dunklere Lippe. Lippenbasis tief eingekerbt, weiß behaart. Sepalen schief eiförmig (10–12 × 5–7 mm) grün. Petalen länglich (6–9 × 1,7–2,3 mm), grün bis bräunlich. **V** Subsp. *cesmeensis*: Pflanze gedrungener, Lippe ausgebreiteter, gelbrandiger (Türkei). **B** Ende März–Ende April. **A** SO-Ägäis (Rhodos), SW-Türkei. 10–700 m. **H** Rhodos, Mesanagros, 1.4.95, HB.

Ophrys fusca subsp. blitopertha
Käfer-Ragwurz

M Unterscheidet sich von subsp. *fusca* durch niedrigen Wuchs, nur 2–4-blütig, ausgebreitete Lippe (8–10 × 7,5–9,5 mm), aus schmalem Grunde sich nur allmählich verbreiternd mit größter Breite im vorderen Drittel. Seitenlappen nicht umgeschlagen, Mittellappen trapezfömig, beide breit gelb bis hellbraun gesäumt. Mal ± gleich braun wie Lippe, selten gräulich, kaum weißlich gerandet. **B** Ende März–Anfang Mai. *Blitopertha lineolata.* **A** Ostägäische Inseln, SW-Türkei. 0–400 m. **H** Ägäis, Samos, 4.4.91, HB.

Ophrys fusca subsp. cinereophila
Kleinblütige Braune Ragwurz

M Unterscheidet sich von subsp. *fusca* durch deutlich kleinere Blüten. Lippe (8–12 × 7,5–11 mm) leicht gewölbt, ± dunkelbraun, behaart, gelb gerandet, Seiten- und Mittellappen leicht bis stark abgebogen. Mal blau, oft gräulich überlaufen oder braun, glänzend. **B** März–Anfang Mai. *Andrena cinereophila, A. tomora* (subsp. *parvula*). **A** Ion. Inseln, S-Griechenland, S-Ägäis, Kreta, SW-Türkei, Zypern. 0–1000 m. **H** Kreta, Jouchtas, 22.4.97, HB.

Ophrys fusca subsp. funerea
Zypressen-Ragwurz

M Unterscheidet sich von subsp. *fusca* durch kleinere Blüten. Lippe (7–11 × 5–9 mm) braun, auch marmoriert, Rand ± gelb gesäumt, ausgebreitet bis zurückgeschlagen. **B** Mitte Februar (Süden) März–Ende Mai (Montane Lagen). *Andrena flavipes, A. fabrella, A. wilkella.* **A** Z-, w-mediterran, Balearen, NO-Spanien, S-Frankreich, Korsika, Sardinien, NW- bis S-Italien, Ion. Inseln, NW-Griechenland, Sizilien, Tunesien, Algerien. 0–1200 m. **H** Korsika, Bonifacio, 17.4.87, HB.

Ophrys fusca subsp. leucadica
Leukas-Ragwurz

M Unterscheidet sich von subsp. *fusca* durch kleinere, etwas gewölbtere, braune, oft gelb gerandete Lippe (10–14 × 7–10). Wülste am Lippengrund beidseits der Kerbe ± ausgebildet, Seitenränder ± ausgebreitet. Sepalen schief eiförmig, grün. Petalen kleiner, länglich, gelblich- bis olivgrün. **B** März–April. *Andrena flavipes, A. creberrima* (Kreta). **U** Subsp. *bilunulata*: westmediterran, morphologisch kaum unterscheidbar. **A** Ionische Inseln, Griechisches Festland, Peloponnes, Ägäis (im SW bis Karpathos), SW-Türkei. 0–600 m. **H** Zakynthos, 25.3.91, HB.

Ophrys fusca subsp. obaesa
Bleifarbene Ragwurz

M Unterscheidet sich von subsp. *fusca* durch niederen Wuchs, dichteren Blütenstand, kleinere Lippe (10,5–16,5 × 9–11,5), blaugraues bis bleifarbenes Mal und prägnante Wülste beidseits der Kerbe; von *O. pallida* durch größere, kaum geknickte Lippe. Mittellappen (2,7–4,6 × 5,3–7,1 mm) schmal, vorne leicht zurückgeschlagen. Vorderrand oft schmal gelb gesäumt. Sepalen (8–12 × 4,8–7 mm) eiförmig, grün. Petalen (6–11 × 1,8–2,8 mm) linealisch, olivgrün bis braun, Rand meist heller. **B** März–Anfang Mai. *Andrena flavipes.* **A** Sizilien, ob Tunesien? 50–1320 m. **H** Siz., M. Cammarata, 2.5.01, RL.

Ophrys fusca subsp. phaseliana
Phaselis-Ragwurz

M Unterscheidet sich von subsp. *fusca* durch graue, 2-geteilte Malzeichnung und ausgeprägten Knick am Lippengrund, von subsp. *leucadica* durch längere Sepalen (12,5–14 × 5–7 mm), hellere, oft fleckig gefärbte Lippe (11–17 × 8–11,5 mm) mit breiterem Spaltstück des Mittellappens (3–5 × 6,8–9 mm). Sepalen (11–16 × 5–8 mm) schief eiförmig, grün. Petalen (7,5–12 × 2,5–4 mm) länglich, gelbgrün. **B** März–Anfang Mai. **A** Ägäis (Kreta, Karpathos, Rhodos, Kykladen, Samos, Lesbos), SW-Türkei. 0–700 m. **H** Ägäis, Milos, 4.3.03, HB.

Ophrys fusca subsp. vasconica
Gascogne Ragwurz

M Unterscheidet sich von subsp. *fusca* durch niedrigeren Wuchs, stärker in Längsrichtung gekrümmte, dunkelpurpurne Lippe (12–15 × 9–13 mm) mit kastanienrotem Mal und öfters kräftiger braun gefärbte Petalen (6–9 × 1,5–2,8 mm). Sepalen (9–13 × 6–7,5 mm) schief eiförmig, grün. Mal durch grüne Zone von der Basis getrennt, in der Mitte purpurrot, bisweilen auch blauviolett, nach unten ± breit elfenbeinfarben, seltener hellrosa gesäumt. **B** April–Mai. **A** NO-Spanien, SW-Frankreich. 100–1000 m. **H** S-Fra., Masseube, 15.5.91, HB.

Ophrys heldreichii subsp. heldreichii
Heldreichs Ragwurz

S *O. pharia.* **M** Sepalen ± hellrot, Petalen (5,5–7,5 × 2,4–3 mm) dunkler, 3-eckig, behaart, 1/2 so lang. Lippe (14–18 × 10–13 mm) stark konvex, oben 3-lappig, mit 5 mm langen, spitzen, auswärts gekrümmten Höckern, dunkelbraun. Mal latzförmig, ornamental, mit Auszweigungen, grüngelb umrandet. Anhängsel (2,3–3,3 × 2,4–3,3 mm) 3-teilig. **B** März–Mai. *Synhalonia rufa.* **A** Dalmatien (Hvar), N-Griechenland, Peloponnes, Kithira, Kykladen, Kreta. 0–1200 m. **H** Kreta, Youchtas, 22.4.97, HB.

Ophrys heldreichii subsp. calypsus
Kalypso-Ragwurz

S *O. calypsus.* **M** Unterscheidet sich von subsp. *heldreichii* durch kürzere, weniger konvexe und damit schmaler erscheinende Blütenlippen (12–15,5 × 11,5–12,5 mm), durch kürzere Seitenlappenhöcker und Anhängsel. Petalen (5,3–6,8 × 2,6–3,2 mm) geöhrt, behaart, schmal 3-eckig, 1/2 so lang wie die Sepalen. **B** Ende März–Mai. Hybriden mit *O. heldreichii*, *O. holoserica* s.l., *O. oestrifera* s.l. **A** O-Ägäische Inseln: Kos, Leipsoi, Rhodos. 0–60 m. **H** Rhodos, Kattawia, 1.4.95, HB.

Ophrys heldreichii subsp. pusilla
Kleinblütige Heldreichs Ragwurz

S Var. *scolopaxoides.* **M** Unterscheidet sich von subsp. *heldreichii* durch kürzere Sepalen (10,5–13 × 5–7,5 mm), Petalen (4,5–6 × 2–2,7 mm) und kleinere Lippen (10,5–12 × 9,3–12,2 mm) mit schmaleren Mittellappen (6,4–7 mm) und kürzere Anhängsel (1,3–1,6 mm); von subsp. *calypsus* durch kürzere Sepalen, Lippen und Seitenlappenhöcker; von *O. oestrifera* durch größere Blüten. **B** März–April. Hybriden mit *O. holoserica* subsp. *maxima* und *O. oestrifera* subsp. *dodekanensis*, die oft schwierig abzugrenzen sind. **A** O-Ägäische Inseln: Karpathos, Rhodos, Samos, Lesbos. 0–400 m. **H** Karpathos, Pigadhia, 28.3.95, HB.

Ophrys helenae
Helenes Ragwurz

S *O. mammosa* subsp. *helenae.* **M** Pflanzen 2–8-blütig. Sepalen hellgrün, oft braunrot überlaufen, Petalen (7–11 × 2,5–3,5 mm) lanzettlich, wellig, kahl, 2/3 so lang. Lippe (13–16,5 × 14–18 mm) kreisrund, dunkel wein- bis braunrot, kaum gehöckert, leicht konvex. Mal fehlend, Anhängsel schmal (1,3–1,8 mm). **B** April–Juni. Hybriden mit *O. mammosa* (*O.* × *olympica*). **U** *O. mammosa*: Lippe gehöckert, schmaler, mit H-Zeichnung. **A** S-balkanischer Endemit: S-Albanien, griechisches Festland, NW-Peloponnes, Ionische Inseln. 0–1000 m. **H** S-Gri., Kanalakki, 7.4.03, RL.

Ophrys holoserica subsp. holoserica
Hummel-Ragwurz

S *O. fuciflora*, *O. halia.* **M** Pflanze niedrig bis mittelgroß, locker 4–12-blütig. Sepalen abstehend, weißlich bis hellrot, Petalen (3,5–5 × 2–3 mm) schmal 3-eckig, behaart, 1/3 so lang. Lippe (12–15 × 10,5–15 mm) ungeteilt, trapezförmig, dunkelbraun. Mittellappen konvex, am Rand aufgebogen, mit breitem Anhängsel (2,4–3,6 mm). Seitenlappen stumpf gehöckert, am Rande behaart. Mal gegliedert bis H-förmig, grauviolett, hell umrandet. **V** Der Komplex wird in mehrere Unterarten gegliedert, die nicht immer durch die Blütezeit, morphologisch oder arealgeographisch klar gegeneinander abgegrenzt sind. **B** Mai–Juni. *Eucera longicornis*, – *E. nigrescens.* Hybriden mit *O. apifera*, *O. insectifera*, *O. sphegodes.* **U** Den Hauptunterschied gegen die nach Süden (subsp. *elatior*, – *annae*) und Südosten (subsp. *untchjii*, – *tetraloniae*) angrenzenden Taxa stellt die größere Blütenlippe dar. **W** Halbtrockenrasen, Schafweiden. 0–1350 m. **A** Zentraleuropa: Deutschland, Belgien, Frankreich, Schweiz, Italien, Österreich. Verlauf der S- und SO-Grenze unklar. **H** S-Deu., Schöntal, 12.5.90, HB.; *O. holoserica* × *O. insectifera*, S-Deu., Bad Mergentheim, 27.5.04, *Eucera nigrescens*, HB.

Ophrys holoserica subsp. aeoli
Äolische Ragwurz

S *O. aeoli.* **M** Unterscheidet sich von *O. heldreichii* durch dunklere, kleinere, weniger konvexe Lippe (11–13 × 8,5–11 mm), kürzer gehöckerte Seitenlappen (0,5–3 mm) und 2,3–5 mm breites Anhängsel; von *O. holoserica* durch konvexere und schmalere Blütenlippe und schmutzig grünlich rote Petalen (4–5,5 × 2,3–3,3 mm), die 1/3 so lang wie die Sepalen sind. **B** April–Anfang Mai. **A** Endemit der östlichen Kykladen: Amorgos, Astypalea. 0–450 m. **H** Amorgos, Chora, 15.4.02, HB.

Ophrys holoserica subsp. andria
Andros-Ragwurz

S *O. andria* var. *halkionis*, *O. thesei.* **M** Unterscheidet sich von subsp. *holoserica* durch größere Petalen, längere und spitzere Höcker sowie ein reduziertes Mal (2 getrennte Flecken mit oder ohne Fortsätze); von *O. heldreichii* durch ganzrandige Lippe. Petalen (3,7–6,7 × 1,7–2,7 mm) geöhrt, behaart, schmal 3-eckig, 1/2 so lang wie die die Sepalen. **B** März–April. *Eucera nigrescens.* **A** Kykladen: Andros, Kimolos, Naxos, Serifos, Siros, Tinos. 0–550 m. **H** Siros, Komito, 14.3.03, HB.

Ophrys holoserica subsp. annae
Kleinblütige Hummel-Ragwurz

S *O. annae*, *O. serotina.* **M** Unterscheidet sich von subsp. *holoserica* durch kleinere Blüten, leicht quadratische bis rundliche Lippe (8–11 × 7–12 mm) mit starker Behaarung der Höckeraußenseite, die sich meist auf gesamten Lippenrand ausdehnt. Mal wenig gegliedert. Perigon blassrot bis hellrot, bisweilen weißlich, grünlich weiß, grün. Sepalen (10–13 × 4–6 mm) schief eiförmig. Petalen (3–5 × 1,6–2.7 mm) linealisch, behaart. **V** In M-Italien Übergänge zu subsp. *holoserica* und subsp. *holubyana.* **B** Mai–Anfang Juli. *Osmia rufa.* **A** Sardinien, M-Italien (Emilia bis Latium). 40–800 m. **H** Sard., Ussassai, 16.5.98, RL.

Ophrys holoserica subsp. apulica
Apulische Hummel-Ragwurz

S *O. fuciflora* subsp. *apulica.* **M** Unterscheidet sich von subsp. *holoserica* durch größere Blüten mit längeren Petalen (5–9 × 3–5 mm), längere, trapezförmige, längskonvexe Lippe (13–18 × 11–15 mm) mit aufgebogenen vorderen Seiten und ausgeprägteren Höckern. Lippe samtig braun, Schultern behaart, Mal braunviolett, gelb gerandet. Sepalen (14–17 × 6,5–9,5 mm) eilanzettlich, rosarot, Petalen dunkler. **B** Ende März–Mitte Mai. In den Abruzzen Hybridschwärme mit subsp. *holoserica*, *Tetralonia berlandi.* **A** S-Italien (Apulien bis Kalabrien, Ägadische Inseln), Ägäis. 0–1000 m. **H** S-Ita., Siponto, 22.4.95, RL.

Ophrys holoserica subsp. holubyana
Balkanische Ragwurz

S *O. holubyana, O. dinarica, O. fuciflora* subsp. *lorenae.* **M** Unterscheidet sich von subsp. *holoserica* durch eine 3-lappige Blütenlippe mit hornartig zugespitzten, 3–8 mm langen Seitenlappenhöckern. Petalen schmal 3-eckig, geöhrt, behaart, 1/3 so lang wie die Sepalen. Lippe konvex gewölbt mit kräftigem Anhängsel. **B** Mai–Juni. Wohl hybridogene Entstehung aus *O. holoserica* s.l. und *O. oestrifera* s.l. **A** Tschechien, Slowakei, Ungarn bis S-Kroatien, M-Italien. 150–1000 m. **H** Cres., 11.5.03, HB.

Ophrys holoserica subsp. elatior
Hochwüchsige Ragwurz

S *O. elatior, O. fuciflora subsp. elatior.* **M** Unterscheidet sich von subsp. *holoserica* durch spätere Blütezeit, höheren Wuchs (20–90 cm), kleinere Blüten, schmaleres Anhängsel, (1,4–2,3 mm) und weinrote Perigonfarbe. Petalen (2,5–3,5 × 1,7–2 mm) geöhrt, behaart, 1/3 so lang wie die Sepalen. Lippe (7–10 × 6,5–10 mm). **B** Ende Juni–Ende August. Hybriden mit subsp. *holoserica.* **A** SW-Deutschland und O-Frankreich (Oberrhein), Schweiz (Genf), N-Italien (Insubrien). 140–750 m. **H** S-Deu., Steinenstadt, 3.7.97, HB.

Ophrys holoserica subsp. gracilis
Zierliche Hummel-Ragwurz

S *O. fuciflora* subsp. *gracilis, O. posidonia.* **M** Unterscheidet sich von subsp. *holoserica* durch schlankeren, höheren Wuchs, lockereren Blütenstand und kleinere Blüten, von subsp. *elatior* durch frühere Blütezeit. Petalen kurz, dreieckig. Lippe klein, quadratisch bis rundlich, gewölbt. **V** *O. posidonia*: Lippenrand gelb, Perigon weißlich grün bis hellgrün (SW-Italien) **B** Ende April–Anfang Juni. **A** Endemit S-Italiens (Molise bis N-Kalabrien). 50–1200 m. **H** S-Ita., Isernia, 28.5.98, HB.

Ophrys holoserica subsp. graeca
Griechische Hummel-Ragwurz

M Unterscheidet sich von subsp. *maxima* durch breitere Lippen (14–16 × 15–17 mm), längere (5–10 mm) und spitzere Seitenlappenhöcker; von subsp. *lacaena* durch längere Sepalen (12–14,5 × 6,5–8 mm), größere Blüten und breiteres Anhängsel (2,8–4,2 mm); von *O. heldreichii* durch breitere, flachere Lippe. Pflanzen 35–75 cm hoch. Petalen (3,3–4,2 × 2–3 mm) bräunlich grün, 1/3 so lang wie die Sepalen. **B** April–Mai. **A** S-Peloponnes (Lakonien), Kithira. 0–60 m. **H** Pelo., Githeon, 29.4.89, HB.

Ophrys holoserica subsp. heterochila
Verschiedenlippige Ragwurz

S *O. heterochila.* **M** Unterscheidet sich von *O. oestrifera* subsp. *dodekanensis* und subsp. *minutula* durch kürzere Petalen, breitere, weniger konvexe Lippe und kürzere, weniger spitze Höcker; von *O. holoserica* s.l. durch kleinere Blüten. Petalen (2,5–3 × 1,5–2 mm) geöhrt, behaart, rosa violett, 1/4 so lang wie die weißlichen bis hellroten, stark zurückgeschlagenen Sepalen. Lippe 7–8 mm lang, konvex, ganzrandig bis leicht gelappt, Seitenlappenhöcker 1–2,5 mm lang, kurz zugespitzt. Anhängsel (1–2,5 mm lang). **B** April–Anfang Mai. **A** SW-Türkei: Lydien, Karien, Lykien, Pamphylien. 0–700 m. **H** SW-Tür., Bodrum, 10.4.88, HB.

Ophrys holoserica subsp. homeri
Homers Ragwurz

S *O. homeri.* **M** Unterscheidet sich von subsp. *maxima* durch längere Petalen (3,7–5,3 × 1,8–2,6 mm), kleinere Lippe (9–12 × 9–11 mm), längere, spitzere Höcker und schmaleres Anhängsel (1,8–2,9 mm); von *O. heldreichii* und *O. oestrifera* s.l. durch breitere, weniger konvexe Lippe und kürzere Malzeichnung. Sepalen zartrosa bis weinrot mit grünem Mittelnerv, Petalen spitz 3-eckig, 1/2–2/3 so lang. Lippe stark konvex, ganzrandig, schwarzbraun, an der Schulter mit langen spitzen Höckern. **B** April–Mai. Hybriden mit *O. oestrifera* s.l. **A** Ägäische Inseln: Chios, Kos, Lesbos, SW-Türkei: Bodrum. 0–700 m. **H** Lesbos, 20.4.98, HB.

Ophrys holoserica subsp. lacaena
Lakonien-Ragwurz

S *O. lacaena, O. candica* subsp. *lacaena.* **M** Unterscheidet sich von subsp. *holoserica* durch schmalere Lippen (11–13 × 10–13 mm) mit längeren, spitzen Höckern und aufwärts gerichtetem Anhängsel (1,9–2,8 mm breit); von O. *candica* subsp. *cytherea* durch größere Lippen und reicherer, ornamentaler Malzeichnung. Petalen (2,2–3,5 × 1,7–2,5 mm) geöhrt, behaart, 1/4 so lang wie die Sepalen. **B** Ende März–April. **A** S-Griechenland: Lakonien, Kithira, Kreta? 0–450 m. **H** Pelo., Githeon, 18.4.94, HB.

Ophrys holoserica subsp. libanotica
Libanon-Ragwurz

M Unterscheidet sich von subsp. *maxima* durch längere Petalen (3,9–5,2 × 2,1–3,1 mm), eine kürzere, weniger konvexe Lippe (11–13,5 × 12–14,5 mm), kürzere, weniger spitze Höcker; von subsp. lyciensis durch dunklere, schmalere Lippe und kürzere, nicht nach außen gebogene Höcker; von *O. aramaeorum* durch niedrigeren Wuchs, wenigblütigere Infloreszenz, größere Petalen und Lippe, breiteres Anhängsel (2,1–3,6 mm). **B** Anfang Mai–Juni. **A** Libanon: W-Seite des Libanon-Gebirges. 650–1200 m. **H** Liba., Jounie, 19.5.02, HB.

Ophrys holoserica subsp. lyciensis
Lykische Hummel-Ragwurz

S *O. lyciensis.* **M** Unterscheidet sich von subsp. *holoserica* und – *maxima* durch kleinere Blüten mit längeren, spitzen Höckern und meist reduziertem Mal. Petalen (2,5–5,5 × 2–3 mm) geöhrt, behaart, 1/4 bis 1/3 so lang wie die Sepalen. Lippe (10–13 × 10–13 mm) ± rechteckig, ungeteilt, kastanienbraun. Mal H- bis schildförmig, gelbgrün umrandet. **B** Ende März–April. *Eucera graeca.* **A** Kos, SW- und S-Türkei: Karien, Lykien, Kilikien, Hatay, Kurdistan. 0–600 m. **H** SW-Tür., Agullu, 9.4.95, HB.

Ophrys holoserica subsp. maxima
Großblütige Ragwurz

M Unterscheidet sich von subsp. *holoserica* durch größere Blüten und breiteres Anhängsel (3–6 mm). Petalen (3,2–5,5 × 2,8–3,6 mm) geöhrt, behaart. Lippe (13–16 × 13,5–19 mm) trapezförmig, konvex, gehöckert, am Rande aufgebogen, gelbbraun, ungeteilt. Mal H-förmig mit Auszweigungen, gelbgrün umrandet. **B** April–Mai. *Tetralonia berlandi?* **A** Cyrenaika, Kreta, Karpathos, Rhodos, Samos, SW- und mittlere S-Türkei, NW-Syrien, Libanon, Israel. 0–1400 m. **H** Kreta, Youchtas, 22.4.97, HB.

Ophrys holoserica subsp. parvimaculata
Kleingezeichnete Hummel-Ragwurz

S *O. fuciflora* subsp. *parvimaculata.* **M** Unterscheidet sich von subsp. *holoserica* durch grüne, bisweilen weißliche, selten schmutzigrot überlaufene Sepalen (12,5–15,5 × 6,5–8,5 mm), grüne bis gelbgrüne Petalen (4–7 × 2–3,5 mm), rundliche bis quadratische, seitlich stärker behaarte Lippe (11–14 × 11–14 mm), und kleineres, wenig gegliedertes, H-förmiges Mal. Pflanze kleinwüchsig, 10–20 cm hoch mit 3– 4 Blüten. Lippenhöcker klein, spitz. Basalfeld lang, heller; Basalschwielen klein, halbkugelig, grün. **B** April–Anfang Mai. *Eucera nigrescens.* **A** Endemit S-Italiens (Apulien, Basilicata). 25–450 m. **H** S-Ita., Noci, 20.4.95, RL.

Ophrys holoserica subsp. tetraloniae
Tetralonia-Ragwurz

S *O. tetraloniae.* **M** Unterscheidet sich von subsp. *holoserica* durch spätere Blütezeit, größere Petalen und kleinere Blüten; von subsp. *untchjii* durch weißes Perigon und spätere Blütezeit. Pflanzen hochwüchsig (± 40 cm) und schlank, mit dünnem Stängel, reichblütig. Sepalen weiß bis rosa mit grünem Mittelstreifen. Petalen schmal 3-eckig, geöhrt, behaart, 1/3 so lang wie die Sepalen. Lippe (6–8 × 6–9 mm) trapezförmig, konvex, schwach gehöckert, ungeteilt. Mal breit H- oder X-förmig, gelbgrün umrandet. **B** Ende Mai–Mitte Juli. *Tetralonia fulvescens, T. inulae.* **A** M-Istrien, auf Flysch, 250–500 m. **H** Kro., Istrien, 25.5.89, HB.

Ophrys holoserica subsp. untchjii
Untchjs Ragwurz

S *O. medea, O. untchjii.* **M** Unterscheidet sich von subsp. *holoserica* durch kleinere Blüten mit meist grünem Perigon und im Verhältnis zur Lippe breiterem Anhängsel (3–4 mm breit). Petalen (4,5–6 × 2–3 mm) schmal 3-eckig, geöhrt, behaart, 1/2–1/3 so lang wie die Sepalen. Lippe (9,5–12 × 11–14 mm) trapezförmig, konvex, gehöckert, ungeteilt. Mal ornamental, reich gegliedert, gelbgrün umrandet. **B** April–Mai. *Eucera clypeata.* **A** Istrien: Pula; Quarnero: Cres, Krk. 0–700 m. **H** Kro., Istrien, Pula, 19.5.01, HB.

Ophrys icariensis
Ikarische Ragwurz

M Mittelgroß, 2–8-blütig. Sepalen abstehend, rosa bis hellrot, Petalen (3,8–5,3 × 2–3,2 mm) lanzettlich, behaart, 1/3 so lang. Lippe (10,5–14 × 9–13 mm) 3-lappig, dunkel rotbraun. Seitenlappen schwach gehöckert, behaart. Mittellappen quer gewölbt, mit grünbraunem, 1,8–2,3 mm breitem Anhängsel. Mal H-förmig, von der Basis bis zur Mitte mit Vernetzungen. Konnektiv zugespitzt. **B** März–April. **U** *O. oestrifera*: Lippe konvexer, Höcker länger, Mal reicher. **A** Ägäischer Endemit: Naxos, Ikaria. 0–400 m. **H** Ikaria, 3.4.91, HB.

Ophrys incubacea subsp. incubacea Schwarze Ragwurz

S *O. atrata*, nom. illeg. **M** Pflanze mittelgroß, 3–8-blütig, Sepalen (10–15 × 4–7 mm) grün, teils bräunlich. Petalen breit lanzettlich, gelbgrün, oft rötlich. Lippe (8–14 × 8–14 mm) rund, Höcker innen kahl, schwarzbraun, Rand zottig behaart. Mal H-förmig, auf Höcker ausgedehnt, stahlblau, weißrandig. **V** Var. *dianensis*: Perigon rötlich; *O. brutia*: Basalfeld hellbraun (Kalabrien). **B** März–Juni. *Andrena morio*. **A** Istrien, Dalmatien, S-Italien bis Portugal. 0–1300 m. **H** Siz., Taormina, 14.4.01, RL.

Ophrys incubacea subsp. castricaesaris Westliche Schwarze Ragwurz

M Unterscheidet sich von subsp. *incubacea* durch deutlich schwächer ausgeprägte Höcker. Lippe (9,5–13 × 9–13 mm) dunkelbraun, Mitte kahl, Rand zottig behaart. Mal H-förmig mit parallelen, vom Basalfeld auf Höckerinnenseite ausladenden Seitenärmchen. In SO-Frankreich bisher als *O. majellensis* bezeichnet. **V** Im Westen des Areals oft Übergänge zur Nominatsippe. **B** Anfang März–Mitte Juni. **A** W-Ligurien, S-Frankreich, Iberische Halbinsel, Balearen. 50–1150 m. **H** SO-Fra., Bagnol en Forêt, 12.5.91, HB.

Ophrys insectifera subsp. insectifera Fliegen-Ragwurz

S *O. myodes*, *O. muscifera*. **M** Pflanze mittelgroß, schlank, 2–20-blütig, Sepalen (6–8 × 2–3,5 mm) länglich eiförmig, konkav, abstehend, hellgrün. Petalen (3–5 × 0,3–0,5 mm) schmal linealisch bis fadenförmig, rotbraun. Lippe (9–10 × 6–7 mm) herabhängend, ziemlich flach, dunkel rotbraun bis schwarzpurpurn, kurz samthaarig, oben dreilappig, Mittellappen vorne tief ausgerandet. Mal bläulich bis gräulich, mittig. **B** Mai–Juli. *Argogorytes mystaceus*, *A. fargei*. **A** Temperate Zonen Europas bis Irland, M-Skandinavien, Ural, Griechenland, S-Italien, N-Spanien. 10–2020 m. **H** SW-Deu., Gutenstein, 30.5.93, HB.

Ophrys insectifera subsp. aymoninii Aymonins Fliegen-Ragwurz

S *O. aymoninii*. **M** Unterscheidet sich von subsp. *insectifera* durch kräftigeren Wuchs, dichteren Blütenstand, grüne Petalen, gelb- bis dunkelbraune, breitere Lippe (9–13 × 7-10 mm), vorne und an den Seitenlappen ± breit gelb gesäumt, Mittellappen gleich breit wie lang. **V** *O. subinsectifera*: kleinwüchsiger, kleinblütiger, Lippenseitenlappen kürzer, Petalen an der Basis braun, *Sterictiphora furcata* (N-Spanien). **B** Ende April–Anfang Juli. *Sinandrena combinata*. **A** S-Frankreich (Grands Causses), N-Spanien. 500–1000 (Fra.), –1450 m (Sp). **H** S-Fra., La Lavagne, 25.5.90, HB.

Ophrys iricolor subsp. iricolor Regenbogen-Ragwurz

S *O. fusca* subsp. *iricolor*. **M** Sepalen (10–14 × 5,5–7,5 mm) helloliv, das mittlere über die Säule geneigt; Petalen (8,5–10 × 1,7–2,5 mm) grün- bis braungelb, linealisch, gewellt, 2/3 so lang. Lippe (12,5–17 × 12,5–16 mm) samtig schwarzviolett, schwach konvex, unterseits braunrot. Mal flächig, leuchtend blau, bis über die Mitte. Am Lippengrund tiefe, wulstige Kerbung. **B** Februar–Anfang Mai. *Andrena morio*. **A** Griechenland (Ionische, Ägäische Inseln), W-Türkei, Zypern, NW-Syrien, Libanon, Israel. 0–1100 m. **H** Zyp., Akrotiri, 28.2.05, HB.

Ophrys iricolor subsp. maxima Kleinblütige Regenbogen-Ragwurz

S – subsp. *eleonorae*, *O. eleonorae*, *O. vallesiana*. **M** Unterscheidet sich von subsp. *iricolor* durch kleinere Blüten. Petalen (5,5–7,5 × 1,5–2,5 mm) lanzettlich, kahl, gewellt, 2/3 so lang wie die Sepalen (8,5–11 × 4–6 mm). Lippe (10–13,5 × 9,5–12 mm) mit weniger leuchtendem und meist 2-geteiltem Mal. Nicht immer klar gegen die oft am gleichen Wuchsort vorkommende *O. fusca* s.l. abgesetzt und dann mit Zwischenformen. **B** März–Anfang Mai. *Andrena morio*. **A** Korsika, Sardinien, N-Tunesien, N-Algerien. 0–950 m. **H** Tun., Somaa, 10.3.99, RL.

Ophrys iricolor subsp. mesaritica
Mesara-Regenbogen-Ragwurz

S *O. mesaritica, O. astypalaeica?* **M** Unterscheidet sich von subsp. *iricolor* durch frühere Blütezeit und kleinere Blüten und hellerer (rein grüner?) Lippenunterseite; von subsp. *maxima* durch frühere Blütezeit und ostmediterranes Areal. Petalen (5,5–6,5 × 1,6–2 mm) lanzettlich, kahl, gewellt, 1/2 so lang wie die Sepalen (10–12 × 5–6 mm). Lippe (12–14 × 9–11 mm) bräunlich violett. **B** Anfang Januar–Ende Februar. **A** Kreta, Kykladen? (Astypalea). 0–950 m. **H** Kreta, Andiskari, 24.2.02, AC.

Ophrys isaura
Isaurische Ragwurz

M Sepalen zurückgeschlagen, gelblich bis bräunlich grün, Petalen (4 × 2,5 mm) geöhrt, 3-eckig, behaart, 1/4 so lang. Lippe 10–12 mm lang, 3-lappig, schmal, konvex, dunkelbraun samtig. Seitenlappen spitz gehöckert, Mittellappen mit großem, aufwärts gerichtetem Anhängsel. Mal in der oberen Hälfte ornamental, hell umrandet. Narbenhöhle braun, mit grünlichen Basalschwielen. **B** Mitte Mai–Juni. **A** Endemit der S-Türkei: Kilikien, Pamphylien. 800–1200 m. **H** S-Tür., Gülnar, 23.5.81, HB.

Ophrys israelitica subsp. israelitica
Israelische Ragwurz

S *O. omegaifera* subsp. *israelitica.* **M** Unterscheidet sich von *O. fusca* s.l. durch violettbraune Lippe (12–14 × 9,5–12 mm) mit fehlender Kerbung und ausgedehntere, weißliche Omega-Zeichnung; von *O. omegaifera* s.l. durch dunklere, kleinere Lippe mit schwächerer Krümmung; von *O. israelitica* subsp. *sitiaca* durch fehlende Lippenkerbung und breitere Narbenhöhle. **V** Im größten Teil des Areals unverwechselbar. Auf den Kykladen Zwischenformen mit *O. fusca* s.l. **B** Januar–April. *Andrena flavipes.* **A** Mittlere S-Türkei, Zypern, NW-Syrien, Libanon, Israel, Jordanien. 0–1300 m. **H** Zyp., Dipotamos, 6.3.05, HB.

Ophrys israelitica subsp. sitiaca
Sitia-Ragwurz

S *O. sitiaca.* **M** Unterscheidet sich von *O. fusca* s.l. durch flachere, basale Lippenkerbung und ausgedehntere, weißliche Omega-Zeichnung; von *O. omegaifera* s.l. und subsp. *israelitica* durch Einkerbung am Lippengrund und schwächer kniebogig gekrümmte und blassbraune Blütenlippe (10–14 × 9–13 mm). Pflanzen niedrig (± 10 cm) und meist wenig (1–2)-blütig. Lippe blass- bis rotbraun, Mal marmoriert. **B** Anfang Februar–Mitte März. *Andrena nigroaena* subsp. *candiae.* **A** Ägische Inseln: Arkoi, Chios, Kalymnos, Kreta, Lesbos, Leros, Patmos, Phournoi, Rhodos, Samos; SW-Türkei: Lydien, Karien, Lycien. 0–900 m. **H** Kreta, Thripti, 28.2.02, AC.

Ophrys kotschyi
Kotschys Ragwurz

S *O. cypria.* **M** Sepalen abstehend, das mittlere vorgebogen, helloliv, Petalen (5–8 × 2,3–3 mm) bräunlich grün, behaart, 1/2 so lang. Lippe (13–15 × 10–12 mm) quergewölbt, schwarzpurpurn, tief 3-lappig. Seitenlappen oben gehöckert, behaart. Mittellappen 7–9 mm breit, papillös, Anhängsel trübgrün. Mal ornamental, rotviolett, silbrig umrandet. Narbenhöhle weiß. **B** Februar–April. *Melecta tuberculata.* **A** Endemit Zyperns: Nordkette, Troodos-Vorland auf Kalk. 0–800 m. **G** Prioritäre Art FFH Anhang II. **H** Zyp., Akrotiri, 28.2.05, HB.

Ophrys lacaitae
Lacaitas Ragwurz

S *Ophrys oxyrrhynchos* subsp. *lacaitae.* **M** Pflanze nieder (10–25 cm), 4–10-blütig. Sepalen abstehend, hellgrün. Petalen kurz, gelbgrün, basal ± rötlich, behaart. Lippe groß (11–15 × 16–20 mm), zitronengelb mit brauner Mitte, trapezförmig bis gestaucht rhombisch, in oberer Hälfte stark aufgewölbt, gehöckert, Schultern gelb behaart. Mal klein, am Basalfeld. Anhängsel groß, aufwärts gerichtet. **B** Ende April–Anfang Juni. *Eucera eucnemidea.* **A** Malta, Sizilien, S-Italien, Dalmatien (Vis). 50–1500 m. **H** Siz., Alcara li Fusi, 7.5.01, RL.

Ophrys levantina
Levantinische Ragwurz

M Sepalen hellgrün, weißlich bis rosa, Petalen (2,3–2,8 × 2–3 mm) geöhrt, 3-eckig, kurz behaart, 1/4 so lang. Lippe (9–11 × 10–12 mm) konvex, trapezförmig, schwarzbraun, am Rande hellviolett behaart. Seitenlappen stumpf gehöckert, Mittellappen mit breitem Anhängsel (2–3 mm). Mal isoliert, kurz H-förmig, hell umrandet. Narbenhöhle breit, braun, mit Transversalband. **B** Februar–Mitte April. *Eucera* spec. **A** S-, SW- und N-Zypern; S-, SO-Türkei. 0–900 m. **H** Zypern, Agios Georgios, 27.2.05, HB.

Ophrys lunulata
Halbmond-Ragwurz

S *O. sphegodes* subsp. *lunulata.* **M** Pflanze mittelgroß, 4–10-blütig, Seitliche Sepalen abwärts gerichtet, weißlich rosa bis lila, grün genervt. Petalen lang, randlich behaart, rosa, Spitze ± -gelbgrün. Lippe länglich (10–14 mm), braun bis rotbraun, oben dreilappig, schwach gehöckert, hellbraun zottig behaart. Mittellappen schlank, Rand zurückgeschlagen. Mal quer, blau. **B** März–April. *Osmia kohlii.* **A** Endemit Siziliens. Malta? 0–1300 m. **G** FFH Anh. II, Prioritäre Art. **H** Siz., Vittoria, 3.3.96, RL.

Ophrys lutea subsp. lutea
Gelbe Ragwurz

S *O. vespifera.* **M** Pflanze mittelgroß, 1–4(6)-blütig. Tragblätter olivgrün, elliptisch, den Fruchtknoten überragend. Mittleres Sepal nach vorne, seitliche Sepalen rechtwinklig zur Seite gebogen, olivgrün, an den Rändern zurückgerollt. Petalen stumpf spatelförmig, gelbgrün, kahl, am Rand gewellt, seitlich abstehend bis leicht nach vorne gekrümmt, 2/3 so lang. Lippe (12–16 × 13–17 mm) breit, kreisrund, am Ende 3-geteilt, überlappend, am Grunde mit einer, von 2 Buckeln gesäumter Längsfurche, knieförmig gebogen, mit breiter, kahler gelber Randzone (4–5 mm), oft breiter als lang. Mittellappen konvex, dunkelbraun bis schwarzviolett, Spaltstück (3,9–4,7 × 7–10,5 mm) abgerundet, gestutzt, seltener breit keilförmig. Seitenlappen ± flach bis hochgebogen. Mal schildförmig, blau- bis grauviolett, marmoriert. Narbenhöhle breit, ohne Basalfeld und ohne Schwielen, Konnektiv stumpf. **V** Bei gemeinsamem Vorkommen mit kleinblütigen Vertretern dieses Komplexes gibt es ± intermediäre Mischformen, besonders häufig in Tunesien (*O. × gauthieri, O. numida*). **B** Ende Februar–Mai. *Andrena cineraria, A. senecionis.* **U** Alle übrigen Unterarten sind kleinblütiger. **A** W- und z-mediterran: Griechenland, Ionische Inseln, S-Italien, Sardinien, S-Korsika, Sizilien, Malta, Tunesien, Algerien, Marokko, Portugal, Spanien, S-Frankreich, Balearen. 0–1800 m. **H** Tun., Dj. Ressas, 29.3.96, HB; Tun., Thibar, 15.3.99, RL.

Ophrys lutea subsp. galilaea
Galiläische Ragwurz

S *O. galilaea.* **M** Unterscheidet sich von subsp. *lutea* und – *phryganae* durch kleinere Lippe (8,5–10,5 × 7,5–9,5 mm); Spaltstück des Mittellappens (1,5–2,9 × 3,7–5,5 mm) und schmalere gelbe Randzone (seitlich: 1,8–2,7 mm; unten: 0,4–1 mm); von subsp. *minor* schwierig abzugrenzen (Blüten wenig kleiner). **V** Blütengröße ± konstant; Färbung variabel, strahlt in den Mittellappen aus. **B** Februar–April. *Andrena taraxaci.* **A** Israel, Libanon, Mittlere S-, SW- und W-Türkei, Ägäische Inseln. Verlauf der W-Grenze unklar. 0–1100 m. **H** N-Israel, Haifa, 14.3.94, HB.

Ophrys lutea subsp. laurensis
Monte Lauro-Ragwurz

S *O. laurensis.* **M** Unterscheidet sich von subsp. *lutea* und – *phryganae* durch kleinere, stärker konvexe Lippe (10–14 × 9–12 mm; Spaltstück des Mittellappens 3–4,5 × 5–7 mm) und schmaleren gelben Saum (1,5–2,5 mm); von subsp. *galilaea* und – *minor* durch gratartige Einkerbung der Lippenbasis und glänzend schwarzblauem Mal, von subsp. *murbeckii* durch stärkere Lippenkerbung mit breiterem gelbem Saum. **B** Anfang April–Mitte Mai. **A** Endemit SO-Siziliens (Monte Lauro auf Vulkangestein). 850–960 m. **H** Siz., M. Lauro, 27.4.96, RL.

Ophrys lutea subsp. melena
Dunkellippige Ragwurz

S *O. melena.* **M** Unterscheidet sich von subsp. *lutea* durch kleinere, anders gefärbte, ± flache Lippe (9,5–11,5 × 10–12 mm; Spaltstück des Mittellappens 2,5–3,5 × 5–7,5 mm); von subsp. *galilaea, – laurensis, – minor, – murbeckii, – phryganae* durch eine dunkelbraune Lippe, deren gelbe Randzone fehlt oder sehr schmal (< 0,5 mm) ist. **B** März–April. *Andrena transitoria.* **A** Südbalkan (Ionische Inseln, Griechenland, Peloponnes), Kreta. Kykladen?, Zypern? 0–1300 m. **H** S-Gri., Korinth, 5.5.97, HB.

Ophrys lutea subsp. murbeckii
Murbecks Ragwurz

S *O. murbeckii, O. aspea.* **M** Unterscheidet sich von subsp. *lutea* durch kleinere Lippe (10,8–13,5 × 9–12 mm; Spaltstück 2,3–3,6 × 5,4–7,4 mm); von subsp. *galilaea, – laurensis, – minor* und *– phryganae* durch stärker konvexe Lippe mit schmalerem, scharf abgesetztem gelben und kahlem Lippensaum (seitlich: 1,4–2 mm breit; unten: 0,9–1,8 mm). Mal ungeteilt, glänzend bläulich violett, schwalbenschwanzartig. **V** Gering, betrifft nur die Lippengröße. Konstante und unverwechselbare Unterart. **B** März–Mai. **A** NO-Algerien?, N-Tunesien, Libyen (Tripolitanien)? 0–800 m. **H** Tun., Tunis, 5.4.00, HB.

Ophrys lycia
Lykische Ragwurz

M Kräftig, dicht 3–10-blütig. Sepalen rosa bis rosaviolett, lanzettlich, ± in einer Ebene mit der Lippe. Petalen (8–11 × 2,5–3,5 mm) gleich gefärbt, kahl, ± 1/2 so lang. Lippe (14–16 × 12–14 mm) rundlich, flach, ganzrandig, purpurbraun, ohne Höcker, mit 1,7–3 mm breitem Anhängsel. Mal lang H-förmig, silbrig umrandet. Narbenhöhle dunkelbraun, mit gelbgrünen Basalschwielen. Konnektiv 1,5 mm lang, fein zugespitzt. **B** Mitte März–April. **A** Kleinräumiger Endemit der S-Türkei (Lykien). 400–600 m. **H** S-Tür., Agullu, 11.4.82, HB.

Ophrys lutea subsp. minor
Kleinblütige Gelbe Ragwurz

M Unterscheidet sich von subsp. *lutea, – laurensis* und *– phryganae* durch kleinere Lippe (8–11 × 8,5–10 mm) und schmaleren gelben Saum (2–2,5 mm); von subsp. *galilaea* durch größere Lippe, von subsp. *murbeckii* durch flachere Lippe mit breiterem gelbem Saum. **B** März–Mai. *Andrena hesperia, A. taraxaci.* **A** N-Tunesien, N-Algerien, N-Marokko, Malta, Sizilien, Sardinien, S-Italien, Dalmatinische Inseln, S-Balkan?, Ägäische Inseln?, W-Türkei? 0–1600 m. **H** Siz., M. Cucco, 1.4.01, RL.

Ophrys lutea subsp. phryganae
Phrygana-Ragwurz

S *O. corsica*? **M** Unterscheidet sich von subsp. *lutea* durch kleinere Lippe (7,7–10 × 9–12 mm; Spaltstück 2–2,5 × 5–7 mm); von subsp. *galilaea, – laurensis, – minor* und *– murbeckii* durch breiteren gelben Lippensaum (seitlich: 2,6–3,2 mm breit; unten: 1–1,4 mm) und stärkeren Lippenknick. Blüten ± rechtwinklig gegeneinander versetzt. Mal dunkelbraun, im Zentrum bläulich glänzend. Lippe am Grunde auf einer von 2 Buckeln gesäumten Längsfurche. **B** März–Mai. *Andrena panurgimorpha, – humilis, – tadauchii, – clypella*? Hybriden mit subsp. *galilaea.* **A** Griechenland mit Ionischen und Ägäischen Inseln, SW-Türkei, Italien? 0–900 m. **H** Ikaria, 3.4.91, HB.

Ophrys melitensis
Maltesische Ragwurz

S *O. sphegodes* subsp. *melitensis.* **M** Pflanze nieder (10–20 cm), 2–6-blütig. Sepalen (10–13 × 4–6 mm) abstehend, grün, bisweilen untere Hälfte bräunlich. Petalen kürzer, olivgrün bis braunrot, wellig gerandet. Lippe oval bis rundlich (12–15 × 10–12 mm), gehöckert, Ränder dicht zottig behaart. Mal H-förmig bis reduziert, stahlblau. Narbenhöhle basal eingeschnürt. Anhängsel sehr klein. **B** Ende Februar–Anfang April. *Chalicodoma sicula.* **A** Endemit von Malta, Gozo, Comino. 25–215 m. **G** FFH Anh. II. **H** Malta, Kuneizzioni, 31.3.97, RL.

Ophrys mammosa subsp. mammosa
Busen-Ragwurz

S *O. sphegodes* subsp. *mammosa.* **M** Pflanzen locker 2–8-blütig. Sepalen blass olivgrün, rechtwinklig gebogen, unten purpurn überlaufen, Petalen (7,7–10 × 2,3–3 mm) dunkler, lanzettlich, kahl, 3/4 so lang. Lippe (12,5–17 × 12–16 mm) dunkel rotbraun, rundlich, ganzrandig, schwach konvex, an den Rändern ± flach und papillös behaart, stark gehöckert. Mal aus 2 langen, parallelen, trüb violetten Streifen bestehend, das Basalfeld latzartig umschließend, Basalschwielen blauviolett. Anhängsel klein, 0,7–1,4 mm breit. **B** Ende Februar–Mai. *Andrena fuscosa*? **U** Alle Vertreter des *O. mammosa*-Komplexes besitzen blauviolette Basalschwielen, spitz 3-eckige, bewimperte Petalen und eine vorgewölbte Lippenspitze und können dadurch von der *O. sphegodes*-Gruppe (grünschwielig, lanzettliche, kahle Petalen, Lippenspitze eingebuchtet) abgetrennt werden. **W** Macchien, Gariguen, lichte Laub- und Nadelwälder. **A** Albanien, Bulgarien, Griechenland mit Ionischen und Ägäischen Inseln, NW-, W- und SW-Türkei, Zypern. Verlauf der N- und O-Grenze unklar. 0–1400 m. **H** Lesbos, 13.4.98, HB; Limnos, 20.4.98, HB.

Ophrys mammosa subsp. cyclocheila
Rundlippige Ragwurz

S *O. caucasica* subsp. *cyclocheila.* **M** Unterscheidet sich von subsp. *mammosa* durch kleinere, dunkler gefärbte Blütenlippen und eigenes Areal. Petalen (7,8–9 × 2–3 mm) lanzettlich, grünlich-hellbraun, papillös behaart, 3/4 so lang wie die olivgrünen, unten braun überlaufenen Sepalen. Lippe (11,5–13 × 10–13,5 mm) dunkelbraun, ganzrandig bis 3-lappig. Seitenlappen gehöckert bis ungehöckert an der Spitze kahl, oft weißlich, an den Rändern dunkler behaart. Basalschwielen bläulich schwarz. **B** Ende März–Anfang Mai. **A** Östlicher Transkaukasus, Talysch, NW-Iran. 190–970 m. **H** Aserb., Qusar, 13.4.00, RL.

Ophrys mammosa subsp. epirotica
Epirus-Ragwurz

S *O. epirotica.* **M** Unterscheidet sich von von subsp. *mammosa* durch spätere Blütezeit, kleinere, schwächer gehöckerte, rundlichere und fast schwarze Blütenlippen (10,5–14 × 7,5–11 mm); von O. *sphegodes* subsp. *cephalonica* durch spätere Blütezeit und dunklere, breitere Blütenlippe. Petalen (4,5–8 × 2–3,2 mm) aus breitem Grunde lanzettlich, grünlich braun, 3/4 so lang wie die olivgrünen Sepalen. Lippe oval, ganzrandig, seltener gelbrandig. Mal lang H-förmig, metallisch glänzend. Basalschwielen blauviolett. **B** Ende April–Anfang Juni. **A** W-Griechenland (Epirus), W-Peloponnes. 0–1100 m. **H** Gri., Kerasovo, 5.5.02, EG.

Ophrys mammosa subsp. falsomammosa Unechte Busen-Ragwurz

S *O. doerfleri*? **M** Unterscheidet sich von subsp. *mammosa* durch weißlich grüne, nicht oder nur schwach rotbraun überlaufene Sepalen (11–13 × 5–6 mm), konvexere, schmalere Blütenlippe (12–15 × 9–11,5 mm) und schwächere Seitenlappenhöcker, von subsp. *mouterdeana* durch die helleren Sepalen und längere, spitz 3-eckige, grünlich gelbe, am Rande papillös behaarte Petalen (7,5–9 × 2–3 mm). Anhängsel deutlich, abwärts, 1–2 mm breit, Basalschwielen blauviolett. **B** Anfang April–Mai. **A** Kreta. 0–500 m. **H** Kreta, Matala, 20.3.99, HB.

Ophrys mammosa subsp. gortynia
Gortyn-Ragwurz

S *O. sphegodes* subsp. *gortynia.* **M** Unterscheidet sich von subsp. *cretensis* durch spätere Blütezeit und größere Blütenlippen (9,7–11,4 × 8,7–10,8 mm); von *O. mammosa* durch kleinere Lippen mit schwächerer Höckerung. Petalen (4,8–6,5 × 1,6–2,8 mm) lanzettlich, kahl, bräunlich grün, 2/3 so lang wie die olivgrünen, oft braun überlaufenen Sepalen. Lippe ± elliptisch, stumpf gehöckert. Basalschwielen gelblich grün. **B** Mitte April–Mitte Mai. **A** O- und Z-Kreta, Kykladen: Milos, Naxos, Paros, Siros, Tinos. 0–600 m. **H** Siros, 27.3.02, HB.

Ophrys mammosa subsp. mouterdeana Mouterdes Ragwurz

M Unterscheidet sich von subsp. *mammosa* durch eine rotbraune, schwächer gehöckerte Blütenlippe (12–15 × 9–12 mm) mit tiefer herabgezogenen Seitenlappen und reduzierter, unterbrochener, H-förmiger Malzeichnung; von subsp. *falsomammosa* (Kreta) durch längere Petalen, hellere Sepalen und reduzierter Malzeichnung. Basalschwielen braunviolett. **B** Februar–April. *Andrena fuscosa.* **A** Endemit der Levante: Libanon, Israel, Jordanien, S-Türkei (Hatay)?. 0–900 m. **H** Liba., Schuf-Berge, 7.4.04, HB.

Ophrys mammosa subsp. posteria Späterblühende Busen-Ragwurz

M Unterscheidet sich von subsp. *mammosa* durch eine dunkler gefärbte (braunviolett) und stärker konvexe, schmaler wirkende Blütenlippe (13–16 × 10–11,5 mm). Petalen (7–9 × 2,5–3,5 mm) lanzettlich, kahl, 2/3 so lang wie die olivgrünen, unten braun überlaufenen Sepalen. Mal lang H-förmig, violettblau, silbrig umrandet, das Basalfeld umrahmend. Basalfeld und -Schwielen braunviolett. **B** Ende März–Anfang Mai. **A** Endemit S-Zyperns. 0–600 m. **H** Zyp., Mallia, 20.4.04, HB.

Ophrys mirabilis Wunderbare Ragwurz

M Pflanze mittelgroß, 3–6-blütig. Sepalen (11–14 × 5,5–7 mm) abstehend, grün. Petalen (7–10 × 2–3 mm) kahl, grün, gewellt, gelbbräunlich gerandet, papillös gezähnelt. Lippe (13–16 × 7–11 mm) flach bis leicht gebogen, am Grunde schmal, flach, selten etwas gekerbt, dreilappig, dunkelbraun, dicht weißlich grau behaart, Mittelrippe längsgerichtet, selten gefurcht. Seitenlappen meist ausgebreitet, abgerundet, behaart; Mittellappen rundlich, dicht weißlich bis rötlich braun behaart. Mal purpurn bis blauschwarz, teils blaugerandet. **B** Ende April–Mai. **A** Endemit S-Siziliens. 350–800 m. **H** Siz., Mimiani, 3.5.01, RL.

Ophrys oestrifera subsp. bremifera Gehöckerte Ragwurz

S – subsp. *abchasica, O. ceto.* **M** Unterscheidet sich von subsp. *oestrifera* durch kürzere, stumpf bis spitze Seitenlappenhöcker von 1–5 mm Länge. Petalen (3,5–5 × 2–2,5 mm), weißlich, trüb rosa bis hellrot, behaart, schmal 3-eckig, 1/3 so lang wie die Sepalen. Lippe (12–16 × 8–12 mm) schwarzbraun, Mittellappen konvex mit latzförmiger, oft verzweigter H-Zeichnung und 2,3–4 mm breitem Anhängsel. **B** April–Juni. Im Gesamtareal viele Zwischenformen mit subsp. *oestrifera*, oft nicht klar abgrenzbar. **A** N-Iran, Kaukasien (Aserbaidschan, Dagestan, Georgien), NO-Türkei (Pontus), Ägäis?, Griechenland?, Balkan?. 0–2000 m. **H** Aserb., Kuba, 18.4.00, RL.

Ophrys oestrifera subsp. oestrifera Gehörnte Ragwurz

S *O. cornuta, O. cerastes.* **M** Pflanze hochwüchsig, locker 3–15-blütig. Sepalen rückwärts gerichtet, weißlich bis hellrot, Petalen (4–5 × 2–3 mm) schmal 3-eckig, behaart, 1/3 so lang. Lippe (9–11 × 7–9 mm) oben stark 3-geteilt, kastanienbraun. Mittellappen 7–8 mm breit, seitlich und nach unten stark konvex, mit breitem Anhängsel (2–3 mm). Seitenlappen mit 9–11 mm langen, spitz ausgezogenen Hörnern, am Rande behaart. Mal das Basalfeld latzförmig umschließend, H-förmig bis ornamental, gelbgrün umrandet. **V** Der Komplex wird aufgrund der Länge der Hörner und der Lippengröße in mehrere Unterarten gegliedert, die durch Übergänge miteinander verbunden und daher nicht immer klar gegeneinander abgegrenzt sind. **B** April–Juni. Hybridisierung führt zur Verkürzung der Hörner. **U** Unterscheidet sich von subsp. *bremifera* durch längere Hörner, von subsp. *abchasica* durch rückwärts gerichtetes mittleres Sepal. **W** Phrygana, lichte Wälder. 0–1700 m. **A** Krim, Kaukasien, Türkei, Ägäis, Griechenland, Balkan. Arealgrenzen unklar. **H** Krim, Yalta, 22.5.84, HB; Aserb., 2.6.97, HB.

Ophrys oestrifera subsp. cornutula
Kleinblütige Gehörnte Ragwurz

S *O. cornutula*. **M** Unterscheidet sich von subsp. *oestrifera* durch kleinere Blüten. Petalen (2,3–3,5 × 1,4–2 mm) rosa bis hellrot, behaart, 1/3–1/4 so lang wie die Sepalen. Lippe (7,5–9 × 6–8 mm) rotbraun, Seitenlappen stark gehörnt, 6–10 mm lang. Mittellappen 5–6,5 mm breit, stark konvex mit ornamentaler H-Zeichnung und 2,3–3,2 mm breitem Anhängsel. **B** März–April. *Eucera punctulata, E. signifera*. **A** Balkan, Griechenland, Ägäis. 0–1700 m? **H** Pelo., Palamidi, 13.4.03, RL.

Ophrys oestrifera subsp. dodekanensis
Dodekanes-Ragwurz

M Unterscheidet sich von subsp. *minutula* durch frühere Blütezeit und spitzere (2–5 mm) Hörner; von *O. holoserica* subsp. *heterochila* durch stärker 3-geteilte Lippe. Petalen (2,8–4,2 × 2–3 mm) weißlich bis hellrot, behaart, schmal 3-eckig, 1/3 so lang wie die Sepalen. Lippe (8,5–11 × 9–10,5 mm) dunkel rotbraun, Mittellappen konvex mit latzförmiger), H-Zeichnung und 1,8–2,8 mm breitem Anhängsel. **B** Februar–April. **A** Rhodos, SW-Türkei? 0–700 m. **H** Rhodos, Agios Isidoros, 5.4.95, HB.

Ophrys oestrifera subsp. karadenizensis Schwarzmeer-Ragwurz

S *O. karadenizensis*. **M** Unterscheidet sich von subsp. *oestrifera* durch größere Blüten mit kürzeren, stumpfen Höckern; von subsp. *bremifera* durch hell olivgrünes Perigon und längere Petalen. Petalen (4,2–6 × 1,5–2,3 mm) dunkel grün bis grünbraun, behaart, schmal 3-eckig, 1/3–1/2 so lang wie die Sepalen. Lippe (11–13 × 8–10 mm) schwarzbraun, Mittellappen konvex mit latzförmiger, auf die obere Lippenhälfte begrenzte H-Zeichnung und 2–2,5 mm breitem Anhängsel. Basalfeld schmal trapezförmig, Basalschwielen dunkel. **B** Ende April–Mai. **A** Türkische Schwarzmeerküste (Giresun, Ordu). 0–550 m. **H** N-Tür., Caka, 21.5.89, HB.

Ophrys oestrifera subsp. latakiana
Syrische Ragwurz

S *O. latakiana*. **M** Unterscheidet sich von subsp. *bremifera* durch kleinere Blüten mit kürzeren, stumpfen Seitenlappenhöckern und vorwärts geneigtem, mittlerem Sepal; von *O. umbilicata* subsp. *lapethica* durch spätere Blütezeit, kleinere Blüten, größere Höcker. Petalen (1,9–3,5 × 1,5–2,5 mm), rosa bis hellrot, behaart, schmal 3-eckig, 1/4 so lang wie die Sepalen. Lippe (7,5–9 × 6–8 mm) rotbraun, Mittellappen stark konvex mit latzförmiger, verzweigter H-Zeichnung und kräftigem, abwärts gerichtetem Anhängsel (2–3 × 1,3–3 mm). **B** Ende April–Mai. Anklänge an *O. schulzei?* **A** S-Türkei (Hatay), NW-Syrien (Ansariye). 100–700 m. **H** Syr., Latakya, 26.4.05, HBg.

Ophrys oestrifera subsp. lemnosiana
Limnos-Ragwurz

M Unterscheidet sich von subsp. *schlechteriana* durch ± aufrechtes m. Sepal, am Ende abgerundete Blütenlippen und reicher gegliederter Malzeichnung; von subsp. *oestrifera* durch in allen Teilen größere Blüten. Sepalen (10–13,5 × 5,3–8,5 mm) rosa bis hellrot, Petalen (4,3–6,3 × 1,9–3,1 mm) geöhrt, dunkler, 1/2–1/3 so lang. Lippe (11,5–14,5 × 11–13,5 mm) stark bauchig, Mittellappen (8–10 mm breit) mit kräftigem Anhängsel (1,7–2,2 × 2,4–3,1 mm). **B** April–Mai. **A** N-Ägäis: Endemit von Limnos. 0–50 m. **H** Lemnos, 21.4.98, HB.

Ophrys oestrifera subsp. minutula
Kleinstblütige Ragwurz

M Unterscheidet sich von subsp. *dodekanensis* und *O. holoserica* subsp. *heterochila* durch kleinere Blüten; von subsp. *cornutula* durch kürzere Hörner (3–4,5 mm). Petalen (2,7–3,6 × 2,5–3,5 mm) weißlich bis rosa, schmal 3-eckig, behaart, 1/3 so lang wie die Sepalen. Lippe (6,8–8,5 × 7–9,5 mm) rotbraun, Mittellappen (6–7,8 × 4,5–6 mm) stark konvex mit latzförmiger, verzweigter H-Zeichnung und breitem Anhängsel (2–4 mm). **B** April–Mai. **A** Ägäis: Chios, Lesbos, Samos, Skyros; W-Türkei: Lydien (Cesme). 0–300 m. **H** Samos, Padrosa, 16.4.90, HB.

Ophrys oestrifera subsp. phrygia Phrygische Ragwurz

S *O. phrygia.* **M** Unterscheidet sich von subsp. *oestrifera* durch höheren Wuchs (25–80 cm), lockereren Blütenstand mit 4–10 horizontal abstehenden, größeren Blüten mit nur 4 mm langen Hörnern; von subsp. *bremifera* durch größere, lockerer stehende Blüten; von *O. heldreichii* durch kürzere, 10–13 mm lange Lippen und 2,5–3,5 mm lange Petalen, die nur 1/5 so lang wie die Sepalen sind. **B** Ende April–Juni. **A** S-Türkei. 0–1700 m. **H** S-Tür., Gülek, 22.5.91, HB.

Ophrys oestrifera subsp. schlechteriana Schlechters Ragwurz

M Unterscheidet sich von subsp. *oestrifera* durch größere Blüten mit längeren (6–10 mm) Hörnern. Petalen (3,8–5,9 × 1,7–2,1 mm) weißlich bis hell rosa, schmal 3-eckig, behaart, 1/2–1/3 so lang wie die Sepalen. Lippe (12,3–15 × 12–16 mm) rotbraun. Mittellappen 7,5–10,5 mm breit, stark konvex mit latzförmiger H-Zeichnung und breitem Anhängsel (2,5–3,5 mm). **B** April–Mai. **A** Ägäische und Ionische Inseln, Griechenland, N- und S-Balkan, S-Italien (M. Gargano). 0–800 m. **H** Korfu, Spiridion, 11.4.01, HB.

Ophrys omegaifera subsp. omegaifera Omega-Ragwurz

S *O. fusca* subsp. *omegaifera.* **M** Pflanzen niedrig (10–20 cm), oft büschelförmig wachsend. BLütenstand locker, 3–6 cm lang mit 1–4 fast gegenständig angeordneten und vom Stängel abstehenden Blüten. Seitliche Sepalen (12,5–14,5 × 6,0–7,2 mm) blass olivgrün, rechtwinklig gebogen, konkav, Petalen (7–9 × 2–3 mm) grünlich braun, lanzettlich, am Rande gewellt, kahl, 2/3 so lang. Mittleres Sepal über die Säule gebogen. Lippe (13–15 × 10,5–14 mm) kniebogig, kastanienbraun, 3-lappig, am Rande behaart, am Grunde ohne Kerbe. Mittellappen 8–11 mm breit, vorgezogen, Seitenlappen einwärts gekrümmt. Mal omega-förmig die Lippe teilend, bläulich. Mittel- und Seitenäste des Omega decken sich mit den Buchten zwischen Mittel- und Seitenlappen der Lippe. Narbenhöhle (4,1–4,9 × 3,7–4,5 mm) niedrig, durch die kniebogige Krümmung der Lippe verengt. **B** Mitte Februar–April. *Anthophora atroalba* subsp. *agamoides*, – *nigriceps.* **U** Bei gemeinsamem Vorkommen Übergänge zu subsp. *basilissa.* **W** Macchien, lichte Nadelwälder. **A** Ägäis: Andros, Antikithira, Chios, Karpathos, Kos, Kreta, Milos, Naxos, Paros, Patmos, Rhodos, Samos, Sifnos, Skiros, Siros, SW-Türkei (Cesme, Karien, Lycien). 0–1000 m. **H** SW-Kreta, Sougia, 16.3.99, HB; Siros, 15.3.03, HB.

Ophrys omegaifera subsp. basilissa Königliche Ragwurz

S *O. basilissa.* **M** Unterscheidet sich von subsp. *omegaifera* durch steilere Stellung der Blüten, größere und flacher gebogene Lippe (17–25 × 14–16 mm, Spaltstück des Mittellappens 9,5–11,5 mm breit) mit tiefer sitzender weißlicher Omega-Zeichnung, rotbraun gefärbter, oberer Lippenhälfte, längerer Narbenhöhle (4,5–6 mm) und feinerer Behaarung. **B** Januar–Anfang April, in tieferen Lagen 2 Wochen früher als subsp. *omegaifera.* **A** Ägäische Inseln: Karpathos, Kreta, Paros, Patmos, Rhodos, Siros. 0–660 m. **H** S-Kreta, Listaros, 20.3.99, HB.

Ophrys pallida Bleiche Ragwurz

M Pflanze nieder, 3–7-blütig. Sepalen (8–11 × 4.5–6 mm) bogig abstehend, das mittlere vorgebeugt, weißlich bis hellgrün, Ränder eingerollt, selten rosa getönt. Petalen (5,5–7 × 1,4–2,3 mm) kahl, gelbgrün, Rand heller, gewellt. Lippe (6–9 × 4–6 mm) am Grunde breit V-förmig gekerbt, knieförmig gebeugt, dunkel gefurcht, Seitenlappen abgebogen, Mittellappen zurückgeschlagen. Mal glänzend, blass bläulich grau. **B** Ende März–Mitte Mai. *Andrena orbitalis.* **A** Endemit NW-Siziliens. 300–1200 m. **H** Siz., Caccamo, 19.5.93, RL.

Ophrys oxyrrhynchos subsp. oxyrrhynchos Sizilianische Schnabel-Ragwurz

S *O. holoserica* subsp. *oxyrrhynchos*. **M** Pflanze nieder (10–25 cm), 3–7-blütig. Sepalen abstehend, hellgrün. Petalen dreieckig, kurz (2–3 × 1,5–2,5 mm), gelbgrün, am Grunde meist rosa getönt, behaart. Lippe rechteckig bis trapezförmig (10–13 × 13–18 mm), leicht gewölbt, oft schwach gehöckert, rotbraun, in der Mitte kahl, sonst dicht weißlich bis gelblich braun behaart, vorne ± breit hellbraun bis gelb gerandet und etwas aufgebogen. Mal braunpurpurn, mäßig gegliedert, oft breit weiß umrandet. Anhängsel groß, aufwärts gerichtet, gelb, oft bräunlich, seltener grünlich getönt. **V** Gering. Übergangsformen zur subsp. *calliantha* mit schmutzig braunroten Sepalen lokal bisweilen zahlreich. **B** Mitte März–Anfang Mai. **U** *O. lacaitae*: Sepalen weißlich grün, Lippe gelber, trapezförmiger, Schultern schmaler. **W** Magerwiesen, Ampelodesmeten, Garrigue. 50–1300 m. **A** Sizilien (im SO, NW häufiger, sonst zerstreut bis selten), Malta (sehr selten). **G** Auf Malta stark gefährdet. **H** Siz., Palermo, 30.3.97, HB; Palermo, 30.3.97, HB.

Ophrys oxyrrhynchos subsp. biancae Bianca-Ragwurz

S *Arachnites biancae*, *O. discors*. **M** Unterscheidet sich von subsp. *oxyrrhynchos* durch weißlich grüne bis rosa Sepalen (8–12 × 4–6 mm), kleinere, fast quadratische, hellere gelbbraune Lippe (9–11 × 9–12,5 mm) und kleineres, H-förmiges, an Basalfeld gebundenes Mal. Lippe am Grunde gehöckert, aufgewölbt, am Rande gelblich, behaart. Petalen sehr kurz (1,5–2,5 × 1,5–2,5 mm), dreieckig, rosa, selten gelblich grün, behaart. **B** Ende März–April. Bisweilen Hybridschwärme mit subsp. *oxyrrhynchos*. *Eucera euroa*. **A** Endemit SO-Siziliens mit isoliertem Vorkommen bei Trapani. 45–650 m. **H** Siz., Vittoria, 4.4.97, HB.

Ophrys oxyrrhynchos subsp. calliantha Prächtige Schnabel-Ragwurz

S *O. calliantha*. **M** Unterscheidet sich von subsp. *oxyrrhynchos* durch kräftig rosa gefärbte Sepalen (13–18 × 5–7 mm) und Petalen (1,5–3 × 1–3 mm), dunkelbrauner vorderer Randzone der Lippe und etwa 2 Wochen späterer Blütezeit. Lippe (10–15 × 12–15 mm) trapezförmig, selten quadratisch, leicht gehöckert, Schultern behaart. Mal rotbraun bis violett, Umrandung meist breit, weiß bis gelblich. **B** Mitte April–Anfang Mai. Bildet Hybridschwärme mit subsp. *oxyrrhynchos* und subsp. *biancae*. **A** Endemit S-, SW-Siziliens (Trapani, Agrigento, Caltanisetta, Ragusa, Siracusa). 50–600 m. **H** Siz., Vittoria, 11.4.97, HB.

Ophrys oxyrrhynchos subsp. celiensis Apulische Schnabel-Ragwurz

S *O. fuciflora* subsp. *celiensis*. **M** Unterscheidet sich von subsp. *oxyrrhynchos* durch etwas höheren Wuchs (10–35 cm), längere, stärker rötlich überlaufene Petalen (3–6 × 2,5–4 mm), konvexer gewölbte, tiefbraune Lippe (9–15 × 10–16 mm) und reicher gegliedertes, rotviolettes, hell umrandetes Mal, von der sehr ähnlichen subsp. *calliantha* durch grüne bis zart rosa angelaufene Sepalen und längere Petalen. **B** April–Mitte Mai. *Eucera graeca*. **A** Apulien bis N-Kalabrien. 150–550 m. **H** S-Ita., Grottaglie, 24.4.84, HB.

Ophrys panattensis Ogliastra-Ragwurz

M Pflanze mittelgroß (20–65 cm), Blütenstand locker, 4–10-blütig. Sepalen abstehend, weißlich bis meist rosa. Petalen dunkler, am Rand fein behaart. Lippe meist oval, stark gewölbt, dreilappig, gehöckert, rotbraun. Seitenlappen stark behaart, vorderer Rand schwach flaumig. Mal X-förmig, bläulich bis braun, an Basalfeld angebunden, Anhängsel länglich spitz, nach vorne oder oben gerichtet. Narbenhöhle breiter als hoch. **B** Mitte April–Ende Mai. *Osmia rufa*. **A** Endemit O-Sardiniens. 70–990 m. **H** Sard., Osini, 14.5.98, RL.

Ophrys passionis subsp. passionis
Oster-Ragwurz

S *O. garganica* subsp. *passionis* **M** Pflanze mittelgroß, 4–9-blütig. Sepalen (9–17 × 4–7 mm), breit eiförmig, grün, weißlich oder rosa. Petalen kürzer, gelb- bis bräunlich grün, öfters rötlich. Lippe (10–14 × 11–15 mm) rundlich, konvex, leicht gehöckert, kastanien- bis dunkelbraun, oben zum Rand behaart, innen kahl. Rand ausgebreitet, glatt, gelborange. Mal H-förmig, stahlblau bis purpurbraun. **B** März–Mai. *Andrena carbonaria.* **A** S-, SW-, W-Frankreich, NO-Spanien). 0–1000 m. **H** S-Fra., Ensues l.R., 18.3.03, RL.

Ophrys passionis subsp. garganica
Gargano-Ragwurz

S *O. sphegodes* subsp. *garganica*, nom. inval. **M** Unterscheidet sich von subsp. *passionis* durch ausschließlich grün gefärbte äußere Perigonblätter. Petalen (8–10 × 3,5–6 mm) auffallend groß, breitlinealisch, olivgrün bis bräunlich, am Rande gewellt, dunkler. Lippe eher flach, Randzone kahl, gelblich bis bräunlich. Anhängsel winzig, meist fehlend. **B** Mitte März–Ende April. *Andrena carbonaria.* **A** W-, S-Italien, Sardinien, Sizilien. 0–1010 m. **H** S-Ita., Gargano, 15.4.93, HB.

Ophrys promontorii
Vorgebirgs-Ragwurz

M Pflanze nieder (10–20 cm), 3–7-blütig. Sepalen (10–14 × 4,5–7 mm) länglich eiförmig, abstehend, grün. Petalen (7–11,5 × 4–6 mm) breitoval, groß, gewellt, behaart, grün bis bräunlich. Lippe länglichoval (10–14 × 8–11 mm), ungeteilt, gehöckert, am Rande zottig behaart, dunkelbraun bis schwarzpurpurn. Narbenhöhle an der Basis sehr breit. Mal 2 Flecken, variabel. Anhängsel klein. **B** Mitte April–Anfang Juni. Hybridschwärme mit *O. sphegodes* (Latium). *Osmia mustelina.* **A** Endemit M-/S-Italiens (Abruzzen, S-Latium, Gargano, Vorposten bei Brindisi). 130–1500 m. **H** S-Ita., Gargano, 26.4.89, HB.

Ophrys reinholdii subsp. antiochiana
Antiochenische Ragwurz

S *O. antiochiana.* **M** Unterscheidet sich von der ähnlichen subsp. *strausii* durch eine fast schwarz gefärbte und größere Blütenlippe (13–15 × 12,5–14,5 mm), durch rotbraun behaarte, breit ausladende Seitenlappen, einen zum Ende verengten, 6,5–7,5 mm breiten Mittellappen, durch ein hufeisenförmiges, in der Lippenmitte liegendes Mal und eine breite Narbenhöhle (ca. 3,5 mm). Pflanzen hochwüchsig (ca. 30 cm), reichblütig (5). Sepalen einfarbig rosa bis purpurn, Petalen (6,2–9,4 × 1,5–3,5 mm) dunkler, behaart, kaum geöhrt, ca. 1/2 so lang. **B** Mai. **A** S-Türkei (Antakya), NW-Syrien? 500–900 m. **H** S-Tür., Antakya, 25.5.81, HB.

Ophrys reinholdii subsp. reinholdii
Reinholds Ragwurz

S *O. mimnolea.* **M** Pflanzen mittel- bis hochwüchsig (20-60 cm). Blütenstand langgestreckt (bis 25 cm), locker 2–8-blütig. Sepalen (9,5–13 × 3,8–6 mm) grün, weißlich oder rosa, Petalen (5,2–7,8 × 1,7–2,6 mm) dunkler, dicht kurz behaart, 1/2 so lang. Lippe (10–16 × 8,5–12,5 mm) fächerförmig, seitlich zurückgebogen, tief 3-lappig, dunkel braunpurpurn. Seitenlappen schwach gehöckert, bis zur Mitte reichend. Anhängsel klar abgesetzt. Mal weiß, von den Seitenlappen keilig bis zur Lippenmitte. Narbenhöhle weiß mit Transversalband, Basalschwielen und Staminodialpunkten. Konnektivfortsatz 1–2 mm lang. **B** März–Juni. *Eupavolvskia obscura.* Hybriden mit anderen Arten, u. a mit *O. ferrum-equinum*, *O. mammosa*, *O. spruneri*, obwohl deren Bestäuber völlig verschieden sind. **U** Die nach Osten anschließende *O. straussii* ist sowohl arealgeographisch als auch morphologisch nicht klar getrennt, da sie Übergänge auf den ostägäischen Inseln und der SW–Türkei bildet. Sie wird daher als Unterart geführt. **A** S-Albanien, Mazedonien, Griechenland, Ionische und Ägäische Inseln, SW-Türkei. 0–1300 m. **H** Korfu, Pantokrator, 17.4.01, HB; Naxos, 6.4.02 HB.

Ophrys reinholdii subsp. straussii
Strauss-Ragwurz

S *O. strausii.* **M** Unterscheidet sich von subsp. *reinholdii* durch eine kleinere, konvexere Lippe (11,5–14 × 10–11,5 mm), mit längeren, schwach spreizenden Seitenlappen, durch ein kleineres, 0,7–2 mm breites Anhängsel, fehlende Basalschwielen und einen längeren Konnektivfortsatz (2–3 mm). **V** Var. *leucotaenia* mit breiterem Mal (S- und O-Türkei). **B** April–Mai. **A** Türkei: S-, O- und SO-Anatolien, irakisch und iranisch Kurdistan, S-Zypern. 200–2100 m. **H** Tür., Pülümür, 21.4.90, HB.

Ophrys schulzei
Schulzes Ragwurz

S *O. luristanica.* **M** Hoch, reich- und locker 2–14-blütig. Sepalen weißlich bis hellrot, Petalen (2–2,5 × 1,5–2 mm), papillös, 1/4 so lang. Lippe (7–8 × 7,5–9 mm) sehr klein, tief 3-lappig, braun. Mittellappen stark gewölbt mit großem, hell umrandeten Mal und zurückgebogenem Anhängsel. Seitenlappen 4–6 mm lang, keulenförmig, am Rande zottig. **B** Ende April–Anfang Juni. **A** S-, SO-Türkei (Hatay, Kurdistan), NW-Syrien, Libanon, Irak (S-Kurdistan), W-Iran. 500–1700 m. **H** Liba., Jounie, 21.5.02, HB.

Ophrys scolopax subsp. scolopax
Schnepfen-Ragwurz

S *O. picta, O. santonica.* **M** Pflanze hochwüchsig, (10–50 cm), locker 3–15-blütig. Seitliche Sepalen (9,3–12,2 × 4,1–5,6 mm) ± rechtwinklig abstehend, weißlich, rosa bis hellrot, Petalen (3,5–5 × 1–1,5 mm) schmal 3-eckig, behaart, nicht geöhrt, 1/3 so lang. Lippe (8,5–11 × 8–10 mm) oben stark 3-geteilt, dunkelbraun. Mittellappen 5,4–7 mm breit, stark konvex, mit 2–3,5 mm breitem, hochgebogenem, oft dreizipfeligem Anhängsel. Seitenlappen mit 3–5 mm langen, spitz ausgezogenen Höckern, am Rande behaart. Mal das Basalfeld latzförmig umschließend, H-förmig mit Auszweigungen zu den Buchten der Seitenlappen, hell umrandet. Basalfeld mittelgroß, hell- bis orangebraun, wie das Mal hell umrandet. Basalschwielen gelblich grün, kugelig bis länglich. **V** Der Komplex wird aufgrund der Größe und Form der Lippe in mehrere Unterarten gegliedert, die teilweise geographisch getrennt sind. **B** März–Juli. *Eucera interrupta.* Hybriden mit *O. holosericea* in S-Frankreich. **U** Unterscheidet sich von den Vertretern des östlichen *O. oestrifera*-Komplexes durch schmalere, nicht geöhrte Petalen und klarer abgesetzte Anhängsel. **W** Phrygana, lichte Wälder. 0–1400 m. **A** W-mediterran: Lampedusa, Pantelleria, N-Tunesien, N-Algerien, N- und NW-Marokko, Portugal, Spanien, Südfrankreich. **H** O-Spa., Albaida (Typuslokalität), 12.4.96, HB; O-Spa., Albaida, 12.4.96, HB. Man beachte die unterschiedlichen Blütengrößen!

Ophrys scolopax subsp. apiformis
Tunesische Ragwurz

S *O. sphegifera*? **M** Unterscheidet sich von subsp. *scolopax* durch in allen Teilen kleinere Blüten. Petalen (3,3–4,4 × 0,9–1,2 mm) weißlich, grünlich oder rosa, lanzettlich, behaart, 1/3–1/2 so lang wie die Sepalen (7,5–10 × 3,5–4 mm). Lippe (7–8 × 6–7,2 mm) dunkelbraun, tief 3-lappig, mit spitzen 1–4 mm langen Höckern. Mittellappen 4,2–5,1 mm breit, stark konvex mit verzweigter H-Zeichnung und kräftigem, 1,9–2,8 mm breiten Anhängsel. **B** März–Mai. **A** Endemit von N-Tunesien. 200–350 m. **H** Tun., Jabbes, 18.3.99, RL.

Ophrys scolopax subsp. conradiae
Conrads Ragwurz

S *O. conradiae.* **M** Unterscheidet sich von subsp. *scolopax* durch weißliche bis grünliche Sepalen, kürzere Petalen (4–4,5 × 2,2–2,8 mm), breitere Lippen (10,5–12,5 × 12–13 mm) mit stumpferen 2–3 mm langen Seitenlappenhöckern und 3,2–3,5 mm breitem Anhängsel; von subsp. *sardoa* und subsp. *apiformis* durch größere Petalen und größere Lippen mit reduzierter, latzförmig zur Mitte verzweigter H-Zeichnung. **B** Mitte April–Anfang Juni. **A** Endemit S-Korsikas und Sardiniens. 0–500 m. **H** Sar., Domusnovas, 7.6.94, HB.

Ophrys scolopax subsp. philippei
Philippes Ragwurz

S *O. philippei.* **M** Unterscheidet sich von subsp. *scolopax* durch eine dunklere, größere Lippe (11–14 × 5–7 mm) und eine ornamentale, aus gelblichen Punkten, Flecken oder Kringeln bestehende Malzeichnung. Petalen (5–8 × 1–1,5 mm) gelblich bis grünlich weiß, lanzettlich, behaart, 1/3 so lang wie die Sepalen. **B** Mai–Anfang Juni. Eine hybridogene Entstehung aus *O. apifera* und *O. scolopax* erscheint unwahrscheinlich. **A** S-Frankreich: Var. 200–700 m. **H** S-Fra., Bergentier, 20.5.03, RL.

Ophrys scolopax subsp. vetula
Seealpen-Ragwurz

S *O. vetula.* **M** Unterscheidet sich von subsp. *scolopax* durch eine breitere, weniger konvexe Blütenlippe mit kürzeren Höckern; von *O. holoserica* durch eine konvexere Lippe mit stärkeren Höckern. Petalen (3,5–5,5 × 1,5–2 mm) hell rotbraun, schmal 3-eckig, behaart, knapp 1/2 so lang wie die Sepalen (8–12 × 4–5,5 mm). Lippe (7,5–11 × 7–10 mm) dunkelbraun, tief 3-lappig. Mittellappen konvex mit latzförmiger, verzweigter H-Zeichnung und kräftigem Anhängsel. **B** Mai–Juni. Wohl hybridogene Entstehung aus *O. holoserica* und *O. scolopax.* **A** S-Frankreich: Seealpen, W-Ligurien. Bis 700 m. **H** S-Fra., Grenoble, 31.5.90, HB.

Ophrys scolopax subsp. sardoa
Sardische Ragwurz

M Unterscheidet sich von subsp. *scolopax* und subsp. *conradiae* durch eine in allen Teilen kleinere Lippe (9–10 × 9,5–10,5 mm) mit spitzeren Seitenlappenhöckern; von subsp. *apiformis* durch ein reduziertes, im oberen Lippendrittel liegendes H-förmiges Mal und ein schmaleres, 1,6–1,7 mm breites Anhängsel. Petalen (2,8–3,5 × 1,5–1,7 mm), behaart, 1/3 so lang wie die weißlich grünen Sepalen. **B** Ende Mai–Juni. **A** Endemit von SW-Sardinien: Iglesiente. 200–300 m. **H** Sar., Domusnovas, 7.6.94, HB.

Ophrys sipontensis
Siponto-Ragwurz

M Pflanze mittelgroß (20–40 cm), 3–7-blütig. Sepalen (10–15 × 4–6 mm) weißlich rosa bis rosarot, grün genervt. Petalen groß (7–11 × 3–5,5 mm), rötlich bis gelbgrünlich, Rand dunkler, gewellt. Lippe rot- bis dunkelbraun, rundlich (11–15 × 9–13 mm), schwach gehöckert, Ränder zurückgeschlagen, dicht rotbraun behaart. Mal H-förmig, oft doppelarmig, stahlblau bis braunpurpurn. Basalschwielen blauschwarz. Narbenhöhle unten eingeschnürt. **B** Anfang März–April. *Xylocopa iris.* **A** Endemit Apuliens (Gargano, Murge). 2–680 m. **H** S-Ita., Manfredonia, 11.3.04, RL.

Ophrys speculum subsp. speculum
Spiegel-Ragwurz

S *O. ciliata, O. vernixia* subsp. *ciliata, O. vernixia* subsp. *orientalis.* **M** Pflanze niedrig (10–25 cm hoch) mit 2–8 ± rechtwinklig gegeneinander versetzten Blüten. Seitliche Sepalen (6,7–8,0 × 3,4–4,2 mm) abstehend, trübgrün, grob braunrot gestreift, Petalen (3,8–4,6 × 1,7–2,3 mm) 3-eckig, behaart, rückwärts gebogen, braunrot, 1/3 so lang. Lippe (10–14 × 10–14 mm) oben 3-lappig, am Rande zottig purpurbraun behaart. Seitenlappen eiförmig, flach, grüngelb, Mittellappen 9–10 mm breit, schwach konvex. Mal schildförmig, dunkelblau bis tiefviolett, gelbgrün umrandet. Narbenhöhle gratartig, Konnektiv stumpf. Basalfeld schmal, langgestreckt, vorgewölbt, auf der schmalen Verlängerung der Lippe stehend. **V** Var. *orientalis*: Mal dunkelblau, Haarkranz dunkel rotbraun (ostmediterran). **B** Februar–April. *Dasyscolia ciliata.* **U** Subsp. *lusitanica* (Portugal, SW-Spanien), subsp. *regis-ferdinandii* (SW-Türkei mit vorgelagerten Inseln): schmalere Lippen mit gelbem bis gelbbraunem Haarkranz. **A** Mediterranes Kerngebiet mit großen Lücken von Marokko im Westen bis Libanon im Osten. N-Grenze in S-Frankreich, S-Grenze in der Cyrenaika. 0–1200 m. **H** Siz., Gela, 2.4.97, HB; S-Por. Faro, 20.4.96, HB.

Ophrys speculum subsp. lusitanica Iberische Ragwurz

S *O. lusitanica.* **M** Unterscheidet sich von subsp. *speculum* durch grüngelbe Petalen (2,3–3,1 × 1,6–2,1 mm) und schmalere Mittel- (4,3–6,2 mm) und Seitenlappen der Lippe (11–13 × 10,5–11,7 mm) mit grün- bis braungelber Randbehaarung; von subsp. *regis-ferdinandii* durch breitere Mittel- und Seitenlappen. **B** Ende März–Mai. Hybriden mit subsp. *speculum* (*O. × vernixia*). **A** Endemit von M-, SW- und S-Portugal, SW-Spanien (Córdoba, Jaén). 0–500 m. **H** Por., Alportel, 19.4.96, HB.

Ophrys speculum subsp. regis-ferdinandii König Ferdinands Ragwurz

S *O. ciliata* subsp. *regis–ferdinandii, O. regis–ferdinandii.* **M** Unterscheidet sich von subsp. *speculum* und – *lusitanica* durch schmalere Mittel- (2,5–3,6 mm) und Seitenlappen (0,8–1,5 mm) der Lippe (10–13 × 7–9 mm) sowie ein schmaleres eingekerbtes Basalfeld. **B** Ende März–Mai. Spontane Naturhybriden mit subsp. *speculum* (*O. × vernixia* nsubsp. *buttleri*). **A** Endemit der O-Ägäis: Chios, Samos, Simi, Tilos, Rhodos; W-Türkei (Küste). 0–400 m. **H** Rhodos, Mesangros, 1.4.95, HB.

Ophrys sphegodes subsp. sphegodes Spinnen-Ragwurz

S *O. aranifera, O. liburnica, O. massiliensis, O. riojana.*
M Pflanze mittelgroß, Blätter blaugrün, silbrig schimmernd, 3–12-blütig, Sepalen (10–13 × 3–6 mm) abstehend, das mittlere aufgerichtet, gelbgrün bis olivgrün. Petalen (7–9 × 2,5–4,5 mm) zungenförmig, gewellt, kahl, gelbgrün bis grün. Lippe (10–13 × 8–11 mm) oval bis rundlich, schwach konvex, ± gehöckert, ganzrandig, vorne ausgerandet, an den Rändern behaart. Mal H-förmig, blau bis violett. Basalfeld hellbraun bis oliv. Alle Vertreter des *O. sphegodes*-Komplexes besitzen grünlich braune Basalschwielen. Anhängsel meist fehlend. **V** Lippe sehr variabel (Form, Färbung, Behaarung), Abtrennung der Unterarten deshalb bisweilen schwierig. *O. massiliensis*: frühblühend ab Ende Februar (S-Fr); *O. riojana*: kleinblütiger, Lippe teils gelbrandig, Perigon oft weißlich rosa, Ende Mai (N-Spanien). **B** Ende Januar–Anfang Juni. Im Areal von *O. arachnitiformis* bisweilen Hybridschwärme (*O. exaltata* subsp. *marzuola*: buntes Perigon, gegliedertes Mal, frühblühend, S-Frankreich). *Andrena nigroaenea, A. limata.* **A** W-, M-, S-Europa. N-Arealgrenze von S-England, M-Deutschland bis Rumänien, Balkan, S-Grenze von Iberischer Halbinsel bis Sizilien. SW-/SO-Arealgrenze noch ungenügend bekannt. 0–1320 m. **H** SW-Deu., Geisingen, 16.5.94, HB; Kaiserstuhl, 5.5.95, HB.

Ophrys sphegodes subsp. alasiatica Alasia-Ragwurz

S *O. alasiatica, O. morio.* **M** Unterscheidet sich von *O. mammosa* s.l. durch grüne Basalschwielen, eine oft gelbgesäumte und 3-lappige, schwächer gehöckerte, mittelgroße Blütenlippe (10–12 × 11–13 mm); von *O. spegodes* subsp. *grammica* durch eine kleinere, dunklere, gelbgesäumte Blütenlippe. Petalen (7–10 × 2,2–3,2 mm) lanzettlich, kahl, am Rande gewellt, 1/2–2/3 so lang wie die olivgrünen, unten oft braun überlaufenen Sepalen. **B** Februar–März. *Andrena bimaculata* und *A. morio.* **A** Endemit von S-Zypern. 0–700 m. **H** Zyp., Tokni, 6.3.05, HB.

Ophrys sphegodes subsp. araneola Kleine Spinnen-Ragwurz

S *O. araneola, O. araneola* subsp. *virescens, O. litigiosa, O. quadriloba.* **M** Unterscheidet sich von subsp. *sphegodes* durch deutlich kleinere Blüten, fast kreisrunde, meist gelbgesäumte Lippe (5–8 × 5–7 mm) und etwas frühere Blütezeit. Sepalen (8–11 × 2–4 mm) hell- bis gelblichgrün. Petalen (5–6,5 × 1,5–2.5 mm) gelblich grün, stumpf, am Ende gewellt. **B** März–Mai. Bisweilen Übergangspopulationen zu subsp. *sphegodes.* **A** N-Spanien, Frankreich, Schweiz, S-, M-Deutschland. 0–1330 m. **H** SW-Deu., Klettgau, 23.5.92, HB.

Ophrys sphegodes subsp. cephalonica
Kefallinische Ragwurz

S *O. cephalonica.* **M** Unterscheidet sich von subsp. *mammosa* und subsp. *sphegodes* durch grünlich weiße Sepalen (11–15 × 4,5–6 mm) und heller gefärbte, schmalere Blütenlippe (11–13 × 7,5–9 mm); von subsp. *mammosa* zusätzlich durch schwächer gehöckerte Seitenlappen. Petalen (9–12 × 2–3 mm) lanzettlich, kahl, gewellt, 3/4 so lang wie die Sepalen. Basalschwielen gelblich grün. **B** März–April. **A** Endemit der Ionischen Inseln und W-Griechenlands. 0–500 m. **H** Ithaki, Vathi, 25.3.01, HB.

Ophrys sphegodes subsp. cretensis
Kleine Kretische Ragwurz

S *O. cretensis, O. araneola* subsp. *cretensis.* **M** Unterscheidet sich von subsp. *gortynia* durch frühere Blütezeit und kleinere Blütenlippe (7,3–10 × 7–8 mm); von subsp. *cephalonica* durch kürzere Sepalen und Petalen (4,5–6,2 × 2–3 mm) sowie eine kürzere Blütenlippe; von subsp. *mammosa* durch kleinere Blüten und schwächer gehöckerte Seitenlappen. Basalschwielen gelblich grün. **B** Anfang März–Mitte April. **A** Kreta, Karpathos?, Kykladen? 0–600 m. **H** S-Kreta, Lentas, 18.3.99, HB.

Ophrys sphegodes subsp. grammica
Grammos Ragwurz

S – subsp. *oodicheila, O. herae, O. janrenzii, O. sphegodes* subsp. *herae.* **M** Unterscheidet sich von O. *mammosa* s.l. durch grüne Basalschwielen und eine kürzere, trapezförmige Blütenlippe (10–13 × 13–15 mm); von *O. spegodes* subsp. *taurica* durch eine hellere Blütenlippe und stärker behaarte Seitenlappen. Petalen (6–10 × 1,5–3,5 mm) lanzettlich, papillös, geöhrt, gründgelb, 1/2 so lang wie die olivgrünen, unten oft braun überlaufenen Sepalen. **B** Februar–März. *Andrena bimaculata* und *A. morio.* **A** Griechenland mit Ionischen und Ägäischen Inseln, Kreta, Zypern. 0–700 m. **H** Korfu, Pantokrator, 21.4.01, HB.

Ophrys sphegodes subsp. hebes
Hebes Ragwurz

S *O. hebes.* **M** Unterscheidet sich von subsp. *sphegodes* durch blassgrüne, unten bisweilen rotbraune Sepalen (11–14 × 5–6,5 mm), längere, gelbgrüne, gewellte Petalen (7–11 × 2–3 mm), rundliche, ungehöckerte, dunkelrotbraune, gewölbte Lippe (9–13 × 8–12 mm). Lippenrand gelb bis hellbraun, vorne meist ausgebreitet. Mal H-förmig bis flächig, braun mit gelbem Rand. Basalfeld rotbraun, meist kurz, Basalschwielen grünlich braun, Anhängsel klein. **B** April–Juni. *Andrena symphiti.* **U** Subsp. *zeusii*: Lippe flacher, Basalfeld länger. **A** Peloponnes. 0–1700 m. **H** Z-Peloponnes, Levidi, 25.4.95, HB.

Ophrys sphegodes subsp. majellensis
Majella-Ragwurz

S *O. passionis* subsp. *majellensis.* **M** Unterscheidet sich von subsp. *sphegodes* durch höheren Wuchs, dichteren Blütenstand, schwarzbraune Lippe (10–13 × 9–12 mm) mit schmalem gelben bis rötlichen Saum und reduziertem Mal. Sepalen (11–13 × 4,5–6,5 mm) oft weißlich bis rosa überlaufen. Petalen (8–9,5 × 3–4 mm) grün mit braunem Rand, leicht gewellt. Basalschwielen grünlich braun. Blüht 3–4 Wo. später. **B** Juni–Juli. Blätter zur Hochblüte vertrocknet. **A** Endemit M-, S-Italiens. 140–1250 m. **H** S-Ita., Palena, 19.6.86, HD.

Ophrys sphegodes subsp. montenegrina Montenegrinische Ragwurz

S *O. montenegrina.* **M** Unterscheidet sich von subsp. *cephalonica* durch dunklere, breitere Blütenlippen (10,5–14 × 7,2–11 mm); von *O. mammosa* durch kleinere Lippen mit schwächerer Höckerung. Petalen (8–10,2 × 2,8–3,6 mm) lanzettlich, kahl, gelblich grün, gewellt, 3/4 so lang wie die hell olivgrünen Sepalen. Mal lang H-förmig, nur selten flächig. Basalschwielen gelblich grün, Anhängsel winzig (0,6–1,1 mm breit). **B** März–April. **A** Endemit der Küste Montenegros, Albanien? 0–400 m. **H** Montenegro, Budva, 20.4.81, HB.

Ophrys sphegodes subsp. praecox
Frühblühende Spinnen-Ragwurz

S *O. panormitana* subsp. *praecox*. **M** Unterscheidet sich von subsp. *sphegodes* durch weißliche, öfters rosa angehauchte Sepalen mit grünem Mittelnerv. Petalen dunkler mit ockergelbem bis gelbgrünen, welligem Rand. Lippe oval, bisweilen schwach dreilappig, schwach gehöckert, braun, manchmal rötlich gelb gesäumt. Mal H-förmig, violett, hell gerandet. Anhängsel klein. **B** Mitte Februar–Mitte April. *Andrena thoracica*. **A** N-Sardinien, S-Korsika. 0–800 m. **H** Kor., Bonifacio, 18.4.87, HB.

Ophrys sphegodes subsp. provincialis
Provenzalische Spinnen-Ragwurz

S *O. provincialis*. **M** Unterscheidet sich von subsp. *sphegodes* durch größere, kaum gehöckerte Lippe (11–14 × 10–15 mm), Basalfeld größer. Mal H-förmig, seitlich verzweigt, schildförmig verbreitert bis verschmolzen, bläulich violett, weiß gerandet. Sepalen blassgrün. **V** *O. argensonensis*: Lippe, Sepalen kleiner, Mal weniger ausgedehnt, blüht später (W-Fr). **B** März–Mai. *Colletes cunicularius*. **A** S-Provence. 0–500 m. **H** S-Fra., Carcassonne, 13.5.91, HB.

Ophrys sphegodes subsp. taurica
Taurisch-kaukasische Spinnen-Ragwurz

S *O. aranifera* subsp. *taurica*, *O. caucasica*, *O. sphegodes* subsp. *caucasica*. **M** Unterscheidet sich von subsp. *sphegodes* durch dunklere, braune bis schwarzbraune Lippe, schmalere Petalen (7–10 × 2–3 mm). Lippe (11–15 × 9–13 mm) ungeteilt bis stark dreilappig, ± schwach gehöckert, oben dichter behaart. Basalfeld bräunlich bis olivgrün, Basalschwielen grünlich braun, Anhängsel klein, spitz. **B** April–Mitte Mai. **A** Von der Krim über Schwarzmeerküste bis O-Georgien, Daghestan?, NO-Türkei. 100–900 m. **H** Geo., Waschlowani, 29.4.00, HB.

Ophrys sphegodes subsp. tommasinii
Istrische Spinnen-Ragwurz

S *O. incantata*, *O. ausonia*. **M** Unterscheidet sich von subsp. *sphegodes* durch kleinere Blüten, kürzere Lippe (7,5–10,5 × 8,5–11,5 mm) und etwas breitere Petalen (6–8 × 3–4,5 mm); von subsp. *araneola* durch größere Petalen, größere Lippe und breiteren gelben Lippensaum. **V** *O. illyrica*: Lippe flacher, rötlicher, Narbenbasis verengt, 2 Wochen später blühend. **B** April–Mai. *Andrena pandellei*. **A** Istrien, N-Dalmatien, Mittelitalien. 20–450 m. **H** Istrien, Pula, 6.5.03, HB.

Ophrys sphegodes subsp. zeusii
Zeus-Spinnen-Ragwurz

S *O. zeusii*, *O. negadensis*, *O. hebes* var. *negadensis*. **M** Unterscheidet sich von subsp. *sphegodes* durch hellgrüne Sepalen, rundlichere, ausgebreitete, oft dreigeteilte, ± breit gelbgerandete Lippe mit schwärzlich grünen bis schwarzen Basalschwielen; von subsp. *hebes* durch weniger gewölbte Lippe und verlängertes Basalfeld. **V** Lippenrand zurückgeschlagen (var. *negadensis*). **B** Mitte April–Anfang Juni. **A** NW-Griechenland, Albanien. 300–1150 m. **H** NW-Gri., Katara-Pass, 28.6.77, HB.

Ophrys tardans
Spätblühende Ragwurz

S *O. maremmae* subsp. *tardans*. **M** Pflanze mittelgroß, 3–7-blütig. Sepalen abstehend, eiförmig, rosa. Petalen dreieckig, behaart, dunkler. Lippe trapezförmig, eingekerbt, etwas gewölbt, am Rande stark behaart, Mitte dunkelbraun, Rand breit gelblich grün bis hellbraun. Mal oben, hellblau und bräunlich gefleckt, ± breit cremefarben gesäumt. Anhängsel kräftig, aufwärts gebogen, darüber Haarbüschel. **B** Ende April–Mai. **A** Endemit Apuliens. 0–100 m. **H** S-Ita., Lecce, 20.4.93, HB.

Ophrys spruneri subsp. spruneri
Spruners Ragwurz

S *O. hiulca.* **M** Seitliche Sepalen weißlich bis hellrot, unten rotbraun, Petalen (6,5–10 × 3–5 mm) papillös, gewellt, dunkler, 1/2–2/3 so lang. Lippe (13,5–17 × 11–15,5 mm) stark 3-lappig, schwarzpurpurn. Seitenlappen schwach gehöckert, behaart. Mittellappen 8–13 mm breit, mit 1–1,5 mm breitem Anhängsel. Mal H-förmig oder getrennt, bis über die Mitte. Konnektiv zugespitzt. **B** Ende März–Anfang Mai. **A** Griechenland, Ionische Inseln (ohne Korfu), Kreta. 0–900 m. **H** Pelo., Githeon, 10.3.99, HB.

Ophrys spruneri subsp. grigoriana
Grigorianische Ragwurz

S *O. grigoriana.* **M** Unterscheidet sich von subsp. *spruneri* durch kürzere Petalen, breitere Blütenlippe mit flacheren, abgesetzten Seitenlappen, breiteres Anhängsel (1,4–2,8 mm). Petalen (7–9 × 2,5–4,2 mm) papillös, lanzettlich. Lippe (12–14,5 × 13–17 mm) seicht 3-lappig, schwarzviolett, Mittellappen konvex, 9–13 mm breit. Malzeichnung langgezogen, H-förmig, silbrig umrandet. **B** Ende März–Ende April. **A** Endemit von SW-, Z- und SO-Kreta. 0–660 m. **H** SW-Kreta, 16.3.99, HB.

Ophrys tenthredinifera
Wespen-Ragwurz

S *O. tenthredinifera* subsp. *guimaresii.*
M Pflanze 10–45 cm, dicht (3–8)-blütig. Sepalen eiförmig, stumpf, abstehend, Ränder zurückgerollt, rosa bis rot, seltener weißlich, grün genervt. Petalen dreieckig, behaart, dunkler. Lippe trapezförmig bis quadratisch, schwach gewölbt, kaum gehöckert, ungeteilt, vorne ausgerandet, in der Mitte rotbraun, kahl, breite Randzone hellgelb bis grünlich, auch hellbraun, ± dicht behaart. Mal meist klein, schildförmig das Basalfeld einfassend, dunkelblau bis braunviolett, weiß umrandet. Anhängsel spitz dreieckig, nach oben gerichtet, mit einem dichten Haarbüschel am Ansatz. Konnektiv stumpf.
V Blüte variabel, insbesondere Lippe (Größe, Form, Höcker, Behaarung, Farbe), Färbung des Basalfeldes und der Narbe. Durchschlagende Merkmalscharakteristiken, die eine Trennung auf Art- oder Unterartniveau rechtfertigen, lassen sich jedoch nicht erkennen. Alle der folgenden regional oder auch weiter verbreiteten Varianten lassen sich einwandfrei als *O. tenthredinifera* ansprechen:
Var. *tenthredinifera*: Lippe (9,5–16 × 8–13 mm) länger als breit, oft ziemlich schmal durch zurückgeschlagene Ränder, Behaarung und apikales Haarbüschel leicht reduziert, Narbe rötlich braun, Basalfeld hell- bis rötlich braun (N-Afrika, Iberische Halbinsel); var. *praecox*: Blüten kleiner, früher blühend (ab Ende Januar, westmediterran);
O. aprilia: Lippe 11–17 mm lang, Narbe schwärzlich, Basalfeld rötlich bis dunkelbraun (Korsika, Sardinien?);
O. ficalhoana: Lippe (9–16 × 9–15 mm) ± quadratisch bis trapezförmig, deutlich gehöckert, Basalfeld und Narbe schwärzlich (Iberische Halbinsel);
O. grandiflora: Lippe (11–16 × 12–16 mm) viereckig bis trapezförmig, Narbe dunkelbraun, Basalfeld braun (Sizilien);
O. neglecta: Lippe (9–14 × 10–14 mm) eiförmig, Seitenränder abgebogen, Narbe oliv bis dunkelbraun, Basalfeld bisweilen dunkelbraun (Sardinien, M-, S-Italien, Ionische Inseln);
O. villosa: Lippe (12–16 × 10–13 mm) länglich rechteckig, im Zentrum dunkelbraun, Ränder hellbraun bis gelb, Narbe dunkel, Basalfeld oliv- bis rötlich braun (ostmediterran).
B Ende Februar–Anfang Juni. *Eucera nigrilabris*, *E. bidentata* (Ion. Ins.), *E. dimidiata* (Kreta), *E. kullenbergii* (W-Türkei).
A Mediterranes Kerngebiet, Iberische Halbinsel, SW-Frankreich, M-, S-Italien, S-Griechenland, Ägäis, W-, SW-Türkei, Marokko bis Libyen. 0–1800 m.
H Tun., Zaouiet, var. *tenthredinifera*, 11.3.99, RL; Siz., Ustica, *O. grandiflora*, 27.3.01, RL; M-Ita., Argentario, *O. neglecta*, 25.4.94, HB; Pelo., Falanthi, *O. villosa*, 14.3.99, HB.

Ophrys tarentina
Tarenter Ragwurz

M Pflanze mittelgroß, 3–8-blütig, Sepalen abstehend, blassgrün. Petalen gelbgrün, selten rosa angehaucht, gewellt, kahl. Lippe länglich (10–14 mm), eiförmig, etwas gewölbt, ungehöckert, rot- bis schwarzbraun, am Rand rötlich braun zottig behaart. Mal H-förmig am dunklen Basalfeld, selten über die Mitte hinausreichend oder reduziert, schwarzblau. Anhängsel klein, spitz. **B** Ende März–April. *Osmia tricornis.* **A** Endemit S-Italiens (Apulien, Basilicata, N-Kalabrien). 10–550 m. **H** S-Ita., Ceglie, 20.4.95, RL.

Ophrys transhyrcana
Kaspische Ragwurz

S *O. kopetdagensis, O. sintenisii.* **M** Sepalen (17 × 5 mm), hellgrün, bräunlich überlaufen, Petalen (13 × 3 mm), papillös, gewellt, 3/4 so lang. Lippe (16 × 14 mm) konvex, schwach 3-teilig, dunkelbraun, papillös bis kahl. Seitenlappen schwach gehöckert. Mittellappen mit langer, bläulicher H-Zeichnung und kleinem Anhängsel. Konnektivfortsatz geschlängelt, ca. 3 mm lang. Narbenhöhle dunkelbraun. **B** April–Mai. **A** Endemit N-, NO-Irans, Turkmenistan. 0–1200 m. **H** N-Iran, zw. Gorgan u. Aliabat, RSB.

Ophrys turcomanica
Turkmenische Ragwurz

M Sepalen (10–12 × 4–5 mm) zuückgeschlagen, hellgrün bis grün, Petalen (5–6 × 2–2,5 mm) geöhrt, bräunlich grün, papillös, 1/2 so lang. Lippe (9–12 mm lang) quergewölbt, am Grunde tief 3-teilig, braun bis purpurbraun, papillös-samtig. Seitenlappen zu 2 mm langen Höckern verlängert, am Rande mit rotbraunen Haaren. Mittellappen mit ornamentalem, silbrig umrandetem Mal und kleinem Anhängsel. Konnektivfortsatz leicht geschlängelt, ca. 1 mm lang. Narbenhöhle breit, dunkelbraun. **V** Übergänge zu *O. transhyrcana?* **B** Mai. **A** Endemit NO-Irans (Gorgan), Turkmenistan? 1200–1300 m. **H** N-Iran, Behkadeh, 20.5.75, RSB.

Ophrys umbilicata subsp. attica
Attische Ragwurz

S *O. attica.* **M** Unterscheidet sich von subsp. *umbilicata* durch grünes Perigon, von subsp. *bucephala* und – *flavomarginata* durch kleinere Blüten: Sepalen (10–12 × 4–5 mm), Petalen (5–6 × 1,4–1,6 mm), Lippe (10–13 × 8–10 mm (mit Höckern); 10–12,5 × 5–7 (ohne Höcker). Pflanzen gedrungen (10–20 cm hoch) mit 3–7 ± rechtwinklig gegeneinander versetzten Blüten. Mal latzförmig mit ornamentalen Auszweigungen, gelblich umrandet. **B** März–Anfang Mai. *Eucera seminuda.* **W** Phrygana, Magerrasen, lichte Wälder, 0–800 m. **A** Albanien, Ionische Inseln, Griechenland (ohne NO), Kithira, Euböa, Andros, Kea, Kykladen? **H** Pelo., Petrochori, 29.4.03, RL.

Ophrys umbilicata subsp. umbilicata
Nabel-Ragwurz

S *O. carmeli, O. dinsmorei, O. orientalis.* **M** Blüten klein, weit (45–90°) abstehend. Sepalen weißlich bis hellrot, seltener grünlich, mittleres stark über die Säule gebogen. Petalen (3,5–5 × 1–2 mm) geöhrt, dunkler, behaart, 1/2 so lang. Lippe (8–10 × 8,5–11 mm) am Grunde tief 3-teilig, purpurbraun. Seitenlappen mit 2–3 mm langen Höckern, am Rande pelzig. Mittellappen mit ornamentalem, hell umrandetem Mal und 2–3 mm breitem Anhängsel. Narbenhöhle breit, dunkelbraun mit hellen Basalschwielen. **B** Anfang März–Anfang Mai. *Eucera galilaea, E. spatulata, E. gaullei.* **U** Der Komplex umfasst 8 Unterarten, die morphologisch nicht immer klar und nur teilweise geographisch getrennt sind. Subsp. *attica* (Albanien, Griechenland, Ionische Inseln, Kithira, Euböa, Andros, Kea, Kykladen?): buntes Perigon; – *bucephala* (Lesbos, Limnos, W-Türkei), – *flavomarginata* (Zypern), – *latilabris* (Israel): kleinere, schmalere Blüten; – *lapethica* (Zypern): breitere Lippe; – *rhodia* (Rhodos): vorgebogenes mittleres Sepal; – *khuzestanica* (W-Iran) niedrigerer Wuchs, größere Blüten. **A** Ägäische Inseln, W- bis mittlere S-Türkei, W-Syrien, Libanon, Israel, Zypern. 0–800 m. **H** Zyp., Tokni, 30.3.04, HB; S-Liba., Tebnine, 10.4.04, HB.

Ophrys umbilicata subsp. bucephala Großblütige Nabel-Ragwurz

S *O. bucephala.* **M** Unterscheidet sich von subsp. *attica*, – *flavomarginata*, – *lapethica*, – *umbilicata* durch größere Blüten; von subsp. *latilabris* durch schmaleren gelben Lippenrand; von subsp. *rhodia* durch vorgebogenes mittleres Sepal. Sepalen (9,5–12 × 5–6 mm), Petalen (4,5–6 × 1,5–2,1 mm), Lippe (10–12,5 × 10–14 mm), Mittellappen 6–9 mm breit. **B** März–April. *Eucera curvitarsis.* **A** Ägäis: Lesbos, Limnos; W-Türkei: Dardanellen, Marmara, Lydien. 0–400 m. **H** Lesbos, 8.4.98, HB.

Ophrys umbilicata subsp. khuzestanica Iranische Ragwurz

S *O. khuzestanica.* **M** Unterscheidet sich von subsp. *attica*, – *bucephala*, – *flavomarginata*, – *lapethica*, – *latilabris*, – *umbilicata* durch längeren Wuchs (45 cm) und Blütenstand (bis 30 cm), höhere Blütenzahl (7–12), kleinere Lippe (7–10 mm lang); von subsp. *rhodia* durch vorgeneigtes mittleres Sepal. Petalen (5–6 × 1,5–2 mm) lanzettlich, 1/2 so lang wie die Sepalen. Mal ornamental, reicht bis über die Mitte, hell umrandet. Anhängsel kräftig, hochgebogen. **B** April–Mai. **A** O-Türkei? (Kurdistan), Irak (S-Kurdistan); W- (Kermanshah) und S-Iran (Fars). 400–2100 m. **H** S-Iran, Dogendaban, 31.3.72, RSB.

Ophrys umbilicata subsp. latilabris Breitlippige Nabel-Ragwurz

M Unterscheidet sich von subsp. *attica*, – *bucephala*, – *flavomarginata*, – *khuzestanica*, – *lapethica*, – *rhodia* und – *umbilicata* durch breitere Sepalen, breiten gelbrandigen, weniger konvexen, am unteren Rande aufgebogenen Lippenmittellappen. Sepalen (10–11,5 × 5,8–8,3 mm), Petalen (4,6–5,8 × 1,7–2,5 mm), Lippe (10,4–12,5 × 9–12,5 mm), Mittellappen 7–12 mm breit. Pflanzen hochwüchsig (30-50 cm) und reich-(5-15)-blütig. **B** Februar–März. **A** Endemit Israels (Sharon Plain) mit 1 Wuchsort. 100 m. **H** Israel, Nahal Poleg, 15.3.94, HB.

Ophrys umbilicata subsp. flavomarginata Gelbrandige Ragwurz

S *O. flavomarginata.* **M** Unterscheidet sich von subsp. *attica*, – *khuzestanica*, – *lapethica*, – *rhodia*, – *umbilicata* durch größere, gelbrandige Blüten; von subsp. *bucephala* und – *latilabris* durch kleinere Blüten. Sepalen (7,5–10 × 4,5–6 mm), Petalen (2,7–4 × 1,7–2,1 mm), Lippe (11,3–13,3 × 10–11,3 mm), Mittellappen 7,5–9 mm breit. **B** Februar–April. *Eucera dimidiata.* **A** Endemit Zyperns mit Ausnahme des Troodos-Gebirges und der Mesoaria-Ebene. 0–600 m. **H** Zyp., Agios Minas, 28.2.05, HB.

Ophrys umbilicata subsp. lapethica Lapethos-Ragwurz

S *O. lapethica.* **M** Unterscheidet sich von subsp. *umbilicata* durch langgestreckteren Blütenstand, kürzere Petalen (3,8–4,2 × 1,5–2,1 mm), stärker konvexe und dadurch schmaler erscheinende und spitzer zulaufende Blütenlippe (9,4–11,7 × 8–9 mm), kürzere, stumpfere Seitenlappenhöcker, reduzierte Malzeichnung (H- bis X-förmig), stärker abgesetztes, 2–3,5 mm breites Anhängsel. Von subsp. *attica*, – *bucephala*, – *flavomarginata*, – *khuzestanica*, – *latilabris*, – *rhodia* durch weißlich bis hellrot gefärbtes Perigon. **B** Februar–März. **A** Endemit Zyperns (Nordkette, S-Zypern). 0–800 m. **H** Zyp., Tokni, 8.3.05, HB.

Ophrys umbilicata subsp. rhodia Rhodos-Nabel-Ragwurz

S *O. rhodia.* **M** Unterscheidet sich von subsp. *attica*, – *bucephala*, – *flavomarginata*, – *khuzestanica*, – *lapethica* und – *umbilicata* durch ein rückwärts gerichtetes, mittleres Sepal, kürzere, stärker 3-eckige, geöhrte Petalen und eine ausgedehntere Malzeichnung. Sepalen (10,6–13,5 × 5,3–6,3 mm), Petalen (3,7–4,5 × 2,2–2,9 mm), Lippe (8,2–10,2 × 8,2–10,6 mm), Mittellappen 6,3–6,9 mm breit. **B** Februar–Ende März. **A** Rhodos, Karpathos, SW-Türkei?, Zypern? 0–700 m. **H** Rhodos, Loutani, 31.3.95, HB.

Die Gattung Orchis L. – Knabenkraut

Während der sommerlichen Trockenheit ziehen die Pflanzen zurück und die Wurzelknollen dienen als Speicherorgane. Die vorjährige Mutterknolle ist um diese Zeit abgestorben. Zuvor hat sich jedoch aus der Achsel eines Niederblattes eine Tochterknolle gebildet. An ihrer Spitze befindet sich eine Knospe, aus der sich im Verlauf des Herbstes und Frühwinters ein Spross entwickelt, der bis zur Erdoberfläche wächst, um dort zu überwintern. Im folgenden Frühjahr entwickeln sich daraus die oberirdischen Laubblätter, aus kräftigen Rosetten schieben Blütentriebe. Bei den im Mittelmeergebiet verbreiteten Arten wird die Rosette bereits im Herbst gebildet und die Pflanzen können dann schon während des Winters assimilieren. Der Blütenstand wird im Knospenstadium von einem Stängelblatt scheidenartig eingehüllt (Frostschutz). Die Säule wird von 3 oder 5 Perigonblättern bedeckt und vor Regen geschützt. Die auffällige, abwärts gerichtete Lippe dient als Sitzplatz für Bestäuber. Ihre Lage kommt durch Drehung des Fruchtknotens zustande. Bei fast allen Arten handelt es sich um Nektartäuschblumen, die durch Duft, Form und Farbe Blüten anderer Nektarquellen imitieren (Ausnahme *O. coriophora*, *O. sancta*). Bestäuber (Hummeln, solitäre Bienen) versuchen mit ihren Rüsseln im Sporn Nektar zu saugen. Da dessen Öffnung direkt vor dem Gynostemium (Säule) liegt, zerreißen sie mit ihrem Kopf oder Rüssel das gemeinsame, umhüllende Häutchen (Bursicula), stoßen an die feuchten Klebkörper (Viscidia) und ziehen beim Verlassen der Blüte die Pollinarien einzeln oder gemeinsam aus den Antherenfächern (Theken). Nach wenigen Minuten senken sich die entnommenen Pollinarien um etwa 90° nach unten und können dann beim Besuch einer anderen Blüte auf die tieferliegende, klebrige Narbe übertragen werden. Charakteristisch ist die dauerhafte Kapselfrucht. Unter der Annahme, dass die Stammform diploid ist und 2n=32 Chromosomen besitzt, beruhen die abweichenden Zahlen (2n=36, 38, 40, 42) vieler Arten auf Chromosomenumbauten. Nur wenige Arten wie *O. canariensis* und *O. patens* sind durch Chromosomenverdopplung entstanden und

O. punctulata mit pollinarientragender, von Spinne gefangener Wildbiene: Zypern, Tokni, 6.3.05, HB.

besitzen einen tetraploiden Satz (2n=80). Unabhängig von den Chromosomenzahlen sind Hybridisierungen nur zwischen bestimmten Arten möglich. Diese Hinweise auf unterschiedliche Verwandtschaftsverhältnisse wurden durch molekularbiologische Untersuchungen weitgehend bestätigt. Ähnlich verhält es sich bei den intergenerischen Hybriden, die nur mit Vertretern rundknolliger Gattungen (*Aceras*, *Anacamptis*, *Serapias*) möglich sind. Dies führte dazu, dass neuerdings einerseits *Aceras* zu *Orchis* und andererseits mehrere *Orchis*-Arten zu *Anacamptis* gestellt wurden. Das Areal der Gattung umfasst N-Afrika, die Kanarischen Inseln, das gemäßigte SW-Asien, Sibirien und Europa mit dem Mittelmeergebiet als Zentrum. Die Gattung besteht gegenwärtig aus 66 Taxa, wovon hier 34 auf der Rangstufe der Art, 32 auf der der Unterart sowie zusätzliche Varietäten aufgeführt werden.

Deutlich mehr als bei der Gattung *Ophrys* konnten 11 *Orchis*-Arten (17%) ihr Areal bis Mitteleuropa ausdehnen. Der Rest verteilt sich etwa gleichmäßig auf das westliche (27%), das zentrale (21%) und auf das östliche (24%) Mittelmeergebiet. Als orientalische Elemente sind 7 Taxa (11%) einzustufen.

Orchis adenocheila
Drüsenlippiges Knabenkraut

S *O. punctulata* subsp. *adenocheila.*

M Knollengeophyt von 20–60 cm Höhe. Stängel hellgrün, mit 4–7 Laubblättern, 3–4 rosettig gehäuft. Grundblätter (10–20 × 3–5 cm) eiförmig bis länglich eiförmig, ungefleckt, leicht glänzend, dunkelgrün, aufwärts gerichtet. Nach oben folgen 1–3 scheidige Stängelblätter. Blütenstand langgestreckt, ausladend, 10–25 cm lang, dicht 15–60-blütig. Tragblätter (3–4 × 2–2,5 mm) häutig, dem gedrehten Fruchtknoten anliegend und etwa 1/3 so lang wie dieser, grünlich weiß. Alle Perigonblätter bilden einen Helm, der innen und außen gelblich weiß bis grüngelb, entlang der Ränder und Nerven braunrot punktiert oder gestrichelt ist. Seitliche Sepalen (10–12 × 3,5–5 mm) schief eiförmig, Petalen (7–8 × 1 mm) lanzettlich. Lippe (11–13 × 10–14 mm) tief 3-lappig, breiter als lang, gelblich weiß bis gelblich grün, im Zentrum heller mit zahlreichen ± mehrreihig angeordneten, braunroten Saftmalen. Seitenlappen (6–8 × 1–2 mm) abspreizend, am Ende abgerundet, flach bis aufwärts gebogen. Mittellappen am Anfang stegförmig, dann 2-geteilt. Spaltstücke (5–7 × 4–5 mm) halbelliptisch, am Ende oft aufgebogen, in der Einbuchtung mit einem 0,5–1,5 mm langen Zähnchen. Sporn (5–7 × 1,5–2 mm) kegelförmig, abwärts gebogen, stumpf, knapp 1/2 so lang wie der Fruchtknoten. Pollinien gelb.

B April–Mai. Allogame Nektartäuschblume. Hybriden mit *O. simia*?

U *O. aserica*, *O. punctulata*: Blüten kleiner. *O. purpurea* subsp. *caucasica*: rotviolette Blüten, nicht im Areal.

W Halbschattig in lichten Eichen- und Eichenbuschwäldern auf basenreichen Böden. 150–1500 m.

A SO-Aserbaidschan (Talysch), N-und NW-Iran, Turkmenistan (Kopet Dagh).

G Waldbauliche Maßnahmen, Beweidung.

H Aserb., Lenkoran, 15.4.00, HB; Aserb., Lenkoran, 15.4.00, HB.

Orchis anatolica
Anatolisches Knabenkraut

S *O. rariflora.*

M Knollengeophyt von (10) 20–40 cm Höhe. Stängel grün, meist dunkelrot überlaufen, mit 3–7 Laubblättern, 2–5 rosettig gehäuft. Grundblätter (6–12 × 1,5–3 cm) breit lanzettlich bis schmal eiförmig, meist gefleckt. Nach oben folgen 1–2 scheidige Stängelblätter. Blütenstand langgestreckt, ausladend, 3–15 cm lang, locker 4–25-blütig. Blüten weiß, rosa bis hellrot. Tragblätter (5–10 × 1,5–2,5 mm) häutig, dem gedrehten Fruchtknoten (10–13 × 1–1,5 mm) anliegend, 1/2 bis etwas länger als dieser. Seitliche Sepalen (7–12 × 3,5–5 mm) schief eiförmig, schräg seitwärts spreizend. Das mittlere Sepal und die schief eiförmigen Petalen (4,5–7 × 2–3,5 mm) bilden einen Helm, der die Säule bedeckt. Lippe (9–13 × 12–17 mm) 3-lappig, breiter als lang. Seitenlappen halbkreisförmig. Mittellappen vorgezogen, 5–9 mm breit, am Grunde öfter leicht 2-geteilt. Lippe im Zentrum heller, entlang der Längsachse gefaltet, hier mit zahlreichen, ± 2-reihig angeordneten, weinroten Punkten. Sporn (16–26 × 1,3–2 mm) sich langsam verjüngend, meist aufwärts gebogen, deutlich länger als der gedrehte Fruchtknoten. Pollinien gelbbraun bis braunviolett.

V Subsp. *sitiaca*: Lippe stärker 3-geteilt, Sporn kürzer (Kreta); var. *troodi*: Blüten größer, Sporn länger (Zypern).

B März–Mai. Allogame Täuschblume mit gutem Fruchtansatz. Hybriden mit *O. quadripunctata* s.l., *O. provincialis* und *O. pauciflora.*

U *O. quadripunctata* s.l.: kleinblütiger, Sporn ± waagrecht.

W Schattige bis halbschattige Wuchsorte in Laub- und Nadelwäldern, in Gebüschen und Garriguen, auf trockenen, basenreichen, meist schwach sauren Böden. 0–2400 m.

A Von den Kykladen und Kreta ostwärts über die Türkei, Zypern bis in den W-Iran. Nach Süden bis Israel und Iran (Shiraz).

G Waldrodung, Ausgraben der Knollen.

H Liba., Schuf-Berge, 9.4.04, HB.; Zyp., Troodos, 2.4.02, HB.

Orchis aserica
Aserisches Knabenkraut

M Knollengeophyt von 16 cm Höhe. Stängel hellgrün, mit 5 Laubblättern, 3 rosettig gehäuft. Grundblätter (5,5–7,5 × 1,5–1,9 cm) schmal eiförmig, ungefleckt, leicht glänzend. Nach oben folgen 2 scheidige Stängelblätter, das oberste ist 2,5 cm lang. Blütenstand langgestreckt, ausladend, 3,7 cm lang, locker 18-blütig. Tragblätter (1,7 × 2,3–3,1 mm) häutig, weißlich, dem gedrehten Fruchtknoten (9,2 × 1,5 mm) anliegend und 1/3 bis 1/4 so lang wie dieser. Alle Perigonblätter bilden einen zugespitzten Helm, der außen gelblich grün und schwach geädert, innen gleich gefärbt aber rotlila gestrichelt ist. Seitliche Sepalen (9,6 × 3,5 mm) schief eiförmig lanzettlich, Petalen (7,5 × 1,6 mm) lanzettlich. Lippe (8–9 × 7,5–8,5 mm) tief 3-lappig, gelblich weiß, im Zentrum und gegen den Sporneingang mit hellrosa Punkten, entlang den Rändern mit rosa Anflug. Seitenlappen (5,5–5,7 × 1,2–1,4 mm) abspreizend, am Ende abgerundet. Mittellappen (6–6,5 × 4,5–5,5 mm) am Anfang kurz stegförmig, dann leicht 2-geteilt. Spaltstücke 2,2–2,4 mm breit, abgerundet, in der Einbuchtung mit einem 0,7–0,8 mm langen Zähnchen. Sporn (3,7 × 1,2 mm) gelblich, kegelförmig, abwärts gebogen, stumpf, knapp 1/2 so lang wie der Fruchtknoten. Narbenhöhle breit, rotlila, Pollinien hellbraun.

B April–Mai. Allogame Nektartäuschblume.

U *O. adenocheila*: Blätter breiter, Blüten größer; *O. punctulata*: Sepalen weniger zugespitzt, Mittellappen stärker geteilt, Sporn länger.

W Halbschattig im Aufforstungsgelände mit *Quercus*, *Cotinus* und *Carpinus*. 610–650 m.

A Bislang nur von einem einzigen Wuchsort an den östlichen Ausläufern des Kaukasus (Aserbaidschan: Siyazan) bekannt.

G Land- und forstwirtschaftliche Maßnahmen.

H Aserb., Xizi, 20.4.00, HB;. Aserb., Xizi, 20.4.00, HB.

Orchis boryi
Borys Knabenkraut

S *O. morio* subsp. *boryi, Anacamptis boryi.*

M Knollengeophyt von 10–35 cm Höhe. Pflanze mit 6–15 Laubblättern, 4–8 am Grunde rosettig gehäuft. Grundblätter (5–8 × 0,5–1 cm) lineal lanzettlich, ungefleckt, ± in der Mitte am breitesten, entlang des Mittelnervs nach oben gefaltet. Stängel mit 2–3 Scheidenblättern, unten grün, im Bereich des Blütenstandes braunviolett überlaufen. Blütenstand ± eiförmig, ausladend, locker 5–15-blütig, von oben nach unten aufblühend. Tragblätter (7,5–14 × 3–5,3 mm) häutig, ± so lang wie der Fruchtknoten, rotviolett. Perigonblätter schwach helmförmig, violettrot, mit dunkleren Nerven. Seitliche Sepalen (7,5–10,5 × 4–6 mm) und Petalen (5,3–8 × 2,8–3,8 mm) schief eiförmig. Lippe (7,5–10,5 × 8,5–12 mm) im Umriss rundlich, seicht 3-geteilt, breiter als lang. Freier Teil des Mittellappens keilig, 4,2–7 mm breit, länger als die Seitenlappen. Lippe mit welligem Rand, ± flach, an den Rändern rotlila, im Zentrum heller, mit 4–6 violetten Punkten, die in 2 Reihen angeordnet sind. Sporn (12,5–17,5 × 1,5–2,3 mm) dünn, zylindrisch, violett, ± waagrecht bis leicht abwärts gerichtet, etwas kürzer als der gedrehte Fruchtknoten (14–21 mm lang).

B Ende März–Anfang Mai. Allogame Nektartäuschblume mit geringem Fruchtansatz. Hybriden mit *Orchis laxiflora* subsp. *laxiflora*, *O. morio* subsp. *morio*, *O. papilionacea* subsp. *heroica*.

U *O. morio* s.l.: Sporn aufwärts, Perigonblätter bilden einen geschlossenen Helm.

W Lichte Wälder, Garriguen, Magerwiesen auf frischen bis wechselfeuchten Böden, vor allem auf Schiefer. 0–1300 m.

A Östliches Mittelmeergebiet: S-Griechenland, Ägäische Inseln: Kreta, Skiathos, Euböa, Andros.

G Landwirtschaft und Siedlungsbau.

H Andros, Kalivari, 21.4.95, HB; Pelo., Wurwura, 29.4.89, HB.

Orchis canariensis
Kanarisches Knabenkraut

S *O. patens* subsp. *canariensis.*
M Knollengeophyt von 13–40 (60) cm Höhe. Stängel grün, nach oben oft rot überlaufen, mit 4–9 Laubblättern, 2–6 am Grunde rosettig gehäuft. Grundblätter (9–16 × 2,3–4 cm) breit lanzettlich, ungefleckt, leicht glänzend. Nach oben folgen 1–3 scheidige Stängelblätter, das oberste ist 4–7 cm lang. Blütenstand ± eiförmig, ausladend, 5–9 cm lang, locker 10–60-blütig. Tragblätter (16–21 × 4–6 mm) häutig, dem gedrehten Fruchtknoten anliegend und etwas länger als dieser. Seitliche Sepalen (9–12 × 4–5,5 mm) schief eiförmig, steil aufgerichtet, mit breiter rosa gefärbter Randzone und grünlichem Mittelfeld, nicht gepunktet. Mittleres Sepal und die schief eiförmigen Petalen (7–9 × 2,6–4 mm) helmförmig, auf der Außenseite dunkelrosa. Lippe (10–14 × 10–14 mm) 3-lappig, an den Rändern blassrosa bis hellviolett, im Zentrum weißlich mit hellroten Saftmalen, flach bis schwach konvex. Mittellappen (3–4 × 6–7 mm) vorgezogen, vorne ausgebuchtet oder gezähnelt, am Grunde mit 2 den Sporneingang begrenzenden Leisten, Seitenlappen elliptisch. Sporn (5–7 × 2,6–3,2 mm) sackförmig bis kegelförmig, schräg aufwärts bis fast waagrecht gerichtet, etwa 1/2 so lang wie der gedrehte Fruchtknoten.
B Januar–Mai. Allogame Nektartäuschblume mit mäßigem Fruchtansatz durch *Bombus canariensis* und *Anthophora alluaudi*. 2n=80.
U *O. patens*, *O. spitzelii*: Sporn kleiner und dicker. Auf den Kanaren nur *O. canariensis*.
W Kanaren-Kiefernwald, Baumheidegebüsch, steile Felsschluchten, schmale Rasenbänder mit luftfeuchtem Lokalklima. Auf leicht saurem, vulkanischem Gestein. 500–1800 m (La Palma) in der Passatwolkenstufe.
A Kanarischer Endemit: Hierro, La Palma, Gomera, Teneriffa und Gran Canaria.
G Auf Hierro und Teneriffa selten, etwas häufiger auf Gran Canaria.
H Gran Canaria, Anden Verde, 5.2.95, HB; La Gomera, El Cedro, 24.1.95, HB.

Orchis collina
Hügel-Knabenkraut

S *O. saccata*, *O. chlorotica*, *Anacamptis collina*.
M Knollengeophyt von 10–40 cm Höhe. Stängel robust, grün, oberwärts braunrot überlaufen, leicht hin- und hergebogen, mit 3–9 Laubblättern, 2–5 am Grunde rosettig gehäuft. Grundblätter (3–12 × 1,5–3,5 cm) länglich eiförmig, ungefleckt, dunkelgrün glänzend, etwa in der Mitte am breitesten. Blütenstand zylindrisch, ausladend, 6–15 cm lang und locker mit 4–20 Blüten besetzt. Tragblätter (18–23 × 4–6 mm) breit lanzettlich, schmutzig rotbraun, dem gedrehten Fruchtknoten anliegend, die unteren länger, die oberen gleichlang wie dieser. Seitliche Sepalen (9–12 × 3–4 mm) schief eiförmig, fast senkrecht, nach außen gedreht, oliv, braunrot überlaufen. Mittleres Sepal und die schief eiförmigen Petalen (7–10 × 2–3 mm) helmförmig, gleich gefärbt. Lippe (9–12 × 8–11 mm) elliptisch, ganzrandig, am Rande gekerbt, an den Rändern rückwärts gebogen, dunkelgrün bis rotbraun, im Zentrum hell, ohne Fleckung, am Sporneingang mit 2 Stufenleisten. Sporn (5–7 × 3,5–5 mm) kegelförmig, stumpf, steil abwärts, knapp 1/2 so lang wie der gedrehte Fruchtknoten. Pollinarien gestielt, Pollinien braunviolett.
B Januar–April. Allogame Nektartäuschblume mit hohem Fruchtansatz. Hybriden mit *O. coriophora*, *O. longicornu*, *O. papilionacea* subsp. *grandiflora* und subsp. *palaestina*. 2n=36.
U Unverwechselbare, frühblühende Art mit komplettem Fruchtansatz, an dem die Art auch nach der Blüte bestimmt werden kann.
W Lichte Wälder, vor allem in küstennaher Phrygana und Garriguen auf trockenen, kalkreichen Böden. 0–2200 m.
A Mediterranes Kerngebiet von Portugal bis Israel. N-Grenze über S-Frankreich, Ligurien, Italien, Ägäische Inseln, W-Türkei bis zum Bosporus. Nach Osten bis Kaukasien, N-, S- und W-Iran, Turkmenistan.
G Tourismus und Landwirtschaft.
H N-Israel, Hanita, 12.3.94, HB; S-Ita., Manfredonia, 12.3.04, RL.

Orchis coriophora subsp. coriophora
Wanzen-Knabenkraut

S *O. cassidea*, *Anacamptis coriophora*.

M Knollengeophyt von 20–50 cm Höhe. Stängel grün, mit 4–7 Laubblättern, 2–4 am Grunde rosettig gehäuft. Grundblätter (10–19 × 2–5,5 cm) breit lanzettlich, ungefleckt, zugespitzt. Blütenstand schmal zylindrisch, 7–18 cm lang, dicht 15–40-blütig. Tragblätter (9–11 × 2–2,5 mm) lanzettlich, grünlich, rotbraun überlaufen, dem gedrehten Fruchtknoten (9–11 × 2–2,5 mm) anliegend, so lang wie dieser. Blüten klein, nach Wanzen riechend, schmutzig braunrot oder rötlich grün. Perigonblätter einen geschlossenen, verklebten Helm bildend, auf der Außenseite grün geädert. Sepalen (6–7,5 × 2,5–3 mm) eiförmig, zugespitzt. Petalen (5–6 × 1,5–2 mm) linealisch, stumpf. Lippe (5–7 × 5–6 mm) 3-lappig, abwärts gebogen, grünlich bis braunrot, im Zentrum heller mit dunkel purpurnen Punkten oder Strichen. Seitenlappen rhombisch, am Rande gekerbt. Mittellappen (2,5–3,5 × 1,5–2,5 mm) vorgezogen, eiförmig. Sporn (5,5–6,5 × 1,7–2,5 mm) kegelförmig, stumpf, abwärts gebogen, Nektar führend, 1/2 so lang wie der Fruchtknoten. Pollinarien gestielt, Pollinien gelb.

B Ende März–Juli. Allogame Nektarblume (Solitäre Bienen) mit hohem Fruchtansatz. Hybriden mit *O. laxiflora*, *O. morio* s.l., *O. palustris* s.l., *O. papilionacea*? Gattungshybriden mit *Anacamptis*, *Serapias lingua*, *S. vomeracea*. 2n=36, 38.

U Subsp. *fragrans*: Pflanzen zierlicher, Helm zugespitzter, trockene Wuchsorte; subsp. *martrinii*: dickerer Sporn; *O. sancta*: Lippe ohne Zeichnung, Helm spitzer, Sporn länger.

W Lichte Wälder, Phrygana und Garriguen, Feuchtwiesen, auf trockenen bis feuchten, basenreichen Böden. 0–2500 m.

A Großes, lückiges Verbreitungsgebiet in Europa, N-Afrika und Vorderasien. S-Grenze durch Marokko, Algerien, Tunesien, Israel und Iran.

G Landwirtschaft, Beweidung, Entwässerung.

H Aserb., Scheki, 26.4.00, RL; S-Deu., Landsberg, 25.6.97, HB.

Orchis coriophora subsp. fragrans
Wohlriechendes Knabenkraut

S *O. fragrans, Anacamptis fragrans.*

M Unterscheidet sich von subsp. *coriophora* durch schlankeren Wuchs, zur Blütezeit welkende Blätter, einen zugespitzteren Helm, einen feineren Vanille-Duft, trockenere Wuchsorte. Morphologisch nicht klar von subsp. *coriophora* trennbar. Sepalen (7–9,5 × 2,5–3 mm), Lippe (6–7,5 × 6–7,5 mm), Sporn (6–7,5 × 1,4–2,5 mm) so lang wie die Lippe, am Ende mit Nektar. Pollinien gelb. 2n = 38.

B März–Juni. Allogame Nektarblume. Hybriden mit *O. laxiflora*, *O. morio* s.l., *O. palustris* s.l., *O. papilionacea* s.l., *O. sancta* (*O. × kallithea*). Gattungshybriden mit *Anacamptis*, *Serapias lingua*, *S. parviflora*, *S. vomeracea*.

W Licht- und kalkliebend, in Garriguen und lichten Wäldern. 0–1000 m.

A Im Mittelmeergebiet die vorherrschende Sippe, manchmal mit subsp. *coriophora*. Eine geographische Abgrenzung ist kaum möglich.

G Landwirtschaft, Beweidung.

H Istrien, Pula, 19.5.01, HB.

Orchis coriophora subsp. martrinii
Martrinis Knabenkraut

S *O. martrinii*, *O. coriophora* subsp. *carpetana.*

M Unterscheidet sich von subsp. *coriophora* und subsp. *fragrans* durch den großen und dicken Sporn (10–13 × 2,6–3,2 mm), der breit kegelförmig, sich zu stumpfer Spitze verjüngend, am Ende leicht bogig und ± so lang wie der Fruchtknoten ist.

B April–Juni. Allogame Nektarblume.

U Die dickspornigen Unterarten *carpetana* und *martrinii* werden zusammengefasst, da es sich wohl um Ökotypen handelt. Die erstere wächst auf trockeneren Böden und ist niederwüchsiger, die letztere auf feuchten Böden und ist daher robuster.

W Feuchtwiesen, Quellhorizonte, Magerwiesen auf basenreichen Böden. 0–1800 m.

A W-(sub)mediterran: Portugal, Spanien, Marokko, N-Algerien.

G Entwässerung, Landwirtschaft, Beweidung.

H N-Spa., Meranges, 13.6.03, RL.

Orchis cyrenaica
Cyrenaika-Knabenkraut

S *Orchis melchifafii*, *O. papilionacea* var. *cyrenaica.*

M Knollengeophyt von 10–25 cm Höhe, zur Büschelbildung neigend. Pflanze robust, mit 5–9 Laubblättern, 3–5 am Grunde rosettig gehäuft. Grundblätter (3,5–8 × 1,3–3,5 cm) aus breiter Basis sich langsam verschmälernd, am Ende zugespitzt, ungefleckt, grünlich gelb, entlang des Mittelnervs nach oben gefaltet, im Herbst erscheinend. Stängel rund, mit 2–4 Scheidenblättern, unten grün, oben braunrot überlaufen. Blütenstand ± eiförmig, breit ausladend, 4,5–12 cm lang, locker 4–20-blütig. Tragblätter (22–29 × 7,5–11 mm) häutig, knapp so lang wie der Fruchtknoten (20–22 × 2,5–3,5 mm) und diesem anliegend, rotbraun, am Ende stumpf. Perigonblätter locker helmförmig, braunrot, mit dunkleren Nerven. Seitliche Sepalen (12–17 × 5–7 mm) und Petalen (9–13 × 3,5–5 mm) schief eiförmig. Lippe (10–15 × 10–14 mm) im Umriss halbkreisförmig keilig, ungeteilt bis seicht 3-lappig, am Ende stumpf, am Rande gezähnelt, die seitlichen Partien entlang der Längsachse rückwärts gebogen. Lippe rotviolett bis rotlila, im Zentrum heller, mit aus purpurroten Punkten oder Strichen bestehender Malzeichnung. Sporn (19–23 × 2,7–4 mm) zylindrisch, dem gedrehten Fruchtknoten anliegend, so lang wie dieser, gegen das Ende abwärts gebogen und spitz.

B Februar–Mitte April. Allogame Nektartäuschblume mit unterdurchschnittlichem Fruchtansatz (ca. 20 %).

U *O. papilionacea* s.l.: keine dachziegelige Stellung der Laubblätter, schmalere Grundblätter, kürzerer Sporn.

W Lichte Gebüsche, *Sarcopoterium*-Garriguen, auf basenreichen Böden. 340–810 m.

A Kleinräumiger Endemit der Cyrenaika.

G Landwirtschaft, intensive Beweidung, Straßen- und Siedlungsbau.

H Liby., Al Bayda, 29.3.00, HB; Liby., Al Bayda, 29.3.00, HB.

Orchis dinsmorei
Dinsmores Knabenkraut

S *O. laxiflora* var. *dinsmorei*, *O. laxiflora* subsp. *dielsiana* p.p.

M Knollengeophyt von 40–70 cm Höhe. Stängel grün, oberwärts rotbraun mit 5–8 Laubblättern, die ± gleichmäßig am Stängel verteilt sind. Untere Blätter (18–30 × 1,5–3,5 cm) lanzettlich, aus breiter Basis zur Spitze verschmälert, ungefleckt, gekielt, bis zur Mitte länger und dann wieder kürzer werdend. Das oberste Stängelblatt erreicht den Beginn des Blütenstandes nicht. Blütenstand langgestreckt (14–30 cm), locker 14–35-blütig. Brakteen (17–26 × 4,5–5,5 mm) lanzettlich, rotlila, die unteren etwas länger als der gedrehte 15–21 mm lange Fruchtknoten. Blüten violettrot, Lippenmitte hell mit punktförmiger Zeichnung. Seitliche Sepalen (8,5–10,5 × 4–5 mm) schief eiförmig, fast senkrecht gerichtet und nach außen gedreht. Mittleres Sepal und die schief eiförmigen Petalen (7–9 × 4–6 mm) bedecken die Säule. Lippe (6,5–8,5 × 10–13 mm) mit angedeutetem Mittellappen, der nicht immer abgesetzt und dann etwas kürzer als die Seitenlappen ist. Seitenlappen (6–8 × 3–5 mm) im Umriss halbkreisförmig, stark nach hinten zurückgeschlagen. Sporn (10–14 × 2–3 mm) schräg aufwärts gerichtet, im Verhältnis zur kurzen Blütenlippe lang wirkend, am Ende nicht verdickt, ± 2/3 so lang wie der Fruchtknoten.

B März–Mai. Allogame Nektartäuschblume. Hybriden mit *O. coriophora* s.l.

U Subsp. *laxiflora*, *O. palustris* s.l.: Blüten deutlich größer.

W Offene Sumpfwiesen, Bach- und Flussränder. 0–1000 m.

A Israel, Libanon, W-Syrien, Türkei: Cilicien.

G Entwässerung, Euthrophierung, Landwirtschaft. In weiten Teilen des Areals stark gefährdet.

H Israel, Hadera, 16.3.94, HB; Israel, Hadera, 16.3.94, HB.

Orchis galilaea
Galiläa-Knabenkraut

S *O. punctulata* subsp. *galilaea.*
M Knollengeophyt von 20–50 cm Höhe. Stängel grün, mit 4–7 Laubblättern, 2–3 rosettig gehäuft. Grundblätter (6–13 × 2–4,5 cm) lanzettlich bis elliptisch, ungefleckt. Nach oben 2–4 scheidige Stängelblätter. Oberstes Blatt 5–13 cm lang, den Beginn des Blütenstandes meist nicht erreichend. Blütenstand langgestreckt (3–15 cm), wenig ausladend (ca. 3 cm), dicht 10–70-blütig, von oben nach unten aufblühend. Blüten weißlich, purpurrosa oder blassgelb bis grünlich gelb. Tragblätter (2–2,5 × 1,2–1,7 mm) schuppenförmig, dem gedrehten Fruchtknoten anliegend, ca. 1/4 so lang wie dieser. Perigonblätter dicht helmförmig, verklebt, gelbgrün bis hellrot, auf der Innenseite mit purpurnen Nerven. Seitliche Sepalen (7,5–9 × 3–4 mm) schief eiförmig, 4-nervig, kaum zugespitzt. Petalen (6–7 × 0,8–1,2 mm) schmal lanzettlich, stumpf. Lippe (7–10 × 5–8 mm) stark 3-geteilt, länger als breit. Seitenlappen (außen 5–7, innen 3,5–4 × 1,3–1,8 mm) linealisch. Mittellappen (4,5–5,5 × 4,3–5,5 mm) tief 2-geteilt, am Grunde mit einem kleinen 0,5–0,6 mm langen Spitzchen. Spaltstücke (2,5–3,5 × 1–1,3 mm) linealisch, wie die Seitenlappen etwas auswärts gebogen. Lippe am Sporneingang mit rotvioletten Punkten oder Strichen, zwischen Mittel- und Seitenlappen mit größerem Punktpaar. Sporn (2–3 × 1–1,5 mm) zylindrisch, stumpf, etwa 1/4 so lang wie der 7–10 mm lange Fruchtknoten. Pollinarien gestielt, Pollinien gelblich braun.
B Februar–April. Allogame Täuschblume. Hybriden mit *O. tridentata*?
U *O. punctulata*: Blüten gelber, größere Spaltstücke des Lippenmittellappens, längerer Sporn.
W Lichte Eichen- und Kiefernwälder, Gebüsche, Garriguen in der kollinen Stufe. 300–1000 m.
A Ostmediterraner Endemit mit kleinem Areal in Israel, dem Libanon und Syrien?
G Ausweitung landwirtschaftlicher Flächen.
H Liba., Schuf-Berge, 6.4.04, HB; Israel, Haifa, 14.3.94, HB.

Orchis israelitica
Israelisches Knabenkraut

S *Anacamptis israelitica.*
M Knollengeophyt von 15–30 cm Höhe. Pflanze zierlich, mit 5–10 Laubblättern, 5–7 am Grunde rosettig gehäuft. Grundblätter (6–12 × 1,5–2 cm) breit lanzettlich, ungefleckt, ± in der Mitte am breitesten, entlang des Mittelnervs nach oben gefaltet, hellgrün. Stängel mit 2–3 Scheidenblättern, grün. Blütenstand ± eiförmig, ausladend, locker 10–20-blütig. Tragblätter (7–9 × 3–5 mm) häutig, 2/3 so lang wie der Fruchtknoten, am Ende stumpf, grünlich und hellviolett überlaufen. Perigonblätter locker helmförmig, innen und außen an den Rändern rosa, im mittleren Teil grün, mit dunkleren Nerven. Seitliche Sepalen (6–8 × 3–4,5 mm) und Petalen (4,7–6,5 × 1,6–3,2 mm) schief eiförmig. Lippe (6–8 × 7,3–10,2 mm) 3-geteilt, breiter als lang, weißlich bis rosa. Mittellappen 3,4–6,2 mm breit, ± rechteckig, länger und breiter als die keilförmigen Seitenlappen, am Grunde mit 2 purpurnen Punktpaaren. Sporn (9–13,5 × 1,7–2,3 mm) dünn, lang zugespitzt, ± waagrecht, etwa so lang wie der gedrehte 10–14,5 mm lange Fruchtknoten.
B Januar–Anfang März. Allogame Nektartäuschblume mit unterdurchschnittlichem Fruchtansatz durch Insekten der Gattungen *Anthophora*, *Bombus* und *Eucera* durch Blütenmimikry mit *Bellevalia flexuosa*. Spontane Hybridschwärme mit *Orchis papilionacea* subsp. *palaestina* (*O.* × *feinbruniae*).
U Unverwechselbare, frühblühende Art.
W Lichte Gebüsche, Garriguen, auf Terra Rossa-Böden. 400–800 m.
A Endemische *Orchis*-Art Israels mit kleinem Verbreitungsgebiet (Unter- und Obergaliläa).
G Tourismus, Landwirtschaft, Siedlungsbau.
H Israel, Yodefad, 6.3.89, HB; Israel, Har Meron, 14.3.94, HB.

Orchis italica
Italienisches Knabenkraut

S *O. longicruris, O. undulatifolia.*

M Knollengeophyt von 20–50 cm Höhe. Stängel dick, grün, mit 8–14 Laubblättern, 5–9 rosettig gehäuft. Grundblätter (5–14 × 1–2,5 cm) elliptisch lanzettlich, ungefleckt bis grob gefleckt, an den Rändern meist auffällig gewellt. Nach oben folgen 2–5 scheidige Stängelblätter. Oberstes Blatt 6–13 cm lang, den Beginn des Blütenstandes nicht erreichend. Blütenstand ± zylindrisch, ausladend, 6–14 cm lang, dicht 15–60-blütig. Blüten von rosa bis hellrot. Tragblätter (5–6 × 2,5–3 mm) schuppenförmig, dem Fruchtknoten anliegend und ca. 1/2 so lang wie dieser. Perigonblätter helmförmig, blass- bis hellrot mit dunkleren Nerven. Seitliche Sepalen (14–16 × 4,5–5 mm) schief eiförmig, lang zugespitzt. Petalen (7–8 × 2–3 mm) mit kurzer Spitze, lanzettlich. Lippe (14–17 × 12–13 mm) stark 3-geteilt, länger als breit. Seitenlappen (außen 10–12, innen 7–9 × 1,2–1,6 mm) lanzettlich, lang zugespitzt. Mittellappen (11–13 × 7–10 mm) tief 2-geteilt, am Grunde mit einem Spitzchen (3–4 mm lang). Spaltstücke (4–7,5 × 1,3–2 mm) lang zugespitzt, wie die Seitenlappen leicht aufwärts gebogen. Lippe im Zentrum hell mit angedeuteten Saftmalen, gegen die Ränder unregelmäßig rosa bis rosalila. Sporn (5,5–6,5 × 1–1,5 mm) zylindrisch, stumpf, knapp 1/2 so lang wie der 9–11 mm lange Fruchtknoten. Pollinarien gestielt, Pollinien gelbbraun.

B Februar–Mai. Allogame Täuschblume mit unterdurchschnittlichem Fruchtansatz. Hybriden mit *O. lactea*, *O. punctulata*, *O. simia*. Gattungshybriden mit *Aceras*. 2n=42.

U *O. militaris*, *O. simia*: Blätter nicht gewellt, Lippenlappen vorn gerundet.

W Lichte Wälder, Magerrasen, Garriguen auf trockenen, kalkreichen Böden. 0–1300 m.

A Von Portugal im Westen bis zum Libanon im Osten, von Marokko (Mittlerer Atlas) im Süden bis M-Italien im Norden. **G** Tourismus.

H Samos, Kerveli, 6.4.91, HB; Zyp., Tokni, 1.4.04, HB.

Orchis lactea
Milchweißes Knabenkraut

S *O. conica, O. corsica, O. hanrii, Neotinea lactea, O. lactea* var. *conica*.

M Knollengeophyt von 6–20 cm Höhe. Stängel mit 5–8 Laubblättern, 4–6 am Grunde rosettig gehäuft. Grundblätter (4–10 × 1–3 cm) hellgrün, länglich eiförmig, ungefleckt. Blütenstand 2–5,5 cm lang, eiförmig bis zylindrisch, ± dicht 5–45-blütig. Tragblätter (8–13 × 1,4–2,2 mm) häutig, lanzettlich, länger als der gedrehte Fruchtknoten (6–9 × 1–2 mm), diesem anliegend. Blüten mit feinem Duft. Perigonblätter einen geschlossenen Helm bildend, der auf der Außenseite weißlich rosa bis rosa, im Zentrum grünlich und dunkler geädert ist. Sepalen (8–11 × 2,5–3,5 mm) eiförmig lanzettlich, mit 1–4 mm langer, nach außen gekrümmter Spitze. Petalen (4–7,5 × 1,2–1,8 mm) schief lanzettlich, mit kürzerer Spitze (0,5–1,5 mm lang). Lippe (6–8 × 6–9 mm) an den Rändern rosa bis rotlila, stark 3-lappig, mit 2-spaltigem Mittellappen und abstehenden, gezähnten Seitenlappen (2,5–4,5 × 1,7–3 mm), im helleren Zentrum zahlreiche weinrote Pünktchen. Mittellappen (3,6–5 × 3,5–6,5 mm) rundlich, am Rande gezähnt, in der Bucht mit einem 0,2–0,8 mm langen Spitzchen. Sporn (5–7,5 × 1–2 mm) zylindrisch, abwärts gebogen, 3/4 bis fast so lang wie der Fruchtknoten. Pollinien hellbraun.

B Februar–April. Täuschblume. Hybriden mit *O. italica, O. tridentata, O. ustulata*. 2n=42.

U *O. tridentata*: spätere Blütezeit, dunklere Blüte. *O. lactea* var. *conica* mit kleineren Blüten (Lippe 5–7 mm lang) ist nicht klar abgesetzt (Algerien 7,5 mm!): Portugal, Spanien, Mallorca, Marokko, Malta, Sizilien und S-Italien.

W Lichte Wälder, Phrygana, Garriguen auf frischen, kalkreichen Böden. 0–1800 m.

V Mediterranes Kerngebiet: Portugal bis W-Türkei. S-Grenze durch Marokko (Mittlerer Atlas), N-Algerien, Malta, Kreta, Rhodos. N-Grenze in N-Spanien, S-Frankreich.

G Beweidung, Forstwirtschaft, Tourismus.

H Kreta, Melambes, 25.3.99, HB; O-Alg., Annaba, 20.3.82, HB.

Orchis laeta
Algerisches Knabenkraut

S *O. pauciflora* subsp. *laeta*, *O. provincialis* var. *laeta*.

M Knollengeophyt von 15–25 cm Höhe. Stängel robust, grün, mit 6–12 Laubblättern, wovon 4–9 am Grunde rosettig gehäuft sind. Grundblätter (6–10 × 1,5–2 cm) länglich eiförmig, ungefleckt, dunkelgrün glänzend, etwa in der Mitte am breitesten. Blütenstand zylindrisch, ausladend, 4–7 cm lang und locker mit 5–15 Blüten besetzt. Tragblätter (13–25 × 3,2–5,5 mm) lanzettlich, hellgrün, dem gedrehten Fruchtknoten (15–25 mm lang) anliegend, ± so lang wie dieser. Seitliche Sepalen (9–13 × 5–7 mm) schief eiförmig, fast senkrecht aufgerichtet, nach außen gedreht, kaum zugespitzt, hellgelb. Mittleres Sepal und die schief eiförmigen Petalen (7–10 × 4–6 mm) helmförmig, gleich gefärbt. Lippe (9–13 × 12–17 mm) im Umriss rundlich, 3-geteilt, an den Rändern leicht gekerbt, entlang der Mittellinie mäßig rückwärts gebogen, hellgelb, im Zentrum mit zahlreichen kleinen, roten Punkten. Seitenlappen halbelliptisch, Mittellappen 6–12 mm breit, vorgezogen und am Ende schwach geteilt. Sporn (20–30 × 2,5–4 mm) lang zylindrisch, bogig aufsteigend, doppelt so lang wie der Fruchtknoten. Pollinarien gestielt, Pollinien gelblich.

B Ende Februar–Anfang Mai. Allogame Nektartäuschblume. Hybriden mit *O. mascula* subsp. *olbiensis*.

U *O. pauciflora*: dunklere Lippenfärbung, kürzerer Sporn. *O. provincialis*: gefleckte Grundblätter, schafsnasenartige Lippe. *O. mascula* subsp. *olbiensis*: Blüten ohne Gelbanteil, Sporn kürzer.

W Lichte Wälder (Eichen, Zedern), Gebüsche, Phrygana-Formationen auf basenreichen Böden. 300–1500 m.

A Endemit Numidiens mit kleinem Areal im Tell-Atlas: NW-Tunesien, NO-Algerien.

G Land- und Forstwirtschaft, in Tunesien vom Aussterben bedroht.

H Tun., Ghardimao, 24.3.00, HB; Alg., Blida, 10.4.75, HB.

Orchis laxiflora
Lockerblütiges Knabenkraut

S *O. ensifolia*, *O. palustris* subsp. *laxiflora*, *Anacamptis laxiflora*.

M Knollengeophyt von 30–70 cm Höhe. Stängel grün, oberwärts rotbraun, mit 5–8 Laubblättern, die ± gleichmäßig am Stängel verteilt sind. Untere Blätter (15–30 × 1–2 cm) lineal lanzettlich, aus breiter Basis zur Spitze verschmälert, ungefleckt, gekielt, bis zur Mitte länger und dann wieder kürzer werdend. Blütenstand 10–20 cm, langgestreckt, locker 10–30-blütig. Tragblätter (17–27 × 5–7 mm) lanzettlich, rotlila, die unteren etwas länger als der 19–24 mm lange, gedrehte Fruchtknoten. Blüten mit Ausnahme der hellen Lippenmitte violettrot, ohne Zeichnung. Seitliche Sepalen (11–14 × 5–6 mm) schief eiförmig, fast senkrecht und nach außen gedreht. Mittleres Sepal und die schief eiförmigen Petalen (7,5–11 × 4–6 mm) bedecken die Säule. Lippe (8–11 × 14–19 mm) deutlich gelappt. Seitenlappen länger als der Mittellappen, nach hinten zurückgeschlagen, Mittellappen gestutzt. Sporn (11–14 × 1,7–2,5 mm) schräg aufwärts gerichtet, am Ende verdickt und leicht eingedellt, ± 2/3 so lang wie der Fruchtknoten. Pollinarien gestielt, Pollinien rotviolett.

B Ende März–Juni. Allogame Nektartäuschblume. Hybriden mit *O. coriophora*, s.l. *O. longicornu*, *O. morio* s.l., *O. palustris* s.l. Gattungshybriden mit *Anacamptis*, *Serapias cordigera*, *S. lingua*, *S. neglecta*, *S. vomeracea*. 2n = 36, 42.

U *O. dinsmorei*: Blüten kleiner, eigenes Areal (Levante); *O. palustris* s.l.: Lippe ± flach, Mittellappen vorgezogen. Blüten ± rot.

W Offene Sumpf- und Salzwiesen, Bach- und Flussränder, Quellaustritte. 0–1600 m.

A Mediterrane Verbreitung von Portugal bis zur türkischen S-Küste. Nordwärts über Frankreich bis zu den Kanalinseln, südwärts bis S-Spanien, Sizilien, Kreta und Zypern.

G Entwässerung, Eutrophierung, Nutzungsaufgabe und Verbuschung.

H Samos, 20.4.90, HB; Lesbos, 16.4.98, HB.

Orchis longicornu
Langsporniges Knabenkraut

S *Anacamptis longicornu.*

M Knollengeophyt von 15–35 cm Höhe. Pflanze robust, mit 6–11 Laubblättern, 3–7 am Grunde rosettig. Grundblätter (5–11 × 1,2–2 cm) breit lanzettlich, ungefleckt, ± in der Mitte am breitesten, entlang des Mittelnervs nach oben gefaltet. Stängel mit 3–4 Scheidenblättern, unten grün, oben braunviolett. Oberstes Blatt 2–6 cm lang, den Beginn des Blütenstandes nicht erreichend. Blütenstand ± eiförmig, ausladend, 4–8 cm lang, locker 4–15-blütig. Tragblätter (14–17 × 4–7 mm) häutig, ± so lang wie der Fruchtknoten, hellviolett. Perigonblätter helmförmig, hellviolett, mit dunkleren Nerven. Seitliche Sepalen (7–9 × 4–5 mm) und Petalen (6,3–8 × 2,5–3 mm) schief eiförmig. Lippe (8,5–12 × 13–16 mm) im Umriss rundlich, ± 3-geteilt, breiter als lang. Freier Teil des Mittellappens (1,5–3 × 4,8–6,3 mm) gestutzt, ± kürzer als die halbelliptischen, dunkelblau bis rotvioletten Seitenlappen (8,5–11,5 × 4,2–6,3 mm). Lippe entlang der Mittellinie gefaltet und stark rückwärts gebogen, im Zentrum mit großen, in 2 Reihen angeordneten, violetten Saftmalen. Sporn (13–17 × 2,1–3,5 mm) lang, am Ende stumpf, keulig verdickt und leicht 2-teilig, steil aufwärts gebogen, wie die Lippenmitte gefärbt, ± so lang wie der gedrehte Fruchtknoten (12,5–17 × 2–2,2 mm).

B Februar–Mai. Allogame Nektartäuschblume mit unterdurchschnittlichem Fruchtansatz. Hybriden mit *O. collina*, *O. laxiflora*, *O. morio* subsp. *morio*, subsp. *champagneuxii*, *O. papilionacea* s.l. 2n=36.

U *O. morio* s.l.: Sporn kürzer, Lippen heller.

W Lichte Wälder, Garriguen, Magerwiesen auf wechselfeuchten, nicht zu trockenen Böden. 0–2000 m.

A Westliches Mittelmeergebiet: Mallorca, Menorca, S-Korsika, Sardinien, Sizilien, Malta, Tunesien, Algerien.

G Tourismus, Landwirtschaft, Siedlungsbau.

H Siz., Alia, 9.4.93, RL; Tun., Zaghouan, 31.3.96, HB.

Orchis mascula subsp. mascula
Männliches Knabenkraut

S *O. morio* var. *mascula*.

M Knollengeophyt von 20–50 cm Höhe. Stängel robust, hellgrün, oben meist rotviolett, mit 3–7 Laubblättern, 2–4 am Grunde rosettig gehäuft. Grundblätter (11–18 × 2–3 cm) eiförmig lanzettlich, ungefleckt bis grob gefleckt oder punktförmig gesprenkelt, hellgrün. Blütenstand zylindrisch, 7–16 cm lang und mäßig dicht mit 10–30 Blüten besetzt. Blüten fast geruchlos, hell- bis purpurrot. Tragblätter (12–20 × 3–5 mm) häutig, purpurn, dem gedrehten Fruchtknoten (9–13 × 1,3–2,3 mm) anliegend, länger als dieser. Seitliche Sepalen (10–15 × 4–6 mm) schief eiförmig, kurz (var. *obtusiflora*) bis lang (var. *acutiflora*) zugespitzt, steil aufgerichtet, nach außen gedreht. Mittleres Sepal und die schief eiförmigen Petalen (6–10 × 3,5–5,5 mm) helmförmig. Lippe (9–13 × 11–15 mm) ± 3-teilig, entlang der Mittellinie stark rückwärts gebogen, im helleren Zentrum mit punkt- oder strichartigen Papillen, gegen die Ränder dunkler. Seitenlappen halbelliptisch, gezähnelt. Mittellappen (3,5–5 × 4,5–7 mm) vorgezogen, oft 2-lappig, gezähnelt. Sporn (8–11 × 2,5–4 mm) zylindrisch, leicht bogig aufsteigend, am Ende verdickt, so lang wie der Fruchtknoten. Pollinien rotviolett.

B April–Juni. Allogame Täuschblume mit geringem Fruchtansatz durch Hummeln und solitäre Bienen. Hybriden mit subsp. *speciosa*?, *O. pallens*, *O. patens*, *O. pauciflora*, (*O. × colemanii*), *O. provincialis*, *O. spitzelii*. 2n=42.

U Vgl. Unterarten.

W Laubmischwälder, Waldsäume, Magerrasen, in hohen Lagen auf Wiesen, auf frischen, basenreichen bis kalkfreien Böden. 0–2700 m.

A In Europa weit verbreitet. Von der norwegischen Nordmeerküste südwärts bis zu den Gebirgen von S-Spanien, Sizilien und dem Peloponnes. S- und O-Grenze (Türkei, Kaukasien) unklar, wohl Überschneidung mit anderen Unterarten.

G Land- und Forstwirtschaft, Beweidung.

H S-Deu., Balingen, 22.5.94, HB; S-Deu., Schopfloch, 13.5.92, HB.

Orchis mascula subsp. ichnusae
Sardisches Knabenkraut

S *O. olbiensis* subsp. *ichnusae.*
M Unterscheidet sich von der ähnlichen subsp. *olbiensis* durch einen durchschnittlich robusteren Habitus, ungefleckte Blätter (6–10 × 1–2 cm), reichblütigeren Blütenstand (8–20), geraden, am Ende nicht verdickten Sporn. Seitliche Sepalen (10–12 × 4,5–6,5 mm) schief eiförmig, schräg aufwärts gerichtet aber nicht nach außen gedreht. Petalen (7,5–9 × 4–6 mm) schief eiförmig. Lippe (10–13 × 12–15 mm) 3-lappig, im helleren Zentrum mit dunkelroten Punkten. Sporn (8,5–11 × 2–3,5 mm) zylindrisch, leicht aufwärts gerichtet (nicht bogig), etwas kürzer als der gedrehte Fruchtknoten (11–14 × 2–3 mm).
B April–Mai. Allogame Nektartäuschblume. Hybriden mit *O. provincialis.*
W Lichte Wälder, Phrygana auf frischen, basenreichen Böden. 300–1300 m.
A Endemit von Korsika und Sardinien.
G Land- und Forstwirtschaft, Beweidung.
H Sar., M. Tonneri, 25.5.91, RL.

Orchis mascula subsp. laxifloraeformis
Spanisches Knabenkraut

S *O. langei, O. hispanica.*
M Unterscheidet sich von der ähnlichen subsp. *mascula* durch einen schlankeren Habitus, schmalere und kürzere Grundblätter (7–12 × 1,2–2 cm), einen längeren (8–25 cm), lockereren Blütenstand mit leuchtend hellpurpurroten Blüten mit schafsnasenartiger, gehöckerter Lippe. Sepalen (8,5–13 × 4–6 mm) schief eiförmig, schräg aufwärts gerichtet aber nicht nach außen gedreht. Lippe (9–13 × 10–18 mm) 3-lappig, im helleren Zentrum mit feinen Punkten oder ungezeichnet. Sporn (11–15 × 2–4 mm) schwach aufwärts gebogen, 2/3 so lang wie der Fruchtknoten.
B April–Juni. Allogame Nektartäuschblume.
W Lichte Wälder, Waldsäume, Phrygana auf mäßig trockenen, sauren Sand- und Schieferböden. 500–1500 m.
A Ibero-marokkanischer Endemit. Gebirge von N-Spanien, Portugal bis Marokko.
G Land- und Forstwirtschaft, Beweidung.
H Por., Casal de Madelena, 26.4.91, HB.

Orchis mascula subsp. longicalcarata
Langsporniges Männliches Knabenkraut

M Unterscheidet sich von den ähnlichen subsp. *mascula* und subsp. *pinetorum* durch den langen Sporn (17–20 × 2,8–4 mm), der aufwärts gebogen, am Ende keulig verdickt und etwas länger als der Fruchtknoten (15–19 × 2–3,5 mm) ist. Seitliche Sepalen (12,5–16 × 5–7 mm) ± waagrecht, nicht nach außen gedreht. Petalen (8,5–10,5 × 4,8–6,3 mm) schief eiförmig. Blütenlippe (12,5–15 × 14–17 mm) deutlich 3-lappig, mit schwacher Schafsnase, Mittellappen (2–7 × 8,5–13 mm) weit vorgezogen.

B April–Juni. Allogame Täuschblume. Hybriden mit subsp. *mascula*?, subsp. *pinetorum*?

W Lichte Laub- und Nadelwälder, auf basenreichen Böden. 100–2900 m.

A Kaukasien (Aserbaidschan, Georgien), NO-Irak (Kurdistan), N-, W- und S-Iran?. Einzige Unterart in diesem Raum? Der Verlauf der W-O-Grenze ist noch unklar.

G Land- und Forstwirtschaft, Beweidung.

H Aserb., Schemacha, 1.6.97, HB.

Orchis mascula subsp. maghrebiana
Nordafrikanisches Knabenkraut

M Unterscheidet sich von den ähnlichen subsp. *mascula* und subsp. *laxifloraeformis* durch in allen Teilen größere Blüten; von subsp. *longicalcarata* durch rundere, breitere Lippen und eigenes Areal. Seitliche Sepalen (15–17 × 6,5–8 mm) ± waagrecht, nicht nach außen gedreht. Petalen (10,5–12,5 × 6–7,5 mm) schief eiförmig. Blütenlippe (13–15,5 × 16–19 mm) deutlich 3-lappig, Mittellappen (4–6,5 × 8–15 mm) deutlich abgesetzt. Sporn (14–20 × 2,5–4 mm) aufwärts gerichtet, am Ende keulig verdickt und etwas länger als der Fruchtknoten (15–18 × 2–3 mm).

B Mai–Juni, früher als subsp. *laxifloraeformis*. Allogame Nektartäuschblume.

W Zedernwälder, Baumheide- und Zistrosen-Macchien, Bergwiesen, auf frischen basenreichen, aber kalkarmen Böden. 1300–1800 m.

A Endemit der nordafrikanischen Gebirge von Marokko (Rif) und Algerien (Djurdjura).

G Beweidung, Land- und Forstwirtschaft.

H Mar., Ketama, 16.5.96, HB.

Orchis mascula subsp. olbiensis
Südfranzösisches Knabenkraut

S *O. olbiensis.*

M Unterscheidet sich von subsp. *mascula* durch zierlicheren Wuchs, schmalere und kürzere Grundblätter (4–11 × 0,8–1,6 cm), einen kürzeren (3–7 cm) und wenigblütigeren Blütenstand (3–15) mit weißen bis hellroten Blüten. Von subsp. *ichnusae* durch einen ± waagrechten, etwas kürzeren, nicht verdickten Sporn. Sepalen (7–11 × 3,5–5,5 mm) schief eirund, schräg aufwärts, nach außen gedreht. Lippe (8–11 × 10–15 mm) 3-lappig, im Zentrum gepunktet. Sporn (13–18 × 2–4 mm) aufwärts gebogen, etwas länger als der 10–15 mm lange Fruchtknoten. Pollinien braungelb.

B März–Juni. Allogame Nektartäuschblume. Hybriden mit *O. laeta, O. spitzelii* s.l.

W Felshänge, Macchien, Garriguen, auf kalkhaltigen Böden. 0–2000 m.

A W-mediterran: S-Frankreich (Küste), Spanien, Portugal, Marokko, Algerien, Tunesien.

G Land- und Forstwirtschaft, Beweidung.

H S-Fra., Villatella, 10.5.91, HB.

Orchis mascula subsp. pinetorum
Kiefernwald-Knabenkraut

S *O. pinetorum.*

M Unterscheidet sich von der ähnlichen subsp. *mascula* nur gering. Blütenlippe (9–12 × 10–14 mm) stärker 3-lappig. Mittellappen (3–6 × 5–9 mm) weiter vorgezogen. Sporn (10–13 × 2–3 mm) ± gleich lang, meist aufwärts gebogen, am Ende keulig, kürzer als der 11–15 mm lange Fruchtknoten. Wuchs graziler, Blattfleckung fehlt meist, Grundblätter (7–14 × 1,3–3 cm) etwas kürzer, der Blütenstand etwas reichblütiger mit 20–40 Blüten.

B Mai–Juni. Allogame Nektartäuschblume. Hybriden mit *O. mascula*?

W Lichte Laub- und Nadelwälder, auf basenreichen Böden. 0–2400 m.

A Griechenland?, Türkei, Kaukasien?. Der Verlauf der W-, N- und O-Grenze ist unklar. Die Vorkommen in Kaukasien (Georgien, Aserbaidschan) und Talysch werden zur langspornigen subsp. *longicalcarata* gestellt.

G Land- und Forstwirtschaft, Beweidung.

H Samos, Padrosa, 17.4.90, HB.

Orchis mascula subsp. speciosa
Prächtiges Knabenkraut

S *O. mascula* var. *speciosa*, *O. speciosa*, nom. illeg., *O. ovalis*, *O. signifera*.

M Unterscheidet sich von subsp. *mascula* durch die Sepalen, die eine 3–4,5 mm lang ausgezogene, oft gedrehte Spitze besitzen. Grundblattfleckung auf Ober- und Unterseite des Blattgrundes beschränkt. Seitliche Sepalen (10–14 × 4–5 mm) schief eirund, schräg aufwärts gerichtet, aber nicht nach außen gedreht. Lippe (9–12 × 11–13 mm) stark 3-lappig, im helleren Zentrum mit weinroten Punkten. Sporn (8–9,5 × 2–3 mm) zylindrisch, schräg aufwärts gerichtet, 3/4 so lang wie der 9–12 mm lange Fruchtknoten. Pollinien dunkelgrau.

B Mai–Juni. Allogame Nektartäuschblume. Hybriden mit *O. pallens*. 2n=42.

W Lichte Wälder, Bergwiesen, auf frischen basenreichen bis neutralen Böden. 100–2600 m.

A Ostalpen, Karpaten, Balkanhalbinsel, N-Italien. Arealgrenzen noch unklar.

G Land- und Forstwirtschaft, Beweidung.

H N-Ita., Tanas, 23.5.94, RL.

Orchis mascula subsp. tenera
Zierliches Knabenkraut

S *O. mascula* var. *tenera*, *O. tenera*.

M Unterscheidet sich von subsp. *mascula* und subsp. *olbiensis* durch schlankeren Wuchs, kleinere Blüten, vor allem durch die kleinere Lippe und den kürzeren Sporn. Grundblätter (7–14 × 1,1–2 cm) schmal eiförmig, Blütenstand 4–23 cm lang, schmal mit locker stehenden 10–35 Blüten. Seitliche Sepalen (8–12 × 3–4 mm) schief eirund, schräg aufwärts gerichtet, nach außen gedreht. Lippe (6–8 × 9–10 mm) 3-lappig, im helleren Zentrum mit weinroten Punkten. Sporn (7–8,5 × 1,8–2,2 mm) zylindrisch, schräg aufwärts gerichtet, etwas kürzer als der Fruchtknoten (9–10 × 1,6–2 mm).

B Mai–Juni. Allogame Nektartäuschblume. Hybridpopulationen mit *O. olbiensis*.

W Lichte Eichen- und Kiefernwälder auf kalkreichen Böden. 950–1700 m.

A Endemische Unterart der Gebirge O-Spaniens (Alcaraz, Cuenca, Teruel).

G Land- und Forstwirtschaft, Beweidung.

H S-Spa., Riopar, 19.5.96, HB.

Orchis militaris subsp. militaris
Helm-Knabenkraut

S *O. cinerea, O. rivini.*

M Knollengeophyt von 20–52 cm Höhe mit 3–7 Laubblättern, 2–5 am Grunde rosettig. Grundblätter (8–15 × 2–5 cm) länglich eiförmig, ungefleckt, hellgrün, glänzend, ± aufwärts gerichtet. Blütenstand ausladend, 5–20 cm lang, dicht 20–60-blütig, von unten nach oben aufblühend. Tragblätter (3–3,5 × 2–3 mm) schuppenförmig, nur 1/4 so lang wie der Fruchtknoten (10–15 × 1,7–2,2 mm), häutig. Perigonblätter helmförmig, auf der Außenseite weißlich, auf der Innenseite entlang der Nerven rotviolett. Seitliche Sepalen (11–15 × 4–6 mm) schief eiförmig, Petalen (8–12 × 1,3–2 mm) linealisch. Lippe (10–14 × 11–15 mm) stark 3-geteilt, im Zentrum weißlich mit 2–3 Reihen karminroter Papillen. Mittel- und Seitenlappen (6–11 × 1–2 mm) in der äußeren Hälfte purpurrot, am Ende rund, leicht aufwärts gebogen. Mittellappen (7–11,5 × 6–11 mm) 2-geteilt, Spaltstücke 2–3,5 mm breit, elliptisch, spreizend, am Ansatz mit einem 1–2 mm langen Spitzchen. Sporn (5,5–7,4 × 1,5–2 mm) zylindrisch, stumpf, abwärts gebogen, ± 1/2 so lang wie der Fruchtknoten. Pollinarien gestielt, Pollinien dunkelgrau.

B April–Juni. Täuschblume mit wenig Fruchtansatz. Hybriden mit *O. punctulata, O. purpurea* subsp. *purpurea*, *O. simia* und mit *Aceras.* 2n=42.

U Subsp. *stevenii*: längere, seitliche Sepalen, etwa so lang wie die Lippe, kleinere Spaltstücke (1–2 mm breit) des Mittellappens. Orientalisch-kaukasische Unterart (O-Türkei, Abchasien, Georgien, Aserbaidschan).

W Lichte Gebüsche, Wälder, Magerrasen, Magerwiesen, auf mäßig trockenen, kalkreichen Böden. 0–2000 m.

A In Europa weit verbreitet, N-Grenze in S-Schweden, S-Finnland. S-Grenze durch M-Spanien, M-Italien und N-Griechenland. Verlauf der O-Grenze (Sibirien, Dahurien) unklar.

G Land- und Forstwirtschaft, Beweidung.

H S-Deu., Karlstadt, 12.5.90, HB; subsp. *stevenii*: Aserb., Ismayilia, 24.4.00, RL.

Orchis morio subsp. morio
Kleines Knabenkraut

S *Anacamptis morio.*

M Knollengeophyt von 13–35 cm Höhe. Pflanze robust, mit 9–12 Laubblättern, 5–8 am Grunde rosettig gehäuft. Grundblätter (5–15 × 0,8–1,6 cm) breit lanzettlich, ungefleckt, in der Mitte am breitesten, entlang des Mittelnervs nach oben gefaltet. Am Stängel 3–6 Scheidenblätter. Tragblätter (12–24 × 3–6 mm) häutig, so lang oder etwas länger als der Fruchtknoten. Blütenstand ± eiförmig, breit ausladend, 3–10 cm lang, locker 6–22-blütig. Perigonblätter helmförmig, rosa bis lilaviolett, mit dunkleren Nerven. Seitliche Sepalen (8–13 × 4–6 mm) und Petalen (6–9 × 2–4 mm) schief eiförmig. Lippe (6,5–11 × 11–17 mm) im Umriss rundlich, ± 3-geteilt, breiter als lang. Mittellappen etwas länger als die gezähnelten Seitenlappen, am Ende seicht geteilt, 4–9 mm breit. Lippe entlang der Mittellinie gefaltet und rückwärts gebogen, rosa, meist aber violett gefärbt, im Zentrum mit großen violetten Saftmalen. Sporn (7–10 × 2–3,5 mm) kräftig, am Ende stumpf und etwas eingebuchtet, aufwärts gebogen, wie die Lippe gefärbt, ± so lang wie der Fruchtknoten (11–16 × 1,7–2,5 mm). Pollinarien gestielt mit getrennten Klebscheiben, aber gemeinsamem Beutelchen. Pollinien braunrot.

B März–Juni. Täuschblume mit unterdurchschnittlichem Fruchtansatz. Hybriden mit *O. boryi, O. collina, O. coriophora* s.l., *O. laxiflora, O. longicornu, O. papilionacea* s.l., *O. palustris,* s.l. Gattungshybriden mit *Anacamptis, Serapias lingua, S. neglecta, S. bergonii, S. orientalis* subsp. *apulica, S. vomeracea.* 2n=36.

U Subsp. *albanica,* subsp. *champagneuxii,* subsp. *picta,* subsp. *tlemcenensis*: in allen Teilen kleinere Blüten.

W Macchien, Garriguen, Magerwiesen, wechselfeuchte bis trockene Böden. 0–2000 m.

A Verbreitung unklar, Europa, N-Afrika?, Vorderasien?, Kaukasus?, N- und W-Iran?

G In Mittel- und Südeuropa: Landwirtschaft.

H S-Deu., Owingen, 12.5.95, HB; Ita., Pozzaglia Sabino, 15.5.99, RL.

Orchis morio subsp. albanica
Albanisches Knabenkraut

S *O. albanica.*

M Unterscheidet sich von der ähnlichen subsp. *morio* durch in allen Teilen kleinere Blüten und einen kürzeren Sporn. Von subsp. *picta* durch eine schmalere Lippe, einen schlankeren und kürzeren Sporn. Seitliche Sepalen (5,5–8 × 2,5–3,5 mm) und Petalen (4–5,5 × 1–2 mm) schief eiförmig. Lippe (4,5–7 × 5–9 mm) schwach 3-geteilt, weiß, Randpartien nur selten rosa bis hellviolett, im Zentrum mit 2–3 Reihen rot violetter Punkte. Sporn (6–10,5 × 1–1,6 mm) schmal zylindrisch, ± so lang wie der gedrehte Fruchtknoten.

B April–Mai. Allogame Nektartäuschblume mit unterdurchschnittlichem Fruchtansatz. Hybriden mit subsp. *morio*, *O. coriophora.*

W Küstennahe Pineten. 0–1500 m.

A Mittelalbanien, Montenegro?

G Die küstennahen Pineten sind durch Abholzung gefährdet.

H Alb., Vlore, 18.5.80, HRe.

Orchis morio subsp. champagneuxii
Dreiknollen-Knabenkraut

S *O. champagneuxii.*

M Unterscheidet sich von subsp. *morio* durch in Gruppen wachsende Pflanzen (2 gestielte Tochterknollen). Von *O. longicornu* durch einen kürzeren Sporn und ± rote Lippenseitenlappen. Von *O. morio* s.l. durch fehlende Saftmale. Lippe (7,5–10 × 12,5–16 mm) im Zentrum weiß, ohne Zeichnung, Mittellappen (1,5–2,5 × 6,3–7,5 mm) gestutzt, Seitenlappen rotlila, stark zurückgebogen. Seitliche Sepalen (7–8 × 3,5–4,5 mm) und Petalen (5–6 × 2,2–3 mm) schief eiförmig. Sporn (9–12 × 1,8–2,5 mm) verdickt, ± so lang wie der Fruchtknoten.

B April–Juni. Hybriden mit subsp. *morio*, subsp. *picta*, *O. collina*, *O. laxiflora*, *O. papilionacea* subsp. *grandiflora*. Gattungshybriden mit *Anacamptis* und *Serapias neglecta.*

W Lichte Laubwälder, magere Wiesen, auf trockenen, meist kalkarmen Böden. 0–1500 m.

A S-Frankreich, Mallorca, Spanien, Portugal, Marokko? **G** Tourismus und Landwirtschaft.

H S-Span., Alhaurin, 15.4.96, HB.

Orchis morio subsp. picta
Südfranzösisches kleines Knabenkraut

S *O. picta, Anacamptis picta.*
M Unterscheidet sich von der ähnlichen subsp. *morio* durch grazilere Pflanzen, in allen Teilen kleinere Blüten, einen schlankeren und kürzeren Sporn. Von subsp. *albanica* durch eine schmalere Lippe und einen schmaleren Sporn. Seitliche Sepalen (6,5–8,5 × 3–4 mm) und Petalen (4,5–6 × 1,7–2 mm) schief eiförmig. Lippe (4,5–6 × 9–11,5 mm) schwach 3-geteilt, kräftig rosa bis hellviolett. Sporn (8,5–11 × 1,6–2,2 mm) zylindrisch, am Ende stumpf bis schwach 2-teilig, ± so lang wie der gedrehte Fruchtknoten.
B April–Mai. Hybriden mit *O. morio* subsp. *champagneuxii, O. laxiflora.* Gattungshybriden mit *Anacamptis* und *Serapias neglecta.*
W Lichte Kiefernwälder, Phrygana, Heiden auf kalkarmen (Sand)-Böden. 0–500 m.
A Kleines Verbreitungsgebiet in S-Frankreich (Provence, Languedoc), Korsika?
G Küstennahe Wuchsorte durch Tourismus.
H S-Fra., Col de Vignon, 11.5.91, HB.

Orchis morio subsp. syriaca
Syrisches Knabenkraut

S *O. syriaca, O. picta* subsp. *libani.*
M Unterscheidet sich von subsp. *morio* durch hellere, von elfenbein über schwach rosa bis rotlila variierende Blütenfarbe. Malzeichnung fehlend. Seitliche Sepalen (8–10 × 3,5–4,5 mm) und Petalen (5,5–7 × 2–3 mm) schief eiförmig. Lippe (7–9 × 10–12 mm) rundlich, schwach 3-geteilt. Mittellappen (1–2 × 5–6 mm) etwas länger als die Seitenlappen, breit keilig. Sporn (7–9 × 1,5–2 mm) am Ende stumpf bis schwach 2-teilig, leicht aufwärts gebogen, so lang oder etwas kürzer als der 10–12 mm lange Fruchtknoten. Pollinien gelblich.
B Februar–April. Allogame Täuschblume. Hybriden mit *O. papilionacea* subsp. *expansa, O. papilionacea* subsp. *palaestina.*
W Lichte Kiefernwälder, Garriguen auf trockenen bis wechselfeuchten, kalkreichen Böden. 0–1300 m.
A Türkische Südküste, Syrien, Libanon.
G Tourismus, Landwirtschaft, Beweidung.
H Lib., Schuf-Berge, 10.4.04, HB.

Orchis morio subsp. tlemcenensis
Tlemcen-Knabenkraut

S *Orchis longicornu* var. *tlemcenensis.*
M Unterscheidet sich von subsp. *champagneuxii* und subsp. *morio* durch kleinere Blüten, Mittellappen der Lippe gestutzt, Blütenfarbe rotviolett. Lippe gefaltet, im hellen Zentrum mit fleckenförmigen Saftmalen. Seitliche Sepalen (6,5–8,5 × 2,5–4 mm) und Petalen (5–6,5 × 1,7–2,6 mm) schief eiförmig. Lippe (6–8 × 10–12 mm) rundlich, schwach 3-geteilt, breiter als lang. Seitenlappen (6–7 × 4–4,5 mm) herabgezogen, Mittellappen (1,2–2,2 × 4,5–5,5 mm) abgesetzt. Sporn (7,3–9 × 1,4–2 mm) zylindrisch, am Ende leicht verdickt, aufwärts gebogen, 3/4 so lang wie der Fruchtknoten (9,5–12 × 1,6–2 mm).
B April. Allogame Nektartäuschblume. Hybriden mit *O. papilionacea* subsp. *grandiflora.*
W Phrygana, lichte Eichenwälder. 700–1000 m.
A Kleines Areal in NW-Algerien (Monts de Tlemcen) und N-Marokko.
G Beweidung
H O-Alg., Tlemcen, 20.4.76, HB.

Orchis morio subsp. caucasica
Südkaukasisches Knabenkraut

M Unterscheidet sich von der ähnlichen subsp. *morio* durch einen schlankeren Wuchs (10–25 cm), lockereren und wenigblütigeren (5–15) Blütenstand (2,5–6 cm), dunkler gefärbte (violettrote), kleinere Blüten, stärker 3-geteilte Blütenlippen (6–8,6 × 8,7–11,7 mm) mit vorgezogenem Mittellappen (2,3–3,3 × 4,5–5,7 mm) und durch einen längeren, am Ende oft verdickten Sporn (12,1–14 × 1,9–2,5 mm), der deutlich länger als der Fruchtknoten (10,6–13,8 × 2,1–2,9 mm) ist. Seitliche Sepalen (8–10,3 × 3,5–4,2 mm) und Petalen (5,6–7,4 × 1,9–2,3 mm) schief eiförmig.
B April–Mai. Allogame Täuschblume. Hybriden mit *O. laxiflora*, *O. papilionacea* s.l.
W Phrygana, lichte Eichenwälder. 0–1300 m.
A N- und NW-Iran, Georgien, Aserbaidschan, Türkei, Ägäische Inseln, Griechenland.
G Beweidung, Landwirtschaft.
H Geo., Mzcheta, 29.4.99, RL.

Orchis pallens
Bleiches Knabenkraut

S *O. sulphurea.*

M Knollengeophyt von 17–30 cm Höhe. Stängel robust, grün, mit 4–7 Laubblättern, 2–4 am Grunde rosettig. Grundblätter (8–15 × 2–5 cm) elliptisch, ungefleckt, hellgrün, glänzend, größte Breite im äußeren Drittel. Blütenstand breit zylindrisch, 3,5–9 cm lang und locker 6–35-blütig. Blüten hellgelb, nach Holunder riechend, der zentrale Teil der Lippe satter. Tragblätter (15–21 × 3,5–4,5 mm) lanzettlich, hellgrün, dem gedrehten Fruchtknoten (10–14 × 1,7–2,1 mm) anliegend, etwas länger als dieser. Seitliche Sepalen (8–11 × 4–6 mm) schief eiförmig, fast senkrecht aufgerichtet und nach außen gedreht, kaum zugespitzt. Mittleres Sepal und die schief eiförmigen Petalen (7–8 × 4–5 mm) helmförmig. Lippe (9–12 × 9–14 mm) 3-geteilt, entlang der Mittellinie stark rückwärts gebogen, ungezeichnet. Seitenlappen halbrund, gezähnelt, Mittellappen 5–8 mm breit, vorgezogen und am Ende schwach geteilt. Sporn (10–12 × 2–3 mm) zylindrisch, bogig aufsteigend, ± so lang wie der Fruchtknoten, am Ende stumpf. Pollinien hellgelb. Kapseln (17–24 × 5–6 mm) zylindrisch, sitzend.

B April–Juni. Täuschblume, mittlerer Fruchtansatz durch Hummeln. Hybriden mit *O. mascula* subsp. *mascula, O. mascula* subsp. *speciosa, O. provincialis, O. spitzelii.* 2n=40.

U *O. provincialis*: gefleckte Blätter, Lippe mit Schafsnase, anderer Duft. *O. pauciflora*: Lippe im Zentrum dottergelb mit braunen Punkten. *O. laeta*: längerer Sporn, Saftmale.

W Laubmischwälder, Magerrasen, in hohen Lagen frei auf Gebirgswiesen, auf frischen, kalkhaltigen Böden. 100–2400 m.

A In den Gebirgen Europas und Vorderasiens von N-Spanien im Westen bis zum Kaukasus im Osten. S-Grenze von S-Italien über den Peloponnes bis zur S-Türkei. N-Grenze in M-Deutschland.

G Land- und Forstwirtschaft, Beweidung.

H S-Deu., Rottenburg, 20.4.99, HB; S-Deu., Öschingen, 3.5.95, HB.

Orchis palustris subsp. palustris
Sumpf-Knabenkraut

S *Anacamptis palustris.*
M Knollengeophyt von 20–60 cm Höhe. Stängel grün, oberwärts rotbraun, mit 4–7 glänzenden Laubblättern, diese ± gleichmäßig am Stängel verteilt, steif aufwärts gerichtet. Untere Blätter (7–18 × 0,7–1,4 cm) lineal lanzettlich, aus breiter Basis zur Spitze verschmälert, ungefleckt, gekielt. Blütenstand langgestreckt (8–20 cm), ausladend, locker 8–22-blütig. Tragblätter (17–25 × 4–5 mm) lanzettlich, rotlila, die unteren länger als der gedrehte Fruchtknoten. Blüten hellrot bis rot, entlang der Längsachse heller, hier mit zahlreichen, dunkelroten Saftmalen. Seitliche Sepalen (10–12 × 3,5–5 mm) schief eiförmig, fast senkrecht, nach außen gedreht. Mittleres Sepal und die schief eiförmigen Petalen (7,5–9,5 × 3–5 mm) bedecken die Säule. Lippe (9–12 × 12–16 mm) deutlich gelappt, Mittellappen vorgezogen, oft nochmals geteilt. Seitenlappen (2–3,5 × 4–5,5 mm) kürzer als der Mittellappen (3,3–5,8 × 5–6 mm). Sporn (10–13 × 2,5–3 mm) zylindrisch, schräg aufwärts, ± 3/4 so lang wie der Fruchtknoten (13–17 × 2–2,5 mm).
V Subsp. *elegans* (Siebenbürgen, Kroatien?, Serbien?): robuster, Blätter und Blütenstand größer, Blüten dunkler und zahlreicher.
B April–Juli. Täuschblume. Hybriden mit *O. coriophora* s.l., *O. laxiflora, O. morio* s.l. Gattungshybriden mit *Serapias neglecta*. 2n=36, 42.
U Subsp. *pseudolaxiflora*: reichblütiger; subsp. *robusta*: Blüten größer; *O. laxiflora*: Lippe gefaltet, Mittellappen gestutzt; *Dactylorhiza elata*: Sporn bogig abwärts.
W Flachmoore, Feucht-, Sumpf-, Salzwiesen, auf basenreichen Böden. 0–1800 m.
A Vorderasien, Europa und N-Afrika, N-Grenze auf Gotland. S-Grenze durch Marokko, N-Algerien, Kreta und Zypern, wird hier durch subsp. *robusta* ersetzt?. In O-Anatolien Ablösung durch subsp. *pseudolaxiflora*.
G Entwässerung, Eutrophierung.
H O-Öst. Neusiedel, 25.5.00, HB; O-Öst. Neusiedel, 25.5.00, HB.

Orchis palustris subsp. pseudolaxiflora
Reichblütiges Knabenkraut

S *O. pseudolaxiflora*, *O. laxiflora* subsp. *dielsiana* p.p.

M Unterscheidet sich von subsp. *palustris* durch reicheren Blütenstand, kleinere Blüten, eine weniger geteilte Lippe, kaum abgesetzten Mittellappen. Von *O. laxiflora* durch einen kürzeren Mittellappen und eine violettrote Blütenfarbe. Seitliche Sepalen (9–12 × 4–5 mm) vollständig zurückgeschlagen, Petalen (7,5–10 × 3,5–4,5 mm) schief eiförmig. Lippe (9,5–12 × 12–15 mm) rundlich, etwa 2/3 so groß wie bei subsp. *palustris*, oft ohne Zeichnung. Sporn (9–11 × 1,5–2,5 mm) schräg aufwärts, ± 2/3 so lang wie der Fruchtknoten.

B April–Juli. Allogame Nektartäuschblume.

W Offene Sumpf- und Feuchtwiesen, Bach- und Flussränder. 700–2200 m.

A Orientalisches Element: von O-Anatolien über Kaukasien, Irak, Iran, Turkmenistan, Saudi-Arabien bis Afghanistan.

G Entwässerung, Eutrophierung, Beweidung.

H Aserb., Scheki, 3.6.97, HB.

Orchis palustris subsp. robusta
Robustes Knabenkraut

S *O. palustris* var. *robusta*, *O. robusta*.

M Unterscheidet sich von der ähnlichen subsp. *palustris* durch hochwüchsigere (35–70 cm) Pflanzen, höhere Blattzahl (5–8), größere Blätter (18–30 × 1,9–2,5 cm) und Blütenstände (10–20 cm), höhere Blütenzahl (25–40), längere Tragblätter (25–40 × 5,5–7,5 mm) und größere, dunkel rotviolette Blüten. Die im mediterranen Kerngebiet lückig verbreitete Unterart ist sehr variabel und nicht immer klar von der Nominatsippe abgegrenzt. Sepalen (11–15 × 4,5–5,5 mm), Petalen (9,5–12 × 3,5–5 mm) und Lippe (12–16 × 17–24 mm) deutlich größer, Sporn (11–16 × 2–2,6 mm) kürzer und spitzer. Lippe schwach 3-lappig mit kaum vorgezogenem Mittellappen.

B April–Juni. Allogame Nektartäuschblume.

W Sumpf-, Salzwiesen, oft an der Küste. 0–? m.

A Verbreitung unklar. Sichere Nachweise aus Algerien (Typus), Mallorca und Kreta.

G Entwässerung, Landwirtschaft.

H N-Alg., Kolea, 20.4.76, HB.

Orchis papilionacea subsp. papilionacea
Schmetterlings-Knabenkraut

S *Anacamptis papilionacea, O. rubra.*

M Knollengeophyt von 15–40 cm Höhe. Pflanze robust, mit 5–12 Laubblättern, 3–8 am Grunde rosettig gehäuft. Grundblätter (4–18 × 0,5–1,5 cm) lineal lanzettlich, ungefleckt, entlang des Mittelnervs nach oben gefaltet. Stängel mit 2–4 Scheidenblättern, unten grün, oben braunrot überlaufen. Blütenstand ± eiförmig, breit ausladend, 4–9 cm lang, ± locker 4–15-blütig. Tragblätter (20–25 × 7–9 mm) häutig, so lang oder etwas länger als der Fruchtknoten, rotbraun. Perigonblätter locker helmförmig, braunrot, mit dunkleren Nerven. Seitliche Sepalen (13–17 × 5–7 mm) und Petalen (10–13 × 3,5–5 mm) schief eiförmig. Lippe (11–13 × 11–14 mm) rhombisch bis ± rund, ganzrandig, an den Rändern gezähnelt und wellig, aus schmalem Grund keilförmig erweitert, rotviolett, im Zentrum heller, häufig ohne Zeichnung. Sporn (12–14 × 1,5–2,5 mm) zylindrisch, dem gedrehten Fruchtknoten (17–20 × 2–3 mm) anliegend und 3/4 so lang wie dieser, zum Ende hin abwärts gebogen und schwach zugespitzt. Pollinarien gestielt, Pollinien rotviolett.

B März–Mai. Allogame Nektartäuschblume mit unterdurchschnittlichem Fruchtansatz. Hybriden mit *O. coriophora?*, *O. morio* subsp. *morio*, – subsp. *champagneuxii*. Gattungshybriden mit *Anacamptis?*, *Serapias cordigera*, *S. lingua*, *S. neglecta*, *S. vomeracea*. 2n=32.

U Subsp. *grandiflora*, subsp. *expansa*: Blüten größer, Lippe breiter, gezeichnet; subsp. *balcanica*, subsp. *palaestina*, subsp. *schirwanica*: Blüten kleiner.

W Lichte Wälder, Garriguen, Magerwiesen auf wechselfeuchten nicht zu trockenen, basenreichen Böden. 0–1100 m.

A Zentrales Mittelmeergebiet: Korsika, Sardinien, Italien, Kroatien, Serbien, Makedonien, Albanien, NO- und NW-Griechenland. Verbreitungsgrenze an den Arealrändern unklar.

G Landwirtschaft, Tourismus.

H Korfu, Spiridion, 15.4.01, HB; Ita., S. Maria del Giudice, 3.5.04, RL.

Orchis papilionacea subsp. balcanica
Balkanisches Knabenkraut

M Unterscheidet sich von den ähnlichen subsp. *expansa* und subsp. *papilionacea* durch in allen Teilen kleinere Blüten. Tragblätter (20–25 × 6,5–7,5 mm) breit lanzettlich, seitliche Sepalen (11–15 × 4–5 mm) und Petalen (8,5–12 × 3–4,5 mm) schief eiförmig. Lippe (9–11 × 9–11 mm) im Umriss ± rund, etwa so lang wie breit, ganzrandig, an den Rändern gezähnelt, hell- bis weinrot, im Zentrum mit dunkelroten Strichen, schwach konkav. Sporn (10–12 × 1,5–2 mm) zylindrisch, dem gedrehten Fruchtknoten (10–14 × 1,8–2,5 mm) anliegend, etwa 3/4 so lang wie dieser.
B Ende März–Mai. Allogame Täuschblume. Hybriden mit *O. morio* subsp. *morio*.
W Lichte Wälder, Macchien, auf mäßig trockenen, basenreichen Böden. 0–300 m.
A Kleines Verbreitungsgebiet von Istrien bis Montenegro (Kotor), Mazedonien (Kumanovo), Albanien, NW-Griechenland (Epirus).
G Straßenbau, Landwirtschaft.
H Kroatien, Pula, 6.5.03, HB.

Orchis papilionacea subsp. grandiflora
Großblütiges Knabenkraut

M Unterscheidet sich von subsp. *expansa* und subsp. *papilionacea* durch in allen Teilen deutlich größere Blüten. Seitliche Sepalen (17–20 × 6–8 mm) schief eiförmig. Lippe (15–18 × 19–25 mm) ± rund, an den Rändern gezähnelt, fächerförmig, rosa bis hellrot, über die ganze Fläche mit dunkelroten Strichen, schwach konkav. Sporn (9–11 × 1,5–2,5 mm) zylindrisch, dem Fruchtknoten (15–20 × 1,5–2,5 mm) anliegend, 3/4 so lang wie dieser.
V Auf Sizilien wächst auch die kleinblütige var. *morgetiana* (Lippe 11–14 × 11–13 mm).
B Februar–Mai. Täuschblume. Hybriden mit *O. coriophora* subsp. *fragrans*, *O. longicornu*, *O. morio* subsp. *morio*, *O. morio* subsp. *champagneuxii*, *O. morio* subsp. *tlemcenensis*.
W Lichte Wälder, Macchien, auf mäßig trockenen, basenreichen Böden. 0–2000 m.
A Westliches Mittelmeergebiet: SW-Frankreich, Spanien, Portugal, Marokko, Algerien, Tunesien, Sizilien, Sardinien. **G** Landwirtschaft, Tourismus.
H Mar., Moulay Idriss, 4.4.89, HB.

Orchis papilionacea subsp. expansa
Mittelgroßes Knabenkraut

S *O. heroica*, *O. papilionacea* var. *messenica*.
M Unterscheidet sich von subsp. *grandiflora* durch in allen Teilen kleinere und von der subsp. *papilionacea* durch größere Blüten. Seitliche Sepalen (14–17 × 5–7 mm) schief eiförmig. Lippe (13–17 × 13–17 mm) ± rund, ganzrandig, rosa bis hellrot, über die ganze Fläche mit dunkelroten Strichen, schwach konkav. Sporn (9–11 × 2–3 mm) zylindrisch, 2/3 so lang wie der gedrehte Fruchtknoten (16–18 × 2–3 mm). Pollinien braunviolett.
V Etwas später blüht die weniger- und kleinblütigere var. *alibertis* (Kreta, Ägäis).
B Februar–Mai. Hybriden mit *O. boryi*, *O. longicornu*, *O. morio* s. l.
W Gebüsche, Garriguen, auf meist basenreichen Böden. 0–1300 m.
A Z-/o-mediterran: Kors., Sard., Siz., Ita., Gri. (N-Grenze unklar), Kreta, Ägäische Inseln, W-Türkei.
G Landwirtschaft, Tourismus.
H Gri., Nafpaktos, 6.4.03, RL.

Orchis papilionacea subsp. schirwanica
Schirwans Knabenkraut

S *O. caspia*, *O. papilionacea* var. *bruhnsiana*.
M Unterscheidet sich von subsp. *heroica* und subsp. *papilionacea* durch kleinere Abmessungen aller Blütenteile. Seitliche Sepalen (9,5–12 × 4–5 mm) und Petalen (7,5–8,5 × 2–3 mm), schief eiförmig. Lippe (8,5–10 × 7–8,5 mm) etwas länger als breit, ± keilförmig, ganzrandig, rosa bis hellrot, überall mit dunkelroten Strichen, schwach konkav. Sporn (9,5–11 × 2–2,5 mm) zylindrisch, 2/3 so lang wie der Fruchtknoten (15,5–17,5 × 2–3 mm).
V Subsp. *palaestina* (Israel, Libanon, W-Jordanien; NW-Syrien?, Zypern?, S- und SO-Türkei?) Blüten größer: Sepal 10–13 × 4–6 mm, Petal 8,5–11 × 3–4,2 mm, Lippe 9,3–12,7 × 8,5–13 mm.
B Februar–Mai. Täuschblume. Hybriden mit *O. collina*, *O. israelitica*, *O. morio* subsp. *syriaca*.
W Lichte Wälder, Garriguen, auf mäßig trockenen, basenreichen Böden. 0–1100 m.
A Aserbaidschan, Bergkarabach, N-Iran?
G Landwirtschaft, Beweidung
H Aserb., Kuba, 20.4.00, HB.

Orchis patens
Atlas-Knabenkraut

S *O. brevicornis, Barlia patens.*
M Knollengeophyt von 20–40 cm Höhe. Stängel grün, oberwärts weinrot überlaufen, mit 5–8 Laubblättern, 2–5 am Grunde rosettig gehäuft. Grundblätter (7–13 × 1,3–2,2 cm) lanzettlich, schwach gefleckt oder ungefleckt. Nach oben folgen 2–3 scheidige Stängelblätter, das oberste ist 3–9 cm lang, erreicht den Beginn des Blütenstandes nicht. Blütenstand zylindrisch, wenig ausladend, 5–12 cm lang und locker 10–25-blütig. Tragblätter (11–15 × 2,2–3 mm) häutig, dem gedrehten Fruchtknoten anliegend, etwas kürzer als dieser. Seitliche Sepalen (9–12 × 4–5 mm) schief eiförmig, waagrecht bis leicht aufgerichtet, auf der Innenseite mit einem rosa umrandeten, grünen Feld, das dunkelrot gepunktet ist. Mittleres Sepal und die schief eiförmigen Petalen (6–8 × 2–3 mm) helmförmig, auf der Außenseite rotviolett. Lippe (9,5–12 × 12–15 mm) 3-lappig, an den Rändern blassrosa bis purpurrosa, im Zentrum heller, mit dunkelroten Saftmalen. Mittellappen (5–7 × 5,5–8 mm) vorgezogen, vorne ausgebuchtet oder gezähnelt, am Grunde mit 2 den Sporneingang begrenzenden Leisten, Seitenlappen halbelliptisch, zurückgebogen. Sporn (6–7 × 2,5–4 mm) sackförmig bis kegelförmig, waagrecht bis leicht abwärts, etwa 1/2 so lang wie der gedrehte Fruchtknoten.
B April–Mai (Juni). Täuschblume. Häufige Hybriden mit *O. mascula* und *O. provincialis*, (*O.* × *ligustica*), selten mit *O. mascula* subsp. *olbiensis* und *O. spitzelii* subsp. *teschneriana*. 2n=80.
U *O. spitzelii* s.l.: Sporn länger, Zentrum der Sepalinnenseite nur leicht grün.
W Lichte Eichen-, Kastanien-, Zedernwälder, Bergwiesen, Gebüschsäume, Haselnussfluren auf basenreichen Böden. 0–1600 m.
A NW-Italien (Ligurien), N-Algerien (Tell-Atlas, Kabylie), Tunesien (erloschen?)
G In Ligurien Brachfallen der Haselnussfluren und Kastanienwälder, in N-Afrika Beweidung.
H N-Alg., Tizi Ozou, 20.4.76, HB; NW-Ita., Recco, 10.5.91, HB.

Orchis pauciflora
Wenigblütiges Knabenkraut

S *O. provincialis* subsp. *pauciflora*, *O. provincialis* var. *pauciflora*.

M Knollengeophyt von 10–25 cm Höhe. Stängel robust, grün, mit 4–10 Laubblättern, 3–7 am Grunde rosettig gehäuft. Grundblätter (4–13 × 0,8–1,8 cm) länglich eiförmig, ungefleckt, dunkelgrün glänzend, etwa in der Mitte am breitesten. Oberstes Blatt langscheidig, 2,5–6 cm, den Beginn des Blütenstandes nicht erreichend. Blütenstand armblütig, zylindrisch, ausladend, 3–7 cm lang, locker 2–12-blütig. Tragblätter (11–20 × 3,5–5 mm) lanzettlich, hellgrün, dem Fruchtknoten (10–18 mm lang) anliegend, ± so lang wie dieser. Seitliche Sepalen (10–15 × 6–10 mm) schief eiförmig, fast senkrecht, kaum zugespitzt, hellgelb. Mittleres Sepal und die schief eiförmigen Petalen (7–10 × 3,4–6 mm) helmförmig, gleich gefärbt. Lippe (10–15 × 12–19 mm) im Umriss rundlich, 3-geteilt, an den Rändern gezähnt, entlang der Mittellinie stark rückwärts gebogen, dottergelb, im Zentrum mit zahlreichen kleinen, braunroten Punkten. Seitenlappen halbelliptisch, Mittellappen 6–10 mm breit, vorgezogen, schwach geteilt. Sporn (14–20 × 2–3,5 mm) lang zylindrisch, bogig aufsteigend, 1,5 × so lang wie der Fruchtknoten. Pollinarien gestielt, Pollinien braunviolett.

B März–Anfang Mai. Allogame Nektartäuschblume. Hybriden mit *O. anatolica*, *O. mascula* subsp. *mascula*, (*O.* × *colemanii*), *O. provincialis*, *O. quadripunctata*. 2n = 42.

U *O. laeta*: hellere Lippenfärbung, längerer Sporn; *O. provincialis*: gefleckte Grundblätter, schafsnasenartige Lippe.

W Lichte Wälder, Garriguen, Felsbänder, Abbruchkanten, Magerrasen, auf kalkhaltigen Böden. 0–1800 m.

A Zentrales und Östliches Mittelmeergebiet: Korsika, Elba, M-, S-Italien, Dalmatinische Küste mit Inseln von S-Istrien bis Peloponnes, Griechenland, Kreta, Ägäische Inseln.

G Forstwirtschaft, Beweidung, Straßenbau.

H S-Ita., Gargano, 6.5.97, HB; S-Ita., Gargano, 28.4.95, HB.

Orchis provincialis
Provence-Knabenkraut

S *O. leucostachys, O. cyrilli.*

M Knollengeophyt von 15–30 cm Höhe. Stängel robust, grün, mit 4–9 Laubblättern, 3–6 am Grunde rosettig. Grundblätter (5–13 × 0,8–1,5 cm) länglich lanzettlich, kräftig gefleckt, grün. Blütenstand zylindrisch, ausladend, 4–8 cm lang, locker mit 4–10 Blüten besetzt. Tragblätter (12–20 × 3–5,5 mm) lanzettlich, hellgrün, dem gedrehten 13–20 mm langen Fruchtknoten anliegend, ± so lang wie dieser. Seitliche Sepalen (10–13 × 4–6 mm) schief eiförmig, fast senkrecht aufgerichtet, nach außen gedreht, kaum zugespitzt, hellgelb. Mittleres Sepal und die schief eiförmigen Petalen (7–10 × 4–6 mm) helmförmig, gleich gefärbt. Lippe (8–12 × 11–17 mm) schafsnasenförmig, 3-geteilt, entlang der Mittellinie stark rückwärts gebogen, hellgelb, im Zentrum mit roten Punkten. Seitenlappen halbelliptisch, Mittellappen 5–8 mm breit, vorgezogen und am Ende schwach geteilt. Sporn (13–18 × 3–4 mm) zylindrisch, bogig aufsteigend, ± so lang wie der Fruchtknoten, am Ende etwas verdickt.

B April–Mai. Allogame Nektartäuschblume. Hybriden mit *O. anatolica, O. mascula* subsp. *mascula*, – subsp. *ichnusae* (Sardinien), – subsp. *speciosa* (M-Italien), *O. pallens, O. patens, O. pauciflora*. 2n=42.

U *O. pallens*: ungefleckte Blätter, gerade Lippe; *O. pauciflora*: ungefleckte Blätter, dottergelbe Lippe.

W Lichte Nadel- und Laubwälder, Macchien, auf frischen, mäßig sauren bis mäßig basischen Böden. 0–1700 m.

A Mediterranes Element, Hauptvorkommen in der submeridionalen Zone. Portugal, N-Spanien, S-Frankreich, Italien mit Inseln, Dalmatinische Küste, Griechenland, W- und N-Türkei. S-Grenze durch S-Spanien, Sizilien, Kreta, Rhodos. N-Grenze SO-Frankreich, Oberitalien, Istrien, Thrakien, Krim.

G Land- und Forstwirtschaft, Beweidung.

H S-Fra., Trislas, 16.5.91, HB; Ita., Grosseto, 25.4.94, HB.

Orchis punctulata
Punktiertes Knabenkraut

S *O. schelkownikowii.*

M Knollengeophyt von 20–90 cm Höhe. Stängel hellgrün, mit 5–9 Laubblättern, 3–5 rosettig gehäuft. Grundblätter (8–25 × 3–8 cm) breit eiförmig, ungefleckt, leicht glänzend. Nach oben 2–4 scheidige Stängelblätter. Blütenstand 5–25 cm langgestreckt, wenig ausladend, dicht 25–130-blütig. Tragblätter (2,5–3,5 × 1,3–1,6 mm) häutig, dem gedrehten Fruchtknoten (11–13 × 2 mm) anliegend, etwa 1/4 so lang wie dieser. Alle Perigonblätter helmförmig, außen gelblich grün und schwach geädert, innen gleich, mit braunroten Nerven. Seitliche Sepalen (9–11 × 3,5–5 mm) schief eiförmig, Petalen (5,5–7,5 × 0,7–1,1 mm) lanzettlich. Lippe (8–11 × 7–8 mm) tief 3-lappig, gelblich grün oder hellgelb, im Zentrum mit zahlreichen ± 2-reihig angeordneten, bräunlichen Saftmalen. Seitenlappen (4–5 × 1,1–1,3 mm) abspreizend, am Ende verdickt. Mittellappen (6–8 × 5–7 mm) am Anfang stegförmig, dann 2-geteilt. Spaltstücke (2–4 × 2–3,5 mm) abgerundet, in der Einbuchtung mit einem Zähnchen. Sporn (4,5–5 × 1,5–2 mm) kegelförmig, stumpf, knapp 1/2 so lang wie der Fruchtknoten. Pollinarien gestielt, Pollinien hellgelb.

V Kräftige, großblütige Pflanzen entsprechen der var. *sepulchralis.*

B Februar–Mai. Allogame Täuschblume mit gutem Fruchtansatz durch Wildbienen. Hybriden mit *O. italica*, *O. militaris* subsp. *stevenii*, *O. purpurea* subsp. *purpurea*, *O. purpurea* subsp. *caucasica*, *O. simia* subsp. *simia.*

U *O. aserica*: Blüten kleiner; *O. adenocheila*: Blüten größer, Perigon grünlich.

W Halbschattig in der Phrygana, in lichten Gebüschen, Wäldern, an Bächen und Flüssen, auf basenreichen Böden. 0–1400 m.

A Griechenland (Thrakien, Rhodos), Türkei, nordöstliche Schwarzmeerküste, Kaukasus, N- und NW-Iran, Libanon, Israel.

G Knollengräber, Siedlungsbau, Landwirtschaft.

H Aserb., Schemacha, 23.4.00, RL; Geo., Bantischara, 29.4.00, RL.

Orchis purpurea subsp. purpurea
Purpur-Knabenkraut

S *O. fusca*, *O. moravica*, *O. maxima*.

M Knollengeophyt von 40–80 cm Höhe. Pflanzen mit 6–8 Laubblättern, 3–5 am Grunde rosettig gehäuft. Grundblätter (7–21 × 3,5–7 cm) länglich eiförmig, ungefleckt, hellgrün, glänzend, ± aufwärts gerichtet. Blütenstand ausladend, 10–20 cm lang, dicht 30–90-blütig. Tragblätter (3–6 × 1,5–2,5 mm) häutig, bräunlich, 1/3 so lang wie der gedrehte Fruchtknoten (13–17 × 2–2,5 mm). Perigonblätter dicht helmförmig, trüb grünrot, entlang der Nerven braunrot. Seitliche Sepalen (10–14 × 4,5–6,5 mm) schief eiförmig, Petalen (7–10 × 1–2,3 mm) linealisch. Lippe (11–18 × 19–25 mm) stark 3-geteilt, im Zentrum hellrosa, mit zahlreichen braunroten Papillen, die seitlich und abwärts ausstrahlen. Mittel- und Seitenlappen (10–15 × 2–4 mm) in der äußeren Hälfte hellrot, am Ende rund. Mittellappen (9–12 × 11–19 mm) 2-geteilt, Spaltstücke 4,5–7,5 mm breit, elliptisch, spreizend, am Ansatz mit einem Spitzchen. Sporn (4,5–7 × 1,9–2,5 mm) zylindrisch, stumpf, abwärts gebogen, 1/3–1/2 so lang wie der Fruchtknoten.

B April–Juni. Allogame Nektartäuschblume mit unterdurchschnittlichem Fruchtansatz. Hybriden mit *O. militaris* subsp. *militaris*, *O. punctulata*, *O. simia*. Gattungshybriden mit *Aceras*. 2n=42.

U Subsp. *caucasica*, subsp. *lokiana*: Blüten kleiner, eigene Areale.

W Lichte Gebüsche, Waldsäume, Magerrasen, Garriguen auf mäßig trockenen, bis wechselfeuchten, basenreichen Böden. 0–2000 m.

A In Europa weit verbreitet, N-Grenze in S-England, Dänemark. S-Grenze durch S-Spanien, NO-Sizilien, Peloponnes, S-Türkei. O-Grenze durch die Mittlere Türkei, Krim und Bolsoy. Die orientalisch-kaukasische subsp. *caucasica* und die westmediterrane subsp. *lokiana* (Algerien) werden abgetrennt.

G Land- und Forstwirtschaft, Beweidung.

H S-Deu., Schöntal, 15.5.95, HB; N-Ita., Altenburg, 26.4.04, RL.

Orchis purpurea subsp. caucasica
Kaukasisches Knabenkraut

S *O. caucasica.*

M Unterscheidet sich von der ähnlichen subsp. *purpurea* durch etwas schlankeren Wuchs, hellere Farbe des Blütenhelms, schmalere Teilabschnitte der Lippe und ein eigenes Areal. Seitenlappen (10–12 × 21,5–2,5 mm), Mittellappen (10–13 × 9–12 mm) blassrosa, mit zahlreichen dunklen Papillen, Spaltstücke (7–9 × 3–5 mm) halbelliptisch, Spitzchen ca. 1 mm lang. Sporn (5–7 × 1,5–2,5 mm) 1/2 so lang wie der Fruchtknoten.

B April–Mai. Allogame Nektartäuschblume mit unterdurchschnittlichem Fruchtansatz. Hybriden mit *O. punctulata*, *O. simia* subsp. *simia*.

W Lichte Eichen (Busch)-Wälder, Waldsäume, Garriguen auf mäßig trockenen, bis wechselfeuchten, basenreichen Böden. 0–1500 m.

A Orientalisch-kaukasisches Element mit Vorkommen in der NO-Türkei, Abchasien, Georgien, Aserbaidschan.

G Land- und Forstwirtschaft, Beweidung.

H Aserb., Kuba, 18.4.00, RL.

Orchis purpurea subsp. lokiana
Lokis Knabenkraut

S *O. lokiana.*

M Unterscheidet sich von den ähnlichen subsp. *caucasica* und subsp. *purpurea* durch schlankere Pflanzen (30–50 cm hoch), schmalere Grundblätter (6–13 × 3–3,5 cm), kürzeren Blütenstand (6–9 cm) und deutlich kleinere Blüten. Sepalen (8–11 × 4 mm) schief eiförmig, Petalen (7 × 1–1,5 mm) lanzettlich. Lippe (9–11 × 11–13 mm) 3-lappig, mit zahlreichen purpurnen Papillen. Seitenlappen (6–7,5 × 1,5–2 mm) lanzettlich. Mittellappen (7–9 × 8–10 mm) 2-geteilt, Spaltstücke (5–6 × 3–4 mm) halbrund, Spitzchen 0,5–1,5 mm lang. Sporn (3–4 × 1–2 mm) 1/2 so lang wie der Fruchtknoten.

B März–April. Allogame Nektartäuschblume.

W Lichte Wälder, Waldsäume, Garriguen auf mäßig trockenen, bis wechselfeuchten, basenreichen Böden. 900–1600 m.

A Endemische Unterart von NO-Algerien.

G Land- und Forstwirtschaft, Beweidung.

H NO-Alg., Constantine, 18.3.82, HB.

Orchis quadripunctata subsp. quadripunctata
Vierpunkt-Knabenkraut

S *Orchis hostii, Anacamptis quadripunctata.*
M Knollengeophyt von 10–30 cm Höhe. Stängel grün, meist dunkelrot überlaufen, mit 3–8 Laubblättern, 2–6 rosettig. Grundblätter (4–12 × 1–2 cm) linealisch bis schmal elliptisch, gefleckt bis ungefleckt. Nach oben folgen 1–2 scheidige Stängelblätter. Blütenstand zylindrisch, 3–15 cm lang, locker 8–35-blütig. Blüten weiß, rosa bis purpurrot. Tragblätter (9–14 × 2,5–5 mm) häutig, rotviolett, dem gedrehten Fruchtknoten anliegend und etwa so lang oder etwas länger als dieser. Die beiden seitlichen Sepalen (6–8 × 3–4 mm) schief eiförmig, schräg seitwärts spreizend, mit dem mittleren Sepal und der Lippe ± in einer Ebene. Petalen (4–6 × 2,5–3 mm) schief eiförmig. Lippe (6–8 × 6,5–10,5 mm) tief 3-lappig bis fast ungeteilt, breiter als lang, ziemlich variabel. Seitenlappen (3–6 × 2–3,5 mm) rundlich bis keilig. Mittellappen (2–3 × 2,7–4,7 mm) vorgezogen, am Grunde abgerundet oder 2-geteilt. Lippe im Zentrum heller, am Grunde mit 2–3 sichtbaren und 2 im Sporneingang verborgenen, weinroten Punkten. Sporn (10,5–15,5 × 0,7–1 mm) stecknadelförmig, ± waagrecht bis leicht abwärts gebogen, deutlich länger als der gedrehte, 9–11 mm lange Fruchtknoten. Pollinarien gestielt, Pollinien gelbbraun.
B März–Juni. Allogame Täuschblume. Hybriden mit *O. anatolica*, *O. pauciflora*, *O. provincialis* und *O. quadripunctata* subsp. *sezikiana*
U Subsp. *brancifortii*: Seitenlappen der Lippe kleiner. *O. quadripunctata* subsp. *sezikiana*: Blüten und Sporn größer, Zahl der Saftmale höher.
W Vollsonnig auf kalkreichen Böden in lichten Wäldern, in Garriguen, auf Felsbändern und Steinschutt. 0–1600 m.
A S-Italien, Dalmatien, Albanien, Griechenland (Festland und Peloponnes) mit einigen vorgelagerten Inseln. S-Grenze auf Kreta.
G Vor allem in mittleren und höheren Lagen, durch Beweidung (Schafe, Ziegen).
H S-Ita., M. Gargano, 6.5.97, HB; Kreta, Rouvas, 29.4.97, HB.

Orchis quadripunctata subsp. brancifortii Brancifortis Knabenkraut

S *O. brancifortii, Anacamptis brancifortii, O. quadripunctata* var. *cupani.*

M Unterscheidet sich von den ähnlichen subsp. *quadripunctata* und subsp. *sezikiana* durch kleinere Blüten. Lippe (3,5–4,5 × 4–5 mm), Mittellappen (2,3–3 × 1,5–1,7 mm), Seitenlappen (1,2–1,5 × 0,6–0,8 mm) und Spornlänge (7,5–10 × 0,8–1,2 mm).

B März–Mai. Allogame Nektartäuschblume mit mäßigem Fruchtansatz. Hybriden sind keine bekannt.

W Auf Felsbändern, steiniger Phrygana und lichten Gebüschen auf basischen Böden (Kalk, Vulkangestein, Gneis). 150–1750 m.

A Endemit von Sardinien, NO-, N- und NW-Sizilien und S-Kalabrien (Stilo). In diesem Raum fehlt subsp. *quadripunctata.*

G Küstennahe Wuchsorte durch Tourismus, höher gelegene durch intensive Beweidung.

H Siz., Taormina, 14.4.01, RL.

Orchis quadripunctata subsp. sezikiana Seziks Knabenkraut

S *O. sezikiana, O. anatolica* subsp. *sezikiana.*

M Steht ± intermediär zwischen *O. anatolica* mit größeren Blüten und zahlreichen Saftmalen und subsp. *quadripunctata* mit kleineren Blüten und 4 Punkten. Unterscheidet sich von subsp. *quadripunctata* durch längere Sepalen (5,5–8,2 × 2,9–4,5 mm) und Blütenlippen (6–11 × 8–14 mm), zahlreichere Saftmale (8–12), den dickeren, leicht aufsteigenden Sporn (10–18 × 1,1–2 mm), der so lang oder etwas länger als der 8–17 mm lange Fruchtknoten ist. Pollinarien gestielt, Pollinien gelbbraun.

B März–Mai. Hybriden mit *O. anatolica.*

W Vollsonnig auf kalkreichen Böden in lichten Wäldern, Phrygana, auf Felsbändern. 0–1050 m.

A Kreta, Ikaria, Samos, Lesbos, W- und SW-Türkei, Zypern (Nordkette, Abdachung des Troodos-Gebirges). Auf Kreta kommt sie mit beiden Ausgangsarten vor, im restlichen Verbreitungsgebiet fehlt *O. quadripunctata.*

G Weinanbau (Zypern), Beweidung, Knollenentnahme. **H** Zyp., Omodhos, 17.3.94, HB.

Orchis sancta
Heiliges Knabenkraut

S *O. coriophora* subsp. *sancta, Anacamptis sancta.*

M Knollengeophyt von 15–45 cm Höhe. Stängel bleichgrün, mit 9–17 Laubblättern, 5–12 am Grunde rosettig, zur Blütezeit meist verwelkt. Grundblätter (6–12 × 0,8–3 cm) schmal lanzettlich, ungefleckt, zugespitzt. Blütenstand schmal zylindrisch, 5–15 cm lang und ± locker 10–30-blütig. Untere Tragblätter (16–19 × 3–4 mm) lanzettlich, bleichgrün, dem gedrehten Fruchtknoten (9,5–12 × 2–3 mm) anliegend, fast doppelt so lang wie dieser. Blüten klein, duftlos, blasspurpurn, rosa bis karminrot. Perigonblätter einen geschlossenen, zugespitzten Helm bildend. Sepalen (12–14 × 3–4 mm) schief eiförmig. Petalen (8–9 × 1–2 mm) linealisch. Lippe (10–13 × 7–9 mm) 3-lappig, abwärts gebogen, ohne Zeichnung. Seitenlappen (7–9 × 3–4 mm) rhombisch, am Rande gekerbt. Mittellappen (5–6 × 2–2,5 mm) deutlich vorgezogen, länglich, an der Spitze oft nach vorn gebogen. Am Sporneingang 2 gratartige Wülste. Sporn (7–9 × 1–1,5 mm) kegelförmig, lang zugespitzt, halbkreisförmig gebogen, stumpf, 3/4 bis fast so lang wie der Fruchtknoten. Pollinarien gestielt, Pollinien gelbbraun.

B Ende April–Juni. Allogame Nektarblume (Solitäre Bienen) mit hohem Fruchtansatz. Honigbienen als Ersatzbestäuber meiden diese Art, nehmen jedoch die verwandte *O. coriophora* sowie die häufigen Hybriden (*O.* × *kallithea*) gerne an. Gattungshybriden mit *Anacamptis.*

U *O. coriophora* s.l.: Lippe mit Zeichnung, Helm und Sporn kürzer.

W Lichte Phrygana, Garriguen, Feuchtwiesen auf trockenen, kalkreichen Böden. 0–1200 m.

A Hauptverbreitung in der W-Türkei und auf den Ägäischen Inseln. Westwärts bis Kreta und Kykladen, ostwärts über die s-türkische Küste und Zypern bis Kappadokien, nach Süden über W-Syrien, W-Libanon bis Israel.

G Pflege von Ausgrabungsstätten, Tourismus, Landwirtschaft. **H** Patmos, 17.4.95, HB; Liba., Schuf-Berge, 10.6.05, HB.

Orchis scopulorum
Madeira-Knabenkraut

S *O. mascula* subsp. *scopulorum.*
M Knollengeophyt von 30–50 (70) cm Höhe. Stängel grün, oberwärts oft rot überlaufen, mit 5–10 grünen Laubblättern, wovon 3–6 am Grunde rosettig gehäuft sind. Grundblätter (7–16 × 2–5 cm) länglich elliptisch, ungefleckt. Nach oben folgen 3–5 scheidige Stängelblätter. Blütenstand pyramidenförmig, bis 15 cm lang und locker mit 8–25 großen Blüten besetzt, ± einseitswendig? Tragblätter lanzettlich, braunrot, etwa so lang wie der Fruchtknoten und diesem anliegend. Seitliche Sepalen (10–13 × 4 mm) schief eiförmig, seitlich ± waagrecht spreizend. Das mittlere Sepal und die 8–10 mm langen Petalen helmförmig, rosa bis hellrot. Lippe (14–33 × 13–25 mm) im Umriss breit elliptisch, ± flach bis leicht konvex, 3-lappig. Mittellappen im Zentrum blassrosa mit dunkelroten Saftmalen, am Ende gezähnt und hellrot. Seitenlappen halbelliptisch, hellrot. Sporn schmal zylindrisch, ± waagrecht bis leicht abwärts gerichtet, 6–8 mm lang, etwa 1/2 so lang wie der gedrehte Fruchtknoten.
B Mai–Juni. Allogame Nektartäuschblume. 2n = 42?
U Auf Madeira einzige Art der Gattung, daher unverwechselbar.
W Luftfeuchte, sonnige Stellen im Lorbeerwald, auf abschüssigen Basaltfelsen und im Lavagrus der Hochlagen. 800–1800 m.
A Endemit der Insel Madeira mit wenigen Vorkommen im Zentrum der Insel.
G Intensive Beweidung verhindert eine mögliche Ausbreitung. FFH Anhang IV (streng zu schützende Pflanzenart).
H Madeira, Ribeira Frio, 21.5.75, HS; Madeira, Encumeada-Pass, 18.5.95, RH.

Orchis simia subsp. simia
Affen-Knabenkraut

S *O. tephrosanthos.*
M Knollengeophyt von 15–40 cm Höhe. Pflanzen mit 5–8 Laubblättern, 3–5 am Grunde rosettig gehäuft. Grundblätter (5–14 × 2–4,5 cm) länglich elliptisch, ungefleckt, bläulich grün, ± aufwärts gerichtet. Stängel mit 2–3 Scheidenblättern, grün. Oberstes Stängelblatt den Blütenstand nicht erreichend. Blütenstand eiförmig, 3–9 cm lang, dicht 10–35-blütig, von oben nach unten aufblühend. Tragblätter (1,3–3 × 1,1–2,2 mm) schuppenförmig, nur 1/5 so lang wie der gedrehte Fruchtknoten (7,5–10 × 1,5–2,2 mm), häutig. Perigonblätter helmförmig mit aufgebogener Spitze, Außenseite weißlich, entlang der Nerven rotviolett. Seitliche Sepalen (10–15 × 3–5 mm) schief eiförmig, Petalen (8–12 × 1,3–1,6 mm) schmal lineal. Lippe (11–17 × 11–17 mm) stark 3-geteilt, im Zentrum weißlich mit karminroten Papillen. Mittel- und Seitenlappen (8–11 × 0,8–1,4 mm) in der äußeren Hälfte purpurrot, am Ende rund, aufwärts gebogen. Mittellappen (10–13 × 5–9 mm) 2-geteilt, Spaltstücke (1–1,5 mm breit) lineal, aufwärts gebogen, am Ansatz mit einem 0,8–2,3 mm langen Spitzchen. Sporn (3,7–5,5 × 1,3–2,2 mm) zylindrisch, stumpf, abwärts gebogen, ± 1/2 so lang wie der Fruchtknoten.
B März–Mai. Allogame Nektartäuschblume mit geringem Fruchtansatz. Hybriden mit *O. adenocheila*, *O. militaris* subsp. *militaris*, *O. militaris* subsp. *stevenii*, *O. punctulata*, *O. purpurea* subsp. *purpurea*, *O. purpurea* subsp. *caucasica*. Gattungshybriden mit *Aceras*. 2n = 42.
U Subsp. *taubertiana*: breitere Grundblätter, Blüten größer, eigenes Areal (Cyrenaika).
W Lichte Gebüsche und Wälder, Magerrasen, Garriguen, auf mäßig trockenen, kalkreichen Böden. 350–1800 m.
A Von Frankreich über SW-Deutschland, Italien, Dalmatien, Balkan, Türkei bis Krim, Kaukasien, N- und W-Iran. S-Grenze in N-Algerien, N-Libanon und Jordanien?. N-Grenze in S-England.
G Landwirtschaft, Beweidung. **H** S-Deu., Kaiserstuhl, 5.5.95, HB; Geo., Bodoria, 28.4.99, RL.

Orchis simia subsp. taubertiana
Akhdar-Knabenkraut

S *O. taubertiana.*

M Knollengeophyt von 15–30 cm Höhe. Pflanzen mit 6–9 Laubblättern, 4–5 am Grunde rosettig gehäuft. Grundblätter (5–10 × 3–6 cm) eiförmig, ungefleckt, am Ende abgerundet, grün gefärbt. Stängel mit 2–4 Scheidenblättern, unten grün, oben bräunlich. Oberstes Stängelblatt den Blütenstand knapp erreichend. Blütenstand kopfig, breit ausladend, 5–8 cm lang, mäßig dicht (20–60)-blütig, von oben nach unten aufblühend. Blüten ± waagrecht abstehend. Tragblätter (2,5–3,5 × 1,5–2 mm) schuppenförmig, nur 1/5 so lang wie der gedrehte Fruchtknoten (12,5–16 × 1,8–3 mm), weißlich. Perigonblätter einen geschlossenen Helm bildend, auf der Außenseite weißlich, entlang der Nerven rotviolett geädert. Seitliche Sepalen (17–20 × 4,2–5,5 mm) schief eiförmig lanzettlich, Petalen (11–12 × 1,4–1,6 mm) lanzettlich. Lippe (10,5–12,5 × 12,5–17 mm) stark 3-geteilt, im Zentrum weißlich mit rotvioletten Saftmalen, sonst rotlila gefärbt, öfter eingerollt. Seitenlappen (7–10 × 21,5–1,7 mm) lanzettlich, stumpf, rotlila. Mittellappen 2-geteilt, 8,5–10 mm lang. Spaltstücke (3,8–5,5 × 1,1–1,5 mm) lineal, am Ansatz mit einem Spitzchen (2–2,4 mm lang). Sporn (7–9 × 1,5–2,5 mm) zylindrisch, stumpf, abwärts gebogen, 1/2 - 2/3 so lang wie der Fruchtknoten. Pollinarien grau.

B Ende Februar–Mitte April. Allogame Nektartäuschblume mit unterdurchschnittlichem Fruchtansatz.

U *O. simia*: schmalere Grundblätter, Helm kürzer, Mittel- und Seitenlappen schmaler.

W Lichte Gebüsche, *Sarcopoterium*-Garriguen, auf nicht zu trockenen, basenreichen Böden. 350–900 m.

A Endemit der Cyrenaika an den Hängen des Jabal al Akhdar. Hier fehlt die nahe verwandte *O. simia.*

G Landwirtschaft, intensive Beweidung, Siedlungs- und Straßenbau.

H Liby., Al Bayda, 30.3.00, HB; Liby., Al Bayda, 30.3.00, HB.

Orchis spitzelii subsp. spitzelii
Spitzels Knabenkraut

S *O. viridifusca*, *O. bungii.*
M Knollengeophyt von 15–35 cm Höhe. Stängel grün, oberwärts weinrot überlaufen, mit 5–9 Laubblättern, 3–5 am Grunde rosettig. Grundblätter (3,5–10 × 1,4–3,6 cm) eiförmig bis lanzettlich, ungefleckt, leicht glänzend, aus schmalem Grund nach außen breiter werdend. Nach oben 2–4 scheidige Stängelblätter, das oberste 3–10 cm lang, den Beginn des Blütenstandes nicht erreichend. Blütenstand zylindrisch, ausladend, 3–12 cm lang und locker 8–25-blütig. Tragblätter (12–17 × 3,5–4,5 mm) häutig, dem gedrehten Fruchtknoten anliegend und etwa so lang wie dieser. Seitliche Sepalen (9–11 × 4–4,5 mm) schief eiförmig, waagrecht ausgebreitet, auf der Außenseite bräunlich grün, auf der Innenseite olivgrün mit rotbraunen Strichen oder Punkten, ohne klar abgetrenntes Mittelfeld. Mittleres Sepal und die schief eiförmigen Petalen (7–8 × 2,5–4 mm) helmförmig. Lippe (8–12 × 12–14 mm) 3-lappig mit gespaltenem Mittellappen, längsgefaltet, dunkelrosa, hellrot bis weinrot, Seitenlappen halbrund. Mittellappen (4–5 × 7–9 mm) vorgezogen, am Sporneingang mit 2 Stufenleisten, mit dunkelroten Saftmalen, die bis über die Lippenmitte ausstrahlen. Sporn (8–9,5 × 3,5–4 mm) kegelförmig walzlich, stumpf, fast so lang wie der Fruchtknoten. Pollinien rotbraun.
B April–Juli. Allogame Nektartäuschblume. Hybriden mit *O. mascula* subsp. *mascula*, *O. pallens*, *O. provincialis.* 2n=42.
U *O. patens*: Sporn kürzer, grünes Sepalinnenfeld, Perigon offener.
W Lichte Nadel- (Kiefern, Latschen, Tannen, Zedern) und Eichenwälder, Bergwiesen auf basenreichen Böden. 0–2100 m.
A Disjunktes Areal mit großen Lücken von S-Frankreich über die Alpen, Italien, Balkanhalbinsel, Griechenland, Türkei, Abchasien bis in den Iran. Gotland (sekundär?).
G Oft in Kleinpopulationen, Beweidung, Waldrodung. **H** O-Fra., Grenoble, 29.5.96, HB; O-Fra., Grenoble, 29.5.96, HB,

Orchis spitzelii subsp. teschneriana
Algerisches Spitzels Knabenkraut

S *O. patens* var. *atlantica.*
M Unterscheidet sich von subsp. *spitzelii* durch breitere Petalen und kürzeren Sporn. Von subsp. *cazorlensis* durch kleinere Blüten. Seitliche Sepalen (8,5–10 × 4,8–5,3 mm) schief eiförmig, waagrecht. Mittleres Sepal und schief eiförmige Petalen (6,3–7,8 × 3,5–4 mm) helmförmig. Lippe (9,5–11 × 11–12 mm) 3-lappig mit gespaltenem Mittellappen, längsgefaltet, dunkelrosa, hellrot bis weinrot, Seitenlappen halbrund. Mittellappen (3,2–4,3 × 6,5–7,5 mm) vorgezogen, am Sporneingang mit 2 Stufenleisten, mit dunkelroten Saftmalen. Sporn (7–8 × 3,3–3,7 mm) kegelförmig, stumpf, abwärts, 2/3 so lang wie Fruchtknoten.
B Mai–Juni. Allogame Nektartäuschblume. Hybriden mit *O. patens.*
W Lichte Laub- (Eichen) und Nadelwälder (Zedern) höherer Berglagen. 1400–1550 m.
A Endemische Unterart von N-Algerien: Zaccar de Miliana, Teniet-el-Had.
G Forstwirtschaft. **H** N-Alg. Miliana, 20.5.74, HB.

Orchis spitzelii subsp. cazorlensis
Cazorla-Knabenkraut

S *O. cazorlensis, Barlia cazorlensis.*
M Unterscheidet sich von subsp. *spitzelii* und subsp. *teschneriana* durch größere Blüten. Seitliche Sepalen (8,5–9,5 × 4,5–6 mm) und Petalen (7–8 × 2,8–3,5 mm) schief eiförmig. Lippe (10,5–12 × 12–15 mm) 3-lappig mit gespaltenem Mittellappen, längsgefaltet, dunkelrosa, hellrot bis weinrot. Seitenlappen (8–9 × 5,5–8 mm) halbrund. Mittellappen (4–6 × 7–10 mm) vorgezogen, mit dunkelroten Saftmalen, die bis auf die Seitenlappen ausstrahlen. Sporn (7,5–8,5 × 2,5–3,5 mm) kegelförmig walzlich, stumpf, abwärts gebogen, 3/4 so lang wie der gedrehte Fruchtknoten (12–13 × 2–3 mm).
B Mai–Juni. Allogame Nektartäuschblume. Hybriden mit *O. mascula*. 2n=42.
W Lichte Kiefernwälder auf basenreichen Böden. 900–1900 m.
A Spanische Gebirge, NW-Marokko.
G Intensive Beweidung, Waldrodung.
H S-Spa., Cuenca, 23.5.96, HB.

Orchis spitzelii subsp. latiflora
Libanesisches Knabenkraut

M Unterscheidet sich von der ähnlichen subsp. *spitzelii* durch größere Blüten. Seitliche Sepalen (8,5–10 × 4–5,2 mm) und Petalen (7,5–9 × 3–3,5 mm) schief eiförmig. Lippe (11,5–13,5 × 13–16 mm) breiter als lang, schwach 3-teilig, im Umriss ± halbkreisförmig. Seitenlappen (5–8 × 3,5–5,5 mm) ausladend, halbelliptisch. Mittellappen (4,8–6,3 × 7–11 mm) schwach abgesetzt, breit herzförmig. Lippe rosa bis hellrot, entlang der Längsachse gefaltet, im Zentrum mit vielen weinroten Saftmalen. Sporn (7,8–9,5 × 2,8–5 mm) sackförmig, abwärts, etwa 2/3 so lang wie der gedrehte Fruchtknoten (13,7–15,5 × 2–2,7 mm).

B April–Juni. Allogame Nektartäuschblume. Hybriden mit *O. anatolica*.

W Lichte Laubmisch- und Nadelwälder (Zedern) höherer Berglagen. 1300–1500 m.

A Libanon-Gebirge, wenige Wuchsorte.

G Land- und Forstwirtschaft.

H Liba., Ehden, 25.5.02, HB.

Orchis spitzelii subsp. nitidifolia
Kreta-Knabenkraut

S *O. prisca, O. patens* subsp. *nitidifolia.*

M Unterscheidet sich von subsp. *spitzelii* und subsp. *latiflora* durch Sepalen (8,5–11 × 4,5–5,5 mm) mit grünlichem, braunrot punktierten Innenfeld und eine stärker 3-geteilte Blütenlippe (8,5–11 × 12–16 mm) mit größeren, halbelliptischen Seitenlappen und entlang der Längsachse konzentrierten Saftmalen. Sporn (6,2–8,2 × 2,8–3,5 mm) schräg nach unten gebogen, aus breitem Grund sich verjüngend, etwa 2/3 so lang wie der Fruchtknoten.

V Pflanzen der 4 getrennten Teilareale sind uneinheitlich in Größe und Form des Sporns.

B April–Juni. Allogame Täuschblume. Hybriden mit *O. anatolica.* 2n = 40.

W Mischwälder aus Laub- und Nadelhölzern, *Brutia*-Kiefernforste auf kalkreichen, trockenen Böden. 600–1650 m.

A Endemit der Gebirge Kretas (W-Kreta, Levka Ori, Psiloritis, Dhikti, Afendis Kavousi).

G Überweidung, Waldrodung, Tourismus.

H O-Kreta, Triphti, 29.4.86, HB.

Orchis tridentata
Dreizähniges Knabenkraut

S *O. variegata, Neotinea tridentata.*
M Knollengeophyt von 15–40 cm Höhe, zur Büschelbildung neigend. Stängel mit 5–8 Laubblättern, 3–4 am Grunde rosettig gehäuft. Grundblätter (4–11 × 1,1–2,1 cm) eiförmig lanzettlich, ungefleckt, blaugrün. Blütenstand 4–6 cm lang, eiförmig bis halbkugelig, ± dicht 20–50-blütig. Tragblätter (8–12 × 1,3–2,2 mm) häutig, lanzettlich, ± so lang wie der gedrehte Fruchtknoten (8–11 × 1,5–2 mm). Blüten nach Honig duftend. Perigonblätter einen geschlossenen Helm bildend, der auf der Außenseite hellrosa bis violettrosa und geädert ist. Die eiförmig lanzettlichen Sepalen (7,5–12,5 × 3–4,4 mm) und löffelförmigen Petalen (5,5–8 × 1–1,7 mm) zu einer nach außen gekrümmten, 0,3–1 mm langen Spitze verlängert. Lippe (7–10 × 8–12 mm) stark 3-lappig, mit 2-spaltigem Mittellappen und abstehenden, gezähnten Seitenlappen (4,7–8 × 2–3,3 mm), auf der ganzen Fläche mit zahlreichen, weinroten Punkten. Mittellappen (5–7,5 × 4,2–7,5 mm) rundlich, am Rande gezähnt, in der Bucht mit einem 0,2–0,5 mm langen Spitzchen. Sporn (5–7 × 1–1,5 mm) zylindrisch, abwärts gebogen, 1/2–2/3 so lang wie der Fruchtknoten.
V Var. *commutata*: Blüten etwas größer, Helm spitzer, 2n=84 (Sizilien).
B März–Juni. Allogame Nektartäuschblume mit hohem Fruchtansatz (solitäre Bienen). Hybriden mit *O. lactea*, *O. ustulata*. 2n=42.
U. *O. lactea*: frühere Blütezeit, Helm zugespitzter, milchweiße Blüten.
W Magerrasen und -wiesen, im Süden in lichten Wäldern und Garriguen auf frischen, basenreichen Böden. 0–2200 m.
A Von SO-Frankreich und Mallorca über Italien, Karpathen, Balkan bis in die Türkei, Krim, Kaukasien, Talysch, Kurdistan und Palästina. S-Grenze Malta, Kreta, Israel. Isoliert in M- und O-Deutschland.
G Überdüngung, Aufforstung, Beweidung.
H Deu., Korbach, 22.5.98, HB; N-Ita., Glen, 4.5.98, RL.

Orchis ustulata
Angebranntes Knabenkraut

S *Neotinea ustulata.*
M Knollengeophyt von 18–30 cm Höhe, zur Büschelbildung neigend. Stängel mit 3–6 Laubblättern, 2–4 am Grunde rosettig. Grundblätter (5–11 × 1,1–2,2 cm) eiförmig lanzettlich, ungefleckt, blaugrün. Blütenstand zunächst kegelförmig, an der Spitze schwarzrot, später walzlich, 3,5–10 cm lang, ± dicht 10–70-blütig. Tragblätter (3,5–4,5 × 1,5–2 mm) häutig, rotviolett, 3/4 so lang wie der gedrehte Fruchtknoten (5–7 × 1,5–2 mm). Blüten sehr klein, nach Honig duftend. Perigonblätter einen geschlossenen Helm bildend, auf der Außenseite dunkelrot bis schwarzbraun, auf der Innenseite grünlich, rot überlaufen. Seitliche Sepalen (4–5 × 2,3–2,6 mm) schief eiförmig. Petalen (2,5–3,2 × 0,8–1,2 mm) aus schmaler Basis nach außen verbreitert. Lippe (5–6,5 × 4,5–5 mm) 3-lappig, mit weit vorgezogenem gespaltenen Mittellappen und abstehenden, lanzettlichen, am Rande gezähnelten Seitenlappen (2,5–3 × 1–1,3 mm). Mittellappen (3–4 × 2–2,8 mm) rundlich, Spaltstücke (1–1,3 × 0,8–1,2 mm). Sporn (1,6–2,2 × 0,9–1,1 mm) kegelförmig, abwärts gebogen, 1/3–1/4 so lang wie der Fruchtknoten. Sporneingang eng. Pollinien gelb.
V Var. *aestivalis*: spätere Blütezeit, längerer Blütenstand. Im Gebirge nicht unterscheidbar, da Blütezeiten zusammenrücken. Mitteleuropa.
B Ende April–August. Allogame Nektartäuschblume mit hohem Fruchtansatz durch *Bombus* und *Echinomyia* (Diptera). Hybriden mit *O. lactea*, *O. tridentata*. 2n = 42.
U Unverwechselbare Art (dunkler Helm).
W In Magerrasen und -wiesen, im Süden in lichten (Eichen-) Wäldern auf basenreichen, oft kalkarmen Böden. 0–2500 m.
A Hauptverbreitung in Mitteleuropa. Nach Süden bis in die Ausläufer der s-spanischen, s-italienischen und s-griechischen Gebirge. O-Grenze in Kaukasien und M-Sibirien.
G Überdüngung, Aufforstung.
H S-Deu., Rust, 15.5.97, HB; M-Ita., Pozzaglia Sabino, 15.5.99 RL.

Platanthera algeriensis
Algerische Waldhyazinthe

S *P. chlorantha* subsp. *algeriensis.*

M Geophyt mit 2 rübenförmigen Knollen, deren Enden in wurzelartige Fortsätze übergehen. Pflanzen steif aufrecht, 30–70 cm hoch. Stängel am Grunde mit einem gegenständigen Blattpaar, nach oben mit 4–6 länglich lanzettlichen, an der Spitze tragblattartig ausgebildeten Laubblättern. Grundblätter (7–30 × 3–5 cm) breit lanzettlich, schräg aufwärts gerichtet. Blütenstand 10–25 cm lang, locker- bis dichtblütig, wenig ausladend, mit 15–40 grüngelben Blüten. Tragblätter lanzettlich, grün, so lang oder länger als die Blüten. Seitliche Sepalen (8–11 × 4–5,5 mm) breit sichelförmig, abstehend. Mittleres herzförmiges Sepal und die sichelförmigen Petalen (6–8 × 2–2,5 mm) helmförmig. Lippe (8,5–12 × 2–3,5 mm) schmal zungenförmig, abwärts und vorn eingerollt. Sporn (18–24 × 1,4–2,1 mm) ± waagrecht, schmal röhrenförmig, am Ende leicht verdickt, Nektar führend. Thekenfächer nach unten stark divergierend, Pollinarien langgestielt mit getrennten, seitlich aufsitzenden Klebscheiben.

B Mai–Juni. Allogamie mit hohem Fruchtansatz. Bestäubung durch langrüsselige Nachtfalter oder Schwärmer?

U *P. montana*: Standort trocken, größere und grünlich weiße Blüten, stärker ausladender Blütenstand.

W Küstensümpfe in Algerien (erloschen), Hangmoore, Quellaustritte und Bachränder nur noch in hochmontaner bis subalpiner Lage. 0–2100 m (Marokko).

A Von N-Algerien (ehemals Umgebung von Algier) über Marokko (Anti-, Hoher-, Mittlerer-, Rif-Atlas) nordwärts bis in die Gebirge M-Spaniens (Castellon, Teruel), Korsikas und Sardiniens.

G Entwässerung, Beweidung.

H Sard., 16.6.94, HB; Mar., Ifrane, 30.5.96, HB.

Platanthera azorica
Azoren-Waldhyazinthe

M Knollengeophyt von 25–40 cm Höhe, mit 7–9 grünen Blättern. Untere Blätter (15–17 × 3–4 cm) breit eiförmig, oberste tragblattähnlich. Blütenstand 8–10 cm lang, vielblütig (100), Blüten weißlich grün. Tragblätter lanzettlich, so lang wie der Fruchtknoten. Seitliche Sepalen (4 mm lang) eiförmig, senkrecht abwärts. Mittleres Sepal und ausgebuchtete Petalen (3 mm lang) helmförmig. Lippe (3–3,5 × 1–1,5 mm) schmal zungenförmig, aufwärts gebogen. Sporn (7–9 × 0,8 mm), so lang wie der Fruchtknoten, bogig abwärts, Nektar führend. Pollinarien divergierend, mit je 1 Klebscheibe.

B Juni–Juli. Hoher Fruchtansatz durch Nachtfalter und Schwärmer. Hybriden mit *P. micrantha*.

U *P. micrantha*: Sporn kürzer. Hybriden!

W Grasige Strauchheiden in der Zone der Passatwolken. 330–1100 m.

A Endemit der Azoren: Santa Maria, Sao Miguel, Sao Jorge, Pico und Flores.

G Auf allen Inseln durch starke Beweidung.

H Azoren, Pico, 16.5.89, DR.

Platanthera micrantha
Kleinblütige Waldhyazinthe

M Knollengeophyt von 10–50 cm Höhe, mit 5–7 grünen Laubblättern. Untere Blätter (6–23 × 1,8–5 cm) breit eiförmig, oben tragblattartig. Blütenstand 10–50 cm lang, vielblütig. Blüten klein, gelblich grün, duftend. Tragblätter lanzettlich, ± so lang wie der Fruchtknoten. Seitliche Sepalen (2,5–4 × 2–3 mm) eiförmig, nach unten weisend. Mittleres Sepal und ausgebuchtete Petalen helmförmig. Lippe (2,5–3,5 × 2,1–2,5 mm) breit zungenförmig. Sporn (2–3 × 0,4–0,6 mm) dünn, 1/3–1/4 so lang wie der Fruchtknoten, abwärts gekrümmt. Pollinarien parallel, mit je 1 Klebscheibe.

B Mai–Juni. Allogamie (Phalaenophilie) mit hohem Fruchtansatz, wohl durch Nachtfalter.

U *P. azorica*: Blätter größer, Sporn länger.

W Grasige Strauchheiden auf feuchten, sauren Böden. 200–1330 m.

A Endemische Art der Azoren: Terceira, Sao Miguel, Sao Jorge, Pico und Faial.

G Nutzungsänderung und Beweidung.

H Azoren, Pico, 14.6.89, DR.

Platanthera bifolia subsp. bifolia
Zweiblättrige Waldhyazinthe

S *Orchis bifolia*, *P. bifolia* subsp. *graciliflora*.
M Geophyt mit 2 rübenförmigen Knollen, Enden wurzelartig verlängert. Stängel 20–50 cm hoch, am Grunde mit 2 gegenständigen Rosettenblättern und 1–6 tragblattartigen Laubblättern. Grundblätter (7–22 × 2–5 cm) oval, grün, flach ausgebreitet. Blütenstand 5–17 cm lang, zylindrisch, ausladend, mit 10–50 weißen, abends duftenden Blüten. Tragblätter (12–17 × 2,7–5 mm) lanzettlich, ± so lang wie der Fruchtknoten. Seitliche Sepalen (8–12 × 3–5 mm) schief lanzettlich, ± waagrecht abstehend. Mittleres Sepal und sichelförmige Petalen (6–9 × 2–3,5 mm) helmförmig. Lippe (8–13 × 2,5–3,5 mm) schmal zungenförmig, rückwärts gebogen. Sporn (24–32 × 0,7–1,4 mm) ± waagrecht, stecknadelförmig, in der hinteren Hälfte mit Nektar. Antherenfächer parallel, Pollinarien 2–2,5 mm lang, kurzgestielt, dottergelb, mit seitlich ansitzenden Klebscheiben (ohne Pedicell). Kapseln (11–17 × 4–6 mm) sitzend, kleiner als bei *P. montana*.
V In subalpinen bis alpinen Lagen wächst var. *subalpina*, mit kleineren Abmessungen (Spornlänge 15–21 mm); subsp. *atropatanica*: höherer Wuchs, breitere Gundblätter, kürzere Sporne (18–25 mm). Vorkommen in Georgien?, Aserbaidschan (Kaukasus, Talysch, N-Iran (Gorgan).
B Mai–Juli. Allogamie mit hohem Fruchtansatz durch langrüsselige Schwärmer oder Große Nachtfalter. 2n=42.
U *P. montana*: Blätter breiter (4–7 cm), Blüten grünlich, Antherenfächer divergierend.
W Lichte Laubmisch-, Seggen- Buchen-, Beerstrauch-Nadelwälder auf frischen, basenreichen Böden. 0–2500 m (Alpen).
A Meridionale bis temperate Zone Europas, nach Norden in die boreale Zone (N-Skandinavien) reichend. S-Grenze in M-Spanien, S-Italien, Peloponnes, S-Türkei.
G Intensive Beweidung, Brachfallen der Grünländer, Verbuschung, Aufforstung.
H N-Ita., Grissian, 27.5.00, RL; subsp. *atropatanica*: Aserb., Lenkoran, 28.5.97, HB.

Platanthera holmboei
Holmboes Waldhyazinthe

S *P. chlorantha* subsp. *holmboei*, *P. montana* subsp. *holmboei*.

M Geophyt mit 2 rübenförmigen Knollen, deren Enden in wurzelartige Fortsätze übergehen. Stängel 15–40 cm hoch, kahl, grün, leicht hin- und hergebogen mit insgesamt 3–5 hellgrünen Laubblättern. Die beiden grundständigen Blätter (6–18 × 2–4 cm) sind breit eiförmig, ± flach ausgebreitet, nach oben folgen 1–2 kleiner werdende tragblattähnliche Stängelblätter. Blütenstand zylindrisch, ± ausladend, 8–10 cm lang, locker- und vielblütig (25). Blüten relativ klein, gelbgrün. Tragblätter (18–25 × 4–6 mm) lanzettlich, grün, die unteren länger als der gedrehte Fruchtknoten und diesem anliegend. Seitliche Sepalen (8–11 × 4–5 mm) schief eiförmig, seitlich abstehend. Das mittlere, herzförmige Sepal und die sichelförmigen Petalen (6–8 × 2–3 mm) helmförmig zusammenneigend. Lippe (8–10 × 1,5–2,5 mm) schmal zungenförmig, herabhängend. Sporn (20–25 × 1,5–2 mm) schmal röhrenförmig, ± doppelt so lang wie der Fruchtknoten, vorne hellgrün, am spitzen Ende dunkler, Nektar führend. Thekenfächer divergierend mit getrennten, seitlich sitzenden Klebscheiben. Kapseln (13–17 × 3,5–5 mm) sitzend.

B Ende April–Ende Juni. Allogamie (Phalaenophilie) mit hohem Fruchtansatz, wohl durch langrüsselige Kleine Nachtfalter.

U *P. chlorantha*: Pflanze höher, Blüten größer und heller gefärbt, Sporn länger.

W Nadel-, vorzugsweise Kiefernwälder und bebuschte Garriguen auf kalkarmen, frischen Böden. 300–2000 m.

A Ostmediterran: Lesbos, SW- (Lycien, Karien) und S-Türkei (Iskenderun), Zypern (Troodos), NW-Syrien, Libanon?, N-Israel.

G Abholzung, Nutzungsänderungen und Freizeiteinrichtungen.

H Zyp., Saittas,25.4.04, HB; Zyp., Kato Chorio, 13.6.92, HB.

Platanthera hyperborea
Nordische Waldhyazinthe

S *Orchis hyperborea, O. koenigii, Habenaria hyperborea.*

M Geophyt mit 2 rübenförmigen Knollen, deren Enden in wurzelartige Fortsätze übergehen. Pflanzen 5–40 cm hoch (auf Island bis 20 cm) mit 4–8 am Stängel ± gleichmäßig verteilten und jeweils um 90° versetzten Laubblättern. Unterstes Blatt zungenförmig, die folgenden (5–15 × 1–3 cm) lanzettlich, schräg abstehend, grün, die obersten 2–3 tragblattartig entwickelt. Blütenstand 3–9 cm lang, dicht- und reichblütig (15–70). Tragbätter lanzettlich, so lang oder wenig länger als der Fruchtknoten und diesem anliegend. Blüten weißlich grün bis grünlich gelb mit kräftigem, nelkenähnlichem Duft, der besonders in der Dämmerung verströmt wird. Seitliche Sepalen (4–6 × 2–3 mm) schief eiförmig lanzettlich. Mittleres Sepal und die sichelförmigen Petalen bilden einen Helm, der die Säule bedeckt. Lippe (4–7 × 1,5–3 mm) breit lanzettlich, stumpf, herabhängend. Sporn 3,5–5,5 (7,5) mm lang, zylindrisch, stumpf, gekrümmt, nektarlos aber mit Drüsenhaaren, etwa halb so lang wie der Fruchtknoten. Thekenfächer nach unten leicht divergierend, Pollinarien gestielt mit getrennten Klebscheiben.

B Allogamie (Phalaenophilie) mit hohem Fruchtansatz, wohl durch Kleine Nachtfalter. 2n= 84.

U Andere *Platanthera*-Taxa: längerer Sporn.

W Auf grasigen Hügeln, in Zwergstrauchheiden, Weidengebüschen mit guter Wasserversorgung und früher Schneeschmelze. 0–100 m (Island, Grönland), 0–3400 m (N-Amerika).

A Nordatlantisch-pazifische, boreale Verbreitung. In Europa (Island), Alaska, Kanada, N-Amerika (bis Rocky Mountains)?, Aleuten, Kamchatka, Hokkaido, Island, Grönland.

G In Grönland und Island wenig gefährdet.

H Isl., Reykjavik, 10.7.92, RH; Isl., Reykjavik, 10.7.92, RH.

Platanthera kuenkelei
Künkeles Waldhyazinthe

M Geophyt mit 2 rübenförmigen Knollen, deren Enden zu wurzelartigen Fortsätzen verlängert sind. Daneben finden sich weitere sprossbürtige Wurzeln. Stängel 45–90 cm hoch, kahl, oberwärts hin- und hergebogen, rinnig. 2 grundständige, breit eiförmige Grundblätter (15–30 × 5–7 cm) mit starker Längs- und Queraderung und 4–6 Stängelblätter, wovon die oberen 2–3 lanzettlich und tragblattartig sind. Blütenstand langgestreckt, ausladend, 15–25 cm lang und locker mit 15–80 rein weißen, auch tagsüber fein nach Vanille duftenden Blüten besetzt. Tragblätter (11–14 × 3–4 mm) lanzettlich, ± so lang wie der Fruchtknoten. Seitliche Sepalen (9–10 × 3–4 mm) ausgebreitet, schief lanzettlich. Das mittlere Sepal und die schief eiförmigen Petalen (6–8 × 1–2 mm) helmförmig. Lippe (11–13 × 2 mm) lineal zungenförmig, nach unten gebogen, an der Spitze gelblich. Sporn (22–27 × 1 mm) stecknadelförmig, am Ende spitz und mit Nektar gefüllt. Thekenfächer parallel, Pollinarien langgestielt mit seitlich sitzenden Klebscheiben. Kapseln (15–17 × 2,5–3,5 mm) zylindrisch, aufrecht, stark kantig, ungestielt.

B April–Juni. Allogamie (Sphingophilie) mit hohem Fruchtansatz, wohl durch langrüsselige Schwärmer oder Nachtfalter.

U *P. bifolia*: schmalere Blätter, wenigblütiger. *P. algeriensis*: Blütenstand kürzer und wenigblütiger, Blüten gelbgrün.

W Niederschlagsreiche Korkeichenwälder auf Silikatunterlage. 0–1300 m.

A NO-Algerien (Numidien), NW-Tunesien (Kroumerie).

G Auf Grund des kleinen Areals ist die Art durch Abholzung und intensive Waldweide stark bedroht.

H Tun., Ghardimao, 22.5.00, HB; N-Alg., La Calle, 18.5.82, HB.

Platanthera montana
Berg-Waldhyazinthe

S *Orchis montana, P. chlorantha.*

M Geophyt mit 2 rübenförmigen Knollen, deren Enden zu Wurzeln verlängert sind. Stängel 30–52 cm hoch, mit 2 gegenständigen Rosettenblättern und 1–4 tragblattartigen Laubblättern. Grundblätter (8–20 × 3–7 cm) breit elliptisch, grün. Blütenstand 8–25 cm lang, zylindrisch, breit ausladend, mit 10–30 Blüten locker besetzt. Blüten grünlich weiß, an ihren Enden etwas satter, mit abendlichem Duft. Tragblätter (12–22 × 4–8 mm) lanzettlich, ± so lang wie der Fruchtknoten. Seitliche Sepalen (11–15 × 5–7,5 mm) schief eiförmig. Mittleres Sepal und sichelförmige Petalen (7–11 × 1,8–4 mm) helmförmig. Lippe (12–18 × 2,5–4 mm) schmal zungenförmig. Sporn (25–37 × 1,3–2 mm) ± waagrecht, stecknadelförmig, hinten mit Nektar. Antherenfächer trapezartig gespreizt. Pollinarien 3–5 mm lang, langgestielt. Klebscheiben getrennt, seitlich ansitzend und über ein Pedicell verbunden. Kapseln (14–19 × 4–6 mm), größer als bei *P. bifolia*.

V In subalpinen bis alpinen Lagen wächst var. *gselliana*, die in allen Teilen kleinere Abmessungen (Spornlänge 20–23 mm) zeigt.

B Mai–Juli. Allogamie (Phalaenophilie) mit hohem Fruchtansatz durch langrüsselige, Mittelgroße und Kleine Nachtfalter. 2n = 42.

U *P. bifolia*: Blätter schmaler (2–5 cm), Blüten weißlich, Antherenfächer parallel.

W Lichte Nadel-, Seggen-Buchen- und Wintergrün-Kiefernwälder, waldnahe Grünländer auf frischen Böden, alpine Rasen. 0–2500 m.

A In Europa und Vorderasien von der meridionalen bis zur temperaten Zone, nach Norden bis in die boreale Zone (S-Skandinavien). S-Grenze in N-Spanien, Sizilien, Peloponnes, Kurdistan und NW-Iran.

G Intensive Beweidung, Abholzung, Aufforstung von Monokulturen.

H S-Deu., Wertheim, 25.5.85, HB; Siz., S. Marco, 10.5.01, RL.

Pseudorchis albida subsp. albida
Weiße Höswurz

S *Satyrium albidum*, *Gymnadenia albida* forma *subalpina*.

M Geophyt mit 2 tief gespaltenen, langwurzeligen Knollen. Pflanzen 6–32 cm hoch mit 3–7 dunkelgrünen, glänzenden, ± gleichmäßig am Stängel verteilten Laubblättern. Untere Blätter (5–9 × 1–2 cm) länglich eiförmig, nach oben kleiner und zuletzt tragblattartig. Blütenstand 2–8 cm lang, mit 20–50 kleinen, am Stängel sitzenden Blüten dicht besetzt. Blüten gelblich bis weißlich grün, nickend, etwas duftend. Tragblätter (6–8 × 2–3 mm) lanzettlich, grün, etwa so lang wie der Fruchtknoten. Perigonblätter helmförmig, Sepalen (3–4 × 1–2 mm) und Petalen (2,5–3 × 1,3–1,6 mm) schief eiförmig. Lippe (3–4 × 2–3 mm) 3-lappig, mit etwa gleich großen Lappen. Sporn (2,1–2,7 × 0,8–1 mm) zylindrisch, 1/2 bis 1/3 so lang wie der Fruchtknoten, abwärts gerichtet, Nektar enthaltend. Pollinarien kurzgestielt mit je 1 nackten Klebscheibe. Kapseln (4–8 × 2–4 mm) eiförmig, sitzend.

V Var. *tricuspis*: zierlicher, Lippe mit 3 gleichlangen Lappen (Kalkalpen); subsp. *straminea*: breitere Blätter (1–4 cm), größere strohgelbe Blüten, längere Brakteen (Kanada, Island, Grönland, Faröer, Schweden, Finnland).

B Mai–August (Gebirge). Allogame Art mit hohem Fruchtansatz durch Nachtfalter (*Crambus* spec.). Gattungshybriden mit *Dactylorhiza* (*cordigera*, *fuchsii*, *maculata*), *Gymnadenia* (*conopsea*, *frivaldii*, *odoratissima*) und *Nigritella* (*nigra* subsp. *rhellicani*, *rubra*). 2n=42.

U Unverwechselbare Art.

W Borstgrasrasen, Zwergstrauchheiden der montanen bis subalpinen Stufe auf frischen, humosen Böden. 0–2700 m.

A Weite Teile Europas über die Britischen Inseln bis Skandinavien.

G Intensive Beweidung, Düngung, Verbuschung, Aufforstung, Eutrophierung.

H S-Deu., Feldberg, 13.7.96, HB; subsp. *straminea*: Grö., Narsarsuak, 18.7.95, RH.

Die Gattung Serapias L.
Schwertstendel, Zungenstendel

S *Serapiastrum*.

M. Geophyten mit 2 eiförmigen bis rundlichen, sitzenden Knollen, teils auch mit 1–3 ± langgestielten Stolonen, aus denen sich neue Pflanzen entwickeln können (vegetative Vermehrung mit Büschelbildung). Stängel kahl, aufrecht, grün, teils am Grunde rot gestrichelt und oben rot überlaufen. 4–10 Laubblätter, lineallanzettlich bis lanzettlich, grün, mit ungefleckter oder rötlich gestrichelter Scheide, aufrecht bis gebogen, untere rosettenartig, obere tragblattartig den Stängel umhüllend. Blütenstand schopfig bis langgestreckt mit 1–12 (20) rotbraunen, außen silbrig überlaufenen Blüten. Brakteen breitlanzettlich, bauchig, etwa so lang wie oder deutlich länger als Perigonhelm, diesen im ± unteren Drittel und Fruchtknoten umhüllend. Sepalen breitlanzettlich, zugespitzt, an den Rändern miteinander zu schmalem, spitz auslaufendem Perigonhelm verklebt. Seitliche Sepalen schwach asymmetrisch. Petalen wenig kürzer mit runder bis tropfenförmiger, am Rande glatter bis wellig gekräuselter Basisscheibe, fadenartig zu langer feiner Spitze ausgezogen. Lippe ungespornt, in Hinter- und Vorderlippe geteilt, am Übergang wenig bis stark winklig abgebogen, von hier in beiden Richtungen ± behaart. Hinterlippe breiter als lang, in der Mitte meist aufgehellt, nach außen zunehmend dunkel getönt, halbkreisförmig aufgebogen, Schultern hochgezogen bis abgeschrägt, Seitenlappen ± nach vorne verlängert. Basalschwielen dunkelpurpurn, am Grunde der Hinterlippe (Labellnagel) sich aus den unteren Ecken der Narbenhöhle in zwei ± divergierende Stege oder ungeteilte, ovale Schwiele 2–4 mm nach vorne erstreckend. Hinterlippe mit Perigonhelm eine Röhre bildend, deren Inneres 1–3 °C wärmer als Umgebung sein kann und von Insekten als geschützte Schlafstätte benutzt wird. Vorderlippe schmal zungenförmig bis breit herzförmig, vorne ± zugespitzt, oft mit zentralem, längsgerichtetem Rücken, seitliche Ränder glatt bis wellig, bisweilen leicht aufgebogen. Fruchtknoten nicht gedreht, unbehaart. Säulchen schmal, schräg nach vorne gerichtet, Narbe höher als breit. Konnektiv sehr lang, bis zu 10 mm langer Spitze ausgezogen. Pollinien 2, gelb bis dunkelgrün, gestielt, an gemeinsame, von Beutelchen umhüllte Klebscheibe geheftet.

V Unverwechselbare, isolierte Gattung mit relativ geringer morphologischer Ausgestaltung, nach der Form der Basalschwielen in 2 Sektionen eingeteilt:

Sectio *Bilammelaria* mit geteilter Basalschwiele: Schlafstättenblume (Solitärbienen, *Osmia* spp.), allogam, teils autogam bis kleistogam, 2n=36. Wird nach Breite der Petalen in drei Subsektionen untergliedert: *Platypetalae* (7–9 mm), *Mediopetalae* (5–7 mm) und *Stenopetalae* 2–4 mm).

Sectio *Serapias* mit ungeteilter Basalschwiele: allogam, wird am Tage bestäubt (*Ceratina cucurbitina*). 2n= 72.

Bei Bestimmungsproblemen müssen neben den äußerlich sichtbaren Merkmalen häufig auch Breite und Form der Basisscheibe der Petalen, Form der Hinterlippe und Grad ihrer Überlappung mit der Vorderlippe im ausgebreiteten Zustand herangezogen werden. Hierfür sind auf den folgenden fünf Seiten typische Blütenanalysen aller behandelten Taxa dargestellt.

B Mitte März–Juni. Blüten geruchlos. Fruchtansatz variabel. Interspezifische Hybridisierung zwischen allen Taxa möglich, intergenerische selten mit *Orchis coriophora, O. laxiflora, O. morio* s.l., *O. palustris, O. papilionacea* s.l., *Anacamptis*? (Gruppe *Anacamptis* s.ampl.).

W Trockene bis wechselfeuchte Magerwiesen, Phrygana, Garrigue, lichte Macchia, im Süden gerne auch auf Brachland und Straßenrändern.

A Endemische Gattung des mediterranen Kerngebietes mit 16 Arten, 11 Unterarten und 3 Varietäten; zentralmediterranes Entfaltungszentrum (Korfu 8, S-Italien 7, Korsika 7, S-Frankreich 7 Taxa); von den Azoren und Kanarischen Inseln bis zur Levante und Georgien, nördliche Arealgrenze W-Frankreich, Insubrien. Istrien, N-Griechenland, N-Türkei, südliche Grenze Marokko bis Tunesien. 0–1000 (1550) m.

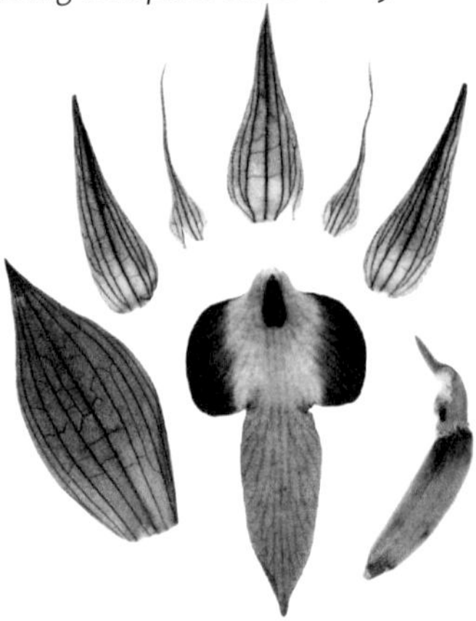

S. lingua lingua, Sizilien

S. lingua tunetana, Tunesien

S. olbia, Provence

S. berg. aphroditae, Zypern

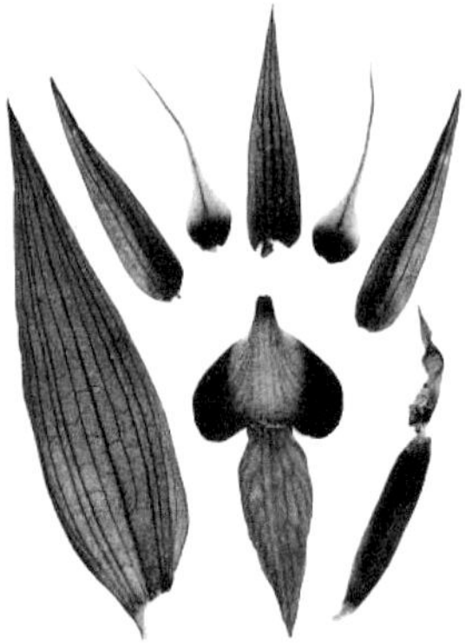

S. berg. bergonii, Korfu

S. berg. politisii, Korfu

S. parviflora, Malta

S. strictiflora, Spanien

S. vom. longipetala, N-Apennin

S. vom. romeracea, Lombardei

S. nurrica, Sizilien

S. lev. levantina, Israel

S. perez-chiscanoi, Spanien

S. lev. feldwegiana, Georgien

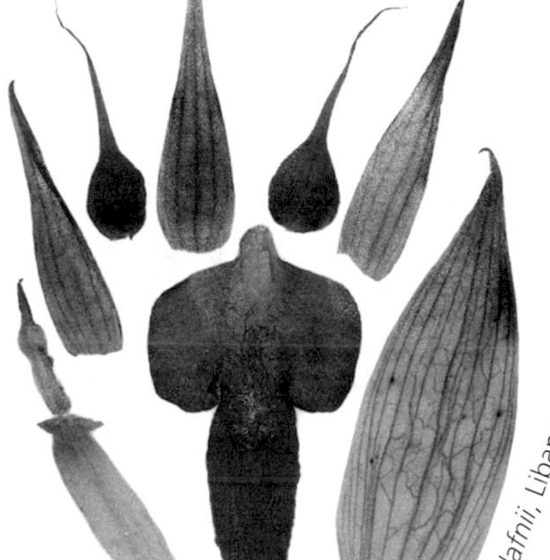

S. lev. dafnii, Libanon

S. patmia, Patmos

S. cycladum, Andros

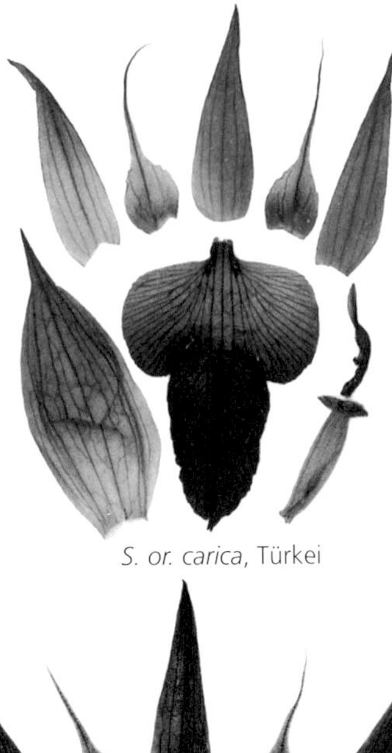

S. or. carica, Türkei

S. or. apulica, Gargano

S. or. siciliensis, Sizilien

S. or. moreana, Zakinthos

S. or. orientalis, Kreta

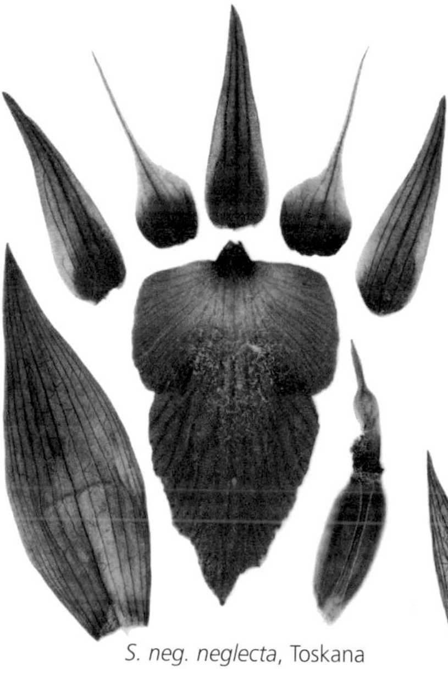

S. neg. neglecta, Toskana

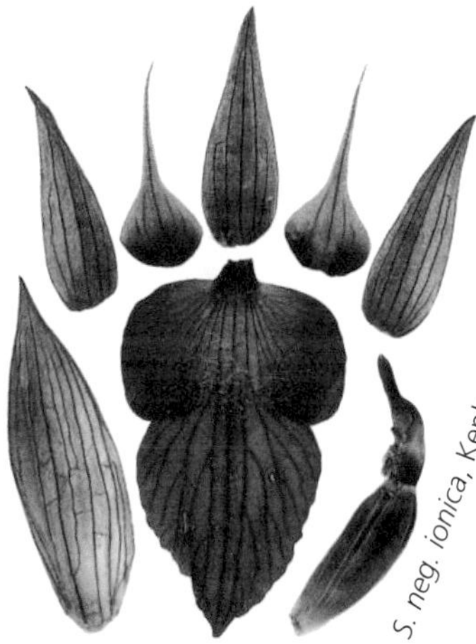

S. neg. ionica, Kephalllinia

S. neg. istriaca, Istrien

0 5 10 15 20 25 30 mm

S. cord. azorica, Azoren

S. cord. cretica, Kreta

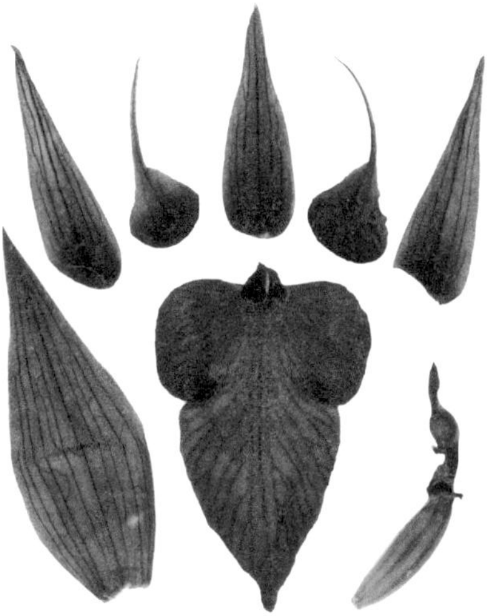

S. cord. cordigera, Toskana

S. cossyrensis, Pantelleria

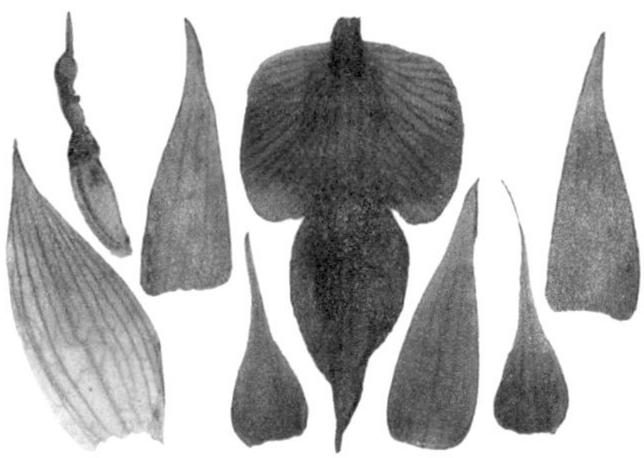

S. lorenziana, Marokko

Serapias bergonii
Schlankwüchsiger Zungenstendel

S *S. vomeracea* subsp. *laxiflora.*

M Geophyt mit 2 runden Knollen, 10–40 cm hoch, zierlich, gesellig. Stängel unten 2–4 mm dick, grün, oben rotbraun, leicht hin- und hergebogen. 5–10 Laubblätter (4–13 × 0,4–1,2 cm); untere rosettig, grün, rinnig gefaltet, gebogen bis aufrecht, Scheide rotviolett gesprenkelt; obere tragblattartig, stängelumhüllend. Blütenstand in der Hochblüte gestreckt, lockerblütig, (3) 5–12 (16) cm lang mit (2) 4–9 (12) rotbraunen, kleinen, 25–45 mm langen Blüten. Tragblätter (23–45 × 7–15 mm) silbergrau, dunkelpurpurn streifennervig, eilanzettlich, Perigonhelm überragend. Dieser (13–22 × 4–6 mm) schmal, schräg aufwärts gerichtet, silbriggrau, genervt; Sepalen (15–20 × 3–4,5 mm) eilanzettlich spitz; Petalen (12–18 × 3–5 mm) mit schmaler ± kreisförmiger dunkler Basis und fadenartig ausgezogener heller Spitze. Lippe zweigliedrig, 18–30 mm lang, hellbraun bis rötlich braun, streifennervig, an der Biegung behaart; Hinterlippe (7–11 × 9–14 mm) mit abgeschrägten Schultern, Seitenlappen aufrecht, leicht nach vorne gezogen, vom Perigonhelm nahezu gänzlich umhüllt, schwarzpurpurn. Labellnagel keilförmig, kurz, Basalschwielen geteilt, divergierend. Vorderlippe (10–18 × 3,5–7 mm) eilanzettlich, meist zurückgebogen. Fruchtknoten (10–17 × 1,5–3,5 mm) hellgrün, Säulchen schmal, rotbraun, Konnektiv 2–5 mm lang, spitz ausgezogen, Pollinien gelb.

B Ende März–Ende Mai. Allogam, Schlafstättenblume, guter Fruchtansatz.

U *S. vomeracea* subsp. *longipetala*: Pflanzen kräftiger, höher, Blütenstand, Petalen, Vorderlippe breiter.

W Ödland, Phrygana, Garrigue, Magerwiesen. 0–600 (1000) m.

A Sizilien, S-Italien, Griechenland, Kreta, Ägäis, W-Türkei, Zypern.

G Regional gefährdet (Italien, Türkei).

H NW-Gri., Korfu, 15.4.01, HB; Gri., Pelo., Ermioni, 12.4.03, RL.

Serapias bergonii var. aphroditae
Aphrodite-Zungenstendel

S *S. aphroditae.*

M Unterscheidet sich von var. *bergonii* durch niedrigeren Wuchs (10–30 cm) und kürzere Vorderlippe. Stängel grazil, unten grün, oben rot überlaufen. Laubblätter 5–8, lineallanzettlich, gefaltet, gekielt, kurz, bis 7 cm lang. Blütenstand locker, (1) 3–6 (10) Blüten. Tragblätter klein, Perigonhelm außen grauviolett, braun parallelnervig. Petalen (9–15 × 3–4 mm) rotbraun, Sepalen (11–15 × 2,5–4 mm). Lippe (16–21 × 9–13 mm) kurz, dunkel rotbraun. Hinterlippe und Vorderlippe nahezu gleich lang; Schwielen ± parallel. Vorderlippe (7–12 × 3,5–5 mm) schmal, unterhalb Basis kaum verbreitert.

V Bei häufigen gemeinsamen Vorkommen mit var. *bergonii* intermediäre Formen.

B Mitte März–April. Allogam.

W Ödland, Affodillfluren, Phrygana, lichte Pineten. 0–500 m.

A Endemit von Zypern. **G** Wegen Seltenheit gefährdet. **H** Zyp., Akamas, 4.4.04, HB.

Serapias bergonii var. politisii
Korfiotischer Zungenstendel

S *S. politisii.*

M Unterscheidet sich von var. *bergonii* durch zierlicheren Wuchs, kürzeren Blütenstand (6–12 cm lang), weniger (3–6) Blüten, schmalere Petalen (11–16 × 3–4 mm), kleinere Lippe, kürzere, sehr schmale Vorderlippe (10–14 × 2,5–4,5 mm).

B April–Mai, auf Korfu bis Mitte Juni. Fakultativ autogam. Nach Blütengröße nicht hybridogen.

U Var. *politisii* kommt in weiten Teilen des griechischen und türkischen Areals gemeinsam mit der Nominatsippe vor, es bestehen vielfach stufenlose Übergänge mit wechselnden Anteilen kleinblütiger, auf Korfu auch späterblühender Pflanzen. Mangels klarer morpho-, öko- oder phänologischer Differenzierung wird das kleinblütige Segment als Varietät geführt.

W Ödland, Phrygana, Garrigue, Magerwiesen, Oliveten. 0–500 m.

A Ionische Inseln bis W-Türkei, S-Zypern.

G Gefährdet (Intensivierung Olivenanbau).

H NW-Gri., Korfu, 15.4.01, HB.

Serapias cordigera subsp. cordigera
Herzförmiger Zungenstendel

M Geophyt mit 2 runden Knollen, 18–45 cm hoch, kräftig. Stängel grün, wie Blattscheiden unten rotbraun gestreift, oben ± rötlich überlaufen. 4–9 Laubblätter (4,5–15 × 0,6–1,5 cm) lanzettlich, grün, rinnig, aufgerichtet bis überhängend, obere tragblattartig. Blütenstand (4–16 × 3,0–5,5 cm) dicht mit 4–9 großen Blüten, anfangs büschelig, später gestreckt. Tragblätter (25–50 × 9–17 mm) silbriggrau, rot streifennervig, eilanzettlich, kürzer als Perigonhelm; dieser kurz, 9–11 mm breit, waagrecht bis leicht aufwärts gerichtet, hell aschgrauviolett, genervt; Sepalen (20–30 × 5,5–9,5 mm) innen rotbraun, eilanzettlich, spitz; Petalen (17–27 × 5–10 mm) dunkelpurpurn mit breiter, ± runder Basis, Spitze fadenartig. Lippe groß, 30–47 mm lang, zweigliedrig, dunkelrot bis schwarzpurpurn, Hinter-/Vorderlippe ausgebreitet stark überlappend; Hinterlippe (9–17 × 18–28 mm), Schultern gerade bis hochgezogen, Seitenlappen aufgebogen, wenig aus Perigonhelm ragend. Labellnagel kurz, Basalschwielen geteilt, divergierend, schwarzpurpurn, glänzend. Vorderlippe (19–32 × 12–23 mm) breit herzförmig, bogig nach vorne bis leicht abwärts gestreckt, meist mit zentralem, längsgerichtetem ± deutlichem Rücken, ab Basis bis Mitte dicht behaart. Fruchtknoten grün, Säulchen purpurn, Konnektiv 3–8 mm lang, spitz, Pollinien dunkelgrün.

V Blüte grünlich weiß bis ocker (Portugal), Vorderlippe schmaler (N-Spanien).

B April–Mitte Juni. Allogam, Schlafstättenblume.

U *S. neglecta* subsp. *neglecta*: Lippe viel heller; *S. cossyrensis*: Vorderlippe breiter.

W Ödland, Phrygana, feuchte Magerwiesen, lichte Kiefern-, Eichen-, Kastanienwälder. 0–600 (1000) m.

A Mediterrane Gebiete von Iberischer Halbinsel bis zur Ägäis und NW-Türkei.

G Gefährdet (Intensivierung der Landnutzung).

H Siz., Caccamo, 30.4.01, RL; M-Ita., Elba, M. Calamita, 6.5.04, RL.

Serapias cordigera subsp. azorica
Azoren-Zungenstendel

S *S. azorica*, *S. atlantica.*

M Geophyt mit 2 (3) runden Knollen, die jüngeren gestielt, 10–25 cm hoch. Stängel aufrecht, grün, oben rötlich. 6–9 Laubblätter (5–14 × 0,6–1,6 cm) grün, gebogen bis aufrecht, gefaltet und gekielt, Scheide rotviolett gesprenkelt; obere tragblattartig, stängelumhüllend. Blütenstand dichtblütig, 3–9 cm lang mit 3–12 braunroten Blüten. Tragblätter (22–45 × 9–19 mm) silbergrau, dunkelpurpurn streifennervig, eilanzettlich, etwa gleich lang wie Perigonhelm; dieser waagrecht bis schräg aufwärts gerichtet, aschgrauviolett, genervt; Sepalen (17–24 × 5–7,5 mm) eilanzettlich spitz; Petalen (15–20 × 5–7 mm) purpurn mit schmaler ± runder Basis und fadenartig ausgezogener Spitze. Lippe zweigliedrig, 22–35 mm lang, rötlich braun, bisweilen grünlich, rosa oder weißlich cremefarben, streifennervig, an der Biegung stark behaart; Hinter-/Vorderlippe ausgebreitet meist überlappend; Hinterlippe (8–13 × 15–22 mm) mit meist hochgezogenen Schultern, Seitenlappen aufrecht, wenig aus Perigonhelm herausragend. Labellnagel kurz, Basalschwielen geteilt, divergierend. Vorderlippe (15–24 × 12–19 mm) herzförmig. Fruchtknoten (8–13 × 1,5–3,5 mm) grün, Säulchen schmal, rotbraun, Konnektiv 4–7 mm lang, spitz ausgezogen, Pollinien gelb.

B Ende Mai–Anfang Juli. Allogam, Schlafstättenblume.

U Subsp. *cordigera*: Pflanze höher, Blüten größer, Petalen, Vorderlippe länger, breiter.

W Beweidete Magerwiesen, feuchte Wiesenhänge; Ränder von Zisternen, Kratern. 200–920 m.

A Endemit der Azoren (alle Inseln außer Flores, Corvo).

G Gefährdet (intensive Weidewirtschaft).

H Azoren, Pico, Maddalena, 17.6.89, DR; Azoren, Graciosa, Serra Branca, 5.6.91, DR.

Serapias cordigera subsp. cretica

Kretischer Zungenstendel

S *S. cordigera* var. *cretica*.

M Geophyt mit 2 runden Knollen, 14–22 cm hoch, aufrecht. Stängel grün, unten mit den Blattscheiden rotbraun gestreift, oben ± rötlich. 5–8 Laubblätter (6,5–11,5 × 0,6–0,9 cm) lanzettlich, grünlich gelb, mittig gefaltet, gekielt, ± zweizeilig, dem Boden aufliegend, mittlere gebogen, obere tragblattartig, stängelumhüllend. Blütenstand 4–10 cm lang, breit ausladend, kopfig mit 2–7 mittelgroßen Blüten. Tragblätter (25–45 × 11–16 mm) hellgrauviolett, streifennervig, eilanzettlich, bauchig, etwa so lang wie Perigonhelm; dieser kurz, waagrecht bis leicht aufwärts gerichtet, blass grauviolett, genervt, innen purpurn. Sepalen (19–27 × 5,8–7,2 mm), eilanzettlich, spitz. Petalen (17–23 × 6–7,7 mm) schwarzpurpurn; Basis breit, ± rund, schwach schüsselförmig, am Rande leicht gekräuselt; Spitze fadenartig ausgezogen. Lippe groß, 24–34 mm lang, zweigliedrig, braunrot bis schwarzpurpurn, Hinter-/Vorderlippe ausgebreitet sich deutlich überlappend; Hinterlippe (9–13,5 × 17–23 mm) mit hochgezogenen bis abgerundeten Schultern, Seitenlappen aufwärts gebogen, wenig aus Perigonhelm herausragend. Labellnagel kurz, Basalschwielen geteilt, divergierend, schwarzpurpurn, glänzend. Vorderlippe (17–24 × 0–14 mm) herzförmig, nach unten gerichtet, ab Basis bis Mitte hellrot behaart. Fruchtknoten grün, Säulchen purpurn, Konnektiv 4–6 mm lang, spitz, Pollinien olivgrün.

B Mitte April–Ende Mai. Allogam, Schlafstättenblume.

U Subsp. *cordigera*: Vorderlippe breiter, runder. *S. orientalis*: Vorderlippe heller, ausgebreitet nicht mit Hinterlippe überlappend.

W Phrygana, lichte Eichenwälder, feuchte Magerwiesen. Auf saurem Gestein (Schiefer, Sandstein). 70–700 m.

A Endemit von Kreta.

G Selten. Lokal gefährdet.

H Kreta, Alades, 20.4.97, HB; Alades, 20.4.97, HB.

Serapias cossyrensis
Pantelleria-Zungenstendel

S *S. cordigera* subsp. *cossyrensis*.

M Geophyt mit 2 (3) runden Knollen, (12) 16–30 (50) cm hoch, aufrecht, büschelig. Stängel grün, unten wie Blattscheiden leicht rotbraun gestreift, oben ± rotviolett. 5–9 Laubblätter (4–17 × 0,7–2 cm) grün, lanzettlich, spitz, gefaltet, untere rosettig, aufgerichtet bis überhängend, obere tragblattartig. Blütenstand (4,5–14 × 3–6 cm) dicht mit 2–11 großen Blüten, breit ausladend, später gestreckt. Tragblätter (25–40 × 10–16 mm) eilanzettlich, aufgeblasen, silbriggrau, wie Perigonhelm rot streifennervig, meist kürzer als dieser. Perigonhelm breit (20–23 × 9–11 mm), leicht aufwärts gerichtet, aschgrauviolett. Sepalen (22–2 9 × 6,5–10 mm) innen dunkelrotbraun, breit lanzettlich, spitz. Petalen (18–25 × 6,5–10 mm) schwarzpurpurn, aus breiter, ± runder Basis fadenartig zu feiner Spitze ausgezogen. Lippe groß, 30–40 mm lang, zweigliedrig, rotbraun bis weinrot, selten cremefarben. Hinter-/Vorderlippe ausgebreitet stark überlappend; Hinterlippe (9–14 × 21–30 mm) dunkler, Schultern hochgezogen, Seitenlappen aufwärts gebogen, deutlich aus Helm hervortretend. Basalschwiele geteilt, divergierend, schwarzpurpurn. Vorderlippe (20–30 × 18–28 mm) oft breiter als Hinterlippe, herzförmig, bogig nach vorne bis abwärts gestreckt, bis zur Mitte dicht behaart, Rücken ± ausgeprägt, Ränder leicht aufgerichtet. Fruchtknoten hellgrün, oft bereits zur Blütezeit angeschwollen, Säulchen purpurn, Konnektiv rosa, spitz. Pollinien olivgrün.

B Ende März–Ende April. Allogam, Schlafstättenblume. Fruchtansatz hoch.

U Subsp. *cordigera*: Pflanze höher, Blütenstand etwas lockerer, Vorderlippe schmaler als Hinterlippe, dunkler braunrot.

W Ödland, Magerrasen, Garrigue, Pineten, Macchia; auf Vulkanasche. 200–820 m.

A Endemit von Pantelleria (Trapani, Ita.).

G Gefährdet wegen Seltenheit. **H** Siz., Pantelleria, Cuddia d. Moro, 9.4.98, RL; Montagna Grande, 8.4.97, HB.

Serapias cycladum
Kykladen-Zungenstendel

S *S. orientalis* subsp. *cycladum, S. carica* var. *monantha.*

M Geophyt mit 2 runden Knollen, bis 20 cm hoch, zierlich. Stängel aufrecht, grün, oben ± rotbraun überlaufen. 5–8 Laubblätter (6–15 × 0,8–1,2 cm) lanzettlich, grün, aufrecht, untere oft zurückgebogen, oberste tragblattartig, stängelumhüllend, rotbräunlich, den Beginn des Blütenstandes eben erreichend. Blütenstand sehr kurz, 1–6-, oft nur einblütig. Tragblätter (23–30 × 10–15 mm) breit eilanzettlich, kürzer als Perigonhelm, wie dieser silbergrau violett, dunkel braunrot genervt; Helm waagrecht bis leicht aufwärts gerichtet; Sepalen (20–25 × 6–9 mm), eilanzettlich, spitz; Petalen (17–23 × 8–10 mm) dunkelpurpurn mit breiter, ± runder Basis, Spitze fadenartig ausgezogen. Lippe mittelgroß, 27–33 mm lang, zweigliedrig, intensiv rotbraun bis purpurn, vom Grunde bis Mitte Vorderlippe dicht hellbraunrot behaart, Hinter-/Vorderlippe ausgebreitet nicht überlappend; Hinterlippe (10–16 × 18–25 mm) nierenförmig, Schultern nicht abgeschrägt, dunkelrotbraun, Seitenlappen dunkelviolett, aufgerichtet, deutlich aus Perigonhelm herausragend. Basalschwielen geteilt, divergierend, rötlich. Vorderlippe (15–19 × 9–12 mm) breitlanzettlich bis lanzettlich keilförmig, herabhängend bis zurückgeschlagen, hellbraunrot, dunkelpurpurn bis violettrot. Fruchtknoten grün, Säulchen rötlich purpurn, Konnektiv 4–6 mm lang, spitz, Pollinien grünlich.

B April–Mitte Mai. Allogam, Schlafstättenblume.

U *S. orientalis*: Pflanze kräftiger, vielblütiger, Vorderlippe größer, breiter; S. *patmia*: reichblütiger, Blüten kleiner.

W Ödland, Phrygana, Garrigue, Magerwiesen. 0–600 m.

A Endemit der Kykladen (Ägäis): Andros, Siros, Naxos, Mykonos.

G Wegen Seltenheit gefährdet.

H Ägäis, Naxos, 7.4.02, HB; Ägäis, Mykonos, 23.3.02, HB.

Serapias levantina subsp. levantina
Levante-Zungenstendel

S *S. orientalis* subsp. *levantina*.

M Geophyt mit 2 runden Knollen, 15–30 cm hoch. Stängel aufrecht, unten grün, oben ± rotbraun überlaufen. 5–8 Laubblätter (5–17 × 0,6–2 cm) untere rosettenartig, hellgrün, lanzettlich, zugespitzt, etwas gefaltet, schräg aufwärts, obere tragblattartig, stängelumfassend, rotbraun überlaufen, untere Blüten kaum erreichend. Blütenstand locker, 6–15 cm lang mit 3–7 (10) meist steil aufwärts gerichteten Blüten. Tragblätter (25–45 × 12–18 mm), breit eiförmig, zugespitzt, silbriggrau hellviolett, braunrot streifig genervt, untere die Blüten überragend, den außen gleichgefärbten Perigonhelm unten etwas umhüllend. Sepalen (18–27 × 5,5–7,5 mm) breitlanzettlich, Petalen (17–25 × 5,5–7,5 mm) aus kreisförmiger schwarzpurpurner Basis fadenartig ausgezogen, sich zur Spitze aufhellend. Lippe zweigliedrig, 25–37 mm lang, dunkelbraunrot, Hinter-/Vorderlippe ausgebreitet leicht überlappend. Hinterlippe (8–12 × 13–18 mm) meist nierenförmig mit leicht abgeschrägten Schultern, Seitenlappen dunkelpurpurrot, aufrecht, schwach nach vorne gezogen, aus Perigonhelm hervorragend. Labellnagel keilförmig mit 2 dunkelrotbraunen, leicht divergierenden Basalschwielen. Vorderlippe (15–23 × 8–13 mm) breit eiförmig, abwärts gerichtet bis stark zurückgebogen, am Grunde dicht hell behaart. Fruchtknoten grün, Säulchen rotbraun, Konnektiv 3–6 mm lang, Pollinien braunviolett.

B Anfang März–Ende Mai. Allogam, Schlafstättenblume.

U Subsp. *dafnii*: Pflanze robuster, Blüten größer, Vorderlippe länger, Habitat feucht; *S. orientalis* subsp. *carica*: Wuchs niedriger, Hinterlippe breiter, kaum abgeschrägt.

W Ödland, Magerwiesen. 0–1550 m.

A SO-Türkei, Syrien, Libanon, Israel, Zypern.

G Lokal gefährdet (Israel, Libanon).

H N-Israel, Hanita, 15.3.94, HB; N-Israel, Hanita, 14.3.94, HB.

Serapias levantina subsp. dafnii
Dafnis Zungenstendel

M Geophyt mit 2 runden Knollen, robust, 20–35 cm hoch. Stängel 5–10 mm dick, unten grün, oben ± rotbraun überlaufen. 7–9 Laubblätter (5–23 × 1,2–2,4 cm) zweizeilig am Stängel verteilt, hellgrün, breitlanzettlich, gekielt, meist aufrecht, obere tragblattartig, stängelumfassend, rotbraun überlaufen, den Beginn des Blütenstandes überragend. Blütenstand schmal, gestreckt, 9–15 cm lang mit 7–20 dem Stängel anliegenden großen Blüten. Tragblätter (40–55 × 16–22 mm), eiförmig, lang zugespitzt, trüb braunviolett, braunrot streifig genervt, untere doppelt so lang wie Blüten, den außen trüb graugrünen Perigonhelm unten etwas und Fruchtknoten gänzlich umhüllend. Sepalen (25–30 × 7–9 mm) breitlanzettlich; Petalen (25–28 × 7–9 mm) aus kreisförmiger, flach schüsselförmiger dunkler Basis fadenartig ausgezogen, sich zur Spitze aufhellend. Lippe zweigliedrig, 35–40 mm lang, dunkelbraunrot; Hinterlippe (12–16 × 20–24 mm) nierenförmig mit leicht abgeschrägten Schultern, im Zentrum gelblich, Seitenlappen dunkelpurpurrot, aufrecht, leicht nach vorne gezogen, im Perigonhelm versteckt. Labellnagel keilförmig mit 2 dunkelrotbraunen, leicht divergierenden Basalschwielen. Vorderlippe (23–30 × 10–13 mm) breit keilförmig, abwärts gerichtet bis stark zurückgebogen, in der Übergangszone zur Hinterlippe dicht hell behaart. Fruchtknoten grün, Säulchen rotbraun, Konnektiv 5–8 mm lang, Pollinien braunviolett.

B Mitte April–Mitte Mai. Allogam, Schlafstättenblume.

U Subsp. *levantina*: Wuchs zierlicher, Vorderlippe kürzer und breiter, Hinterlippe nicht völlig im Perigonhelm verborgen.

W Wechselfeuchte Magerwiesen. 0–1100 m.

A Endemit von Libanon, Israel.

G Sehr selten. Gefährdet (Intensivweide).

H Liba., El Barouk, 18.4.04, HB; Liba., El Barouk, 18.4.04, HB.

Serapias levantina subsp. feldwegiana
Feldwegs Zungenstendel

S *S. feldwegiana.*

M Geophyt mit 2 runden Knollen, 12–40 cm hoch. Stängel aufrecht, oft grazil, unten grün, oben ± rotbraun überlaufen. 4–9 Laubblätter (7–15 × 0,8–2 cm), grün, rinnig gefaltet, meist aufrecht, obere tragblattartig, stängelumhüllend, rotbraun überlaufen, Blütenstand gerade erreichend. Blütenstand anfangs schopfig, in der Hochblüte leicht gestreckt, 5–14 cm lang mit 3–10 großen Blüten. Tragblätter (30–65 × 12–18 mm), eilanzettlich, braunrot streifig genervt, untere den leicht schräg aufwärts gerichteten Perigonhelm überragend. Sepalen (20–27 × 6–8 mm) eilanzettlich, wie Tragblätter außen silbergrau, violett getönt, dunkelpurpurn streifennervig; Petalen (18–23 × 6,5–8,5 mm) aus kreisförmiger dunkler Basis fadenartig ausgezogen. Lippe zweigliedrig, 28–36 mm lang, rostrot; Hinterlippe (10–13 × 17–22 mm) nierenförmig mit deutlich abgeschrägten Schultern, Seitenlappen aufrecht, leicht nach vorne gezogen, nur wenig aus Perigonhelm heraustretend, dunkelrotbraun. Labellnagel kurz, stumpf mit 2 schwarzpurpurnen, ± divergierenden Basalschwielen. Vorderlippe (18–25 × 8–14 mm) eilanzettlich, abwärts gerichtet bis zurückgebogen, deutlich weißlich bis rotbraun behaart. Fruchtknoten grün, Säulchen rotbraun, Konnektiv 2,5–5 mm lang mit relativ breiter Spitze, Pollinien braunviolett.

B Mitte Mai–Mitt Juni. Allogam, Schlafstättenblume.

U *S. vomeracea*: Lippe verhältnismäßig schmal, Hinterlippe stärker abgeschrägt, Petalen schmaler, Sepalen länger; subsp. *levantina*: oberstes Stängelblatt kürzer, Blütenstand länger, wenigblütiger, Sepalen, Petalen schmaler.

W Ödland, Magerwiesen. 0–1000 m.

A Östl. Schwarzmeerraum, Krim bis Kartli (Georgien) und N-Türkei.

G Regional gefährdet (Intensivweide).

H N-Tür., Giresun, 18.5.89, HB; Geo., Zestaponi, 29.5.04, RL.

Serapias lingua subsp. lingua
Echter Zungenstendel

S *S. excavata.*

M Geophyt mit 3 (4) runden Knollen, neue langgestielt, 10–40 cm hoch, zierlich, gesellig, gruppenweise meist gleich aussehend. Stängel hellgrün, oben rötlich. 4–9 Laubblätter (4–19 × 0,6–1,5 cm), bläulich grün, lanzettlich spitz, untere abstehend, folgende meist aufgerichtet, oberste tragblattartig. Blütenstand anfangs gedrängt, später gestreckt, 3–10 cm lang mit 2–7 mittelgroßen, 25–35 mm langen Blüten, hell- bis dunkelrotviolett. Tragblätter (25–37 × 9–14 mm) grauviolett, rötlich streifennervig, Perigonhelm nicht überragend. Dieser (17–22 × 4–6 mm) ± leicht aufwärts gerichtet, braunrot genervt, hellgrau- bis purpurviolett, seltener weißlich. Sepalen (15–24 × 4–6,5 mm) eilanzettlich spitz. Petalen (13–20 × 1,5–4 mm) mit sehr schmaler, sich tropfenförmig verjüngender Basis und fadenartiger Spitze. Lippe 15–35 mm lang, streifennervig, kaum bis schwach behaart; Hinterlippe (7–14 × 11–19 mm), Schultern kaum abgeschrägt, Seitenlappen dunkel purpurrot, in der Mitte hell, aufrecht, kaum nach vorne gezogen, wenig aus Perigonhelm hervortretend. Labellnagel keilförmig, kurz, Basalschwiele schwarzpurpurn, ungeteilt, länglich geigenförmig, selten leicht gefurcht. Vorderlippe (9–22 × 5–10 mm) ei- bis breitlanzettlich, vorwärts bis leicht abwärts gerichtet, rötlich, hellrosa, gelblich oder weißlich. Fruchtknoten (9–19 × 2–3,5 mm) hellgrün, Säulchen schmal, gelb, Konnektiv 3–5,5 mm lang, spitz, Pollinien gelb.

B April–Mai. Allogam (*Ceratina cucurbitina*, Tagbesucher), niedriger Fruchtansatz; vegetative Vermehrung (Stolonen).

U *S. olbia*: Schwiele geteilt, Lippe behaart.

W, Ödland, Phrygana, Garigue, zahlreich in ± feuchten Magerwiesen. 0–1500 m.

A Iberien, S-Frankreich, Italien, Dalmatien, Griechenland/Kreta, N-Afrika, Tunesien?

G Regional gefährdet (N-Afrika, Istrien).

H Kreta, Melambes, 3.5.97, HB; Siz., Lascari, 27.4.01, RL.

Serapias lingua var. stenopetala
Schmalkronblättriger Zungenstendel

S *S. stenopetala*.

M. Unterscheidet sich von subsp. *lingua* durch gänzlich gelbgrüne Blüten. Blütenstand 2–5-blütig, Tragblätter eilanzettlich, gelbgrün, grün genervt, kürzer als Perigonhelm. Sepalen lanzettlich spitz, gelbgrün. Petalen (16–17 × 1–3 mm) grüngelb, aus schmaler, tropfenförmiger Basis in eine feine Spitze ausgezogen. Lippe zweigliedrig, Hinterlippe abgerundet, Seitenlappen aufrecht, nur leicht aus Perigonhelm hervortretend. Basalschwiele gelbgrün, ungeteilt, der Länge nach deutlich gefurcht. Vorderlippe oval lanzettlich, zugespitzt, ± nach vorne gerichtet, am Rande ± wellig. Fruchtknoten grün, subzylindrisch, sitzend.

B Ende April–Mitte Mai.

W Lichte Korkeichenwälder, feuchte Wiesen. 0–100 m.

A Endemit NO-Algeriens (Numidien).

G Sehr selten. Stark gefährdet.

H NO-Alg., Mellah, 20.4.03, EV.

Serapias lingua subsp. tunetana
Tunesischer Zungenstendel

M Unterscheidet sich von subsp. *lingua* durch dunkel gefärbte Lippe, kaum verengten Übergang zwischen Hinter-/Vorderlippe und einheitlich trübrot bis kastanienbraune, schmallanzettliche Vorderlippe (11–18 × 4–7 mm). Blütenstand 3–8,5 cm lang, armblütig mit 1–4 Blüten. Tragblätter (25–35 × 7–12 mm) bräunlich olivgrün, den gleich gefärbten Perigonhelm nicht überragend. Petalen dunkelpurpurn, sich aus 2–3,5 mm breiter Basis tropfenförmig verjüngend. Hinterlippe (8–11 × 11–17 mm) dunkel violettrot, Mitte nicht bis kaum aufgehellt, Basalschwiele schwarzpurpurn, schwach geteilt.

B April–Mitte Mai. Allogam, vegetative Vermehrung (Stolonen).

U *S. strictiflora*: Lippe heller gefärbt, Petalen breiter, Schwiele deutlich geteilt.

W, Ödland, Garrigue. 0–100 m.

A Endemit Tunesiens.

G Sehr selten, stark gefährdet.

H Tun., Tunis, 4.4.96, HB.

Serapias lorenziana
Lorenz-Zungenstendel

S *S. cordigera* var. *mauritanica*.
M Geophyt mit 2 runden Knollen, 10–25 (55) cm hoch, aufrecht. Stängel grün, unten rot gestrichelt, oben ± rötlich überlaufen. 4–8 Laubblätter (4–11 × 0,7–1,5 cm) lanzettlich, hellgrün, rinnig, untere aufgerichtet bis überhängend, obere tragblattartig, stängelumhüllend, den Beginn der Infloreszenz nicht ganz erreichend. Blütenstand 3,5–6 cm lang, wenigblütig mit 2–5 großen Blüten. Tragblätter (25–40 × 10–15 mm) silbriggrau, rotviolett getönt, rot streifennervig, eilanzettlich, länger als Perigonhelm; dieser zugespitzt, waagrecht bis leicht aufwärts gerichtet, hell aschgrau, rosaviolett getönt, genervt; Sepalen (20–30 × 5,5–9,5 mm) innen rotbraun, seitliche eilanzettlich, spitz; Petalen (17–27 × 5–9 mm) dunkelpurpurn mit breiter, ± kreisrunder Basis, Spitze fadenartig ausgezogen. Lippe groß, 25–40 mm lang, zweigliedrig, dunkel rotbraun purpurn, Hinter-/Vorderlippe ausgebreitet kaum überlappend; Hinterlippe (10–18 × 15–25 mm), Schultern meist abgeschrägt, Seitenlappen aufwärts gebogen, meist weit nach vorne ausgezogen, deutlich aus Perigonhelm herausragend. Labellnagel kurz, Basalschwielen geteilt, divergierend, schwarzpurpurn, glänzend. Vorderlippe (19–32 × 12–23 mm) breit eilanzettlich, abwärts gerichtet, oft zurückgeschlagen, meist mit zentralem, längsgerichtetem ± deutlichem Rücken, ab Basis bis zur Mitte abnehmend dicht behaart. Fruchtknoten grün, Säulchen dunkelpurpurn, Anthere gelblich, Konnektiv 3–8 mm lang, spitz, Pollinien trüb gelbrötlich.
B Ende März–Ende April. Allogam, Schlafstättenblume.
U *S. cordigera*: Pflanze kräftiger, höher, Vorderlippe herzförmig, breiter, ausgebreitet mit Hinterlippe deutlich überlappend.
W Ödland, Magerwiesen. 0–700 m.
A Endemit von W-Marokko.
G Vom Aussterben bedroht.
H Mar., Mohammedia, 8.4.89, HB; Mar., Mohammedia, 8.4.89, HB.

Serapias neglecta subsp. neglecta
Verkannter Zungenstendel

S *S. cordigera* subsp. *neglecta.*
M Geophyt mit 2 runden Knollen, (10) 15–30 cm hoch, kräftig, gesellig. Stängel grün, ungefleckt, oben rötlich. 4–8 Laubblätter (5–14 × 0,7–1,5 cm), bläulich grün, gefaltet, untere stark gebogen, obere tragblattartig, stängelumhüllend. Blütenstand (5–11 × 3–5,5 cm) breit, dicht mit 4–9 großen Blüten. Tragblätter (25–55 × 10–18 mm) grünlich grau, violett überlaufen, streifennervig, eilanzettlich, meist kürzer als Perigonhelm; dieser kurz, breit, waagrecht bis leicht aufwärts gerichtet, silbriggrau, genervt; Sepalen (20–30 × 5–9 mm) eilanzettlich spitz; Petalen (18–25 × 5–9 mm) mit breiter, ± runder, dunkelbrauner Basis, Spitze fadenartig, hell. Lippe groß, 30–50 mm lang, zweigliedrig, kaum bis nicht geknickt, Hinter-/Vorderlippe ausgebreitet deutlich überlappend, streifennervig; Hinterlippe (11–18 × 21–27 mm) rotbraun mit geraden bis leicht abgerundeten Schultern, Seitenlappen aufwärts gebogen, weit aus Perigonhelm herausragend. Labellnagel kurz, Basalschwielen geteilt, divergierend. Vorderlippe (20–30 × 12–23 mm) breit herzförmig, gelbbräunlich bis ockerfarben, bogig nach vorne bis leicht abwärts gestreckt, Rand apikal wellig aufgebogen, vom Grunde zur Mitte dicht weißlich behaart. Fruchtknoten grün, Säulchen gelbrötlich, Konnektiv 3–7 mm lang, spitz, Pollinien oliv.
B April–Mitte Mai. Allogam, Schlafstättenblume für Bienen, Rosenkäfer (*Oxythyrea*).
U *S. cordigera*: Lippe dunkler, später blühend; *S. orientalis*: Hinter-/Vorderlippe nicht überlappend, nicht im Gebiet.
W Wechselfeuchte Magerwiesen, Garrigue, extensive Oliven-, Haselnusskulturen. 0–300 (600) m.
A SO-Frankreich bis NW-Italien, Korsika.
G Gefährdet, Regional stark gefährdet (nördlich des Apennin im Piemont, Emilia).
H NW-Ita., S. Giulia, 1.5.04, RL; Val Cicana, 12.5.98, RL.

Serapias neglecta subsp. ionica
Ionischer Zungenstendel

S *S. ionica.*

M Geophyt mit 2 runden Knollen, (4) 7–18 (25) cm hoch. Stängel grün, oben gel. rot überlaufen. 4–8 Laubblätter (5–12,5 × 0,7–1,5 cm), bläulich grün, gefaltet, untere abstehend, gebogen, obere tragblattartig, rotbraun überlaufen. Blütenstand (3,5–11 × 3–6 cm) büschelig, dicht, 2–9 rotbraune bis ockerfarbene, mittelgroße Blüten. Tragblätter (25–45 × 9–18 mm) rotviolett, silbrig überlaufen, streifennervig, eilanzettlich, Perigonhelm nicht überragend; dieser kurz, waagrecht bis leicht aufwärts gerichtet, rotbraun, silbrig überlaufen, genervt; Sepalen (20–30 × 5–8 mm) eilanzettlich spitz; Petalen (18–25 × 5–9 mm) mit breiter ± runder, dunkler Basis und fadenartig ausgezogener heller Spitze. Lippe groß, 30–45 mm lang, zweigliedrig, kaum geknickt, Hinter-/Vorderlippe ausgebreitet leicht überlappend; Hinterlippe (8–17 × 17–23 mm), Schultern gerade bis leicht abgerundet, purpurn, Mitte oft aufgehellt, Seitenlappen aufwärts gebogen, weit aus Perigonhelm herausragend. Labellnagel keilförmig, kräftig, kurz, Basalschwielen geteilt, divergierend, purpurn bis gelb. Vorderlippe (16–30 × 10–20 mm) breit herzförmig, rötlich, bogig nach vorne bis leicht abwärts gestreckt, Rand apikal wellig aufgebogen. Behaarung weißlich, dicht am Übergang Hinter-/Vorderlippe. Fruchtknoten grün, Säulchen schmal, Konnektiv 2–8 mm lang, spitz ausgezogen, Pollinien grauoliv.

B April. Allogam, Schlafstättenblume.

U *S. orientalis*: Pflanzen höher, Vorderlippe schlanker, nicht mit Hinterlippe überlappend.

W Ödland, Phrygana, Garrigue, Magerrasen. 0–400 m.

A Endemit der Ionischen und S-Dalmatinischen Inseln (Zakynthos, Kefallinia, Brač, Hvar, Korčula).

G Gefährdet wegen Seltenheit.

H NW-Gri., Zakynthos, Agades, 24.3.91, HB; Kefallonia, Havriata, 23.4.03, RL.

Serapias neglecta subsp. istriaca
Istrischer Zungenstendel

S *S. istriaca, S. vomeracea* subsp. *istriaca*.

M Geophyt mit 2 runden Knollen, 17–30 cm hoch, Stängel grün, nach oben braunrot überlaufen. 4–8 Laubblätter (7–12 × 0,7–1,5 cm), grün, gefaltet, untere abstehend, gebogen, obere tragblattartig, braunrot überlaufen. Blütenstand (6,5–11 × 3–5,5 cm) anfangs schopfig, später locker mit 2–6 rotbraunen, mittelgroßen Blüten. Tragblätter (25–4 0 × 10–20 mm) rotviolett, silbrig überlaufen, basal grünlich, streifennervig, eilanzettlich, ± gleich lang wie Perigonhelm; dieser ± aufwärts gerichtet, rotviolett silbrig, genervt. Sepalen (17–25 × 5–9 mm) eilanzettlich spitz; Petalen (15–20 × 5–8 mm) mit runder, dunkler Basis, Spitze hell, fadenartig ausgezogen. Lippe mittelgroß, (23) 25–30 (45) mm lang, zweigliedrig, Hinter-/Vorderlippe ausgebreitet nur leicht überlappend, streifennervig; Hinterlippe (9–13 × 16–20 mm) mit leicht abgerundeten Schultern, purpurn, Seitenlappen aufwärts gebogen, leicht aus Perigonhelm herausragend. Labellnagel keilförmig, kräftig, kurz, Basalschwielen geteilt, divergierend, purpurn. Vorderlippe (15–30 × 9–14 mm) herzförmig bis eilanzettlich, rotbraun, nach vorne bis deutlich abwärts gestreckt, Rand apikal wellig aufgebogen. Behaarung bes. am Übergang Hinter-/Vorderlippe dicht, weißlich purpurn. Fruchtknoten grün, Säulchen schmal, Konnektiv 2–8 mm lang, spitz ausgezogen, Pollinien gelbgrün bis oliv.

B Mai–Anfang Juni. Allogam, Schlafstättenblume.

U Subsp. *ionica*: Wuchs niedriger, Blüten in allen Teilen etwas größer. *S. vomeracea*: Habitus kräftiger, höher, Blütenstand gestreckter; Vorderlippe schlanker, Übergang zur Hinterlippe schmaler, nicht überlappend.

W Xerotherme Rasen, Ödland, Phrygana. 0–100 m.

A Endemit N-Dalmatiens (Istrien, Lošinj).

G Stark gefährdet (Tourismus)

H Istrien, Pula, 6.5.03, HB; Istrien, Pula, 9.5.03, RL.

Serapias nurrica
Nurra-Zungenstendel

M Geophyt mit 2 (3) runden Knollen, die neugebildete leicht gestielt, 15–35 cm hoch, robust. Stängel grün, oben rotbraun. 4–9 Laubblätter (4–15 × 0,6–1,1 cm) lineallanzettlich, gefaltet, gekielt, abstehend bis aufrecht, grün, Scheide rotviolett gesprenkelt; obere tragblattartig, stängelumhüllend. Blütenstand (3,5–7 × 2–4 cm) schopfig mit 3–9 mittelgroßen Blüten, mit fortschreitender Anthese gestreckt. Tragblätter (28–40 × 9–15 mm) silbergrau, dunkelpurpurn streifennervig, oval lanzettlich, bauchig, meist kürzer als Perigonhelm. Dieser steil aufwärts gerichtet, blass, braunrot genervt; Sepalen (19–29 × 5–9 mm) eilanzettlich spitz. Petalen (17–25 × 5,5–8 mm) breit, aus dunkelpurpurner eiförmiger Basis zu grob fadenartiger Spitze verjüngt. Lippe zweigliedrig, 23–35 mm lang, rötlich braun, selten grünweißlich, streifennervig; Hinterlippe (10–13 × 14–19 mm), Schultern leicht hochgezogen, meist gerade bis kaum abgeschrägt, Seitenlappen aufrecht, vom Perigonhelm nahezu gänzlich umhüllt. Labellnagel sehr kurz, Basalschwielen dunkelrot, geteilt, divergierend. Vorderlippe (13–20 × 7–11 mm) eilanzettlich, gewellt, meist nur leicht, teils steil abwärts gerichtet, Rand unregelmäßig gekerbt, auffallend blass weißlich aufgebogen, am Grunde behaart und seitlich eingerissen. Fruchtknoten (10–20 × 2,5–4,5 mm) grün, Säulchen rotviolett, Konnektiv kräftig, 3,5–7 mm lang, spitz ausgezogen, Pollinien gelbgrün.

B April–Mai; (fakultativ?) autogam, selten kleistogam, Fruchtansatz sehr hoch (> 80 %).

U *S. vomeracea*: Pflanzen höher, Blütenstand gestreckt, Tragblätter länger, Vorderlippe einfarbig, flacher, glattrandig.

W *Cistus*-Garrigue, Magerwiesen auf Silikat. 0–500 (Sizilien 1000) m.

A Korsika, Sardinien, N-Sizilien, S-Kalabrien, Balearen?.

G Selten, im gesamten Areal gefährdet.

H Sard., Portoscuso, 28.4.94, HB; Siz., Dinnamare, 25.5.92, RL.

Serapias olbia
Südfranzösischer Zungenstendel

S *S. cordigera* subsp. *olbia*, *S. gregaria*.

M. Geophyt mit 3 (4) runden Knollen, neugebildete langgestielt, 10–30 cm hoch, meist gruppenweise gleich aussehend. Stängel hellgrün, bisweilen am Grunde purpurn gestrichelt, oben ± rotbraun überlaufen. 5–7 Laubblätter (4–10 × 0,7–1,1 cm) dunkelgrün, lineallanzettlich, untere abstehend, gebogen, obere dem Stängel anliegend. Blütenstand kurz, gedrängt, 2–4 (5)-blütig. Tragblätter (20–40 × 7–13 mm) eilanzettlich, zugespitzt, aschgrau, braunrot bogennervig, kürzer als Perigonhelm. Dieser bereits am Grunde breit, außen aschgrau, dunkelpurpurn streifennervig; Sepalen (19–25 × 4,5–7,5 mm) asymmetrisch lanzettlich, unten bauchig, spitz, innen dunkelbraunrot. Petalen (16–21 × 4,5–7 mm) aus kreisrunder, dunkelrotbrauner Basis unter Aufhellung in feine Spitze ausgezogen. Lippe 23–33 mm lang, streifennervig; Hinterlippe (11–15 × 15–20 mm), Schultern gerade oder abgerundet, Seitenlappen schwarzpurpurn, aufrecht, etwas aus Perigonhelm hervortretend. Labellnagel keilförmig, Basalschwielen geteilt, engstehend, schwärzlich glänzend. Vorderlippe (13–20 × 7–11 mm) aus leicht verschmälertem Grunde eilanzettlich bis herzförmig, zugespitzt, abwärts gerichtet bis stark zurückgeschlagen, bis zur Spitze behaart. Fruchtknoten grün, Säulchen purpurn überlaufen; Konnektiv 3–6 mm lang, Pollinien grüngelb.

V Var. *gregaria*: Pflanzen graziler, Blütenstand lockerer, Blüten kleiner, heller, Vorderlippe weniger behaart (Provence, Fra.).

B April–Mai. Auch vegetative Vermehrung.

U *S. lingua*: ungeteilte Schwiele; *S. vomeracea*: Tragblätter und Vorderlippe länger.

W Dünentälchen, feuchte Wiesen. Silikat. 0–200 m.

A SO-Provence, N-Korsika, endemisch.

G Stark gefährdet durch Siedlungsbau.

H S-Fra., Vidauban, 4.5.91, HB; Vidauban, 4.5.91, HB.

Serapias orientalis subsp. orientalis
Orientalischer Zungenstendel

S *S. vomeracea* subsp. *orientalis.*
M Geophyt mit 2 runden Knollen, (6) 10–25 (30) cm hoch, robust. Stängel grün bis gelbgrün, unten oft purpurn gestreift, oben ± rotbräunlich. 4–6 Laubblätter (7–11 × 1–2 cm) breit lanzettlich, grün, aufrecht, untere oft zurückgebogen, oberste tragblattartig, stängelumhüllend, rotbräunlich, den Grund des Blütenstandes meist überragend. Blütenstand kurz, 4–10 cm lang, gedrängt mit 3–6 großen Blüten. Tragblätter (35–52 × 18–25 mm) eilanzettlich, bauchig, meist kürzer als Perigonhelm, wie dieser aschgrauviolett, gel. grünlich, braunrot genervt; Helm waagrecht bis leicht aufwärts gerichtet; Sepalen (20–30 × 6,5–9 mm) eilanzettlich, spitz; Petalen (19–25 × 6,5–9 mm) dunkelpurpurn mit breiter, ± runder Basis, Spitze fadenartig ausgezogen. Lippe groß, 28–40 mm lang, zweigliedrig, ockerfarben bis purpurn, vom Grunde bis Mitte Vorderlippe dicht und lang behaart, Hinter-/Vorderlippe ausgebreitet nicht überlappend; Hinterlippe (13–18 × 20–28 mm) mit leicht abgeschrägten Schultern, Seitenlappen dunkel purpurn, aufgerichtet, aus Perigonhelm herausragend. Basalschwielen geteilt, divergierend, gelbrötlich. Vorderlippe (14–30 × 10–13 mm) breitlanzettlich bis herzförmig, herabhängend bis leicht zurückgeschlagen, dunkelpurpurn bis ockerfarben, Rand oft gewellt. Fruchtknoten grün, Säulchen rötlich purpurn, Konnektiv 4–6 mm lang, spitz, Pollinien grünlich.
B Ende März–April. Allogam, Schlafstättenblume.
U *S. vomeracea*: Pflanzen höher, Blütenstand gestreckt, Tragblätter länger und schmaler, Lippe schlanker, Petalen etwas schmaler.
W Feuchte Magerwiesen, Phrygana, Ödland auf basischem Untergrund. 0–800 m.
A Endemit von Kreta, Karpathos.
G Zerstreut, lokal gefährdet (Siedlungsbau).
H Kreta, Amoudara, 23.4.97, HB; Kreta, Amoudara, 23.4.97, HB.

Serapias orientalis subsp. apulica
Apulischer Zungenstendel

S *S. apulica*.

M Geophyt mit 2 runden Knollen, 13–30 cm hoch, robust, Stängel grün, oben ± rotbräunlich. 5–8 Laubblätter (6–13 × 0,7–1,8 mm) breit lanzettlich, hellgrün, aufrecht, untere oft zurückgebogen, an der Scheide oft rot gestrichelt, oberste tragblattartig, stängelumhüllend, rotbräunlich, Beginn Blütenstand deutlich überragend. Blütenstand anfangs gedrängt, ausladend, später gestreckt, 5–7,5 (9,5) cm lang, mit 2–6 (7) großen Blüten. Tragblätter (35–55 × 13–23 mm) eilanzettlich, bauchig, Perigonhelm überragend, wie dieser hellviolett, braunrot genervt; Helm aufwärts gerichtet; Sepalen (25–35 × 8–11 mm) eilanzettlich, spitz; Petalen (22–30 × 7,5–11 mm) dunkelpurpurn mit breiter, ± runder Basis, Spitze fadenartig ausgezogen. Lippe groß, 32–45 (52) mm lang, zweigliedrig, dunkelpurpurn, bisweilen heller, bis über Mitte Vorderlippe dicht mit weißroten Haaren besetzt, Hinter-/Vorderlippe ausgebreitet nicht überlappend; Hinterlippe breit nierenförmig (12–17 × 20–28 mm), Schultern kaum abgeschrägt, Seitenlappen dunkelpurpurn, aufgerichtet, wenig aus Perigonhelm herausragend. Basalschwielen geteilt, divergierend, gelbrötlich. Vorderlippe (18–32 × 11–17 mm) herzförmig, spitz, zurückgeschlagen, dunkelbraunpurpurn bis violett. Fruchtknoten grün, Säulchen purpurn, Konnektiv 4–6 mm lang, spitz, Pollinien grünlich.

B Ende März–April. Allogam, Schlafstättenblume.

U Subsp. *orientalis*: Pflanzen niedriger, Blütenstand kürzer, Blüten kleiner, heller, Lippe kürzer und schmaler; subsp. *moreana*: Pflanzen höher, Vorderlippe, Perigon länger.

W Phrygana, Garrigue, Ödland, Magerwiesen, auf basischem Untergrund. 0–500 m.

A Endemit von Apulien (SO-Italien).

G Lokal gefährdet (Siedlungsbau, Intensivierung Landwirtschaft).

H S-Ita., Gargano, Siponto, 15.4.92, HB; S-Ita., Gargano, Siponto, 15.4.92, HB.

Serapias orientalis subsp. carica
Karischer Zungenstendel

S *S. carica.*

M Geophyt mit 2 runden Knollen, 10–35 cm hoch, aufrecht. Stängel hellgrün, oben ± rotbraun. 4–8 Laubblätter (6–17 × 0,8–1,8 cm) lanzettlich, grün, aufrecht, untere oft zurückgebogen, oberste tragblattartig, stängelumhüllend, rotbräunlich, den Beginn des Blütenstandes deutlich überragend. Blütenstand kurz, 3–12 cm lang, gedrängt mit 3–7 großen Blüten. Tragblätter (30–50 × 10–20 mm) breit eilanzettlich, kürzer als Perigonhelm, wie dieser braunrot genervt, dazwischen silbergrau bis violett getönt; Helm waagrecht bis leicht aufwärts gerichtet; Sepalen (22–30 × 6–8 mm), eilanzettlich, spitz; Petalen (19–25 × 6–7,5 mm) dunkelpurpurn mit breiter, ± runder Basis, Spitze fadenartig ausgezogen. Lippe groß, 28–40 mm lang, zweigliedrig, intensiv rotbraun bis purpurn, vom Grunde bis Mitte Vorderlippe dicht hellbraunrot behaart, Hinter-/Vorderlippe ausgebreitet meist nicht überlappend; Hinterlippe (10–16 × 18–25 mm) nierenförmig, Schultern oft leicht abgeschrägt, dunkelrotbraun, Seitenlappen dunkelviolett, aufgerichtet, deutlich aus Perigonhelm herausragend. Basalschwielen geteilt, divergierend, rötlich. Vorderlippe (17–26 × 10–15 mm) breitlanzettlich bis herzförmig, meist zurückgeschlagen, dunkelpurpurn bis violettrot. Fruchtknoten grün, Säulchen rötlich purpurn, Konnektiv 4–6 mm lang, spitz, Pollinien grünlich.

B Ende März–Ende April. Allogam, Schlafstättenblume.

U Subsp. *orientalis*: Blüten heller, Petalen breiter, Vorderlippe schmaler; *S. levantina*: Pflanzen schlanker, höher, Hinterlippe schmaler, Schulter abgeschrägt, Vorderlippe schmaler.

W *Cistus*-Garrigue, Magerwiesen, Odland. 0–400 m.

A O-ägäische Inseln, SW-Türkei.

G Zerstreut, gelegentlich zahlreich, kaum gefährdet.

H Ägäis, Rhodos, Mesangros, 7.4.95, HB; Kos, Kefalos, 10.4.95, HB.

Serapias orientalis subsp. moreana
Peloponnesischer Zungenstendel

M Geophyt mit 2 runden Knollen, (15) 21–40 (53) cm hoch, Stängel robust, grün, oben ± rotbräunlich. 3–7 Laubblätter (8–20 × 1–2 cm) breit lanzettlich, grün, aufrecht, untere oft zurückgebogen, selten an der Scheide braunrot überlaufen, oberste tragblattartig, stängelumhüllend, rotbräunlich, Beginn Blütenstand deutlich überragend. Blütenstand anfangs gedrängt, später lang gestreckt, 5–20 (29) cm lang, mit 3–8 großen Blüten. Tragblätter (30–70 × 18–29 mm) eilanzettlich, bauchig, Perigonhelm meist überragend, wie dieser hellviolett, braunrot genervt; Helm aufwärts gerichtet; Sepalen (30–38 × 7–10 mm) eilanzettlich, spitz; Petalen (24–32 × 8–11 mm) dunkelpurpurn mit breiter, ± runder Basis, Spitze fadenartig ausgezogen. Lippe groß, 40–55 mm lang, zweigliedrig, dunkelpurpurn, bis über Mitte der Vorderlippe dicht mit braunroten Haaren besetzt, Hinter-/Vorderlippe ausgebreitet nicht überlappend; Hinterlippe breit nierenförmig (11–17 × 22–28 mm), Schultern kaum abgeschrägt, Seitenlappen dunkel purpurn, aufgerichtet, wenig aus Perigonhelm herausragend. Basalschwielen geteilt, divergierend, gelbrötlich. Vorderlippe sehr lang (25–40 × 11–18 mm), eiförmig lanzettlich, spitz, zurückgeschlagen, dunkelbraunpurpurn. Fruchtknoten grün, Säulchen purpurn, Konnektiv 4–7 mm lang, spitz, Pollinien grünlich.

B April. Allogam, Schlafstättenblume.

U Subsp. *orientalis*: Pflanzen niedriger, Blütenstand kürzer, Blüten kleiner, heller. Lippe kürzer und schmaler; subsp. *apulica*: Pflanzen niedriger, Vorderlippe, Perigon kürzer.

W Phrygana, Garrigue, Ödland, Magerwiesen. Auf Schiefer, Kalk. 0–500 m.

A Ionische Inseln Kefallonia und Zakynthos, Peloponnes, Kythira.

G Lokal gefährdet (Siedlungsbau, Intensivierung der Landwirtschaft).

H SO-Pelo., Kithira, 1.4.99, HB; Kithira, 1.4.99, HB.

Serapias orientalis subsp. siciliensis
Sizilianischer Zungenstendel

S *S. orientalis* var. *siciliensis.*

M Geophyt mit 2 runden Knollen, 13–26 cm hoch, Stängel grün, untere Blattscheiden oft rotbraun gestreift, oben ± rotbräunlich überlaufen. 5–9 Laubblätter (6–12,5 × 0,7–1,3 cm), lanzettlich, grün, gefaltet, aufgerichtet bis überhängend, obere tragblattartig, meist ± braunrot überlaufen. Blütenstand (4–15 × 3–4,5 cm) dicht 3–9 blütig, büschelig, später gestreckt. Tragblätter (33–50 × 13–19 mm) silbriggrau, braunrot streifennervig, eilanzettlich, ± gleich lang wie Perigonhelm; dieser kurz, 9–11 mm breit, schräg aufwärts gerichtet, grauviolett, genervt; Sepalen (23–30 × 6–8,5 mm) innen rotbraun, eilanzettlich, spitz; Petalen (19–26 × 6–9,5 mm) dunkelpurpurn, Basis breit, ± rund, Spitze fadenartig. Lippe groß, 32–40 mm lang, zweigliedrig, hellbraunrot, seltener purpurn, Hinter-/Vorderlippe ausgebreitet meist nicht überlappend; Hinterlippe (10–12,5 × 20–25 mm) kurz, nierenförmig, Schultern meist hochgezogen, Seitenlappen purpurn, aufgerichtet, kaum aus Perigonhelm herausragend. Basalschwielen geteilt, leicht divergierend, gelb bis rotbraun. Vorderlippe (23–30 × 13–18 mm) breitlanzettlich bis herzförmig, schräg nach unten gestreckt bis zurückgeschlagen, dicht und lang, weißlich behaart, Mittelrücken ± ausgeprägt. Fruchtknoten grün, Säulchen rötlich purpurn, Konnektiv 4–7 mm lang, spitz, Pollinien grüngrau.

B Ende März–Mitte April. Allogam, Schlafstättenblume, Fruchtansatz niedrig.

U Subsp. *orientalis*: Hinterlippe länger, Vorderlippe kürzer, schmaler; subsp. *apulica*: Perigonblätter länger, etwas breiter, Hinterlippe breiter, Vorderlippe länger, aber schmaler.

W Lichte Korkeichenwälder, *Cistus*-Garrigue, Ampelodesmeten, auf kalkhaltigen, sandigen Böden, Gips. 0–300 (450) m.

A Endemit von Z-, S-Sizilien.

G Sehr selten, stark gefährdet.

H Siz., Niscemi, C. da Arcia, 6.4.01, RL; Siz., Niscemi, C. da Arcia, 6.4.01, RL.

Serapias parviflora
Kleinblütiger Zungenstendel

S *S. occultata.*

M Geophyt mit 2 runden Knollen, 10–40 cm hoch, robust. Stängel 3–5 mm dick, hellgrün, oben oft rotbraun, leicht hin- und hergebogen. 4–10 Laubblätter (6–22 × 0,5–1,3 cm), linealisch lanzettlich, grün, gefaltet, gekielt, abstehend bis überhängend, Blattscheiden oft rotviolett gesprenkelt; mittlere Blätter steil aufwärts gerichtet, den Blütenstand ± erreichend. Blütenstand anfangs gedrängt, später gestreckt (4–12 cm), lockerblütig mit 3–9 rotbraunen, sehr kleinen, eng am Stängel liegenden Blüten. Tragblätter (25–40 × 8–14 mm) silbergrau, breitlanzettlich, purpurn bogennervig, kürzer als Perigonhelm. Dieser (13–19 × 4–5 mm) schmal, schräg aufwärts gerichtet, braunrot genervt, silbriggrau überlaufen; Sepalen (12–18 × 2,5–4,5 mm) eilanzettlich spitz; Petalen (11–17 × 3–4,5 mm) aus schmaler tropfenförmiger, dunkler Basis sich allmählich zuspitzend. Lippe zweigliedrig, 12–20 mm lang, hellbraun bis rötlich braun, streifennervig, mittig behaart, Hinterlippe (5–10 × 9–12 mm) leicht abgeschrägt, Seitenlappen aufrecht, vom Perigonhelm umhüllt. Labellnagel kurz, Basalschwielen geteilt, divergierend. Vorderlippe (5–11 × 3–5,5 mm) kurz, keilförmig, stark zurückgeschlagen. Fruchtknoten (10–20 × 3–6 mm) hellgrün, bereits in der Knospe deutlich angeschwollen; Säulchen schmal, rotbraun, Konnektiv 3–4,5 mm lang, spitz ausgezogen, gelb; Pollinien gelb.

V *S. mascaensis*: allogam, Vorderlippe über dem Grunde verbreitert (Teneriffa).

B Ende März–Ende Mai. Autogam, vollständiger Fruchtansatz.

U *S. bergonii*: Vorderlippe breiter, länger. Basis der Petalen runder.

W Ödland, Phrygana, Garrigue. 0–1200 m.

A Kanarische Inseln, Iberien bis Griechenland, W-Türkei, Zypern, N-Afrika, Eng., Cornwall?

G Insgesamt nicht gefährdet.

H Siz., Pantelleria, 12.4.98, RL; Kanaren, La Palma, S. Isidoro, 4.6.96, HB.

Serapias patmia
Patmos-Zungenstendel

S *S. cordigera* subsp. *patmia*.
M Geophyt mit 2 runden Knollen, nur 5–15 (25) cm hoch, zierlich. Stängel aufrecht, unten grün, oberhalb oft bereits ab Blattrosette rotbraun überlaufen. 4–7 Laubblätter (2–10 × 0,5–1,3 mm) lanzettlich, gelblich grün, rinnig gebogen oder spiralig gedreht, oberste tragblattartig, rotbräunlich, den Beginn des Blütenstandes deutlich überragend. Blütenstand kurz, 2–4 cm lang, mit 2–7 kleinen Blüten. Tragblätter (18–30 × 8–14 mm) breit eilanzettlich, Perigonhelm nur wenig überragend, wie dieser silbergrau, leicht violett bis rotbraun getönt, braunrot genervt; Helm kurz, leicht aufwärts gerichtet; Sepalen (13–19 × 3,5–4,5 mm), eilanzettlich, spitz; Petalen (12–17 × 4–6 mm), Basis ± rund, dunkelpurpurn, Spitze heller, fadenartig ausgezogen. Lippe klein, 16–25 mm lang, zweigliedrig, intensiv rotbraun bis purpurn, vom Grunde bis Mitte Vorderlippe dicht braunrot behaart, Hinter-/Vorderlippe ausgebreitet nicht überlappend; Hinterlippe (6–12 × 10–17 mm) nierenförmig, am Grunde gelbgrünlich aufgehellt, Schultern öfters leicht abgeschrägt, dunkelrotbraun, Seitenlappen dunkelviolett, aufgerichtet, wenig aus Perigonhelm herausragend. Basalschwielen geteilt, ± divergierend, rötlich. Vorderlippe (9–16 × 5–9 mm) eiförmig keilartig zugespitzt, vorgestreckt bis herabhängend, selten zurückgeschlagen, rotbraun, gelegentlich aufgehellt. Fruchtknoten grün, Säulchen rötlich purpurn, Konnektiv 2–3,5 mm lang, spitz.
B Ende März–Mitte April. Allogam, Schlafstättenblume.
U *S. cycladum*: wenigblütig, Petalen breiter; *S. orientalis*: Pflanzen kräftiger, Blüten deutlich größer; *S. cordigera*: Hinter-/Vorderlippe deutlich überlappend.
W Ödland, Phrygana, Garrigue, Magerwiesen. 0–200 m.
A Endemit der O-Ägäis (Patmos, Leipsoi).
G Zzt. keine Gefährdung erkennbar.
H Ägäis, Patmos, Prof. Elias, 14.4.95, HB; Ägäis, Patmos, Prof. Elias, 14.4.95, HB.

Serapias perez-chiscanoi
Estremadura-Zungenstendel

S *S. viridis.*

M Geophyt mit 2 runden Knollen, die neugebildete leicht gestielt, 15–40 cm hoch. Stängel grün. 5–10 Laubblätter (7–14 × 0,8–1,9 cm) grün, gekielt, gebogen bis aufrecht; obere tragblattartig, stängelumhüllend. Blütenstand kurz, dicht, mit 3–13 grünweißlichen Blüten. Tragblätter (34–52 × 8–17 mm) oval lanzettlich, bogennervig, etwa gleich lang wie Perigonhelm, dieser schräg aufwärts gerichtet. Sepalen (20–26 × 5–7 mm) eilanzettlich spitz; Petalen (18–25 × 5–7 mm) breit, aus runder bis eiförmiger Basis zu grobfadenartiger Spitze verjüngt. Lippe zweigliedrig, grün genervt, an der Biegung weißlich behaart; Hinterlippe (7–10 × 12–19 mm) schwach bis deutlich braunrot, Schultern gerade bis leicht hochgezogen, vom Perigonhelm nahezu gänzlich umhüllt. Labellnagel kurz, Basalschwielen grünlich, geteilt, parallel bis divergierend. Vorderlippe (16–22 × 9–15 mm) eilanzettlich, gewellt, an seitlichem Rand aufgebogen, meist nach vorne, teils schräg abwärts gerichtet. Fruchtknoten 10–22 mm lang, hellgrün, Säule grün, gelegentlich mit 2–4 nebeneinanderstehenden Pollinarien, Pollinien weißlich, leicht zerfallend.

V Blüten, insbesondere Vorderlippe, Behaarung und Nervatur gelegentlich schwach rotbraun gefärbt.

B Blattaustrieb Ende Dezember, Blüte Ende März–Mitte Mai. Autogam, öfters auch kleistogam. Fruchtansatz sehr hoch. Vermehrt sich auch vegetativ.

U *S. nurrica*: Blüten hell- bis dunkelrotbraun gefärbt, Hinterlippe länger, Vorderlippe schmaler.

W Beweidete Kork- und Eichenwälder, wechselfeuchte Magerwiesen auf Silikat. 0–400 m.

A Spanien (Extremadura), Portugal (Alto Alentejo, Algarve?).

G Sehr selten. Stark gefährdet durch Intensivierung der Landnutzung.

H SW-Spa., Merida, 28.4.96, HB; SW-Spa., Merida, 28.4.96, HB.

Serapias strictiflora
Aufrechter Zungenstendel

S *S. gracilis, S. elsae, S. mauretanica S. nurrica* subsp. *argensii.*

M Knollengeophyt mit mit 2–3 runden, oft langgestielten Knollen. Pflanze schlank, 10–40 cm hoch, häufig gesellig. Stängel gerade, grün, oben rotbraun überlaufen. 4–8 Laubblätter (4–14 × 0,4–1 cm) lineallanzettlich, schwach rinnig, untere abstehend bis überhängend, mittlere aufrecht, obere steil aufgerichtet, tragblattartig, rotviolett überlaufen, untere Blüte ± erreichend. Blütenstand locker mit 2–5 dunkelrotbraunen Blüten. Tragblätter breitlanzettlich (20–30 × 6–10 mm), braunrot, violett angehaucht, dunkel längsgenervt, den Perigonhelm nicht überragend; dieser ± aufwärts gerichtet, silbriggrau mit rotbraunen Längsnerven. Sepalen (15–25 × 2,5–5 mm) zugespitzt; Petalen (10–20 × 2–4 mm) aus rundlicher, dunkelpurpurner Basis tropfenförmig zu langer, hellerer Spitze ausgezogen. Lippe klein, schmal (16–25 × 9–14 mm), zweigliedrig, besonders am Übergang Hinter-/Vorderlippe stark behaart, diese ausgebreitet nicht überlappend. Hinterlippe (6,5–9,5 × 9–12 mm) nierenförmig, Schultern kaum abgeschrägt, dunkel rotbraun, Seitenlappen dunkelviolett, aufgerichtet, wenig aus Perigonhelm herausragend. Basalschwielen geteilt, parallel bis leicht divergierend. Vorderlippe rotbraun (12–19 × 3–6 mm), unterhalb Basis wenig verbreitert, abwärts gerichtet, bisweilen deutlich zurückgeschlagen. Fruchtknoten grün, Säulchen rotbraun.

B Mitte März–April. Allogam, auch vegetative Vermehrung über Stolonen.

U Subsp. *bergonii*: Vorderlippe breiter, stark zurückgeschlagen.

W Wechselfeuchte Wiesen. 0–900 m.

A Portugal, Spanien, S-Frankreich, Korsika, Marokko, Algerien, Tunesien?

G Wegen Seltenheit gefährdet.

H Por., Algizur, 21.4.96, HB; Lissabon, 15.4.79, HB.

Serapias vomeracea
Pflugschar-Zungenstendel

S *S. pseudocordigera.*

M Geophyt mit 2 runden Knollen, 15–60 cm hoch, robust. Stängel grün, oben rotbraun. 5–10 Laubblätter (6–18 × 0,5–1,5 cm); untere rosettig, bläulich grün, gefaltet und gekielt, gebogen bis aufrecht, Scheide manchmal rotviolett gesprenkelt; obere tragblattartig, braunrot. Blütenstand anfangs schopfig, in der Hochblüte gestreckt, 5–25 cm lang mit 3–12 großen Blüten. Tragblätter (30–60 × 11–22 mm), eilanzettlich, schräg aufwärts gerichteten Perigonhelm deutlich überragend. Sepalen (17–32 × 6–8,5 mm) eilanzettlich, wie Tragblätter außen silbergrau, dunkelpurpurn streifennervig; Petalen (12–18 × 4,5–8,5 mm) aus kreisförmiger dunkler Basis fadenartig ausgezogen. Lippe zweigliedrig, 25–50 mm lang, rostrot bis hellgelbbraun; Hinterlippe (10–17 × 13–25 mm) mit abgeschrägten Schultern, Seitenlappen aufrecht, leicht nach vorne gezogen, vom Perigonhelm nahezu gänzlich umhüllt, schwarzpurpurn. Labellnagel keilförmig mit 2 purpurnen, ± divergierenden Basalschwielen. Vorderlippe (17–35 × 9–14 mm) eilanzettlich, abwärts gerichtet bis zurückgebogen, deutlich behaart. Fruchtknoten hellgrün, Säulchen rotbraun, Konnektiv 2,5–7 mm lang, spitz ausgezogen, Pollinien gelb.

V Subsp. *longipetala* (Langkronblättriger Zungenstendel): Vorderlippe schmaler, unter 9 mm breit (ital. Halbinsel von der Emilia bis Kalabrien, Griechenland).

B Ende März–Ende Mai. Allogam, Schlafstättenblume, mittelhoher Fruchtansatz.

U *S. bergonii*: Pflanze viel zierlicher, Blüten kleiner, Petalen, Vorderlippe schmaler.

W Ödland, Garrigue, Dissfluren, Magerwiesen, Straßenränder. 0–1450 m.

A Subsp. *vomeracea*: von NO-Spanien bis N-Italien (Ligurien, Südalpen), Korsika, Sizilien (fehlt auf Sardinien, in N-Afrika).

G Regional stark gefährdet (Südalpen).

H Siz., Scordia, 12.4.01, RL; N-Ita., Salò, 17.5.00, RL.

Spiranthes aestivalis
Sommer-Drehwurz

S *Ophrys aestivalis.*
M Speicherwurzelgeophyt mit 2–6 rübenförmigen Speicherwurzeln. Stängel 13–35 cm hoch mit 3–5 lineallanzettlichen, grünen Rosettenblättern (5–14 × 0,6–1,2 cm). Nach oben folgen 2–3 kleinere, dem Stängel dicht anliegende Laubblätter. Blütenstand 4–11 cm lang, korkenzieherartig gedreht mit 6–25 locker angeordneten Blüten. Blütenstand, Trag- und Perigonblätter auf der Außenseite stark behaart. Blüten klein, weißlich mit feinem Hyazinthenduft. Tragblätter (8–9 × 3–4 mm) etwas länger als der Fruchtknoten. Sepalen und Petalen bilden einen schwach geöffneten Helm, der zusammen mit der abwärts gerichteten Lippe eine Röhre bildet. Seitliche Sepalen (6,5–9,5 × 1,5–2 mm) eiförmig, Petalen (5–6,5 × 1,1–1,4 mm) kleiner. Lippe (6–7,5 × 3–4 mm) quer 2-teilig, nektarführend, am Rande gezähnelt, mit grünem Fleck. Pollinarien ungestielt, mit gemeinsamer, bootförmiger Klebscheibe. Pollinien gelblich, körnig. Kapseln (7–9 × 3,5–4 mm) ungestielt, dem Stängel anliegend. **V** *S. amoena*: rosarote Blüten (Sibirien, S-Ural, Kaukasus, O-Karpaten).
B Anfang Juli–Ende August; im Süden von Mitte Juni–Juli. Allogame, proterandrische, Art (Bienenblütigkeit: *Lasioglossum*) mit gutem Fruchtansatz. Bulbillen an Niederblättern führen zu Büschelbildung. Hybriden mit *Spiranthes spiralis*. 2n=30.
U *S. romanzoffiana*: dicht 3-spiralig; *S. spiralis*: Blätter eiförmig, dunkelgrün. Seitliche Sepalen schräg abstehend.
W Kalkniedermoorgesellschaften und Rieselfluren, in Quellmulden auf kalkreichen, nährstoffarmen Kalktuff- und Sumpfhumusböden, gern mit *Schoenus nigricans*. 0–1800 m.
A M- und S-Europa mit atlantisch-submediterraner Verbreitung. Nördlich bis Niederlande und S-England. Südlich bis Marokko und NW-Afrika.
G Im gesamten Areal: Entwässerung, Aufgabe der Mahd mit Verbuschung. FFH Anhang IV.
H S-Deu., Waldburg, 8.8.95, HB; S-Deu., Waldburg, 8.8.95, HB.

Spiranthes romanzoffiana
Romanzoffs Drehwurz

S *S. gemmipara, S. stricta.*
M Knollengeophhyt mit 3–4 rübenförmigen Speicherwurzeln. Pflanze niedrig, 10–30 cm (in Amerika bis 50 cm) hoch. Stängel unten kahl, oben drüsig, mit 4–9 hellgrünen, aufrecht stehenden Laubblättern. Untere Blätter lineallanzettlich (7–25 × 0,5–1,5 cm), zugespitzt. Nach oben werden die Blätter kürzer und tragblattähnlich. Blütenstand 3–9 cm lang, dicht mit 12–35 Blüten in 3-spiralig angeordneten Reihen besetzt. Blüten weißlich bis cremefarben, waagrecht abstehend, nach Vanille duftend. Tragblätter (10–20 × 3–5 mm) krautig, länger als der Fruchtknoten, zugespitzt und drüsig behaart. Perigonblätter und Lippe bilden eine Halbröhre. Sepalen (8–13 × 3–4 mm), lanzettlich, außen fein behaart, an der Spitze aufwärts gekrümmt. Lippe (8–11 × 5 mm) zungenförmig, in der Mitte verengt, an den Rändern aufgewölbt und gezähnelt, an der Spitze abwärts gebogen, am Grunde mit 2 buckelförmigen, sichtbaren Nektarien.
B Mitte Juli–August. Die allogame, proterandrische Art wird durch Wildbienen und verschiedene Hummel-Arten bestäubt. Vegetative Vermehrung durch Kallusknospenbildung. 2n= 30, 60.
U *S. aestivalis*: Blüten kleiner, in einer einfachen Spirale angeordnet.
W Moorige und sumpfige Wiesen an See- und Flussufern, die im Winter überflutet werden. 0–240 m, N-Amerika 2500 m.
A Transkontinentale Verbreitung mit wenigen Vorkommen auf der W-Seite der Britischen Inseln (Cornwall, Kerry, Clare, Galway, N-Irland, W-Schottland, Äußere und Innere Hebriden). Das Hauptverbreitungsgebiet liegt in N-Amerika.
G Die seltene Art ist durch Trockenlegung und intensive Beweidung stark gefährdet.
H N-Irl., Lough Neagh, 11.8.84, DR; N-Irl., Lough Neagh, 11.8.84, DR.

Spiranthes spiralis
Herbst-Drehwurz

S *Ophrys spiralis*, *S. autumnalis*.

M Knollengeophyt mit 2–4 rübenförmigen Speicherwurzeln. Blütentragender Stängel 10–22 cm hoch mit 3–5 behaarten, dicht anliegenden Laubblättern und seitlich sitzender Blattrosette, die zur Tochterknolle gehört. Rosettenblätter (1,8–3,5 × 1–1,6 cm) dunkelgrün glänzend, eiförmig, scheidig. Blütenstand 3–10 cm lang, weißfilzig behaart, mit 10–30 spiralig angeordneten, weißlichen, fein duftenden Blüten besetzt. Tragblätter (11–12 × 5–6 mm) länger als der Fruchtknoten und diesem anliegend, hell gesäumt. Seitliche Sepalen (6–7 × 1,5–2 mm) ausgebreitet, außen behaart. Mittleres Sepal und Petalen (5–6 × 1,2–1,5 mm) bilden mit der fast waagrechten Lippe für die Bestäuber eine Röhre. Lippe (5–6 × 3,5–4 mm) weißlich, quergeteilt, verkehrt eiförmig, an den Rändern wellig gekerbt, innen gelblich grün, am Ende mit Nektar. Kapseln (4–7 × 3–4 mm) länglich eiförmig, behaart, kurz gestielt.

B Ende Juli–Mitte Oktober, im Mittelmeergebiet je nach Regenzeit von September–November. Allogame Art (Bienenblütigkeit: Hummeln, *Lasioglossum*) mit hohem Fruchtansatz, der durch Duft und Nektar gefördert wird. Proterandrie verhindert geitonogame Bestäubung. Hybriden mit *Spiranthes aestivalis*. 2n = 30.

U *S. romanzoffiana*: Blütenstand; *S. aestivalis*: Blätter, Stellung der seitlichen Sepalen.

W In Mitteleuropa auf Magerweiden kalkarmer oder oberflächlich entkalkter Lehmböden, in Feuchtwiesen, auf Dünen. 0–1640 m. Im Mittelmeergebiet in lichten und schattigen Wäldern und bebuschten Garriguen. 0–800 m.

A Die submediterran-subatlantische Art ist in Europa weit verbreitet. Die S-Grenze verläuft durch N-Afrika, Kreta bis zum Libanon. Fehlt in N- und O-Europa.

G In M-Europa durch Verbuschung und Aufforstung, im Mittelmeergebiet durch Entfernen von Gehölzen.

H S-Deu., Neckartenzlingen, 9.9.92, HB; Siz., Caronie, 10.10.03, RL.

Steveniella satyrioides
Kappenwurz

S *Orchis satyroides*, *Himantoglossum satyrioides*, *S. caucasica*, nom. illeg.

M Geophyt mit 2 runden, ungeteilten Knollen von 15–60 cm Höhe. Stängel kahl, braunrot, am Grunde mit 1 Laubblatt und 2–3 scheidigen Stängelblättern. Grundblatt (6–20 × 2–6 cm), breit lanzettlich bis zungenförmig, stängelumfassend, dunkel olivgrün, rotbraun überlaufen oder entlang der Nerven gestreift, dem Boden aufliegend. Blütenstand in schmaler Traube, wenig ausladend, allseitswendig, bis 18 cm lang und ± locker mit 7–20 kleinen Blüten. Tragblätter (4–7 × 2–2,5 mm) lanzettlich, 1/2 bis höchstens so lang wie der gedrehte Fruchtknoten (8,2–9 × 2–3 mm). Perigonblätter verklebt, einen geschlossenen Helm bildend, außen schmutzig grünbraun, innen grünlich gelb. Sepalen (7,5–10 × 3,5–4,5 mm) schief eiförmig. Petalen (4–7 mm lang) linealisch, unsichtbar. Lippe (6–8 × 4,5–6,5 mm) oliv- bis gelblich grün, am Grunde 3-lappig und braunrot, abwärts gerichtet. Mittellappen (4–5 × 2,2–3 mm) zungenförmig, die Seitenlappen weit überragend. Seitenlappen (3,3–3,5 × 1,5–2,5 mm), ± 3-eckig. Sporn (3,8–4,5 × 2–3 mm) breit konisch, am Ende leicht 2-geteilt, nektarlos, 1/2 so lang wie der Fruchtknoten. Säulchen kurz, Theken parallel, Pollinarien hellgelb, gestielt, mit getrennten Klebscheiben und gemeinsamem Beutelchen.

B Anfang April–Anfang Juni. Allogamie (Beute-Imitation) mit durchschnittlichem Fruchtansatz (50 %) durch *Paravespula vulgaris* und *Dolichovespula sylvestris.*

U Unverwechselbare Merkmale.

W Halbschattige (Tieflagen) bis lichtreiche Wuchsorte (Hochlagen) mit guter Wasserversorgung. 0–2100 m.

A N-Türkei, Krim, Kaukasus, Talysch, N-Iran.

G Forstwirtschaft. In der N-Türkei durch Aufgabe der traditionellen Bewirtschaftung der Haselnusskulturen.

H S-Aserb., Talysch, Lerik, 15.4.00, HB; S-Aserb., Talysch, Lerik, 15.4.00, RL.

Traunsteinera globosa
Rosa Traunsteinera

S *Orchis globosa.*

M Geophyt mit 2 länglichen Knollen. Blühende Pflanzen 45–75 cm hoch, am Grunde ohne Blattrosette. Stängel ± gleichmäßig mit 5–8 umfassenden, steil aufgerichteten Blättern besetzt. Untere Blätter (13–21 × 1,5–4 cm) besonders auf der Unterseite bläulich grün, länglich lanzettlich, am Ende schuhlöffelförmig. Obere Stängelblätter kleiner, 1,5–5,5 cm lang. Blütenstand (2,5–5,5 × 2,5–5,5 cm), pyramidenförmig kugelig, später eiförmig zylindrisch, dicht- und vielblütig (25–100). Tragblätter (7–11 × 1,5–2,4 mm) lanzettlich, grün, ± so lang wie der Fruchtknoten. Blüten blass- bis purpurrosa, selten weiß, schwach duftend. Alle Perigonblätter auswärts gebogen, durch leicht keulenförmig verdickte Zipfel verlängert. Sepalen (5,5–9,5 × 2–3 mm) eiförmig, konkav, Zipfel 1,5–2,5 mm lang. Petalen (4,5–6,5 × 2,4–3,5 mm) schief eiförmig. Lippe (5,5–7,5 × 4–7 mm) breit keilförmig, 3-lappig, mit purpurnen Punkten. Mittellappen spitz lanzettlich, Seitenlappen keilförmig, zugespitzt. Sporn (2,8–3,7 × 0,5–1 mm) zylindrisch, abwärts, ± 1/3 so lang wie der gedrehte Fruchtknoten. Pollinarien gestielt, mit getrennten Klebscheiben, unten mit einem dünnen Häutchen. Pollinien hellgelb. Kapseln (5–9 × 3–5 mm) sitzend, elliptisch.

B Juni–Juli. Allogame Nektartäuschblume (oder Batesche Mimikry?) mit überdurchschnittlichem Fruchtansatz. $2n = 42$.

U *T. sphaerica*: Blüten größer, blassgelb.

W In subalpin-alpinen Kalksteinrasen, in montanen Kalkmagerwiesen auf frischen Böden. 250–2630 m.

A Die präalpide Art besitzt Vorkommen in den Pyrenäen, Alpen und Karpaten. Nach Süden bis zum Apennin, den Dinaren und dem Rila-Gebirge. Isoliert im N-Kaukasus.

G In Deutschland in den Mittelgebirgen stark, in den Alpen regional gefährdet.

H S-Fra., Col de l'Iseran 27.7.94, RL; S-Deu., Pfullingen, 2.7.87, HB.

Traunsteinera sphaerica
Gelbe Traunsteinera

S *Orchis sphaerica*, *T. globosa* subsp. *sphaerica*.
M Geophyt mit länglichen Knollen. Pflanze schlank, 25–65 cm hoch, gelblich grün, kahl, leicht hin- und hergebogen, im Erscheinungsbild ähnlich wie *T. globosa*. Stängel ohne grundständige Rosette, 4–5 Laubblätter am mittleren und oberen Teil verteilt. Untere Stängelblätter (5–13 × 0,6–2,5 cm) länglich lanzettlich, schräg aufwärts, bläulich grün. Obere Blätter kleiner, dem Stängel anliegend. Blütenstand (1,5–4,5 × 1,7–3,2 cm) eiförmig rund, dicht- und vielblütig (30–150). Blüten klein, cremefarben bis blassgelb. Tragblätter (11–14 × 3–4 mm) lanzettlich, grün, länger als der Fruchtknoten. Perigonblätter schwach helmförmig. Sepalen (9–12 × 2,5–3,5 mm) eiförmig lanzettlich, lang zugespitzt, am Ende keulig verdickt. Petalen (6–8 × 3–4 mm) schief eiförmig, kurz zugespitzt. Lippe (8–10 × 6–8 mm) im Umriss elliptisch, 3-lappig, ohne Punkte. Seitenlappen rhombisch, oft gezähnt, Mittellappen (4 × 2 mm) spitz 3-eckig, zu einer langen fadenförmigen Spitze (1,2–1,7 mm) ausgezogen. Sporn (3–4 × 1 mm) abwärts, ± 1/3 so lang wie der Fruchtknoten. Pollinarien gestielt, mit getrennten Klebscheiben, Pollinien gelblich.
V Selten auch zartrosa (Kleiner Kaukasus).
B Juni–Juli. Blütenbau zeigt wie bei *T. globosa* allogame Nektartäuschblume (oder Batesche Mimikry?) an.
U *T. globosa*: Blüten kleiner, purpurrosa.
W Frische Bergwiesen und lichte Wälder der hochmontanen und subalpinen Stufe. 1600–2600 m.
A Hauptverbreitung in den Kaukasusländern von Abchasien, Georgien, Armenien, Aserbaidschan und Dagestan. Reicht im Westen bis in die NO-Türkei (Pontus-Gebirge: Dogu Karadeniz und Giresun Dagliari).
G Intensive Beweidung (Schafe).
H Geo., Bakuriani, 19.6.96, RL; N-Tür., Giresun, 18.7.82, HB.

Erklärung der Fachausdrücke

alpin	Höhenstufe, zwischen Baumgrenze und Schneegrenze
allogam	fremdbestäubt
Andrena	Sandbienen
Anhängsel	kleine Spitze am vorderen Ende der *Ophrys*-Lippe
Anthere	Staubbeutel
apikal	an der Spitze eines Organs, spitzenwärts
apomiktisch	sich ungeschlechtlich fortpflanzend, Entwicklung der Samen aus unbefruchteten Eizellen oder anderen Zellen der Samenanlage
Art	taxonomische Grundrangstufe
autochthon	einheimisch, in einem Gebiet natürlich vorkommend
autogam	selbstbestäubend
Basalfeld	bei *Ophrys* umrandete farbige Fläche am Grunde der Lippe zwischen Mal und Narbe
Basalschwielen	bei *Ophrys* augenförmige Ausstülpungen an den seitlichen Narbenrändern, bei *Serapias* sich aus dem unteren Narbenrand auf Labellnagel erstreckende ungeteilte oder stegartig geteilte, ± divergierende Schwiele
Behaarung	aus unverzweigten, ± langen Härchen bestehend
Beutelchen	Bursicula, bei manchen Gattungen ein die Klebdrüse umhüllendes, diese vor Austrocknung schützendes Häutchen
Biotop	gemeinsames Habitat vieler Arten
Caudicula	klebrige Fortsätze der Pollinien bei Orchideen
Chromosomen	Gebilde im Zellkern, Träger der genetischen Information
collin	Höhenstufe, Hügelland zwischen Tiefebene und Gebirge
diploid	Pflanzen mit doppeltem Chromosomensatz
endemisch	Verbreitung auf ein bestimmtes Gebiet beschränkt
Eucera	Langhornbienen
Fruchtkapsel	stark verbreiterter Fruchtknoten im reifen Zustand
Fruchtknoten	verwachsener hinterer Teil der Fruchtblätter mit 3-zähliger Symmetrieachse
Fundort	realer, geographisch festgelegter, lokalisierter Wuchsort von Pflanzen
Gattung	höhere taxonomische Rangstufe
geitonogam	nachbarbestäubt, Pollenübertragung zwischen Blüten einer mehrblütigen Pflanze
Geophyt	im Boden mit verdickten Speicherorganen überwinternde, mehrjährige Pflanze
Habitus	Gestalt der Pflanze
Hinterlippe	Hypochil, hinterer Teil der Lippe
Hybriden	Kreuzungen (Bastarde) zwischen zwei Elternarten
Klebdrüse	Viscidium, scheiben- oder kugelförmiger Klebkörper an Pollinien
Knolle	verdickte, sproßbürtige Wurzel mit Speicherfunktion
Konnektiv	steriler Abschnitt zwischen zwei Staubbeutelhälften, oft zu einem verlängerten Fortsatz ausgezogen wie bei *Ophrys*, *Serapias*
Labellnagel	keilförmige Basis der Lippe von *Serapias*
Laubblätter	flächige, grüne Blätter
Lippe	meist besonders charakteristisch ausgeformtes, drittes inneres Kronblatt, dient als Landeplatz für Bestäuber
Mal	± vielgestaltige Zeichnung auf der Lippe

montan	Höhenstufe, Mittelgebirge und Bergstufe der Hochgebirge, oberhalb Hügelland bis Waldgrenze
Narbe	Griffel, 3-lappige nach vorn gerichtete Fläche des Säulchens zur Aufnahme des Pollens bei der Bestäubung
Papillen	kurze Zellausstülpungen
Perigonblätter	Perianth, Petalen und Sepalen ohne Lippe
Perigonhelm	helmartig, ± miteinander verklebte Sepalen und Petalen wie bei *Serapias*
Petalen	zwei innere Blütenhüll- (Kron-)blätter
Pollen	Blütenstaub, bei den meisten Orchideen durch klebrige Substanzen paketförmig zusammengehalten (Massulae, Tetraden, Pollinien)
Pollenschüssel	Klinandrium, ± schüsselförmiger Hohlraum am oberen Ende des Säulchens, in den die Anthere hineinragt
Pollinarium	Gesamtgebilde aus Pollinien, Pollenstielchen und Klebdrüse
Pollinien	zu zwei oder vier Gebilden verklebte Pollemmasse
polyploid	Pflanzen mit vervielfältigtem Chromosomensatz
Population	alle Individuen einer räumlich benachbarten Fortpflanzungsgemeinschaft
Pseudokopulation	Scheinpaarung, Verhalten männlicher Bestäuber auf Blüten der Gattung *Ophrys*
Resupination	Drehung des Fruchtknotens oder Blütenstiels um 180° oder 360°
Rhizom	horizontaler bis vertikaler, ausdauernder, speichernder Erdsproß
Rosette	über dem Boden am Grunde des Stängels rosettenartig zusammengedrängte Laubblätter
Rostellum	mittlerer, steriler Narbenlappen, an dessen oft ausgezogener Spitze die Klebdrüse sitzt
Säulchen	Gynostemium, für Orchideen charakteristisches Fortpflanzungsorgan aus miteinander verwachsenem Vorderteil der Fruchtblätter (Griffel und Narbe) und den Staubblättern
Scheidenblätter	schuppenartige Blätter am Grunde des Stängels ohne Blattspreite
Sepalen	drei äußere Blütenhüll-(Kelch-)blätter
Sippe	Verwandschaftsgruppe unabhängig von Rangstufe und Größe
s.l.	sensu lato = im weiten Sinn (Umfang). Gegenteil: s.st. = sensu stricto
Sporn	± zylindrischer, hinten geschlossener Anhang der Lippe, oft nektarhaltig
Staminodium	zurückgebildete, unfruchtbare Staubblätter, oft als seitlicher Teil des Säulchens sichtbar
Stolonen	unterirdische Sproßausläufer, aus deren Internodienknoten sich neue Blühtriebe entwickeln können (vegetative Vermehrung)
Standort	Habitat, Lebensraum der Pflanze, charaktersisiert durch abiotische (Klima, Boden, ...) und biotische (Begleitpflanzen, Bestäuber, ...) Faktoren
subalpin	Höhenstufe, zwischen Waldgrenze und Baumgrenze, incl. Wald knapp unterhalb Waldgrenze
Subspezies	Unterart, taxonomische Rangstufe unterhalb der Art
Synonym	gleichbedeutender jüngerer Name
Taxon	formalisierte Sippe mit Rangstufe und Namen (Mehrzahl: Taxa)
Taxonomie	systematische Ordnung der Pflanzen
tetraploid	Pflanzen mit vierfachem Chromosomensatz
Tragblätter	Brakteen, Blätter im Blütenstand, mit den Blüten in ihren Achseln
triploid	Pflanzen mit dreifachem Chromosomensatz
Unterart	Subspecies, taxonomische Rangstufe unterhalb der Art
Varietät	Abart, taxonomische Rangstufe unterhalb der Unterart
Vorderlippe	Epichil, vorderer Teil der Lippe
Wuchsort	geographisch festgelegter Standort

Weiterführende Literatur

Monographien, regionale Bearbeitungen

AEDO, C. & A. HERRERO (Hrsg.) (2005): CLXXXIX. *Orchidaceae*.– In: Castroviejo, S. (Koord.): Flora Iberica, vol. 21: 15–197, 297–366.– Madrid.

ARBEITSKREISE HEIMISCHE ORCHIDEEN (Hrsg.) (2005): Die Orchideen Deutschlands.– Verlag AHO Deutschlands, Uhlstädt-Kirchhasel.

BAUMANN, H. & S. KÜNKELE (1982): Die wildwachsenden Orchideen Europas.– Franckh, Stuttgart.

BAUMANN, H. & S. KÜNKELE (1986): Die Gattung *Ophrys* L.,– eine taxonomische Übersicht.– Mitt. Bl. Arbeitskr. Heim. Orch. Baden-Württ. 18 (3): 305–688.

BAUMANN, H. & S. KÜNKELE (1989): Die Gattung *Serapias* L. – eine taxonomische Übersicht.– Mitt. Bl. Arbeitskr. Heim. Orch. Baden-Württ. 21(3): 701–946.

BOURNERIAS, M. (Hrsg.) (1998): Les Orchidées de France, Belgique et Luxembourg.– Paris.

BUTTLER, K.P. (1986): Orchideen – Die wildwachsenden Arten und Unterarten Europas, Vorderasiens und Nordafrikas.– Mosaik Verlag, München.

DAFNI, A. (Hrsg.) (1986): The *Orchidaceae* of Israel.– Rotem 19: 1–136.

DANESCH, O. & E. DANESCH (1972a): Orchideen Europas. *Ophrys*-Hybriden.– Hallwag, Bern und Stuttgart.

DELFORGE, P. (2005): Guide des orchidées d'Europe, d'Afrique du Nord et du Proche-Orient, ed. 3.– Delachaux et Niestlé, Paris.

FOLEY, M. & S. CLARKE (2005): Orchids of the British Isles.- Griffin Press, Cheltenham, UK.

GRÜNANGER, P. (2001): Orchidacee d'Italia.– Quad. Bot. Ambientale Appl. 11: 3–80.

JATIOVÁ, M. & J. ŠMITÁK (1996): Verbreitung und Schutz der Orchideen in Mähren und Schlesien.– Brno.

KRETZSCHMAR, H., KRETZSCHMAR, G. & W. ECCARIUS (2001): Orchideen auf Rhodos.– Selbstverlag, Bad Hersfeld.

KRETZSCHMAR, H., KRETZSCHMAR, G. & W. ECCARIUS (2002): Orchideen auf Kreta, Kasos und Karpathos.– Selbstverlag, Bad Hersfeld.

KREUTZ, C. A. J. (1998): Die Orchideen der Türkei.– Selbstverlag, Landgraaf.

KREUTZ, C.A.J. (2004): Die Orchideen von Zypern.– Selbstverlag, Landgraaf.

KREUTZ, C.A.J. (2004): Kompendium der Europäischen Orchideen.– Selbstverlag, Landgraaf.

MOLNÁR, A., SULYOK, J. & R. VIDÉKI (1995): Vadon élö orchideák.– Kossuth Könyvkiadó.

NELSON, E. (1962): Gestaltwandel und Artbildung erörtert am Beispiel der Orchidaceen Europas und der Mittelmeerländer, insbesondere der Gattung *Ophrys*.– Selbstverlag, Chernex-Montreux.

NELSON, E. (1968): Monographie und Ikonographie der Orchidaceen-Gattungen *Serapias*, *Aceras*, *Loroglossum*, *Barlia*.– Selbstverlag, Chernex-Montreux.

NELSON, E. (1976): Monographie und Ikonographie der Orchidaceen-Gattung *Dactylorhiza*.– Speich, Zürich.

PAULUS & GACK (1990): Pollinators as prepollinating isolation factors: evolution and speciation in Ophrys (Orchidaceae).– Israel Jour. Bot.. 39: 43–79.

PRESSER, H. (2000): Die Orchideen Mitteleuropas und der Alpen. Variabilität, Biotope, Gefährdung.– ecomed, Landsberg/Lech.

PRIDGEON, A.M., CRIBB, P.J., CHASE, M.W. & F.N. RASMUSSEN (Hrsg.) (1999, 2001, 2003, 2005): Genera Orchidacearum, vol. 1, 2, 3, 4. Oxford University Press, Oxford/UK.

RAVNIK, V. (2002): Orhideje Slovenije.– Tehniška založba Slovenije, Ljubljana.

REDL, K. (2003): Wildwachsende Orchideen in Österreich, ed. 3.– Eigenverlag, Altenmarkt.

RENZ, J. (1978): *Orchidaceae*.– In: RECHINGER, K.H.: Flora Iranica, Bd. 126.– Akademische Druck- und Verlagsanstalt, Graz.

REINHARD, H.R., P. GÖLZ, R. PETER & H. WILDERMUTH (1991): Die Orchideen der Schweiz und angrenzender Gebiete.– Fotorotar, CH-Egg.

ROSSI, W. & A.E. MAURY (2002): Iconografia delle orchidee d'Italia.– Bologna.

SOUCHE, R. (2004): Les Orchidées de France.– Pélican, Paris.

TYTECA, D. (1997): The Orchid Flora of Portugal.– Jour. Eur. Orch. 29 (2/3): 185–581.

VLČKO, J., DÍTĚ, D. & M. KOLNÍK (2003): Orchids of Slovakia.– Zvolen.
WILLING, B. & E. WILLING (1977): Bibliographie über die Orchideen Europas und der Mittelmeerländer 1744–1976.– Willdenowia, Beiheft 11: 1–325.
WILLING, B. & E. WILLING (1985): Bibliographie über die Orchideen Europas und der Mittelmeerländer – 1. Supplement.– Englera 5: 1–280.
WILLING E. (2004): Bibliographie über die Orchideen Europas und der Mittelmeerländer – 2. Supplement.– Jour. Eur. Orch. 36(1): 3–400.

Zeitschriften

Berichte aus den Arbeitskreisen Heimische Orchideen 1.1984ff. (Deutsche AHOs).
Caesiana, Rivista italiana di orchidologia 1.1993ff.
Die Orchidee 1.1950ff. (DOG).
Eurorchis 1.1989ff. (WEO, Niederlande)
GIROS Notizie 1.1995ff.
Jahresberichte des naturwissenschaftlichen Vereins in Wuppertal 19.1964ff.
Journal Europäischer Orchideen 26.1994ff.
Les Naturalistes Belges 67 (Orchidées 1) 1986ff.
Liparis 1.1995 ff. (S.E.M.O. Vlaanderen).
L'Orchidophile 1.1970ff. (SFO, Paris).
Mitteilungsblatt Arbeitskreis Heimische Orchideen Baden-Württemberg 1.1969–25.1993.
Mitteilungen des Arbeitskreises Heimische Orchideen der DDR 1.1965–18.1989.

Arbeitskreise Heimische Orchideen

Interessenten an der Erforschung, Kartierung, Schutz und Pflege wildwachsender europäischer und mediterraner Orchideen können sich u. a. an folgende Arbeitskreise Heimische Orchideen wenden:

AGEO Aargau, Jean-Pierre J. Brütsch,
Steinbühlweg 10
CH-4123 Allschwil
Tel.: +41 (0)61 4814111
jp.bruetsch@bluewin.ch
www.ageo.ch

AHO Schleswig-Holstein, Fritz Hamann,
Ahornweg 41a
D-22949 Ammersbek
Tel.: 04102 56729
efhamann@gmx.de

AHO Wien, Mag. Matthias Fiedler,
Hauptstrasse 145
A-3420 Kritzendorf
Tel.: +43 (0)2243 21992,
Fax +43 (0)2243 21992-9
seregelyes@rofa.at

AHO Sachsen
i. d. Arbeitsgem. Sächsischer Botaniker,
Wolfgang Riether,
Adam-Ries-Str. 23
D-09456 Annaberg-Buckholz

AHO Baden-Württemberg, Dr. Richard Lorenz,
Leibnizstr. 1
D-69469 Weinheim
Tel.: 06201 17583,
Fax: 06201 340659
lorenz@orchids.de
www.orchids.de

AHO Bayern, Peter Müller,
Nymphenburger Str. 81
D-80636 München
Tel.: 089 186207
Peter.Mueller@AHO-Bayern.de
www.aho-bayern.de

AHO Brandenburg, Doris Beutler,
Kirschallee 3b
D-15848 Stremmen
aho-brandenburg@t-online.de

AHO Hamburg, Heinz J. Plezia,
Benzstraße 10A
D-22177 Hamburg
Tel.: 040 611146,
Fax: 040 6929988
aho@orchideen-freunde.de

AHO Hessen, Eberhard Koch,
Wacholderweg 9
D-63683 Ortenberg,
Tel.: 06046 3371;
Manfred Haas,
Ludwig-Schüßler-Straße 20
D-64678 Lindenfels,
Tel. + Fax: 06254 2337
m.j.j.haas@t-online.de

AHO Nordrhein-Westfalen, Dr. Michael Luwe,
Fichtenweg 7
D-47906 Kempen
Tel./Fax: 02152 516663
m.luwe@gmx.de

AHO Niedersachsen, Dr. Wolfgang Stern,
Große Düwelstr. 41
D-30171 Hannover
Tel./Fax.: 0511 818999
stern.wolfgang@web.de
www.aho-niedersachsen.de

AHO Rheinland-Pfalz/Saarland, Hennecke Tank,
Asternweg 6
D-56281 Emmelshausen
Tel.: 06747 6635
tank-hennecke@t-online.de

AHO Sachsen-Anhalt, Hans-Jürgen Hafermalz,
Burgstr. 4
D-06114 Halle
Tel.: 0345 5321811
H.Wolke, biobuch@t-online.de

AHO Thüringen, Christel Lindig,
Hohe Straße 204
D-07407 Uhlstädt
Tel./Fax: 036742 60803
aho.thueringen@t-online.de

Deutsche Orchideen-Gesellschaft e.V.,
Flößweg 11
D-33758 Schloß Holte-Stukenbrock,
Tel.: 05207 920607,
Fax: 05207 920608
DOG-Zentrale@t-online.de,
www.orchidee.de

G.I.R.O.S., Marcello Pieruccini,
Via M. Rosi, 21
I-55100 Lucca (LU)
Tel. +390583 579489
bruno.barsella@df.unipi.it

Naturalistes Belges, James Mast de Maeght,
rue de Hennin 61
B-1050 Bruxelles
mast.de.maeght@skynet.be

S.E.M.O. Vlaanderen, Felix Baeten,
Monninxstraat 19
B-3510 Hasselt
Tel.: +32 (0)11 255444
osemo@scarlet

SFO,
17 quai de la Seine
F-75019 Paris,
Tel.: +33 (0)1403 73646
Fax: +33 (0)14209 2322
www.sfo-asso.com

WEO, D.W. Kapteyn den Boumeester,
Gravin Adahof 1
NL-2114 DW Vogelenzang,
Tel.: +31 (0)2352 43418
europorchidwg@knnv.nl

Register

Bei Synonymen, die im Textteil aus Platzgründen nicht aufgeführt sind, wird mit einem Pfeil auf die Art oder Unterart verwiesen, zu welcher sie zu stellen sind.

Bildquellen

Die Bildautoren der Fotos werden unter H = Herkunft als Kürzel angegeben. Dabei bedeuten:

HB	Dr. Helmut Baumann, Böblingen
HBg	Harald Baumgartner, Kehl-Kork
GB	Günther Blaich, Weinheim
AD	Aldo Casata, Böblingen
HD	Hermann Daiß, Allmersbach i.T.
SE	Siegfried Erhardt, Illertissen
EG	Ernst Gügel, München
RH	Ralf-Bernd Hansen, Mössingen
MK	Manfred Kalteisen, Ulm
EK	Dr. Erich Klein, Hart-Purgstall (A)
RL	Dr. Richard Lorenz, Weinheim
ML	Michael R. Lowe, Durham (UK)
HP	Dr. Holger Perner, Huanglong (China)
TP	Tobias Perschke, Lübeck
HR	Hans Rauschenberger, Ulm
HRe	Hans R. Reinhard, Zürich (CH)
RSB	Renz Stiftung Basel, Dr. Jany Renz
DR	Dietrich Rückbrodt, Lampertheim
WS	Wolfgang Schmidt, Reutlingen
HS	Hans Sundermann, Wuppertal
EV	Errol Vela, Marseille (F)
HWZ	Heinz-Werner Zaiss, Marquartstein.

Umschlagfotos
Titelbild: *Ophrys holoserica* subsp. *holoserica* mit *Eucera nigrescens*. Böblingen, 1.6.05, HB.
Umschlagrückseite unten und S. 2: *Orchis militaris*, Pforzheim 16.5.93, HB.
S. 6: *Orchis pauciflora*, M-Italien, Rasenna, 19.5.99, RL.

Weltbild-Ausgabe, Titelbild: *Calypso bulbosa*, Schweden, Vilmyar, 8.6.83, WS.
Umschlagrückseite: *Orchis pauciflora*, M-Italien, Rasenna, 19.5.99, RL.

Die Zeichnungen der Einzelblüten von *Ophrys*, *Orchis*, *Epipactis* und *Serapias* wurden von Curt-Rainer Full, Schriesheim, angefertigt und von Rathin Chattopadhyay, Stuttgart, zusammengestellt und mit Legenden versehen.

Die Tafeln mit den Blütenanalysen von *Himantoglossum* und *Serapias* wurden von Rathin Chattopadhyay, Stuttgart, nach natürlichen Präparaten im Maßstab 1:1 gefertigt. Als Vorlagen dienten Blüten aus den Herbarien H. Baumann und R. Lorenz und folgende Reproduktionen: *H. formosum*, E. Nelson, Monogr. Ikonogr. Serapias: T. 36, fig. 169. 1968; *H. caprinum* subsp. *rumelicum*, Gölz, P. & H.R. Reinhard, Mitt. Bl. Arbeitskr. Heim. Orch. Baden-Württ. 15: 207, Abb. 10 d., 1983; *S. cordigera* subsp. *azorica*, U. & D. Rückbrodt, Jour. Eur. Orch. 26: 75. 1994; *S. bergonii* var. *aphroditae*, P. Delforge, Natural. belges 71: 114. 1990.

Die Karte des Bearbeitungsgebiets (Umschlaginnenseite hinten) stammt von Helmuth Flubacher, Waiblingen.

Dank
Dem Verlag Eugen Ulmer, ganz besonders Frau Ina Vetter, danken wir herzlich für die intensive Betreuung während der Drucklegung.

Bibliografische Information der Deutschen Bibliothek
Die Deutsche Bibliothek verzeichnet diese Publikation in der Deutschen Nationalbibliografie; detaillierte bibliografische Daten sind im Internet über http://dnb.ddb.de abrufbar.

Wollgrasweg 41
70599 Stuttgart (Hohenheim)
E-Mail: info@ulmer.de
Internet: www.ulmer.de

Umschlaggestaltung: Heinz Kraxenberger, München
Lektorat: Ina Vetter
Herstellung: Thomas Eisele
Satz: primustype Hurler GmbH, Notzingen
Druck und Bindung: Offizin Andersen Nexö, Zwenkau
Printed in Germany

ISBN-13: 978-3-8001-4162-3
ISBN-10: 3-8001-4162-0

Leichte, schnelle und sichere Bestimmung

- **fotogen**: über 1200 Alpenpflanzen auf 820 Farbfotos und zahlreichen Zeichnungen
- **verständlich**: Texte und Infos zur sicheren Bestimmung
- **praktisch**: nach Pflanzenfamilien gegliedert
- **ideal:** Begleiter auf Bergwanderungen und Hochgebirgstouren

Ulmer Naturführer Alpenpflanzen.

O. Angerer, T. Muer. 2004. 448 Seiten, 815 Farbfotos, Klappenbroschur. ISBN 3-8001-3374-1.

Ulmer **Ganz nah dran.**